城市公共建筑规模与空间分布研究

——以杭州为例

虞晓芬　陈前虎　吴一洲　编著

中国建筑工业出版社

图书在版编目(CIP)数据

城市公共建筑规模与空间分布研究——以杭州为例/虞晓芬，陈前虎，吴一洲编著. —北京：中国建筑工业出版社，2010

ISBN 978-7-112-12028-4

Ⅰ. 城… Ⅱ. ①虞…②陈…③吴… Ⅲ. 城市建筑：公共建筑—建筑设计—研究—杭州市 Ⅳ. TU984.255.1

中国版本图书馆CIP数据核字(2010)第067829号

本书以杭州产业结构升级加速、经济发展带来人们对公共服务需求不断增加为大背景，充分吸取国际已有研究成果，参照国内外发达城市的成功经验，结合对杭州市现有公共建筑利用率及空间分布的调查，紧紧围绕“杭州市公共建筑需求容量及空间布局”这一命题，运用经济学、城市规划学、社会学等理论知识与定量分析工具，得出杭州市区近、中期公建合理规模，并提出空间布局建议，以指导杭州公建用地合理投放与空间合理配置，同时本书的研究方法以及研究成果对其他城市也有参考借鉴作用。

* * *

责任编辑：吴宇江 许顺法
责任设计：赵明霞
责任校对：刘 钰 赵 颖

城市公共建筑规模与空间分布研究
——以杭州为例
虞晓芬 陈前虎 吴一洲 编著
*
中国建筑工业出版社出版、发行(北京西郊百万庄)
各地新华书店、建筑书店经销
北京天成排版公司制版
北京建筑工业印刷厂印刷
*
开本：787×1092毫米 1/16 印张：18¾ 字数：468千字
2010年6月第一版 2010年6月第一次印刷
定价：**49.00**元
ISBN 978-7-112-12028-4
(19284)

前　言

2008 年杭州人均 GDP 已突破 10000 美元，跨入万元的时代，可以预计杭州经济社会将出现许多新的特点，集中表现为以下两点：一是经济加快向后工业化时期迈进，产业结构升级加速，从土地、资源消耗型全面转向以现代服务业、高新技术产业、先进制造业为主导力量的集约型经济结构；二是随着经济发展与居民收入的提高，居民对生活品位与质量的要求更高，对教育、文化、身心健康等方面的需求更加强烈，对生活品质的追求将成为居民普遍的意识与行动。

顺应经济社会发展这一客观规律，杭州市委市政府正在采取多种措施积极推进产业高端化，推动从“杭州制造”向“杭州创造”、“杭州服务”的跨越，努力形成三二一产业格局，并提出把“生活品质之城”作为城市的品牌、城市发展的新理念和城市发展的总目标，以更好地满足人民群众的需求。

在这样经济社会转型、地域空间有限的宏观时代背景下，土地配置能否主动有效地适应、满足并引导杭州消费结构和产业结构升级的要求；能否在有限的空间里，创新且适应性地提高空间开发与集聚的效益等等都是影响杭州未来发展潜力的重要方面。基于此，迫切需要通过理论上的系统研究来回答：安排多大规模的经营性公共建筑既能满足产业结构升级(主要是第三产业发展)的需要，又是在市场可承受的范围之内的？经营性公共建筑空间时序结构如何合理配置，既能提高集聚效益、生态效益，又提高城市的运行效率？对这些问题的研究是科学指导城市公共建筑规划的重要基础。

从全国层面来看，近年来随着政府对楼宇经济重要性认识的提高，各个城市都在争相打造 CBD、总部经济中心、文化创意中心等，楼宇开发已呈全面开花之势，质疑也随之产生：公共建筑合理需求容量到底有多大？在寸金寸土的城区，大规模商务楼宇开发是否已经过剩，是否会造成大量的积压？

“规划的失误是最大的失误”。在越来越重视科学决策的今天，通过系统的、科学的理论研究，为实际部门提供决策依据有十分重要的意义。

本书以杭州产业结构升级加速、经济发展带来人们对公共服务需求不断增加为大背景，充分吸取国际已有研究成果，参照国内外发达城市的成功经验，结合对杭州市现有公共建筑利用率及空间分布的调查，紧紧围绕“杭州市公共建筑需求容量及空间布局”这一命题，运用经济学、城市规划学、社会学等理论知识与定量分析工具，得出杭州市区近、中期公共建筑合理规模，并提出空间布局建议，以指导杭州公共建筑用地合理投放与空间合理配置，同时本书的研究方法以及取得的研究成果对其他城市也有借鉴作用。

目　录

上篇

城市公共建筑规模与需求容量研究

第一章　绪　　论

公共建筑是承载城市经济活动所必需的基础性物质条件，也是城市功能要素的重要组成部分，是拉动经济增长的重要着力点，也是改善基础设施的民心工程。广义公共建筑概念主要是指为满足城市居民生活需要，保障经济运行、产业发展所提供的基础建设、公共交通系统、环境保护、城市规划、教育、文化体育、社会福利等公共性服务的设施。但本书的研究对象为狭义公共建筑，特指主要承载商业、商务等职能的经营性公共建筑，主要包括写字楼与商业建筑两大部分。

本章着重阐述了本书的研究背景与意义、研究内容、研究开展的思路、方法与技术路线，以及研究内容的主要结论。

第一节　城市公共建筑研究背景及其意义

研究城市公共建筑的合理规模与空间分布，对指导城市公共建筑用地合理投放与空间合理配置，满足并引导城市产业结构升级和消费结构改善极具现实意义。在越来越重视理性决策的今天，本书对公共建筑合理规模和空间布局的系统、全面研究，能为相关部门的实际决策提供科学依据，具有十分重要的意义。

一、城市公共建筑研究的背景

（一）现代服务业迅速崛起，对公共建筑需求增加

现代服务业的迅速崛起是社会经济发展、科技进步和分工专业化的必然趋势，也是衡量一个地区现代化水平的重要标志之一。全球的经济发展状况表明，当前世界经济的发展重心已从制造业转向服务业，竞争焦点已从商品转向服务，全世界已步入了“服务经济”时代。数据显示，发达国家的服务业产值占 GDP 总量的 70%左右，第三产业就业比重约 60%。此外，各国的对外直接投资重点也已转向服务业。根据联合国贸易与发展会议发布的《2006 年世界投资报告》，截至 2005 年年底，服务业在全球外商直接投资(FDI)总存量中占 60%；2005 年服务业对外直接投资流量进一步上升，约占全球 FDI 总流量的 70%，其中服务外包、商业存在已成为服务贸易的主要方式。2007 年服务贸易出口总额占全球出口贸易总额的比重达到 23.58%，英国高达 62.36%，印度为 61.73%(表 1-1)。

2007 年世界主要国家服务贸易与货物贸易占比情况　　**表 1-1**

国家/地区	出口贸易总额（亿美元）	服务贸易出口总额	
		金额(亿美元)	占比(%)
德国	13264	2058	52
美国	11625	4564	39.28

续表

国家/地区	出口贸易总额（亿美元）	服务贸易出口总额	
		金额（亿美元）	占比（%）
中国	12178	1217	9.99
日本	7128	1271	17.83
法国	5534	1367	24.70
荷兰	5513	875	15.87
英国	4378	2730	62.36
西班牙	2410	1283	53.24
印度	1453	897	61.73
欧盟	16978	6672	39.30
全球	139500	32900	23.58

资料来源：World trade developments in 2007，http：//www.wto.org/english/res _ e/statis _ e/its 2008 _ e/its08 _ world _ trade _ dev _ e.htm

从国内看，我国加入世界贸易组织时承诺，将加大服务贸易领域的对外开放。随着金融、保险、通信、商贸、运输、法律、咨询等领域市场准入限制的陆续取消，这些行业的外资增长速度将明显快于包括工业部门在内的其他行业。初步估计，同期外商服务业投资的年均增长速度可能达到10%～15%的平均水平，新增第三产业外商投资占全部外商投资的比重可能提高到40%左右。在全球外包服务市场迅速扩大、服务业转移具有较强的选择性、国际投资中服务业比重较快增大的背景下，国内服务业必将迎来前所未有的机遇，尤其是经济基础条件好、人居环境佳、市场运作模式强的长三角地区。

同时，随着经济的增长，居民消费的转变和经济增长轴心的转换，服务业在国民经济中的地位已越来越突出。2008 年，我国第三产业增加值达 120487 亿元，增长 9.5%，占 GDP 的比重达到 40.1%[1]，逐渐向“三二一”的产业格局迈进，其中发达地区的“三二一”格局已形成并进一步得到了强化。对此，上海提出，到 2010 年，力争上海服务业增加值达到 7500 亿元以上，中心城区服务业增加值占中心城区生产总值的比重达到 80%以上[2]；杭州则提出要实施“服务业优先”战略，力争到 2015 年全市服务业增加值占地区生产总值比重突破 50%[3]，着力打造全国文化创意产业中心、长三角现代服务业中心，实现从“杭州制造”向“杭州创造”、“杭州服务”、“杭州创意”的历史性跨越；北京提出到 2010 年，服务业增加值占地区生产总值的比重达到 72%左右，就业比重达到 70%[4]。

可见，服务业增长速度、服务业内部结构、服务业产业布局、服务业集聚能力、服务业竞争力直接主导了区域经济的增长速度、结构、布局、集聚能力和竞争力。同时，它也改变着城市物质形态的变化，近年来出现的上海黄浦区的外滩金融贸易区、卢湾区的新天地，北京的金融街、亚奥会展产业区，杭州的武林商圈、黄龙商圈等，都是现代服务业发

---

[1] 2008 国民经济和社会发展统计公报。

[2] 上海加速发展现代服务业实施纲要。http：//www. ssfcn. com/kcnews _ detail. asp? id=4747。

[3] 关于实施“服务业优先”发展战略进一步加快现代服务业发展的若干意见。

[4] 北京市“十一五”服务业发展规划。

展的结果。

为此，在这样的宏观时代背景下，土地配置、公共建筑配置能否主动、有效地适应、满足服务业发展的要求，引导城市消费结构改善和产业结构升级，将成为影响城市未来发展潜力的重要方面。

(二) 楼宇经济发展日益加快，各地掀起楼宇开发热潮

随着现代服务业的崛起，一种新的城市经济发展理念——"楼宇经济"[1]在我国的沿海东部城市率先兴起，并迅速向中西部扩散。目前楼宇经济已成为国内城市经济发展的生力军，适应这种趋势，各大城市的楼宇开发犹如雨后春笋般涌现，方兴未艾。

在这股热浪中，上海始终处于领先位置，引领着楼宇经济发展的主流。2008 年，上海发展和改革委员会对 9 个中心城区及浦东新区做的一项"楼宇经济发展课题"发现，楼宇经济已成为中心城区的支柱性财源。仅从税收来衡量，静安、卢湾、黄浦区内前 30 幢重点楼宇税收占全区税收的比重分别达到 56%、50.9%和 38.5%[2]；2008 年上海创税达到 1 亿元的商业楼宇就有 50 幢，其中恒隆广场创税最高，达到了 18 亿元。可以说，数百幢汇集了众多公司的高档商务楼已经成为上海的"经济效益高地"。

因此，在上海的核心城区，办公与商业已取代住宅成为开发建设的热点。对 2007 年数据统计，内环线以内办公楼、商业营业用房新开工面积达到 81.87 万 m^2，与住宅开发量之比为 1∶1.1(表 1-2)。

2007 年上海各类建筑新开工面积统计 表 1-2

指 标	合计	其 中		
		内环线以内	内、外环线间	外环线以外
新开工面积(万 m^2)	2251.75	210.78	679.70	1361.27
住宅(万 m^2)	1633.94	90.38	433.64	1109.92
办公楼(万 m^2)	201.06	60.28	90.58	50.20
商业营业用房(万 m^2)	202.89	73.52	74.52	107.78
住宅与商业办公比值	4.04∶1	1.10∶1	2.63∶1	7.03：1

资料来源：2008 年上海统计年鉴

深圳总部经济快速发展，楼宇经济盛行。以福田区为例，截至 2008 年，在福田投资的世界 500 强企业高达 102 家[3]。据统计，大中华、招商大厦、国际商会中心、安联、诺德等 139 栋 20 层以上的高端商务楼宇成为总部经济发展的载体。2007 年，招商银行大厦集聚了多家金融业总部、跨国公司和上市公司，纳税总额达 37.23 亿元，创单体楼宇纳税额之冠，另有江苏大厦纳税额达 28.34 亿元，国通大厦纳税达 17.38 亿元。

苏州市在旧城改造过程中，大力发展楼宇经济，商务楼、创业园区独领风骚，成为现代大都市瞩目的一个亮点。以地处古城区的沧浪区为例，由于土地资源有限，为突破区域

---

[1] "楼宇经济"，这是近年的热门词。简单地讲，它说的是隐藏在经营性公共建筑中的经济形态——以商贸楼为载体，通过开发、出租楼宇，招商引资，从而引进税源，发展经济。

[2] http://news.xinhuanet.com/fortune/2008-08/24/content_9675815.htm。

[3] http://house.sina.com.cn/news/2008-07-06/0751261225.html。

经济发展瓶颈，该区通过“腾笼换鸟”盘活空置楼盘，大力发展楼宇经济，现已成功发展了50多幢楼宇，集聚了数以百计的高科技、高成长、创业型企业和无数高层次创新型人才。

在福州，鼓楼区103幢高层商务商贸楼集聚了1088个法人单位，涵盖金融、软件、旅游、商贸、物流等，总营业额达200多亿元。其中全年营业收入超亿元的写字楼就多达30座，所创税收占全区属地税收总量的六成以上❶，所产生的经济总量占该区总体经济总量的75%以上。以五四路上的环球广场为例，2006年，环球广场的营业收入超过10亿元，所创造的税收超过2000万元，相当于总建设用地1.5km^2入驻企业达200多家的福州软件园当年所创税收的1/8❷。

杭州市围绕打造“生活品质之城”的目标，以特色楼宇、亿元楼宇为重点，发展楼宇经济、总部经济、税源经济，围绕“坚持招商一批、规划一批、管理一批、建设一批、更新一批”等“五个一批”战略方针，实施831工程(80幢重点招商楼宇、30幢特色楼宇和10个文化创意产业园区)，努力实现“楼宇经济跨越式大发展”这一主题，使楼宇经济成为打造长三角南翼现代服务业中心的强有力支撑。2007年，杭州商务楼宇税收在3000万元以上的有38幢，创税收共计34.44亿元，其中以标力大厦、黄龙世纪广场等为代表的12幢商务楼宇跨入年税收“亿元楼”行列，实现税收19.43亿元❸。除税收超过亿元的12幢楼宇外，税收0.5～1亿元的楼宇有14幢，税收3000～5000万元的楼宇有12幢。

可以说楼宇经济已经成为国内一、二线城市新兴的“经济高地”并且在城市各行政区呈现“遍地开花”的局面。尤其是随着我国城市化水平的提高，商务活动的繁荣，城市经济结构的调整，打造现代大都市目标在各省市的确立，楼宇经济作为城市发展的重要一翼，呈现出加速发展的态势，它所蕴含的巨大能量不可低估；但同时需要注意，也可能存在盲目开发、过度开发的风险。

（三）向空间要效益是未来城市经济发展的必由之路

经济发展不仅是在时间上的持续，更是在空间上的拓展和延伸。任何经济活动，不管处于哪个发展阶段，拥有何种不同的时间维度，最终都要在空间层面投下“倒影”，适度的发展空间是保持一个地区经济持续稳定发展的基本条件。

从现实情况来看，中国的国情是人多地少，而近年来随着农村经济、县域经济加速向城市集中，城市经济持续快速发展，城市范围日益扩张，土地资源需求不断上升，土地资源紧张或者说相对不足的威胁已经成为一种现实。与此同时，因土地资源过度开发、使用不当造成的环境破坏、资源闲置也在日益加剧，人地矛盾越来越突出。目前在我国许多城市的中心城区，土地资源紧缺，地价昂贵，经济发展受到极大限制。

如果我们仍是固守传统观念，习惯于固守不多的土地，以此作为经济发展的唯一载体的话，经济发展的道路将会越走越窄。而楼宇对土地高强度使用的特点，使城市加快变土地招商为楼宇招商，向城市空间要效益，努力创造“企业得发展、业主得租金、职工得就业、政府得税收、环境得改善”的多赢局面已成为新形势下一种新的选择。

---

❶ http：//www.tt91.com/article/09-06-16/20113252 _ 1.shtml。

❷ http：//www.fzfdc.gov.cn/article/2008-3-17/200831710117.shtml。

❸ http：//www.hzxcw.gov.cn/article.html？id=912881。

二、研究城市公共建筑的必要性

从理论意义看，公共建筑合理规模与空间布局的理论研究可以作为地方政府指导和调控公共建筑规划、建设的重要依据，能够有效弥补“市场失灵”，有效配置公共资源，增加全社会福利，促进共同富裕。从现实意义看，公共建筑作为围合城市空间的实体形态，是满足人们生活所需的必要条件，提升城市品质的重要一环；是城市功能要素的重要组成部分，集聚现代服务产业，优化城市产业的重要载体；是经济效益的高地，拉动经济增长的重要着力点。

（一）公共建筑是提升城市品质的重要要素

公共建筑作为承载人们的社会活动或人们享受社会性服务的物质载体，首要功能是服务于居民的生活需要。随着经济发展与居民收入的提高，城市居民更注重对生活品位与质量的追求，公共消费由此迅速上升，同时，他们对文化教育、生态健康、娱乐休闲度假、交友沟通等的需求也更加强烈，因此，对购物中心、文化教育设施、娱乐休闲设施等公共建筑的需求量会增大，而且在品质与多样性上要求也会更高。

公共建筑是提升城市品质的重要要素。人们对城市的体验与公共空间密切相关。由公共建筑所围成的公共空间作为集体意识与社区精神的载体，集中反映了城市生活的环境质量和价值取向，并在很大程度上决定着人们对城市的印象。正如卡米诺·西特(Camillo Sitte)所说：一座城市的特征主要体现在为市民广泛享有的公共空间上。因此，在这种意义上讲，公共建筑同时也通过其外在形象和空间功能提升城市品质。

（二）公共建筑是优化城市产业的重要载体

产业结构转换的空间表现就是产业布局优化，而产业布局优化能够带动城市功能结构优化，进而推动城市能级提升。美国纽约从 20 世纪五六十年代开始，在生产性服务业的带动下，服务业逐渐占据统治地位。产业转型升级过程中，城市功能区块发生改变，功能核心区形成，如以华尔街为中心的金融贸易集群，以第五大道为中心的商业区，以及中城的商务区、钱伯斯和休斯敦之间的高楼工业区、西区的妇女时装中心等。

随着各大城市工业的外迁以及第二产业比重的降低，现代服务业已逐渐成为各大城市产业发展的支柱和方向。现代服务业在城市的集聚，需要公共建筑的支撑，尤其是需要楼宇提供办公空间。从某种意义上说，今天的楼宇就是明天的产业。发展工业经济靠的是土地和厂房，发展现代服务经济靠的是楼宇。没有厂房，发展不了工业；没有高度发达的楼宇，也就没有现代服务业的迅猛发展。各种楼宇汇聚众多金融、物流、软件、中介等现代服务业态，同时可衍生出与之相配套的其他服务，从而带动周边地区商贸、会展、旅游、文化、娱乐、休闲和餐饮等行业的发展。此外，楼宇中集聚大量企业和员工，产生大量知识培训、文化娱乐、交通住宿等需求，这些都能促进现代服务业发展，加快经济结构的优化。

城市作为经济社会物质要素的空间集聚体，始终处于变化之中，其中任何要素的状态改变都有可能影响整个城市系统的运转。很多城市都有悠久的历史，如杭州、北京，当面临全球化城市功能升级时，必须有空间的拓展，而空间的拓展要靠公共建筑尤其是商业、商务配套设施的带动。东京、巴黎等国际大都市都是通过一个新的城市商务中心的扩展，来推动城市规模扩张和升级的典型。

（三）经营性公共建筑是拉动经济增长的重要着力点

一座品质超群的商业、商务楼宇，就像是一个强力磁场，巨大的人流、物流、资金流、信息流在这里汇聚。有人形象地把楼宇经济称为新型财富，把楼宇比作都市里的“垂直印钞机”，概括为“一幢写字楼税收赛过一个县”，其释放的效应可见一斑，主要包括集聚效应、空间效应、财富效应。

1. 集聚效应

众多的楼宇集聚在一定的区域内，通过辐射作用与吸引作用，吸引相关的企业和产业集聚。集聚性主要包含两个层次：一方面指众多的相关企业集中在一幢商务楼进行办公与经营；另一方面指众多商务楼集中在一定的区域内形成功能良好、配套齐全的空间并带动周边的餐饮、购物、百货零售等相关行业集聚发展，最终形成具有竞争优势的区域。商业、商务楼宇的集聚性还带来了一定的内生效应，主要表现为信息获取的快捷性、内外部交通联系的高效率乃至楼宇内部联系的通畅程度等。例如上海众恒信息产业有限公司总部设在静安区永兴大厦中，这里同样从事 IT 行业的公司就有多家，包括电子商务、电子政务、支撑平台、系统软件等，各具特色、各有所长，众恒信息公司通过与这些公司的项目合作、协作互补，不仅增强了竞争实力，赢得了商机，且多边获益。很多创业者在选择办公地点时，就将楼宇内的商家纳入考虑范围中。

2. 空间效应

随着工业化、城市化的加速发展，城市建设用地的需求不断增加，城市规模日益扩展，土地资源越来越稀缺，尤其是各大城市城区内土地开发程度比较高，待开发利用的空地已经很少，可谓“寸土寸金”。发展楼宇经济，可以变平面发展为立体发展，变实体经济为虚拟经济，向空间求发展，向楼宇要效益。它对于开拓发展空间、集聚经济要素、提高业态档次、促进内涵发展、扩大经济总量、提高城市中心区域效力等都有重要作用。上海市静安区就是一个典型的例子。静安区地处上海市中心黄金地段，这一地理特性使其很难通过扩大区域面积来发展经济，从而为向空间求发展的楼宇经济提供了一个良好的机遇。20 世纪 90 年代，静安区总投资 250 亿元人民币改造南京西路，如今已有 230 余幢商务商贸楼矗立其中。在优良的软硬件环境吸引下，2000 多家中外企业在此落户，其中不乏知名的跨国公司和世界 500 强企业，产业集聚效应极大地推动了资金和资源向金融、贸易、信息、服务、高新技术产业开发的倾斜性分流。可以说发展楼宇经济将是拓展城市经济发展的重要途径，也是城市经济发展的一个基本走向。

3. 财富效应

楼宇经济空间也是城市经济发展的新方向和都市发展的“掘金地”。楼宇经济空间能够产生极高的经济效益，单位经济效益远远高于一般的城市功能空间，是城市的效益“高地”。据调查，一幢高级商务商贸楼里所创造的效益与城郊 7.8km^2 范围内的商户所产生的经济效益相等。以杭州下城区为例，截至 2008 年 11 月 30 日，杭州下城区全区各类商务楼宇建筑面积 300 余万平方米，入驻的楼宇企业已达 4500 余家，其中世界 500 强设立的企业 13 家，全国 500 强和民营 500 强企业 14 家，注册资金在 5000 万元以上的企业 130 余家。全区税收的 70%以上来自楼宇经济，其中超亿元楼宇 6 幢。以武林广场为中心的 2.5km^2 核心区域内，每平方公里财政总收入达到 14.66 亿元，6 幢税收亿元楼每平方米产生年税收3139元，最高的达每平方米4041元[1]。这些"亿元楼"，大大提高了杭州经济增长的"容积率"——由于内涵特质的提升，使杭州得以在有限的空间资源内，不断创造更高的经济效益。

（四）公共建筑是鱼翅也是鱼刺

楼宇经济作为一种新的经济形态所产生的人气、财气和释放出来的巨大效应促使各大城市陆续推出大规模公共建筑规划建设方案，把楼宇经济作为一种新的发展举措，积极推进，并由此取得一定的成绩，这是各地政府为主动适应产业结构转型而在城市规划与建设上所作的前瞻性谋划。但是，我们也应该清醒地意识到，这股开发热潮中夹杂着偏激、盲目和简单化的成分。近些年来，楼宇经济的潮流铺天盖地而来，企业集聚、商圈顿现、税收猛增，一些并不成熟的城市建设者难免眼花缭乱，头重脚轻，无所适从。

目前，许多人在对经营性公共建筑的认识方面存在误区，认为造了商贸楼就会产生一系列的经济效益，称之为楼宇造时势，这种理解过于狭隘、片面。准确地说，科学规划与建设公共建筑对拉动城市经济升级转型有积极的推进作用，但从本质上讲，经济发展是公共建筑需求的基础，应该是时势造楼宇。

上海的楼宇经济这么发达，是上海现代服务业发展的结果。浦东新区甲级楼租户中，金融业占37%，贸易占18%，咨询业占11%，制造业占8%，保险业占7%，电信占5%，网络占4%，房地产占3%，运输、电脑各占1%，其他占5%[2]。如果没有现代服务业的发展以及上海"国际四个中心"的目标定位，就不需要那么多的楼宇，也不可能出现那么多的"十亿元楼"、"亿元楼"和"千万元楼"。这就是说，楼宇经济之所以集中在大城市的中心区域，正是这些区域具备楼宇经济存在和发展的条件。

如果只把注意力放在结果上，而不重视社会经济发展潜力和城市功能对经营性公共建筑需求数量的客观制约，一旦楼宇开发的规模超出经济社会发展水平、城市功能所需要的范围，它的存在必将成为一种负担。如虹桥开发区，它是上海最早的涉外商务区，1995年之前，该区域集中了上海一半以上的高档写字楼。20世纪90年代中期，写字楼市场低迷时，该开发区有楼无市，租金降至每平方米每天0.2美元，仍无人问津，写字楼被大量空置。海南省在1992年房地产开发热时开发的大量楼宇成为烂尾楼，直至今天尚未处理完。

楼宇无疑是一种全新的具有极大发展潜力的经济形态的重要载体，是城市效益的"高地"，是城市空间的构成单元之一，但并非"通天坦途"，其数量也并非越多越好，而且也并非每个城市或者城市中的每个区域都适宜发展楼宇经济，因为商贸楼宇的建设是以一定的经济发展水平、产业基础与潜力及空间需求为基础的。因此发展经营性公共建筑，一定要坚持解放思想，实事求是，结合城市的实际情况，制定切实可行的开发方案；要坚持适度超前而不冒进蛮干，适应经济环境的逐步转变和商圈的逐步形成；要避免形成一窝蜂盲目上马，不注重实效；要扎扎实实推动楼宇经济持续、健康、稳定发展。

当前，我国正处在史无前例的公共建筑大发展时期，CBD、总部基地、新商圈、城市

---

[1] 杭州下城区人民政府区长项永丹讲话"创新模式，加快升级，努力为杭州楼宇经济实现跨越式大发展提供先导"。

[2] http://www.nbyzsw.gov.cn/lydt_view.aspx?ContentId=67。

综合体等新概念层出不穷，但其实我们无论是从理论还是实践上的准备都是不足的：一方面，我们对经营性建筑规模与城市性质、经济发展水平、产业结构转型、城市人口等要素之间有什么关系，空间布局上应遵循什么规律的研究不够；另一方面，城市建设者却大规模地盖大楼，推项目，若干年后，一些城市必将为盲目建设、无序发展、资源的无效使用付出沉重的代价。

基于此，迫切需要通过理论上的系统研究来回答：安排多大规模的经营性公共建筑才能既满足产业结构升级（主要是第三产业发展）的需要，又处于市场可承受的范围之内？经营性公共建筑空间时序结构如何合理配置，才能既提高集聚效益、生态效益，又提高城市的运行效率？对这些问题的研究是科学指导城市公共建筑规划的重要基础。

为了深入研究这些问题，我们广泛收集了国际上发达城市经营性公共建筑规模与空间布局资料，从中寻找出一些规律性的可供借鉴的理论与经验，并选取了杭州市为具体分析对象，深入调研了杭州市公共建筑开发量与空间布局，采用科学方法预测了合理的需求容量。同时，回答了写字楼的开发是否已经过剩，是否会造成大量的积压，公共建筑空间分布是否合理，杭州如何通过公共建筑的有效配置形成一个有序的多中心城市等问题，并提出空间布局建议，这对指导杭州公共建筑用地合理投放与空间合理配置有十分重要意义。

第二节　城市公共建筑研究的理论回顾

城市公共建筑作为城市物质空间环境构成的核心要素，其空间区位特征决定着城市空间结构的主体框架。不同城市发展时期，由于经济形态和科技水平的差异，城市公共建筑不论在形式上还是空间分布特征上都呈现出了不同的模式，特别是在当今世界信息网络技术高度发达的背景下，知识经济给人类带来的影响将远远超过工业经济，城市新经济形态中又以生产性服务业的快速崛起与巨大的产出效率最为典型，国际性大都市都将城市的公共建筑建设作为城市发展的重点进行考虑。纵观国内外相关研究，对于国际性大都市公共建筑建设与发展的有关理论，目前的研究热点主要集中在都市圈空间发展理论、城市空间结构理论与模型、城市办公楼空间区位分布等方面。相关理论和研究进展回顾如下：

一、关于都市圈空间发展理论回顾

早在20世纪初，美国就提出了标准都市统计区的概念，随后英国、加拿大也提出了一些类似的概念，并制定了相应的划分标准。1957年，法国城市地理学家戈特曼（J. Gottmann）在对美国东北部沿海城市化地域进行研究后，提出了都市连绵带（或大都市带）的概念，在全球划分出六大城市带：波士顿、东京—神户、鲁尔区、伦敦—曼彻斯特、阿姆斯特丹—布鲁塞尔—科隆、长江三角洲，并预言这种城市地带将成为人类居住空间新的组织形式。自此以后，国内外对这种新的城市空间组织模式研究增多，并提出了都市圈、城市连绵带、城市群等一些新的模式。一般认为都市圈（区）的本质是城镇密集区的一个发展阶段和一种空间形态，是在城市圈层结构理论和城市群、城市带、都市区、大都市区等相关概念基础上发展产生的。我们研究的城市公共建筑则是分布在都市圈各个节点城市中，具有一定的功能体系和空间结构特征。

都市圈是区域产业空间重组的产物，是中心城市对社会经济要素集聚与扩散到一定阶段的必然结果，城市是区域的服务业中心。而公共建筑则是各种现代服务业的主要空间载体，因而从宏观上看，公共建筑的空间集聚分布形态主导了都市圈的空间体系结构。在都市圈的形成过程中，各种经济要素(包括现代服务业、工业等)在中心城市的集聚与扩散是最基本的前提：伯吉斯(E. W. Burgess)把影响城市扩散的因素归纳为向心、离心、专业化与分离四类，而霍伊特(Homer Hoyt)强调交通通达性与定向惯性的作用，霍利(A. H. Hawley)则将绝对人口压力、城市中心功能的专业化与相互竞争、运输方式的革命、物质结构的调整等视为影响城市扩散的主要力量。随着社会经济的发展与产业结构的调整，以服务业为主的产业向城市中心集聚以获取规模集聚效益，并推动原有产业(以工业为主)向外扩散；当集聚到一定规模或产业结构升级后，在核心集聚的部分服务业再一次向外扩散，从而形成集聚—扩散—集聚—扩散的城市产业空间重组循环，使城市由中心向郊区呈现核心城市区、近郊区、远郊区的圈层式结构。社会经济学家们则从另外一个角度去研究都市圈形成与发展的过程，涌现出一大批理论与模式，如赫希曼(A. Hirschman)的“极化增长理论”，佩鲁(F. Perroux)的“增长极理论”，费里德曼(J. Friedmann)的“核心—边缘理论”，罗斯托(W. W. Rostow)的“经济增长阶段理论”以及黑格斯特兰德(T. Hagerstrand)的“空间扩散理论”等。这些理论与模式从经济、社会、技术与创新的角度研究了中心城市(或创新源地)与周围地区之间的相互关系。鲍德温(J. Boudevin)将抽象的经济空间增长极延伸到地理空间增长极，从而使增长极理论与城市及城市群体的形成与演化过程有机地联系起来；弗里德曼用核心—边缘理论演绎了城市群体的发展过程；而黑格斯特兰德则提出了创新的几种扩散方式(近邻扩散、等级扩散与飞地扩散等)，并建立了其与城市体系形成阶段之间的对应关系；近年来，以卡斯泰尔(M. Castele，1989)为代表的部分学者从以信息为核心的新技术的角度去研究技术对城镇空间的影响，认为新技术是城市空间发展的动力，促进了城市的蔓延与都市区的形成与演化。这些理论与模式共同奠定了都市圈形成与演化的最重要的理论基础，也是城市公共建筑空间分布形态的最基本空间演化规律的概括，揭示了城市产业在都市圈地域上的变迁机理。

近年来，经济全球化进程的加速对大都市圈空间结构又产生了新的影响。比弗斯托克和德尔(J. V. Beaverstock and M. A. Doel，2001)认为，大都市圈的空间结构关系正在由全球化网络系统取代传统的等级关系，强调应更注重中心城市(大都市区)与圈内城市相互之间的适度联系，这种联系包括跨时空的政治、经济、社会的多种相互关系。吉布森—格雷姆 (J. K. Gibson-Graham，2000)也认为，全球化经济的最主要特征之一就是“流量”运动，也就是包括经济、政治、社会等所有的流量正集聚于地方、国家和区域空间经济的交界地带——大都市圈，每一个大都市圈不仅要完善和构造中心城市内部的优势和特色，并且要时刻将中心城市处于与外部城市网络关系和各种“流”的动态变化重塑之中，才能确保都市圈经济的持续发展和竞争力。承载城市各种服务功能的公共建筑在空间上的集聚形成了都市圈的不同中心，各个中心由于功能上的互动与影响，使得都市圈内的各种“产业流”在各个中心之间流动，这也是城市经济运行的本质特征之一。

从总体上看，西方学者对都市圈及其相关空间结构的研究经历了三个阶段：由静态研究转向动态研究(20世纪50年代前)，由结构关系研究为主转向空间机制研究为主(20世纪70～80年代)，由传统的区域内空间机制的研究转向全球范围内空间机制的研究(20世纪90年代以来)。

但这些研究主要针对西方发达国家，所提出的理论与模式并不一定完全符合发展中国家的实际情况，国内对都市圈的研究始于20世纪80年代末，国内对都市圈空间结构方面的典型研究主要有以下几个：

高汝熹等(1998)、罗明义(1998)、胡序威等(2000)、顾朝林(1994)等学者在借鉴国外都市圈形成和发展的过程中，从圈域经济、城镇体系、城市规划等不同角度对中国都市圈的形成条件、驱动力量、演化规律以及演进的阶段等方面作了探索；张星宇(1999)运用生态学的原理对城市群的空间发展规律进行了理论研究；段进(2000)结合城市规划对城市空间发展的基本规律、形态演化以及城市空间的控制与优化等作了深入探讨；冯健、周一星(2003)采用因子分析和聚类分析技术研究了近20年来北京都市区的社会空间结构及其演化，从宏观、中观和微观三个层次提出了一种城市社会空间结构演化的交叉式网络机制。冯春萍、宁越敏(1998)，卢明华、李国平、谷人旭(2000)，许仁祥、高汝熹(1996)等学者都对国外著名都市圈职能分工或者产业结构进行了研究和总结。而更多的学者则对中国都市圈内部的产业结构、分工与合作问题作了大量的探讨，比如唐立国(2002)、陈建军(2004)、靖学青(2004)、邓丽妹(2004)等。从本质上看，都市圈空间结构也是区域产业体系的空间映射，国内对于都市圈层面的宏观产业体系研究中的重要内容便是城市体系的功能结构，而公共建筑中的服务业则是组成整体功能结构的微观主体。因此，都市圈结构的相关理论也是本次公共建筑研究的宏观层面的理论基础。

二、关于城市空间结构理论与模型研究回顾

区位理论是城市空间组织的基础理论。城市空间结构理论已从最初的单一地租分布发展到当前复杂的分层次分维度的城市结构研究，城市公共建筑的空间分布也从最初的单中心向心型发展到现在的多中心多层级形态，公共建筑的功能与空间形态随着城市产业的细分与衍生逐步复杂化、多样化。在长期的研究成果中，关于城市空间结构理论与模型的典型研究主要有以下几个：

德国古典经济学派最先开始城市空间结构的研究，但主要是从成本—市场因素出发考虑的，侧重于对农业和工业的分析：屠能(Johanu Heinrich Von Thünen)于1826年提出了农业区位论，其研究脉络为“市场距离—农产品价值—地租的决定—经营方式的选择”；韦伯(Alfred Webber)在1909年提出了工业区位论，从交通成本、劳力成本以及集聚经济三因素来解释工业活动的区位；(A. Losch 勒施)于1939年在其著作《区位经济学》中提出了经济地景模型，主张各空间的功能专业化，他的空间体系中的中心地之间是具有连续性而非阶梯式的等级关系。这些古典经济学的区位理论主要是基于经济学的分析，探讨理想市场模式下经济活动区位及城市功能作用的层级性特征，揭示了城市公共建筑中服务经济活动的基本区位选择规律。

最早对城市空间结构模型的探讨出现于20世纪初。1923年美国芝加哥大学伯吉斯(E. W. Burgess)在对芝加哥的实证分析基础上，提出了城市地域结构的同心圆模式。1939年，霍伊特(Homer Hoyt)在同心圆模式的基础上，加上了放射状运输线路的影响，提出了城市空间结构的扇形模式。1945年，美国学者哈里斯(C. D. Harris)和乌尔曼(E. L. Ulman)发现行业区位、地价房租、集聚利益是主要制约因素，提出了城市的空间多核心模式。

随着经济全球化、信息化的发展以及城市郊区化的快速发展，城市空间结构出现了一些新的变化，城市空间结构也朝着区域化、网络化的方向发展，传统模型已无法作出解释，许多研究者开始对现代城市的空间结构进行探讨。其中塔弗(E. J. Taaffe)和加纳(B. J. Ganner)提出了城市地域结构模型，把城市地域从内向外分为中心商务区、中心边缘区、中间带、向心外缘带、放射近郊区五个地带，但其中包含大量混合型的经济活动与用地形态，如中间带高、中、低住宅区并存，在中心边缘有批发商业、工业小区和住宅的分布等等。20世纪60年代以后对大都市区的研究开始兴起，它是城市化发展到较高阶段时产生的城市空间形式。埃里克森(Redney Erickson)对美国14个特大城市人口、产业等向外扩散情况进行研究，将城市边缘区土地利用空间与结构的演变划分为三个不同的阶段，即外溢—专业化阶段、分散—多样化阶段与填充—多核化阶段。

20世纪90年代以后，城市空间结构进一步向区域化研究方向推进，开始对日益显著的大都市带现象进行研究。这个领域的代表人物有道萨迪亚斯(C. A. Doxiadis，1996)、戈特曼(J. Gottman)、费希曼(R. Fishman，1990)、阿部和俊(1996)等。随着新经济环境评价研究的深入，城市空间研究的重点进一步由城市空间关系转向城市空间机制，并且将研究转向跨国、跨地区的研究，如弗里德曼(Friendman，1993)、萨森(S. Sassen，1995)、昆兹曼和韦格纳(KR Kunzmann & M. Wegener，1991)等，从全球经济一体化、信息技术网络化、跨国公司等级体系化等研究视角，探讨其对全球城市空间的组织结构以及可能的影响。

我国对城市空间结构的研究相对国外起步较晚。20世纪80年代，研究主要是对外国理论进行翻译介绍，继而对城市空间结构的概念、类型、空间结构演变规律、动力机制、合理模式、个别城市结构的特征等问题进行了探讨，总结形成了单中心同心圆式、多中心轴线式、带状式等城市发展模式，研究对象多集中于沿海地区和有代表性的城市，如吴良镛(1983)提出的“历史文化名城的规划结构”，邹德慈(1987)的“汽车时代的空间结构”，朱锡金(1989)提出的“城市结构的活性”；陶松龄(1990)提出的“城市问题与城市结构”。

进入20世纪90年代以后，研究的范围由城市规划、城市地理学扩展到城市经济学、社会学、生态学等，城市空间结构研究的不断扩大与深入，加大了对大城市地域结构演化规律、扩散趋势、功能用地结构变迁等问题的研究。代表性的研究有：许学强等(1989)应用因子生态分析法对广州社会空间结构进行的研究；崔功豪(1990)等的“对城市边缘区的研究”；顾朝林对城市体系、城市边缘区的研究；孙擞社(1999)对中国城市空间结构的扩散演变的理论与实证研究；武进(1990)对中国城市形态、结构、特征及其演变的研究；胡俊(1995)专著《中国城市：模式与演进》对我国城市空间结构的形态、特征和机制等方面进行了研究；姚士谋等(1997)对中国大城市空间特点进行研究；宁越敏(1998)对上海城市空间结构进行了研究；段进(1999)的专著《城市空间发展论》从多层面、条角度对城市空间结构进行研究；王兴中等(2000)的《中国大城市社会空间结构研究》对西安城市社会空间结构的综合研究；吴启焰等(2001)的《大城市居住空间分异研究的理论与实践》对中国大城市居住空间的分异进行了研究；江曼琦(2001)的专著《城市空间结构的经济优化分析》从经济学角度提出了城市空间结构的优化方法与指标体系。

20世纪90年代以后，知识经济、信息技术的发展对城市的影响逐渐增大，对信息时代城市空间结构的预测和探讨成为一个新的研究方向，如林炳耀(1999)对知识园区进行了研究，杨家文(1999)对信息时代城市结构变迁的思考，赵民等(1999)对知识经济与城市发展的相关性研究，阎小培(1999)对信息产业与城市发展的关系进行了研究，孙世界(2001)探讨了信息技术与城市发展的关系。

这些城市空间结构理论从不同的方面阐释了城市空间发展中的各种特征，包括社会层面、经济产业层面、物质形态层面等等，总的来看，都属于宏观和中观层面的研究，对城市整体形态结构的特征与演化研究较多，其中又以对城市居住空间研究的数量最多，但对于城市公共建筑及其内部的企业的中微观研究较为欠缺。

三、关于城市商务型公共建筑的典型研究回顾

商务写字楼是城市公共建筑的主要组成部分，而生产性服务业则是商务写字楼的主要产业形态，商务写字楼的空间集聚与分散格局主导着城市空间结构的重组方向。从国内外研究来看，城市内部生产者服务业的集聚与扩散格局一直是其空间结构研究的一个重要方面。传统的研究认为，生产者服务业通常分布于城市中心，以便获得最大的外部效益和信息资源。这一时期，生产者服务业空间研究多是以办公业研究和CBD研究的形式出现，研究的焦点集中在办公业在CBD的空间集聚和空间影响等方面。加德(G. Gad，1979，1985)分析了多伦多办公业就业岗位和空间面积在城市内CBD的集中是其主要的空间特征，并按联系的不同，将CBD的办公业集聚分为纯功能集聚、纯空间集聚和功能—空间集聚三种类型。20世纪90年代以来，许多研究者开始对生产者服务业内部各行业进行细分研究，认为从微观角度看，不同行业由于区位选择因子的不同侧重，在空间上会呈现出不同的分布模式。

国外对于生产性服务业空间格局影响因素的研究从20世纪初已经开始，研究成果的时间跨度长、数量多、内容全，主要观点见表1-3所列。

不同时期国外学者对企业空间格局影响因素的研究情况　　表1-3

年份	学　者	影响空间格局的主要因素
1909	韦伯(Alfred Webber)	运输成本、劳动力成本、集聚因素
1956	格林赫特(M. L. Greenhut)	需求因素、成本因素、个人因素
1964	阿朗索(William Alonso)	地租因素
1971	史密斯(L. J. Smith)	运输系统、市场占有率、劳动力、政策优惠、产业政策、运输方式、劳动工资、公共设施、土地成本、个人偏好、交通成本，建设成本，税金，市场接近性
1974	道尔(R. C. Dower)	地区发展因素、劳动力供给、劳动力成本、政府服务、竞争对手、中心性、土地成本、环境品质自然条件、交通运输条件、地区发展因素、相关产业
1980	布朗宁(H. C. Browning)	市场占有率、劳动力、都市计划、产业政策、劳力成本、公共设施、中心性、土地成本、社区因素、税金
1983	海英顿(J. W. Hayyington)	运输系统、劳动工资、政府服务、税金、市场接近
1985	丹尼尔斯(P. W. Daniels)	集聚经济、人力资源、基础设施
1989	拜尔斯(W. B. Beyers)	市场、交通和通信通达性、基础设施、使用成本、公司决策者的个人爱好、劳动力素质

续表

年份	学　者	影响空间格局的主要因素
1989	鲍曼(I. Bowman)	产业政策、劳动成本、地区发展因素、地缘关系、税金
1990	戈埃(W. R. Goe)	大型、不同企业团体之间的联系
1990	伊勒斯(S. Illeris)	高素质的劳动力市场、接近信息源、整体商务环境、成本因素等
1991	马蒂内利(F. Martinelli)	信息技术、交流成本、地理接近性、专业化水平
1992	克里斯蒂安森(Kristiansen)	接近客户、本地市场情况、劳动力的整体素质、决策者的个人区位爱好等
1993	克考拉克(Kichalak et. al.)等	接近消费者、信息获取、互补性行业、交通条件、专业技术人员
1995	帕斯尔(Peser)	接近客户、交通可达性、劳动力市场、便捷的信息交流、接近机场、低成本、环境和知名度等
1995	马歇尔和伍德(J. N. Marshall & P. Wood)	可接近性、易达性、环境相关性
2000	布赖森(J. Bryson)	信息技术、制度环境

国内对于生产性服务业空间区位的研究主要有：宁越敏、侯学钢(1998，2000)等以上海市为例，分析转型时期城市生产服务业和商务办公楼的分布特点，探讨了生产服务业、办公楼和城市空间结构三者联系；张文忠(1999)从经济区位论的角度出发，研究了服务业的类型及其区位，阐述了以企业为对象的服务业、具有事务所职能性质的服务业、公共服务设施三种不同类型服务业的区位特征，并从中心地理论、地租理论、集聚理论和公平性与效率性兼顾原则等四方面分析了服务业布局的依据；阎小培(2000)选择广州作为研究对象，在分析商务办公活动增长趋势的基础上，对广州生产性服务业分布格局的变化特征进行了讨论。

从研究的进展来看，国外学者对生产性服务业的空间区位特征的研究较为成熟和系统，近年来关注重点开始转向生产性服务业办公郊区化、区位周期性演变等现象和规律的研究；而国内还没有形成一个成熟的研究范式，主要侧重于对办公楼的空间分布与影响因素的研究，较为浅显。但从国内外的相关研究来看，对于生产性服务业和商务办公活动空间格局的研究中，都体现出了以下基本特征：

(1) 生产性服务业型的公共建筑的空间分布主要表现为空间集聚。城市中心高度集聚带来了地租和其他使用成本的提高、交通拥挤、通勤成本增大等负面效应，使得这些办公建筑出现了离心化和郊区化现象，由此，出现了在城市中心集聚和郊区交通节点集聚两种类型，并促进了城市空间结构从单中心形态向多中心结构的演化。

(2) 城市办公建筑的空间分布有着显著的功能专业化特征。生产性服务业内部各行业在空间上表现出不同程度的集中与分散特征，呈现出不同的空间结构模式，多种模式的相互结合构成了生产性服务业整体地域结构，从根本上推动了多核心结构的出现。两个因素导致办公建筑的郊区化：一是生产性服务业行业自身的职能分工，郊区化的主体是日常的“后方活动”部门，而主要的金融机构和高端的生产者服务业部门仍然高度集中在城市中心，后方职能的郊区化使得中心城区的职能等级得到提升并且更加专业化，控制功能也更强；二是部分的高端服务业和前方办公活动成为郊区化的主体，但中心城区却反而与外围集聚中心形成不同的等级体系和职能分工，构成了城市区域的多核心结构。

(3) 城市商务办公建筑的空间分布与城市交通体系有着互动影响机制。城市交通和城市公共建筑之间的关系是一种循环的作用与反馈关系。城市公共建筑分布对交通影响的主要方面表现在：不同的城市公共建筑组合中心都有不同特点的交通模式与之对应，这是由交通在城市活动中的功能所决定的。城市交通与城市公共建筑空间结构相互联系、相互制约。如公共建筑单中心分布模式的城市，需求是不均匀的；而公共建筑呈多中心集聚的城市，其交通需求分散在各个不同等级与区位的集聚中心，交通需求分布比较均匀。城市公共建筑空间结构对交通影响的另一个主要方面表现在城市公共建筑的开发建设对交通产生的影响。公共建筑的空间集聚伴随着高强度的土地利用，这必将导致拥挤的交通。城市交通系统所具有的实际运行水平会对商务建筑中的生产性服务业企业交易效率产生直接影响，从而影响到城市整体的空间结构，特别是城市交通可达性对城市经济、商业和文化活动用地的空间分布具有决定作用。索里亚·马塔线形城市模型揭示了城市生长的机制：城市道路交通是组成城市的骨架，各种不同性质的用地依存这些骨架。因此，公共建筑的空间分布决定了该区域的交通运输需求，道路及交通设施的改善又反过来改变公共建筑开发的强度和模式。

第三节　城市公共建筑的研究思路、方法与技术路线

一、总体研究思路

本文将以经营性公共建筑(具体包括商务办公、商业中心、酒店宾馆等)为研究对象，以杭州为调查蓝本，按以下思路开展调查和研究工作。

(一) 理论研究

在对相关概念进行表述的基础上，主要梳理了国内外学者有关公共建筑的研究情况，包括公共建筑的需求影响因素，空间布局等情况，通过以上几方面的综述，基本上厘清了公共建筑需求的影响因素及其研究方法和空间布局的理论基础，为本文建立指标体系进行实证研究，提供了很好的借鉴作用。

(二) 国内外城市经验借鉴

在国际化的大背景下，对公共建筑的需求预测与布局导向的研究，必须跳脱地区的束缚与限制，放眼国际和国内城市寻找标杆，提出城市公共建筑的需求标准与布局导向。本文将公共建筑需求的国际标杆锁定为东京、纽约、伦敦、巴黎和新加坡，将国内标杆锁定为经济比较发达的香港、台北、上海、北京、广州和深圳。通过对这些城市相关文献的查阅或实地调研，归纳、提炼标杆城市在公共建筑方面的规模、人均指标及其空间布局与演化的基本规律，为城市在公共建筑的需求标准、总量与结构控制、空间布局等宏观调控问题提供重要参考。

(三) 以杭州为分析对象，研究城市公共建筑的需求和空间布局

(1) 以未来杭州人均 GDP 突破 10000 美元后社会经济发展的趋势特点为切入点，分析公共建筑需求及空间布局的变化。2008 年，杭州人均 GDP 突破 10000 美元，表明杭州社

会经济发展已达到中等偏上的发达国家水平。根据发达国家经验，杭州的产业结构将进一步优化，以现代服务业为主的第三产业将加快发展，消费结构升级提速，生活质量明显改善，政府的投资重点将逐渐由产业发展、经济建设、基础设施建设向生产性服务与社会公共服务转移。本文将紧紧抓住杭州在这一转型时期出现的深刻变化，从产业结构、居民消费、城市空间布局等方面入手，全面揭示城市居民和产业发展对公共建筑的需求及空间布局的变化，为探讨杭州公共建筑需求容量和空间布局提供方向指引。

（2）从杭州公共建筑的现状出发，把握杭州当前公共建筑的问题症结。摸清目前杭州公共建筑的现状规模、利用率和分布，是准确预测公共建筑需求容量的前提与关键，也是下一步进行空间规划的基础。为了厘清杭州公共建筑的现状规模、功能类型、空间分布及其利用效率，本书将按已竣工投入使用和已供地未建成两大类进行逐项调查，并同步建立GIS图形及其数据库，为后续工作打好基础。其中，对已竣工投入使用的公共建筑，按行业类别、重点区域，借助相关行业协会或政府部门力量进行实地调查。

（3）借助多种方法与模型，预测杭州公共建筑的需求容量。对城市公共建筑的需求容量进行定量分析，从国际国内的实践来看，这种研究还是属于开创型的，可借鉴的案例基本没有。因此，本书除了采用国际比较分析——即借鉴国内外标杆城市在杭州类似发展阶段的公共建筑需求标准外，还将通过对公共建筑需求容量与第三产业、人口规模、住宅等的相关性研究，采用面板数据模型、神经网络模型等方法对杭州公共建筑需求容量进行定量计算，并通过比较分析确定科学的需求容量。

（4）以杭州公共建筑空间的实证研究与模型构建为基础，统筹安排杭州城市公共建筑的时空建设序列。城市公共建筑的建设是一个历史积累过程，公共建筑的容量分布具有时间和空间的双维性，公共建筑容量分布的时间性质表现在不同发展时期的公共建筑投放量，而公共建筑容量分布的空间性质则表现在不同空间区位的公共建筑投放量。公共建筑建设的时间投放量与空间投放量应该相互协调，统筹安排。时间序列上的投放过快或过慢会导致不同性质的资源浪费，而空间序列上的投放过于集中或过于分散则会导致不同程度的公共建筑服务效率低下。本书拟通过详细的现状调研，在把握杭州现状公共建筑分布的空间关系与存在问题的基础上，以未来城市多中心结构为布局框架，利用先进的空间探索性分析与空间统计分析工具，将公共建筑容量投放的时间序列科学地在空间上加以落实，以统筹安排杭州城市公共建筑的时空建设序列。

二、研究方法

本书拟采用的研究方法包括：

（一）比较分析与理论归纳

从城市公共建筑的演变规律及其特殊性角度出发，对国内外城市的公共建筑发展过程进行比较分析，探求城市公共建筑发展的一般规律。通过对杭州生产性服务业分布状态及产业分布空间模式的实证研究，借鉴国内外经验与相关理论基础，具体论证杭州公共建筑未来的发展趋势，为课题研究奠定基础。

（二）定量分析

在需求容量分析中，运用BP神经网络方法，借鉴国内外文献经验，确定影响公共建筑需求容量的影响因子，通过应用Matlab软件将数据样本代入BP神经网络来训练网络的各层之间连接权重和各层的阈值，使用通过拟合要求的神经网络来对未来的公共建筑需求量进行预测；同时使用多元线性回归，借鉴国内外文献经验，建立对于公共建筑需求的评价体系，对其进行技术处理(ADF检验和协整检验)，用处理后的变量数据在EViews软件中进行多元线性回归，从而得到各个影响因子的权重，以构建出关于公共建筑需求的多元线性回归模型，对未来公共建筑需求容量进行预测。

在公共建筑空间分布规划中，采用层次分析法(AHP)，以确定公共建筑布局影响因子的权重，从而构建杭州城市公共建筑布局模型，在空间上进行定量分析指导公共建筑开发分区规划；借助GIS手段，采用多因子分析模型空间，对杭州公共建筑空间分布模式和影响因子进行相关分析、因子分析、可视化处理等，体现研究的"理性"，并结合公共建筑布局的理论与演化规律，考虑公共建筑布局的各个影响因素，统筹考虑城市总体规划与各个专项规划内容，建立空间布局模型，通过基准模型与修正模型的综合运用，为杭州城市公共建筑布局与开发的多维度分区提供有效的分析途径；利用探索性空间分析(ESDA)，通过对杭州公共建筑空间分布现状的ESDA相关分析，可以描述杭州公共建筑分布差异在空间上的变化状况，从而探索影响城市公共建筑布局的影响因素与动力机制，并诊断杭州现状城市公共建筑布局中存在的问题。

(三) 多学科理论融合

公共建筑的规划建设涉及多个学科内容，如城市规划学、经济学、土地利用学、建筑学、社会学、心理学等等。在宏观层面上，本课题主要以城市经济学与地理学为基础，融合多学科理论与实践经验，引导杭州城市公共建筑的时空布局；微观层面上，力图将城市语言引入公共建筑，以避免公共建筑与其环境的冲突和不利影响，通过创造适宜的城市空间尺度和城市美学效果，营造"宜人"的公共建筑环境，引导城市公共建筑开发的密度、形态与结构，对公共建筑开发项目的具体建设进行科学指导。

二、技术路线

根据上述总体思路，确定技术路线，分六步实施到位：

(一) 总结相关研究理论

(1) 搜索国内外文献和相关资料，对城市公共建筑的需求研究进行理论总结。

(2) 搜索国内外文献和相关资料，对城市公共建筑空间布局进行总结。

工作目标：总结相关理论知识，为城市公共建筑需求和布局研究提供理论指导。

(二) 总结国内外标杆城市的规律和经验

(1) 搜索国内外文献，实地调研部分标杆城市，总结国内外标杆城市在不同发展阶段公共建筑的实际需求和人均标准，为城市公共建筑需求标准提供参考。

(2) 搜索国内外文献和相关资料，对城市公共建筑分布及其空间演化规律进行总结。

工作目标：总结国内外城市公共建筑的阶段性需求规律和空间演化规律，为城市的定量分析与时空布局提供参考。

(三) 对杭州公共建筑现状进行分析评价

主要包括杭州市公共建筑中心历史演变分析、公共建筑现状结构评价和利用效率评价三方面。

通过对杭州市土管局、市建委、市房管局、市规划局等单位的大量调研，和对已投入使用或在建的经营性公共建筑重点区域的现场调查，按以下三类确定公共建筑的性质、功能、区位等基本属性，并同步建立GIS图形及其数据库。

(1) 对已投入使用的经营性公共建筑等的实际利用率、空间分布、入驻单位等进行调查摸底，以判断目前的供求关系。

(2) 正在建设的经营性公共建筑潜在供应量以及区域分布，根据市规划局的建设项目规划公示材料和市建委的施工建设许可证核发材料，通过实地勘察和了解，掌握目前杭州正处于建设阶段的经营性公共建筑规模、空间分布、竣工并投入使用时间等情况。

(3) 规划已批的经营性公共建筑，根据市规划局的专项规划和项目审批资料，掌握目前杭州已列入规划的经营性公共建筑规模和空间分布。

工作目标：得出杭州现状公共建筑的规模与空间结构是否合理、空间分布是否高效、供需是否平衡等结论，并从中寻找出杭州现状公共建筑存在的问题，为后续的容量预测与空间分布研究提供依据。

(四) 分析预测城市公共建筑需求容量(以杭州为例)

(1) 杭州经济社会发展阶段与趋势分析。通过对杭州经济社会发展所处阶段，未来一段时间社会、经济、人口发展趋势状况进行深入分析，以及省委“两创”战略与市委“生活品质之城”城市定位对杭州城市发展的影响的评估，判断杭州近、中期社会经济发展趋势。

(2) 通过对杭州市各区政府、相关行业主管部门的访谈、座谈，了解政府部门对公共建筑需求与布局的设想。

(3) 研究公共建筑需求容量与第三产业、GDP等的相关性，并采用面板数据模型和神经网络法等方法进行公共建筑需求容量的预测。

工作目标：根据杭州社会经济的发展趋势，结合国内外城市的成功经验，采用多种方法预测杭州近、中期公共建筑的需求容量。

(五) 分析城市公共建筑空间演化趋势(以杭州为例)

(1) 对杭州城市公共建筑的主要职能——生产性服务业的空间演变进行分析，从空间的角度对杭州近几年城市空间结构转型与产业转型的耦合关系进行分析，并对照国际经验，对杭州城市公共建筑空间演变所处的发展阶段进行判断，分析该阶段城市公共建筑发展的特征，把握杭州城市公共建筑的未来发展趋势。

(2) 总结城市公共建筑布局的前沿理论，解读与杭州公共建筑发展相关的现实依据，如杭州城市总体规划、分区规划及相关专项规划等，将理论研究与实证分析相结合，为杭州城市公共建筑布局提供科学依据。

工作目标：在把握杭州城市公共建筑演变趋势与对各部门相关规划详细解读的基础上，提出以多中心为基本导向的杭州未来城市公共建筑布局构想。

(六) 城市公共建筑空间布局研究(以杭州为例)

1. 宏观层面

在容量预测结果与杭州多中心公共建筑体系构想的基础上，提出杭州城市公共建筑的总体结构、规模结构开发总容量、分区容量、空间体系结构(中心空间分布格局、中心等级体系与主要功能定位)。

2. 微观层面

主要对宏观层面所确定的容量进行具体的空间分配，由于城市公共建筑的布局涉及的方面十分广泛，研究拟通过GIS手段，结合公共建筑布局的理论与演化规律，考虑公共建筑布局的各个影响因素，以及城市总体规划与各个专项规划内容，并建立空间布局的基准模型与修正模型。基准模型主要是考虑公共建筑的交通区位、城市多中心空间结构、现状城市用地结构、城市人口空间分布等物质性因素。修正模型则是在基准模型的基础上，加入城市美学、城市生态格局、城市安全等非物质性影响因素，通过GIS的空间多维分析功能，最终确定杭州公共建筑开发规模分区（公共建筑容量空间分布）、开发功能分区（公共建筑职能空间分布）、开发强度分区（公共建筑容积率空间分布）。

工作目标：从宏观和微观两个层面对杭州公共建筑进行空间布局引导，统筹安排其建设的时空序列。

具体技术路线如图1-1所示。

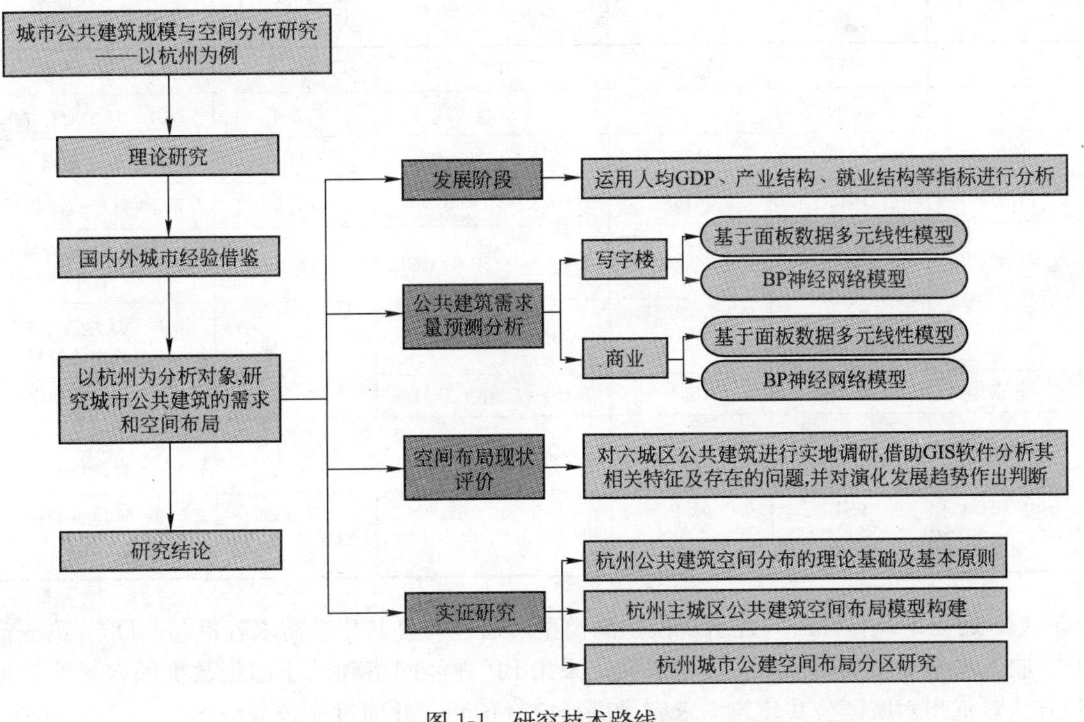

图1-1 研究技术路线

第四节 研究主要结论

本课题在研究国际上发达城市经营性公共建筑规模与空间布局基础上，寻找出一些规律性的可供借鉴的理论与经验，并选取了杭州市为具体分析对象，深入调研了杭州市公共建筑开发量与空间布局，采用科学方法预测了未来五年内经营性公共建筑合理开发容量，分析了杭州公共建筑空间分布上存在的问题，提出如何通过公共建筑的有效配置形成一个有序的多中心城市，以及有效开发时序等建议，对指导杭州公共建筑用地合理投放与空间合理配置有重要意义。主要结论有：

(1) 国内外城市公共建筑需求规模的研究表明，公共建筑规模应与经济阶段、产业结构等相耦合，保持供需动态的平衡。如东京，2004 年人均 GDP 为 63875 美元，国民生产总值占整个日本总量的近 1/6，第三产业占 72.2%，1997～2003 年平均每年新增建筑中住宅与经营性公共建筑的建筑面积之比在 2.5∶1 左右；香港，2007 年人均 GDP 为 29918 美元，第三产业比重达 91.16%。1996～2006 平均每年的新落成量中，住宅楼宇与商业楼宇之比为 3.27∶1；台北市，2006 年人均 GDP 达 28279 美元，第三产业占 71.06%，1967～2007 年新增住宅总建筑面积和新增经营性公共建筑的建筑面积之比为 4∶1 左右(表 1-4)。因此，结合国内外城市经验及杭州城市自身的特点，建议杭州房地产市场未来供应中，住宅与经营性公共建筑建设规模的比例应该维持在 3∶1～4∶1。

发达城市经济总量与经营性公共建筑开发 **表 1-4**

城市	GDP（亿美元）	人均 GDP（美元）	产业结构	第三产业就业人员比重(%)	住宅与经营性公共建筑比例
纽约	5911	71998	0.5∶10.5∶89	90.16	6∶1(土地存量)
东京	8280	67372	1.4∶26.4∶72.2	77.4	3.37∶1(土地存量)
伦敦	3010	41289	0.5∶14.5∶85	90	1.15∶1(土地增量)
新加坡	1613	35163	0.1∶31∶68.9	67.5	8.5∶1(建筑增量)
台北	763	28279	1.45∶27.50∶71.05	80.19	4.15∶1(土地存量) 4∶1 (建筑增量)
香港	2072	29918	0.06∶8.78∶91.16	86.8	3.38∶1(建筑存量) 4.5∶1(土地增量)
北京	1184	7654	1.1∶26.8∶72.1	69.3	5.1∶1(建筑增量)
上海	1663	8949	0.8∶46.6∶52.6	56.4	3.35∶1(建筑存量) 8.9∶1(建筑增量)
广州	934	9302	2.3∶40∶57.7	51.67	6.2：1(建筑增量)
深圳	908	10628	0.1∶50.9∶49	42.3	5.7∶1(建筑增量)

(2) 建立了经营性公共建筑规模预测模型。通过对公共建筑需求容量与 GDP、第三产业、收入水平等影响因素的相关性研究，采用 BP 神经网络和基于面板数据的多元线性回归方法对杭州六城区公共建筑需求容量进行定量预测，并通过比较分析确定了 2008～2012 年杭州公共建筑需求量在经济低速增长、正常发展、跨越式发展三种背景情况下的合理规模分别为平均每年 120 万 m^2(其中写字楼 70 万 m^2，商业 50 万 m^2)，170 万 m^2(其中写字楼 110 万 m^2，商业 60 万 m^2)，210 万 m^2(其中写字楼 125 万 m^2，商业 85 万 m^2)见表 1-5 所列。

杭州未来五年经营性公共建筑规模预测 **表 1-5**

年份	面板数据模型			BP 神经网络模型		
	写字楼(万 m^2)	商业(万 m^2)	总和(万 m^2)	写字楼(万 m^2)	商业(万 m^2)	总和(万 m^2)
2008	90.42	67.80	158.22	123.2	79.01	202.21
2009	104.05	76.91	180.95	125.23	81.28	206.51
2010	119.83	86.90	206.73	127.02	82.99	210.01

续表

年份	面板数据模型			BP神经网络模型		
	写字楼(万 m^2)	商业(万 m^2)	总和(万 m^2)	写字楼(万 m^2)	商业(万 m^2)	总和(万 m^2)
2011	138.09	97.88	235.97	127.92	83.12	211.04
2012	159.25	109.94	269.19	128.46	83.18	211.64
总和	611.63	439.43	1051.06	631.83	409.58	1041.41

(3) 利用历时两个多月地毯式调查获得的资料，同步建立了GIS图形及其数据库，对杭州公共建筑空间分布现状特征及存在问题进行归纳判断，得出杭州公共建筑空间分布总体上存在着功能单一、分布不均问题。从现状分布形态来看，杭州公共建筑空间呈现出多中心发展态势，并以西湖为圆心呈扇形且梯度递减的特征(图1-2)；从功能组合形态来看，存在着扩散结构不同步，配套环境建设滞后问题；按照七类公共建筑的划分看，各类功能的公共建筑在空间上的发展并不同步，配套型服务业(如写字楼)发展滞后于基础型服务业(如酒店、商业等)，外围区域的商务和办公环境尚不理想；从开发强度看，杭州公共建筑整体开发强度低，中心引力偏弱。杭州主城区容积率基本上处在2～4之间，而发达国家CBD一般总体容积率在5.0以上。

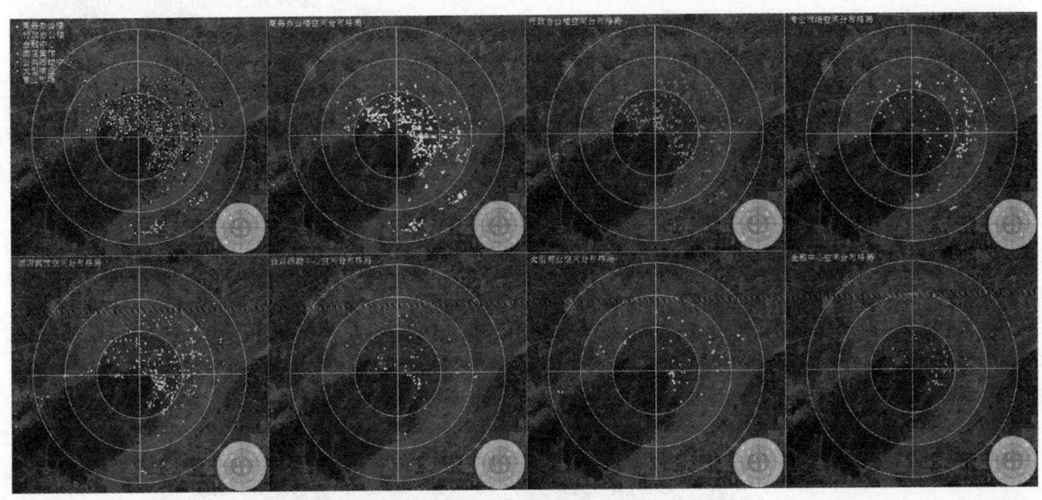

图1-2 杭州市各类公共建筑空间分布现状

(4) 针对杭州公共建筑发展的背景和自身特征，提出了三种不同目标指向的模拟方案(TOD开发模式、政府主导开发模式和职住均衡开发模式)，生成各自的公共建筑开发密度模拟方案，并通过多方案之间的比较，最终确定综合效用最大的空间容量分配方案。根据杭州具体情况，确定26个容量分配区块，以2008～2012年公共建筑开发量的预测结果为数据基础，通过最优密度模型分析得到各区块的开发量，结果如图1-3、图1-4所示。

(5) 在分析杭州各区块公共建筑的现状概况和问题的基础上，考虑相关规划涉及的主要内容，以规划管理单元为基础，将杭州核心区划分为结构优化区、整合提升区、配套建设区、强化集聚区、基础供给区五类，为未来的发展规划提供具有针对性的依据(图1-5)。

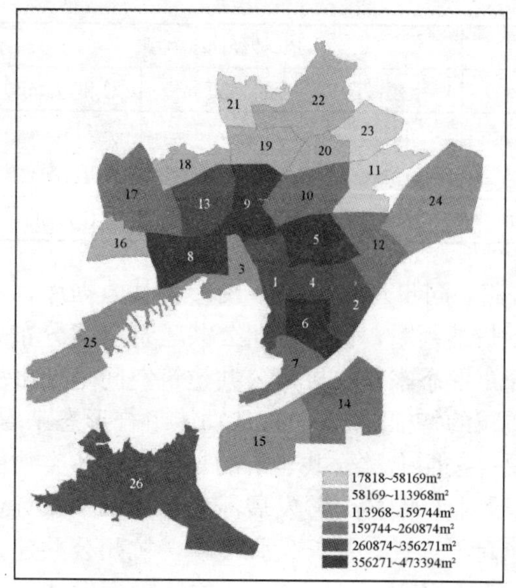

图 1-3 杭州核心区写字楼容量空间布局图

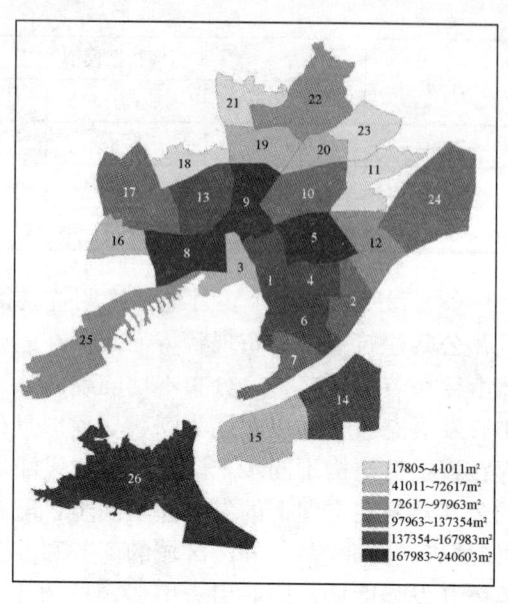

图 1-4 杭州核心区商业公共建筑容量空间布局图

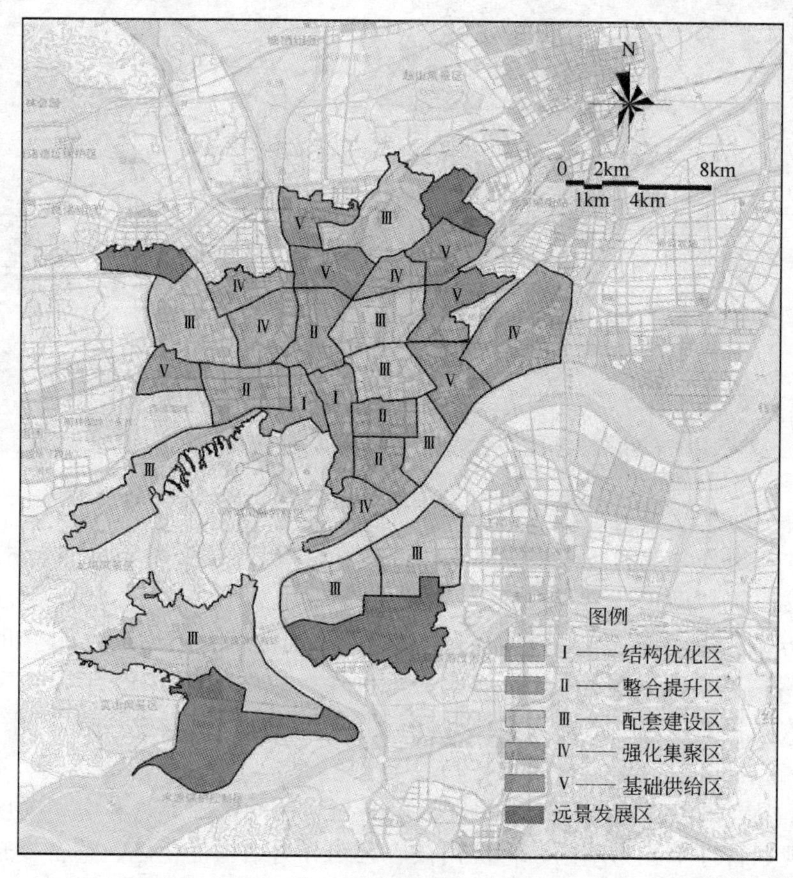

图 1-5 杭州城市公共建筑开发功能区分类图

(6) 采用空间因子综合分析模型，结合国内外相关经验确定权重，对杭州公共建筑的开发强度进行控制性引导，并提出具体的引导建议(表 1-6)。同时，在全面考虑了城市综合体开发行为本身、开发结果的社会影响力及其开发特征三方面后，对杭州 100 个综合体开发时序提出了建议。

杭州城市公共建筑开发强度控制与引导 **表 1-6**

开发强度控制区类型	建筑形态引导	商务写字楼		商业公共建筑		控制区范围	区块特殊控制要求
		容积率	建筑密度(%)	容积率	建筑密度(%)		
高开发强度区块	以面状高层建筑分布为主	5.0	45	5.5	55	武林—湖滨—吴山区块、西溪—黄龙区块、长庆—凯旋区块、小营—采荷区块	西湖周边根据相关高度控制要求执行
次高开发强度区块	以局部面状高层建筑与局部点线状高层结合分布	4.5	42	5.0	52	翠苑—文新区块、拱宸桥—大关区块、钱江新城区块、三里亭区块、南星—复兴区块	滨江建筑根据相关城市设计导则要求执行
中高开发强度区块	以线状高层建筑与点状高层建筑结合分布	4.0	39	4.5	49	申花—桥西区块、滨江区政府区块	滨江建筑根据相关城市设计导则要求执行
中开发强度区块	以线状高层建筑与面状多层建筑结合分布	3.5	36	4.0	46	东新区块、三墩区块、半山区块、华丰区块、彭埠区块	半山周边建筑根据相关城市设计导则要求执行
中低开发强度区块	以点状高层建筑与面状多层建筑结合分布	3.0	33	3.5	43	九堡区块、谢村铁路北区块、丁桥区块、祥符区块、滨盛区块	滨江建筑根据相关城市设计导则要求执行
低开发强度区块	以多层建筑分布为主	2.5	30	3.0	40	留下—小和山区块、之江区块、蒋村区块、康桥区块、笕桥区块	山体周边与滨江建筑根据相关城市设计导则要求执行

第二章　城市公共建筑规模研究综述

公共建筑是指承载人们的社会性活动或人们享受社会性服务的行为的相关建筑。包括医疗建筑、文教建筑、纪念建筑、办公建筑、商业建筑、体育建筑、交通建筑、邮电建筑、展览建筑、演出建筑、景观建筑等。本章重点研究的是经营性公共建筑，特指承载商业、商务等经营性职能的公共建筑，主要包括写字楼与商业建筑两大部分。本章着重梳理了国内外文献中与写字楼和商业建筑需求相关的研究成果。

第一节　写字楼需求规模研究综述

国内外对写字楼需求量研究主要集中在写字楼需求量影响因素的定性研究和需求量的定量预测。预测未来写字楼需求的模型大致可以分为两类：①根据从业人员趋势变化建立的线性预测模型；②引入众多宏观经济变量的预测模型。前者所需数据较少，后者则需要诸多的数据支撑。

一、写字楼定义及分类

写字楼原意是指用于办公的建筑物，或者说是由办公室组成的大楼。从现代意义上讲，写字楼是指国家机关、企事业单位用于办理行政事务或从事业务活动的建筑物，其使用者包括营利性的经济实体和非营利性的机构。从市场的角度看，写字楼是指公司或企业从事各种业务经营活动的建筑物及其附属设施和相关场地(刘洪玉，1996)。

按写字楼所处位置，楼宇品质(包括装饰标准、配套设施、设备标准)，建筑规模，客户进驻，物业服务，交通便利，所属区位，智能化等指标综合评定，可分为：

(1) 甲级写字楼[1]，指具有优越的地理位置和交通环境，一般位于城市主要商务，有多种交通工具可直达，建筑物的物理状况优良，建筑质量达到或超过有关建筑条例要求，智能化程度高，有知名本地或跨国企业入驻，规模较大，有完善的物业管理服务，收益能力强。

(2) 乙级写字楼：指具有良好的地理位置，建筑物的物理状况良好，建筑质量达到有关建筑条例或规范的要求，但建筑功能与设施设备不是最先进的，规模较小，收益能力低于甲级写字楼。

(3) 丙级写字楼：指已使用年限较长，建筑物在某些方面不能满足新的建筑条例或规范的要求，建筑物存在明显的物理磨损和功能陈旧。

---

[1] 这是一种通行叫法，并没有固定标准。在我国现行的建筑设计规范里无法找到甲级、乙级、丙级的分类。

二、国外研究状况

（一）需求量影响因素研究

豪沃斯（Robin A. Howarth，2000）将诸多影响写字楼市场的变量分为外生与内生两类，其中内生变量包括写字楼的供给量、租金水平、空置率等，而外生变量包括办公业雇佣人数、建造成本、利率等。在对写字楼需求量建模实证分析后，得出就业人数的增多和中心集中程度的提高都会显著增加写字楼需求量。

日本的 Toru Matsumura 经济研究小组（2003）对东京写字楼的研究中，主要将写字楼的需求变化归因于产业结构的变化（服务业比例的提高）和服务业就业人数的变化。研究小组将影响写字楼需求量的因素总结为三个方面：影响办公室员工数的因素，包括高新信息产业的员工人数、女性员工数量、国外金融机构数量、办公室员工退休年龄、服务业的员工比例等；影响办公室员工人均使用面积的因素，包括租金水平、IT 设备的使用情况和外资企业的数量；其他因素还包括通信中心和信息中心的建设、办公模式的转变等等。

西维塔尼兹（Petros S. Sivitanides，2006）在总结分析影响写字楼需求的动因和决定因素后，认为能刺激写字楼市场需求量的宏观经济变量为：经济、收入、人口的增长，制造业的比例降低和服务业比例的提高，企业利润率的增长等。

惠顿（W. C. Wheaton，1987）通过对写字楼的调查发现，写字楼主要的承租者来自于金融、保险和房地产业（FIRE），以及其他服务业（主要是专业性服务业、商业和政府服务）。丹尼斯·迪帕斯奎尔和惠顿（Denise Dipasquale and W. C. Wheaton，1996）认为在服务业中有以下行业是使用写字楼的：广告、计算机和数据处理、公共服务、零售业、法律和社会服务业、商务服务业、工程业和管理服务等行业。因此，这些服务行业的就业人数上升就会对写字楼的需求显著上升。

弗朗切斯科（Anthony J. De Francesco，2008）研究了澳大利亚写字楼市场的时间序列特征和长期均衡特征，将悉尼和墨尔本两大城市的 CBD 作为主要的研究对象。弗朗切斯科研究的焦点在租金调整模型和写字楼需求与就业人数关系模型❶（$D_t = w_0 X_{t-q}^{\lambda} E_t^{\beta}$），除了使用空置率、写字楼人均使用面积和租金等与写字楼直接相关的变量，还引入了 GDP、就业率、利率、失业率、服务业白领就业人数等宏观经济变量。弗朗切斯科通过 ECM（误差修正模型）发现诸多的宏观经济因素在悉尼和墨尔本两个写字楼市场对写字楼需求有短期的影响，而真实租金和实际利率仅仅在悉尼的写字楼市场中对需求有长期的影响。

（二）需求量预测方法研究

在写字楼需求定量分析方面，主要参考的变量有写字楼使用行业的就业情况、写字楼使用者人均所占物业面积、租赁活动和吸纳量等。

丹尼斯·迪帕斯奎尔（Denise Dipasquale，1990）通过对美国 12 个大城市的写字楼租金和写字楼使用者人均占有面积进行定量的回归分析，发现这两个变量之间有着显著的负相关，即在写字楼空置率较高、租金较低的时候，企业给员工安排的写字楼使用面积会增

---

❶　D_t 是写字楼需求量，X 这个矩阵中有很多影响人均办公空间的宏观因素和经济因素（经济增长率，利率、雇佣量和解雇量等等），E 是就业情况，w_0 是人均办公使用面积。

加；反之，则会减少。丹尼斯·迪帕斯奎尔(Denise Dipasquale，1994)通过对比旧金山1968～1993年写字楼使用行业的就业增长率和写字楼物业净吸纳量，发现两者之间有明显的相关性，但其显著程度还不足以说明两者之间有必然联系。特别是在20世纪80年代后期，就业增长率和吸纳量之间表现出不一样的趋势，这表明写字楼使用者人均所占物业面积发生了变化。就此他认为，出现这样的情况一方面是由于各个职业要求的写字楼人均使用面积不一样，而各个地区的职业组合随着时间的推移会改变，另一方面是由于租金和写字楼人均使用面积有直接联系，而租金是随时间变化的。总而言之，吸纳量与租金水平、写字楼使用行业就业情况两个方面都有密切的关联性。归纳需求量预测的具体方法，主要可以分为比例方法和预测方程法。

1. 比例方法

假如劳动者参与率、失业率、产业和职业组成结构与每个雇员使用的写字楼空间保持常数，就可以简单地基于易得的人口和就业比例这类数据来预测写字楼需求的增长数量。

詹宁斯(C. Jennings)于1965年提出比例模型：$D_{t+1}=\left(\frac{S}{P}\right)P_{t+1}$[1]。随后他又指出了该模型的缺点：没有充分考虑由产业结构和就业结构的转变带来的S/P值的变化。他认为对写字楼的需求量的评估应该根据其建筑年龄和条件分类来进行。同时，他建议用基于建筑历史存量和本地经济变化预期的最小二乘法的趋势曲线来预测写字楼需求。

凯利(H. Kelly，1983)批判了根据建筑历史情况对平均居民需求量和每年新增写字楼空间的估算及简单通过存量来计算未来需求的方法。另外，他认为不能通过人口而是要根据按职业和产业分类的就业人数数据来进行分析。另外，他还建议对于就业的分类不要仅仅限于SIC(U. S. Standard Industrial Classification system，美国标准工业分类系统)的考虑。

克拉普(John M. Clapp，1989)创立了“入驻面积/就业人数”指数来评估每年写字楼的吸收量即每年新增需求量。通过现在可以使用的写字楼的总面积和空置率计算写字楼的入驻面积；使用金融、保险和不动产行业(FIRE)的雇员人数作为办公室工作人员的代替变量。但他忽略了办公室的分类需要指出的是，虽然使用FIRE雇员人数作为替代变量有一定的问题(譬如并非所有的FIRE人员都在写字楼工作等)，考虑到目前的行业分类方法众多，例如SIC和NAICS(The North American Industry Classification System，北美工业分类系统)对于服务业的分类就不同，但是各种方法对FIRE的分类统计都是一致的，所以使用该数据有其优势。随后Clapp预测了“入驻面积/就业人数”指数，并把它应用到一个FIRE行业雇员增长模型中，从而得到未来写字楼入驻面积的预测。未来的入驻面积预测值减去当前的入驻面积就可以计算得到每年的新增需求量。

2. 预测方程法

拜布尔和惠利(D. S. Bible and J. W. Whaley，1983)将现有雇员对新增空间的需求作为一个新的变量引入模型，来衡量每个雇员占有的办公面积随时间所发生的变化。因此，总需求就变成了现有雇员空间需求的增加量和新增雇员所需空间两方面综合的一个函数。他

[1] 其中D_{t+1}是未来$t+1$时刻的写字楼需求量，S表示既定时刻的写字楼存量，P是既定时刻的人口数；P_{t+1}指的是在$t+1$时刻人口的预测。

们还引入了三个比例：退出空间的比例，出租空间的比例，和净平方英尺/毛平方英尺的比例。他们用国家就业工程的数据结合美国劳工署的数据，对办公室人员进行部门和职业的分类，通过BOMA(国际建筑业主与经理人协会)的调查统计得到每个新员工的办公空间和现有每个员工所需空间的变化。

罗森(kenneth T. Rosen，1985)将租金和空置率都引入了写字楼的需求预测模型，$CHNGOSF_t=f=(ESRENT_t, VAC_t, COST_t, INT_t, TAX_t)$❶。该需求量预测模型证实空置率水平和写字楼使用面积的增长有显著的反比性。鉴于租金和空置率有强烈的相关性，他用了估计的租金来代替真实租金。估计租金是基于当前价格水平函数、真实空置率和理想空置率的函数。

金博尔和布隆伯格(J. R. Kimball and B. S. Bloomberg，1987)用总就业人数来预测写字楼的需求量，通过劳工部的数据提取办公空间的使用人数，同时依据SIC目录数据进行分类，然后分配一定的比例给独立的写字楼。为了将雇员量转变为空间的需求，他们建议采用从BOMA调查获得的每个员工占用的办公室空间数据或根据当前所有的写字楼入驻面积除以人数所得的值。但这项研究没有解决以前研究所提出的每个雇员的办公室使用面积随时间变化而减少或增加的问题。

拉比安斯普(Joseph S. Rabianski，2004)改进了前人众多需要改进的地方。金博尔和布隆伯格对劳工部的数据的研究，他的改进方法是先将主要的职业都纳入目录，然后评估每个行业中办公室人员所占的比例，由此提供了亚特兰大市的写字楼需求数据。同时他还建议重视政府机构的雇员数量，将雇员需求量从空间上分配到各个副中心，并对写字楼的需求进行分类。此外，他得出了一个存量和增量需求预测模型：$D=\alpha\beta\phi\theta\pi\tau\gamma E_T$ 和 $\Delta D=\alpha\beta\phi\theta\pi\tau\gamma(\Delta E_T)$❷。考虑到现在的存量、空置率和人均办公面积随时间变化等因素，增加的需求包括由于雇员人数增加而增加的部分，由于人均使用面积提高而增加的部分，还要减去适当的空置率和潜在的供给，形成的差额就是新增需求，由此得到以下模型❸：

$$\Delta D=\alpha\beta\phi\theta\pi\tau\gamma(\Delta E_T)+(\Delta\phi)E^*-V-(NC+R+C)-d$$

三、国内研究状况

与国外在写字楼需求方面的众多研究相比，国内关于写字楼需求预测研究在深度和广度方面略显不足。姚小刚、张泓铭(2003)在研究上海市写字楼市场时，认为写字楼的需求和城市的经济发展有着显著的关联，尤其是第三产业增加值、第二产业从业人口(白领人

❶ 其中 $CHNGOSF_t$ 是指在 t 时刻增加的写字楼使用面积；$ESRENT_t$ 指的是 t 时刻估计的租金水平；VAC_t 指的是 t 时刻空置率；$COST_t$ 指的是 t 时刻的建筑成本；INT_t 指 t 时刻的利率；TAX_t 指的是虚拟变量，1982年以前是0，1982年以后是1。

❷ α 表示私营部门的行业中属于使用写字楼行业的百分比；β 表示私营部门的行业中属于使用一流办公空间行业的百分比；ϕ 表示每个私营部门雇员所使用的写字楼面积；θ 表示私营部门雇员中使用写字楼的比例；π 表示在所有员工中私营部门中的员工比例；τ 表示在承租客所使用的空间中私营部门雇员所占的比例；γ 表示在一般写字楼空间中私营部门雇员所占的比例；E_T 表示总体的雇员。

❸ E^* 表示当前私营部门的就业人数；V 表示分解的各个类型的写字楼空置率；NC 表示分解的各个类型写字楼的新建量；R 表示由于等级改变而重新恢复使用的写字楼；C 表示转变成写字楼的量；d 表示破坏的量。

数)、境内外投资、城市化水平、城市产业结构及相关政策的变化都会对办公物业的需求构成重要的影响。通过层次分析法将影响写字楼需求的自变量锁定在预期企业增长率、写字楼物业价格和租金、第三产业从业人员、国内投资、境外投资、第三产业增加值、写字楼利用率的高低和拥挤程度这些变量。最终，他将第三产业增加值作为关键变量，通过对上海第三产业增加值的预测来间接预测对写字楼的需求量。

韩雪飞(2006)在其硕士论文中以天津写字楼市场作为研究对象，将影响写字楼需求的因素归纳为一般因素(行政、经济、社会、人口、心理和国际因素)、区域因素(商圈规模、商服繁华程度和交通条件)及个别因素(资源因素和交通便捷度)，将入驻面积作为解释变量，将GDP、第一产业增加值、第二产业增加值、第三产业增加值、就业人口、固定资产投资、外贸进出口总值、口岸贸易吞吐量和金融机构贷款余额作为因变量，建立多元线性模型，最终得到第二产业完成增加值、城市就业人口、外贸进出口总值和金融机构贷款余额对写字楼每年的入驻面积即需求量有显著的影响。此外，他还通过灰度模型GM(1，1)对天津未来写字楼需求作了预测。

沈宇(2005)以上海写字楼市场为例，研究写字楼市场租金的调整变化过程。他认为写字楼市场租金的形成受到多种因素影响，包括物业本身的一些特征属性、外部市场条件和交易谈判等，并利用调整模型、搜索配对理论等解释租金变动的过程。

台湾的黄名义、张金鹗(1999)以特征租金回归模型分析了台北市办公室租金的影响因素。研究采用1993～1998年台北市办公室租赁实际成交行情的相关数据(来源：台湾地区不动产成交行情公报)，得出以下结论：显著影响台北市办公室租金的因素包括：租赁面积、所在楼层、区位、用途类别、屋龄、总楼层与办公室设备等，从整体租金水准分析，办公室租金水平高于住宅租金水平，吻合竞标地租理论观点。

第二节 商业公共建筑需求研究综述

随着经济的发展，对商业需求增大，相应地对商业公共建筑合理需求量、空间布局、选址等的研究不断深入。

一、商业公共建筑定义及范围

商业公共建筑的概念有广义、狭义之分。从广义概念上讲，商业公共建筑是指各种非生产性、非居住性物业，包括写字楼、公寓、会议中心以及商业服务经营场所等。而狭义的商业公共建筑概念是专指用于商业服务业经营用途的物业形式，包括零售、餐饮、娱乐、健身服务、休闲设施等，其开发模式、融资模式、经营模式以及功能用途都有别于住宅、公寓、写字楼等房地产形式。本书的研究对象是狭义概念的商业公共建筑。

商业公共建筑的形式多样，规模也有大有小。规模大的商业地产如Shopping Mall项目，可以达到几十万甚至上百万平方米，规模小的商业房地产项目只有几百平方米，甚至更小。对于规模庞大的商业公共建筑，多采用开发商整体开发，项目统一经营管理，以收取租金为投资回报形式的模式；对于规模较小的商业公共建筑而言，大多数项目依然采取在统一经营管理模式下租金回收的方式，但各类商业街、商品市场、沿街底铺则采用商铺出售、零散经营的模式。

二、国外相关研究

（一）需求量影响因素研究

国外对影响商业房地产需求量因素的研究较为全面、深入。多数学者将各种因素归纳为自然条件和社会经济两大类：自然条件包括位置、天气等；社会经济主要指宏观政策、法律、人口、产业结构、国民经济发展水平、城市区域经济发展水平、商业地产自身价格、消费者收入水平和消费结构、城市商业繁荣程度、消费者预期、商圈氛围、住宅小区的密集度、区域商业繁华程度等。但值得注意的是，马利兹亚对相关因素的理解和归类较为特殊。马利兹亚理论认为城市就业增长会增加对商业房地产的需求，因此，有利于促进就业增长的各种经济因素都能影响商业房地产的需求量，包括经济增长因素和经济发展因素。他将经济增长因素视为影响就业的短期因素，如区位优势、就业人口比利等，适用于预测短期需求；把教育水平、产业多样化程度等经济发展因素作为影响就业的长期因素，适用于预测长期需求。万斯(James Vance)通过对旧金山—奥克兰大都市区的研究，将影响城市商业公共建筑模式的因素归结为：①汽车，使购买者具有更大机动性和选择的自由；②购买能力和偏好的变化，导致购买量的增加和对商业需求的增加；③新的居住模式，尤其是人口向远离市中心方向的迁移；④土地利用区划政策的变化，致使在较大地块上按规划进行较大商业中心建设成为经常性举动；⑤商业经营方式的变化，商品组合变化要求建设较大规模的商店，也导致了商业建筑物在设计上的创新。据此，万斯预测：城市中心商务区(CBD)将分化为办公区(服务整个大都市区)、专门物品销售区(服务城市化地区)和综合商业区(面向内城居民)三个部分；外围商业中心将为郊区市场提供齐全的商品；由于销售者总是在位置上尽可能趋向购买者，所以各商业中心的服务半径将趋于减少。

（二）需求量预测方法研究

1. 基于多元回归的商业房地产需求预测方法

以商业房地产需求为自变量，影响需求的因素为自变量，建立回归模型进行预测。马利兹亚以对影响商业房地产需求量的因素的划分为理论基础，于 1991 年采用经济增长因素和经济发展因素，对美国 250 个都市区的商业房地产需求状况进行了预测。他将就业增长率、就业稳定性和经就业稳定性调整后的就业增长率三个指标作为因变量，对影响就业增长率的经济增长因素、经济发展因素，以及城市区位因素进行综合回归分析，结果显示：各因素对就业增长率的影响程度按顺序由大到小依次为区位、中学教育程度以上的成年人比重、建筑业就业人口比重、其他非金融服务业就业人口比重、产业多样化状况；各因素对就业不稳定性的影响程度按顺序由大到小依次为新成立企业比重、地方所有企业比重、区位、产业多样化状况。由此，可直接比较得出各因素对商业房地产需求的影响程度。

2. 基于 GIS 的研究法

国外有关商业用地需求量预测不少是基于 GIS 技术分析展开，同时进行用地规模和用地布局的研究。美国林肯土地政策研究所在对土地容量评价和预测时应用 GIS 把土地划分成若干类，然后通过详细调查，确定未来土地利用的混合程度和建筑密度，估计未来开发容量。韩国国土研究院也利用 GIS，结合规划，合理安排各种用地的布局和规模。

（三）商圈范围界定研究

国外在需求分析之前都进行购物中心市场服务区(商圈)分析，即界定商圈未来可能覆盖的地理范围。基本的界定方法有：同心圆法、行车时间法和路线调查法。

雷诺兹(Robert B. Reynolds)于1953年按照人口规模和营业区距离建立模型，以确定购物中心市场区分界点的位置。其后，阿普博姆、咖萨在雷诺兹的基础上从不同城市销售场地面积的角度，界定商圈分界点，求取商圈大小，并得出了类似的市场分界点公式。

威尔逊(A. G. Wilson)于1969年创立了最大熵模型。他从熵最大原理出发推导出一种具有理论意义的融合了引力模式和潜能模式的“一般空间互动模式”，故而也称之为“熵最大模型”。威尔逊认为：两个区位点之间的相互作用量，实际上就是另一个点相对于该点的潜能在整个系统相对于该点的整体潜能中所占的份额乘以该点规模。很显然，与断裂点公式(即两个城市影响区域的分界点公式)相比，熵最大模型将瑞非(W. J. Reify)和康弗斯(P. D. Converse)的“两中心”升级，扩展到“全中心”系统。

戴维斯(R. J. Davies，1976)在其专著中，对商业中心的类型(规模特性、功能组成等)、精确位置(便捷与可达性、自然条件、法规等)等方面进行了较为全面的分析。

三、国内研究状况

(一) 需求研究

国内对于商业房地产需求量影响因素的分析主要采用相关分析或回归分析法、神经网络分析法、灰色关联分析法等。其中，前两种方法在运用中受到大样本等条件限制，且多用于分析住房市场；灰色关联分析法则突破这些限制，适用于小样本且信息的不确定性系统，在商业房地产领域有广泛应用。桂冰(2006)以北京、上海、重庆三直辖市1999～2004年的统计数据为依据，选择19个对零售商业房地产需求量影响较大的因素，进行三城市的灰色关联分析。设 $\chi_0=\{\chi_0(k)\mid k=1, 2, 3, \cdots\cdots 6\}$ 为参考序列，$\chi_i=\{\chi_i(k)\mid k=1, 2, 3, \cdots\cdots 6\}(i=1, 2, 3, \cdots\cdots 19)$为比较序列，关联度计算结果显示：与商业房地产需求量相关度最大的因素，北京为城乡居民储蓄存款、职工平均工资、全社会固定资产投资总额；上海为城市基础设施投资额、城镇人口登记就业率、恩格尔系数；重庆为第三产业总产值、职工平均工资、国民生产总值。

针对需求量预测的具体方法有：

1. 比率—人口相乘法

在一个城市区域内商品零售面积的人均需求量的经验值乘以服务区的总人口，从而得出市场需求总量。

总需求量－调查区现有零售面积＝市场需求潜力

若需求潜力>0，即存在开发空间，开发可行。

2. 单位零售房地产面积、商品零售额比率比较法

首先，统计商品服务区内的商品零售总额和零售房产总面积；然后对商品进行分类，统计不同类型商品(家电、汽车等)零售额、零售面积；最后，将商品分类数据与商品零售总额和零售房产总面积进行比较，可以发现某类商品单位零售面积零售额是否存在不足现象，从而判断市场是否处于饱和状态。

3. 房地产开发度指数法

一个城市可以看成一个统一的市场，也可以进一步划分为若干二级市场，二级市场间存在着投资竞争，通过对竞争的分析可以找出各二级市场的商业房地产投资饱和状况，进

而决定其是否具有商业房产开发潜力。房地产开发度指数法通过对城市市场区零售房产总面积、单元区零售房产总面积、城市平均家庭收入、单元区平均家庭收入等数据的分析可以具体得出某一单元区的商业房产需求量。

4. 灰色预测模型 GM(1，1)

灰色系统理论中的 GM 模型适用于预测未来商业房地产的需求量。其核心是对原序列进行一次累加后所得的生成序列建立灰微分方程：

$$\chi^{(0)}(k)+az^{(1)}(k)=b$$

其中，$\chi^{(0)}(k)$为原始序列；$\chi^{(1)}=AGO\chi^{(0)}$为生成序列；a 为发展系数，反映 $\chi^{(0)}$ 和 $\chi^{(1)}$ 的发展态势；$Z^{(1)}(k)=0.5\chi^{(1)}(k)+0.5\chi^{(1)}(k-1)$；$b$ 为灰作用量，反映数据变化的关系。

由此通过参数估计得出 a、b 的值，进而预测未来的需求量。

(二) 商业空间学研究

商业空间学包括商业空间结构理论及其区位选择理论。刘胤汉等(1995)以中心地理论为基础，分析县商业网点的结构与空间布局。樊绯(2001)实证研究了天津市中心城区零售业空间结构，对零售业中心地体系、零售业与生产服务业空间分布关系等作了详尽的探讨。

宁越敏(1984)和吴郁文(1989)选取了反映商业中心特征的多个指标，通过聚类分析方法对上海市和广州市的商业中心地进行研究。陈森发等(1986)就反映商业中心规模的指标选择及其综合，特别是主要指标加权值如何确定等具体问题，采用主成分分析方法，将多个指标压缩确立成一个代表商业中心规模的综合指标。这是继用聚类分析方法处理多个分类指标之后的又一种可选择的科学方法。东南大学的方华、鲍家声、柳孝图等在 1995 年曾就南京市商业中心等级体系分析方法和调整方案作过相关研究，并利用数学模型，得出一个划分商业中心等级的综合指标。

杨吾杨(1990、1994)运用中心地原理，从历史、人口和交通等要素出发，系统地探讨了北京市商业中心地等级结构的形成和演化。安成谋(1990)通过模型研究兰州市三级商业中心的演化状况。陈忠暖(1997)通过因子生态分析法对昆明市主城区商业地域结构的类型和形成机制进行研究。许宗卿的博士论文(2000)全面而系统地研究了北京市商业空间，内容涉及商业活动的时空结构、地域空间类型、商业中心演化等各个层面。

在商业区位选择方面，赵斌正(1990)认为商业中心区位选择有四个指向因子：交通指向、人流指向、配套设施指向、地租指向。蒋云红(1991)对零售空间组织的决策过程和市场分析过程进行了研究，归纳了零售商业空间市场区分析的一个过程模式，该过程模式包括社会经济分区、贸易区分区和消费者研究。王宝铭(1995)对天津市区人口分布单个影响因素与商业网点布局相关性作了探讨。崔彤彤(1996)以上海为例，研究影响零售业网络形成的各因素。刘念雄(1998)则从另外一个角度研究了北京市大型零售设施的布局，结果表明北京的商业布局正出现边缘化的趋势，王府井、前门和西单——昔日的三大商业区都在逐渐衰退。同时，他指出由于人口分布、交通状况、城市布局和商业布局的变化，这种边缘化趋势是不可避免的。

第三章　发达城市公共建筑规模比较研究

借鉴国际上发达城市经验，是一种较为实际、方便和低成本的方法。本章着重以东京、纽约、伦敦、巴黎、香港、台北、新加坡[1]等国际上发达城市，和上海、北京、广州、深圳等国内先进城市为比较对象，分析它们各自的经济、人口、土地利用、各类建筑比例、CBD规模状况的关系，初步建立判断一个城市经营性公共建筑合理开发规模的经验性标准，为杭州经营性公共建筑合理规模的确定提供经验依据。

第一节　城市分类及参考指标研究概述

一、城市分类

以人均GDP、产业结构和国际影响力为标准，参考钱纳里(H. Chenery)的工业化发展六阶段理论和库兹涅茨(Simon Smith kuznets)的产业结构理论，我们将本书确定的比较研究对象分为以下三类：

1. 全球经济核心城市：东京、纽约、伦敦和巴黎

无论是经济总量、人均GDP的发展水平还是其产业结构的高级化程度，这些城市相对于其他城市都是处于世界领先水平。依据钱纳里和库兹涅茨的理论(表3-1)，这四个城市都已经处于后工业化的高级阶段。同时，东京、纽约和伦敦分别作为亚洲、美洲和欧洲的核心城市，具有广泛的国际影响力。

工业化阶段标准　　**表3-1**

理论依据	基本指标	前工业化阶段	工业化实现阶段			后工业化阶段
			工业化初期	工业化中期	工业化后期	
钱纳里工业化发展六阶段理论人均GDP标准(美元)	1964年	100～200	200～400	400～800	800～1500	＞1500
	1996年	620～1240	1240～2480	2480～4960	4960～9300	＞9300
	1995年	610～1220	1220～2430	2430～4870	4870～9120	＞9120
	2000年	660～1320	1320～2640	2640～5280	5280～9910	＞9910
	2002年	680～1360	1360～2730	2730～5460	5460～10200	＞10200
	2004年	720～1440	1440～2880	2880～5760	5760～10810	＞10810
库兹涅茨的产业结构理论	三次产业产值结构(产业结构)	$A>I$	$A>20\%$，且$A<I$	$A<20\%$，$I>S$	$A<10\%$，$I>S$	$A<10\%$，$I<S$

注：A、I、S分别代表第一、第二和第三产业增加值在GDP中所占的比重。

资料来源：陈佳贵，黄群慧，钟宏武．中国地区工业化的综合评价与特征分析．经济研究，2006(6)：9-10；库兹涅茨．各国的经济增长．北京：商务印书馆，1999：347-360.

[1] 新加坡是个国家，但也是个城市。

2. 区域经济中心城市：香港、台北和新加坡

它们的经济总量、人均 GDP 和产业结构状况处于所研究城市的中流。依据钱纳里和库兹涅茨的标准(表 3-1)，香港、台北和新加坡亦处于后工业化时期，它们都具有较大的规模和国际性城市功能，但从其各自的全球化程度和国际影响力来看，实力要逊于纽约、东京和伦敦。由于新加坡、香港、台北的区域地位、人文环境与杭州较为相似，因此可以为本书的研究对象——杭州未来中长期的发展提供更有益的借鉴经验。

3. 国内地区经济中心城市：上海、北京、广州、深圳和杭州

在经济总量、人均 GDP 和产业结构三方面，仅在经济总量上，上海、北京较台北、新加坡略胜一筹，五个城市的其余两项指标均弱于上述城市。同样依据钱纳里和库兹涅茨的标准(表 3-1)，这五个城市都处于后工业化和工业化后期的边缘地带。从国际地位和影响力来看，上海和北京今后更符合国际性大城市的标准，而广州、深圳和杭州则属于对地方性区域或省域经济具有重要影响力的地区经济中心城市。

二、参考指标选取

为了准确、有针对性地衡量国内外发达城市的发展状况，我们选取以下三大参考指标来建立系统的评价指标体系。

(一) 用地结构比例

无论一个城市处于何种经济发展阶段，各个城市都有自己的一套完整的土地利用规划体系来指导和控制土地的合理利用及各类建筑的开发比重，以满足当地经济发展和产业结构调整的需要。土地利用规划已成为空间规划、城市规划、产业规划的核心或主要内容，也是各种规划的基本落脚点，因此，用地结构比例可以大致反应该地区的城市特征和发展定位。通过对所研究城市土地市场和经济发展阶段特征的分析，特别是对公共建筑尤其是经营性公共建筑用地的考察，能使我们从根源上掌握该城市公共建筑尤其是经营性公共建筑的配置规模。

(二) 各类建筑规模与结构比例

建筑是城市居民生活、工作、休闲的物质载体，不同类型的研究承担着不同的功能职责。尽管各城市所处的经济发展阶段不同、产业结构不同，但各类建筑的规模与结构比重应该有相对合理的范围。分析发达城市的该比例，可以为推断杭州经营性公共建筑的合理配置规模提供一些经验性依据。

(三) CBD 规模

CBD 即“中央商务区”(Central Business District)，是集金融、贸易、展销、购物、文化、服务等功能及商务写字楼、公寓为一体的区域。在以市场经济为主导的全球一体化进程背景下，不同地域范围的中心城市都将承担相应的“商务功能”，并以此在全球形成多层次、多元化的网络体系，CBD 的发展也呈现出多元化的态势。CBD 区域集中了所属城市大部分的公共建筑，特别是经营性公共建筑，它是整个城市公共建筑的典型缩影，因此对城市 CBD 的研究可以从较高层面掌握各城市公共建筑特别是经营性公共建筑的规模、档次、建筑密度、服务对象、供需情况等特征。

东京、纽约、香港、新加坡等作为全球经济核心城市和区域经济中心城市，其用地结构、各类建筑规模与结构比例和 CBD 特征都可以为本书研究对象——杭州的中、长期公

共建筑，特别是经营性公共建筑的土地出让和开发计划提供借鉴经验。而通过比较国内城市在该三大指标方面的状况，可以透视杭州与它们之间的差距，为杭州近期经营性公共建筑的土地出让和开发计划提供借鉴经验。

第二节 全球经济核心城市

一、纽约市经济与用地开发特征

（一）城市经济特征分析

纽约市 GCP[❶] 占美国 GDP 总量的比重基本维持在 4.1%～4.6%(图 3-1)。2006 年，纽约的 GCP 为 5911 亿美元，占美国 GDP 总量的 4.6%，在美国经济中占有举足轻重的地位。美国 2006 年发布的人口统计数字显示，纽约市总人口数已经达到 821 万，其人均 GDP 为 71998 美元。

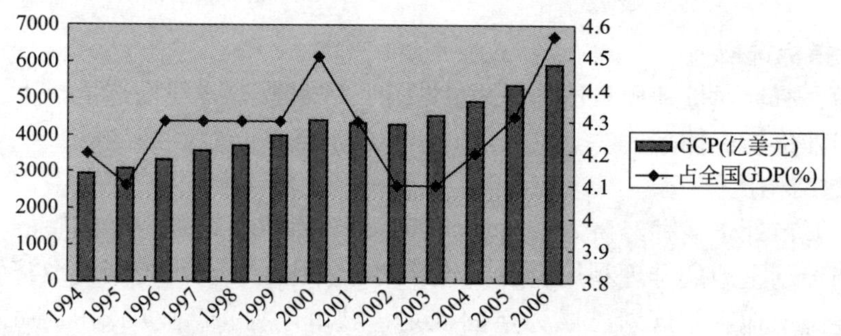

图 3-1 1994～2006 年纽约市 GCP 情况

资料来源：Monthly Report on Current Economic Conditions. http://www.docstoc.com/docs/25437220/Monthly-Report-on-Current-Economic-Conditions.

从产业结构来看，服务业是拉动纽约市经济发展的核心产业。比较 1963～2003 年各产业产值，农业在纽约市经济中的比重一直低于 0.5%，对城市经济的贡献非常小。第二产业在总产值中的贡献率呈现波动态势，从 20 世纪 60 年代的 13%持续下降到 1997 年的 6.69%，但之后又有了较大增长，至 2003 年，第二产业的贡献率已反弹至 10.45%。而第三产业对纽约的经济发展一直起着决定作用，其对整个城市生产总值的贡献率一直保持在 90%左右(图 3-2、图 3-3)。可见，服务业是拉动纽约大都市经济发展的核心产业。

在就业人口分布方面，1950～2001 年 50 年间，纽约市非农业就业人口增加了 24 万人，增长率约为 6%，但此间的人口规模却相对稳定。20 世纪 50 年代初，纽约市人口数已经增长到第一个高峰值，789 万人，此后便基本保持稳定，直到 2000 年，其人口上升至 800 万左右的规模，达到历史最高水平。

与非农业就业人口稳步增长相反的是，就业在产业部门之间的分布发生了显著变化。其集中表现在制造业就业人口和比重的持续减少，服务业、金融保险和房地产业以及各级政府部门就业人口和比重的持续上升。1950～2000 年 50 年间，纽约市制造业就业比重从

❶ 在纽约，城市的国内生产总值不称“GDP”，而称为“城市生产总值”(GCP)。

1950 年的 29.96%下降到 2000 年的 6.53%，其他服务业(不含 FIRE、贸易业和交通运输等)就业比重从 1950 年的 14.65%提高到 39.16%。2000 年的就业人口统计表明，第三产业的就业比重达到了 90.16%，其中贸易业占 16.85%、FIRE 占 13.2%、交通运输和公共事业占 5.72%、各级政府部门占 15.24%、其他服务业占 39.16%，制造业的就业人数占到 6.53%，建筑业的就业人数为 3.28%，采矿业已经退出了纽约市的就业市场(图 3-4)。

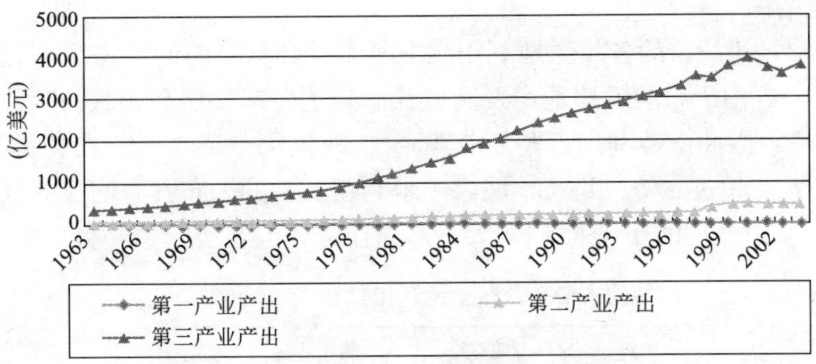

图 3-2　1963～2002 年纽约城市产业产值构成

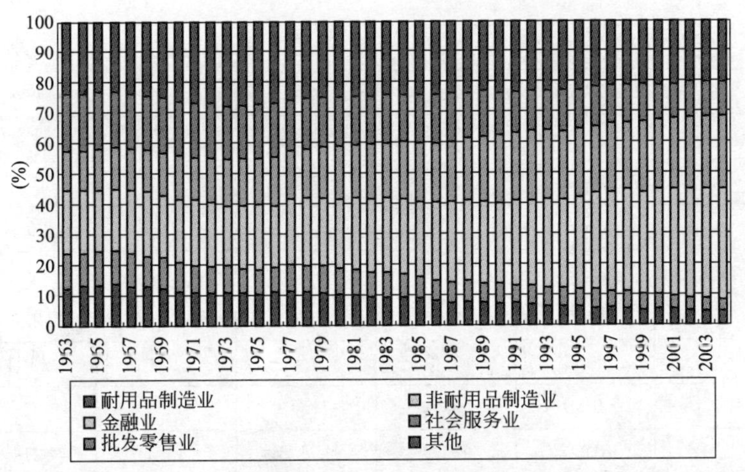

图 3-3　1963～2003 纽约市产业贡献度

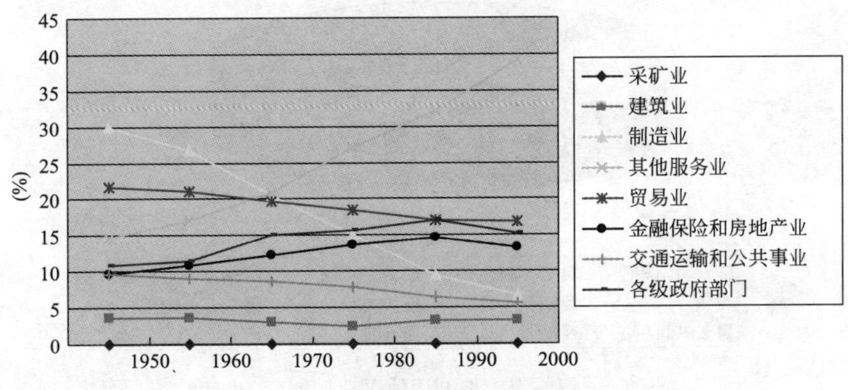

图 3-4　1950～2000 年纽约就业人数分布变化

资料来源：美国劳工局

从以上数据可以看出，纽约作为后工业化时期的国际性大都市，正从物质生产中心的单一化功能向承担生产和流通服务职责的金融中心、服务中心、信息中心、管理中心、科学文化教育中心等多功能演变。第三产业特别是金融服务业全面繁荣发展，形成显著的产业集聚效应；社会服务业也从中得到了蓬勃发展；而原先的主导性产业，尤其是制造业则呈现明显的衰退趋势，逐渐丧失其统治地位。

（二）用地结构

从总体来看，纽约市的各类土地利用状况基本符合其目前的经济水平和产业结构特征（表 3-2、图 3-5）。由于纽约的房地产发展已经逾越了高速发展和膨胀的阶段，达到相对成熟和稳定的阶段，因此土地利用已趋于饱和，空地仅剩余 7.5%。在各类用地中，住宅用地的比重最大，超过 1/3。此外，城市土地利用类型的分布具有明显的区域差异性，如整个纽约市 1～2 户住宅的用地面积要大于多户住宅，但在曼哈顿，多户住宅、商住混合、

纽约市各个分区土地利用结构(2006 年统计)　　**表 3-2**

	纽约	布朗克斯	布鲁克林	曼哈顿	昆斯	斯塔滕岛
1～2 户住宅(km^2)	169.8	15	35.3	0.6	77.5	41.4
多户住宅(km^2)	74.6	12.9	25	10.3	22.6	3.8
商住混合(km^2)	16.7	2.2	5.3	5.3	3.2	0.7
商业与办公(km^2)	23.8	3.6	4.8	4.4	6.4	4.1
停车(km^2)	8.2	1.6	2.8	0.8	2.8	0.7
工业(km^2)	23.2	3.2	7.6	1	7.8	3.5
公共事业(km^2)	46.6	2.3	6.6	2.8	25.3	9.6
公共开阔空间(km^2)	157.1	25.8	52.8	10.8	42.2	25.5
公共机构(km^2)	45.5	9.7	9.4	5	9.6	11.8
空地(km^2)	42.5	3.6	4.9	1.3	11.1	21.6
其他(km^2)	10.9	3.2	1.4	0.8	5	0.6
总计(km^2)	619.2	83.1	155.8	43.1	214	123.2

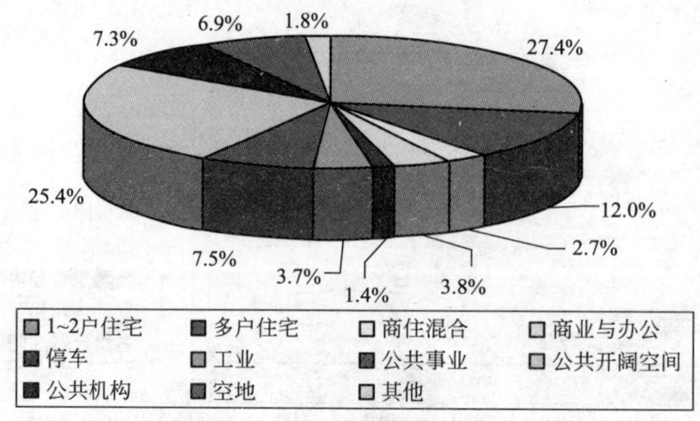

图 3-5　纽约市土地利用情况比例图(2006 年)

资料来源：纽约城市规划局(Department of City Planning)

商业与办公用地的比重明显偏高，这显示了经济形态和市中心土地稀缺对土地集约开发的选择。

前面分析的纽约市产业结构高级化、商业和金融业发达、工业相对萎靡的产业发展阶段特征，在其土地利用上也得到了充分的体现：纽约的公共建设用地比重近1/4，其中商住混合2.7%、商业与办公3.8%、公共事业7.5%、公共机构7.3%，而工业用地只占3.6%。

值得一提的是，纽约市在如此高密度的资本与人口集聚的状态下，仍保留了157.1km^{2}的开阔空间面积，如著名的中央公园，这一系列改善城市自然环境的开放性场所合计占整个土地利用的1/4，对提升整个城市的环境质量发挥了至关重要的作用。

（三）CBD特征：规模巨大，供需平衡，A级写字楼比例高

纽约是目前国际公认的世界级经济核心城市。它不仅集中了全球相当数量的金融机构，特别是外国银行及从事金融交易的公司，也聚集了大量跨国公司总部，包括全球财富500强中的46家公司总部和1.2万家制造业公司总部。与之相匹配的是规模庞大的新型服务业，纽约有法律服务机构5346个，管理和公关机构4297个，计算机数据加工机构3120个，财会机构1874个，广告服务机构1351个，研究机构757个[1]。如此庞大的经济总量背景下，纽约仍可以保证每个写字楼员工拥有25m^2(272平方英尺)的办公空间[2]，足以体现其写字楼存量之巨大。

2005年，作为纽约的中央商务区，仅仅占地60km^{2}的曼哈顿拥有写字楼可租存量为3829万m^2，写字楼占所有建筑的比例达到32.15%。曼哈顿A级写字楼的比例相当高，其可租存量为2156万m^2，占全部写字楼可租存量的比例为56.3%；商业零售物业可租存量为92.25万m^2，占所有建筑的比例为0.77%，人均商业面积约为0.6m^2；工业物业可租存量为117.5万m^2，占所有建筑的比例为0.99%(图3-6)。从表3-3～表3-6可以看出，上述物业的空置率都在7.5%以内，这表明在2008年这场金融危机之前，曼哈顿各类经营性公共建筑的供需基本平衡。

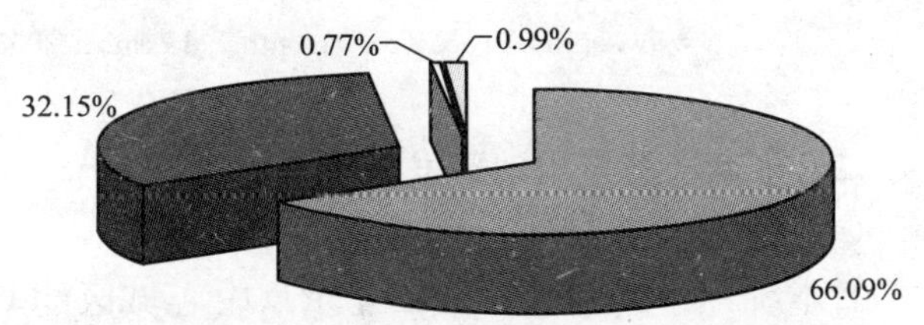

图3-6　2005年曼哈顿建筑分类比例

曼哈顿所有写字楼空置状况　　表3-3

	出租(万平方英尺)	转租(万平方英尺)	合计(万平方英尺)	空置率(%)
中　城	1304	279	1583	6.4
中城南	482	30	512	5.7
下　城	763	164	927	10.2
合　计	2549	473	3021	7.1

---

❶ 资料来源：赵弘. 总部经济. 北京：中国经济出版社，2004.

❷ 资料来源：Sheila Muto. Layoffs Help Tenants Give Employees More Space. The Wall Street Journal，2002，(2).

曼哈顿A级写字楼空置状况 表3-4

	出租(万平方英尺)	转租(万平方英尺)	合计(万平方英尺)	空置率(%)
中　城	904	221	1125	6.6
中城南	48	6	54	7.4
下　城	457	137	594	9.5
合　计	1409	364	1773	74

曼哈顿全部零售物业空置状况 表3-5

	出租(万平方英尺)	转租(万平方英尺)	合计(万平方英尺)	空置率(%)
中　城	12	0	12	4.0
中城南	22	0	22	3.9
下　城	8	0	8	4.1
合　计	41	0	41	4.0

曼哈顿全部工业物业空置状况 表3-6

	出租(万平方英尺)	转租(万平方英尺)	合计(万平方英尺)	空置率(%)
中　城	28	0	28	5.4
中城南	18	1	20	2.5
下　城	0	0	0	0
合　计	46	1	47	3.6

资料来源：December 2005：Rent Office in Manhattan and other New York Real Estate Updates. http：//www.optimalspaces.com/monthly_december 2005.html.

二、东京经济与用地开发特征

（一）城市经济特征分析

日本统计年鉴显示，2004年东京中心城区的GDP总量为7848亿美元，按当时1229万人口来计算，其人均GDP达到63875美元。而大东京都区（下辖23个特别区、27个市、5个町、8个村以及伊豆群岛和小笠原群岛）而言，2004年的GDP为12021亿美元，辖区总人口3530万，人均GDP达34054美元。

东京中心城区的GDP占到当年整个日本GDP的16.97%，而大东京都区的GDP占整个日本GDP的26%左右，说明东京都市区的城市集聚效应极强，它在日本经济中的地位也非常重要。据日本经济产业省最新数据显示，2006年东京中心城区的GDP总量已达8280亿美元，人均GDP达67372美元。

依据库兹涅茨的产业结构理论，东京早在20世纪70年代就已步入后工业阶段。1964～2005年间，其产业结构发生巨大变化，三次产业的比例从1964年的9.6∶41.5∶48.9调整到2005年的1.4∶26.4∶72.2，第三产业地位在这40余年间提升显著（图3-7）。

伴随产业结构升级，就业结构也发生了很大的变化。仅在1976～1996年间，核心市区区部的工业企业数及从业人数就减少了大约一半；由14个市组成的近郊区工厂从业人数减少约20%，远郊13个市合计却增长了11%，这充分反映了工业正在向外扩散。与此同时，第三产业在核心市区特别是组成中央商务区的几个区内得到了进一步的大发展，中央商务区和中央商业区的经济活动人口中，第三产业比重均高达80%以上(千代田区1997年已达到86%)，即使是东京都最偏远的乡村，第三产业比重也超过50%(图3-8)。

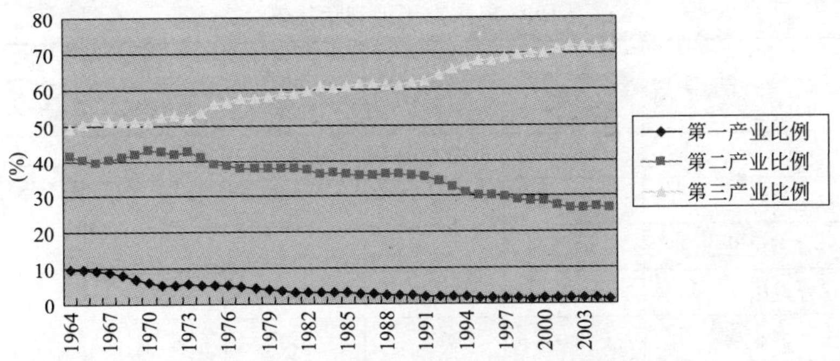

图3-7　1964～2005年东京产业结构

资料来源：2006年东京统计年鉴

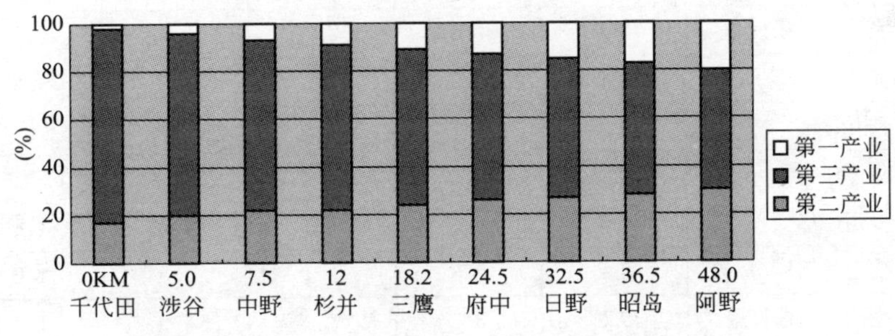

图3-8　1997年东京各区市在三次产业中的就业结构

（二）土地利用情况

1. 存量方面

东京是日本的首都，面积2162km²，从东京区部土地利用比例图来看，其公共建筑比例达到32%，其中经营性公共建筑用地比例为16.6%(图3-9)。而细分经营性公共建筑用地可以发现，商业楼6.0%、专用商业设施1.9%、商住楼7.0%、宾馆及娱乐设施0.8%、其他0.9%，可见比例之高。东京国际性商业金融中心的功能在其土地利用结构上有所体现，主要包括以下几点：

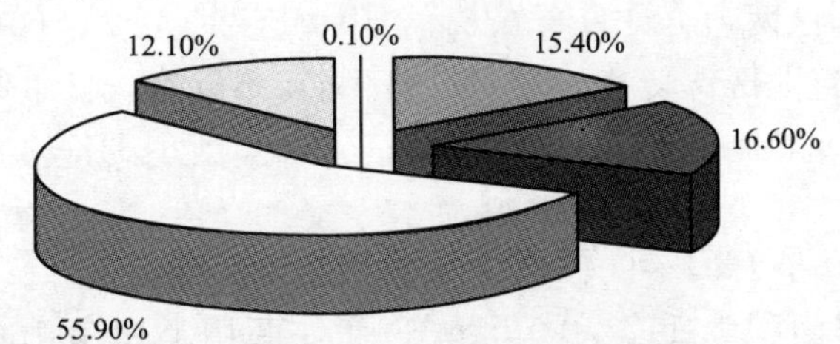

图3-9　1997年东京区部土地利用情况

资料来源：东京都政府统计网站 http：//www.metro.tokyo.jp/

(1) 商业楼占地比例非常高。都心三区的商业楼占地比重都超过了20%。中央区最高为44.8%，千代田区33.6%，港区21.8%。如果合计商业楼、专用商业设施、商住楼三项，比例将更高，东京23区部的平均值为14.9%(表3-7)。

1997年东京土地利用比例 **表3-7**

		区部(%)	千代田区(%)	中央区(%)	港区(%)	新宿区(%)	文京区(%)
总计		100.0	100.0	100.0	100.0	100.0	100.0
公共设施	政府部门	1.8	30.3	2.9	10.3	1.6	0.9
	教育文化设施	10.3	12.6	5.1	12.7	13.0	23.0
	医疗设施	1.3	1.3	1.4	1.7	2.3	2.0
	公共事业	2.0	0.2	3.9	2.3	0.7	0.2
商业用地	商业楼	6.0	33.6	44.8	21.8	12.2	7.7
	专用商业设施	1.9	2.1	4.2	1.9	2.2	0.8
	商住楼	7.0	5.9	8.3	5.6	7.7	7.7
	宾馆、娱乐设施	0.8	3.4	2.7	5.8	2.7	1.7
	其他	0.9	0.6	1.9	1.2	1.8	1.2
居住用地	独立住宅	33.9	2.7	4.5	10.8	25.7	32.2
	集体住宅	22.0	3.6	10.2	17.8	26.2	17.8
制造业	专用厂房	4.6	0.3	1.2	1.5	1.4	1.3
	住宅并用厂房	2.2	0.3	1.3	0.8	1.2	2.2
	仓储、运输设施	5.3	3.3	7.6	5.9	1.3	1.4
第一产业	农林渔业	0.1	0	0	0	0	0

资料来源：东京都政府统计网站 http://www.metro.tokyo.jp/

(2) 教育文化设施占地比例突出。教育文化设施用地在东京区部的平均比重为10.3%，其中文京区达到了23%，体现出教育文化在东京经济中的重要地位。作为日本的政治、经济中心，东京同时也是日本娱乐业最为发达的城市，其娱乐业不仅满足东京城市居民的消费需求，更是辐射至日本全国的展览、剧院等大型娱乐项目，其产值和从业人数在日本全国占据重要地位。

(3) 制造业占地比例非常低。东京23区部专用厂房、住宅厂房并用两项合计占地为6.8%，其中千代田区两项合计只有0.6%，中央区2.5%，港区2.3%，这与1970年以来日本产业升级、制造业区位转移相对应。自1970年以来，日本第二产业增长处于停滞状态，就业人口由农业和制造业大量转移到第三产业，尤其是企业服务业，增长速度最快。

2. 增量方面

表3-8、图3-10是1997～2003年东京新增建筑的分类统计。在这7年间，平均每年新开工的居住类用房面积为1177.04万m^2、商住两用类用房166.14万m^2、商业类用房203.57万m^2、服务业类用房101.76万m^2、公共事业用房53.98万m^2、公务及文教用房126.72万m^2、其他各类建筑用房42.39万m^2。从比例来看住宅和经营性公共建筑(商住两用类、商业、服务业)的增量比例分别为62.89%和25.2%，即2.5∶1的关系。若在商

住两用类用房中，按商业与住宅各占50%的比例粗算，则住宅与经营性公共建筑开发量之比是3.25∶1。非经营性公共建筑(公共事业、公务及文教)的增量比例为9.65%，在原来存量的比例基础上有所下降。这说明在这一阶段东京产业结构进一步高级化，服务业、商业的繁荣度进一步提升，而一些公共机构和政府机构在东京的设置已经相对成熟，因此其增量比例有所下降也是合理的。

1997～2003年东京市新建建筑分类(建筑面积)　　**表3-8**

年份	居住(m^2)	商住两用(m^2)	农林和水产(m^2)	矿工业(m^2)	公共事业(m^2)	商业(m^2)	服务业(m^2)	公务及文教(m^2)	其他(m^2)	总计(m^2)
1997	11135726	2021582	10233	546152	556096	1515164	1128944	1518469	13906	18446272
1998	10750262	1729595	9974	374089	370601	1632251	1328062	1217063	1129	17413026
1999	10448162	1931568	8017	255841	496069	2297208	1018281	1545271	195	18000612
2000	12694906	1495553	5988	616307	564692	2656067	1142318	1163971	3955	20343757
2001	11905583	1382861	7083	314948	886460	2388650	830163	990041	104	18705893
2002	12330772	1551209	3749	307684	470943	2044986	836472	1023171	2660	18571646
2003	13127495	1517465	4647	475436	433644	1715588	838647	1412755	5402	19531079
合计	82392906	11629833	49691	2890457	3778505	14249914	7122887	8870741	27351	131012285
平均每年	11770415	1661405	7098.7	412922.4	539786.4	2035702	1017555	1267249	3907.3	18716041
比重	62.89%	8.88%	0.04%	2.21%	2.88%	10.88%	5.44%	6.77%	0.02%	100.00%

资料来源：东京市统计年鉴

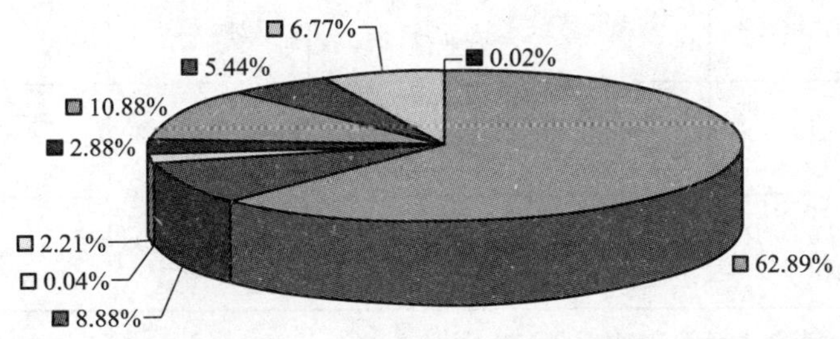

图3-10　1997～2003年东京市新建建筑分类(建筑面积)结构比重

资料来源：东京市统计年鉴

(三) CBD特征：多核多中心，各副都心功能各异

进入20世纪50年代，随着日本经济高速发展，作为首都东京原都心即原中央商务区(CBD)的三区(千代田区、港区和中央区)已不能适应形势需要，政府机关、大公司总部、全国性的经济管理机构和商业服务设施等高度集中，交通拥挤。为控制、缓解中心区过分集中的状态，同时发展周边地区，1958年下半年东京都政府提出了建设副都心的计划。在1975～1995年间东京形成了六个各具特色的副都心，形成了多核多中心的局面，其中以新宿、池袋规模最大。各副都心除商业、饮食业功能外，商务、办公设施与文化、娱

乐、服务设施以及金融、保险、不动产设施占据相当大比例，综合化发展的特点十分明显。

新宿经过 40 年的副都心建设，已经发展成为具有相当规模的综合性中心。截至 1995 年的统计资料显示，整个新宿副都心总占地面积达 270hm^2，其中商务和办公机构占地 56hm^2，零售商业部分占地 83.5hm^2，商业、文化、娱乐等设施 2760 家，总营业面积 366550m^2。建成的新宿商务区中商业、办公及写字楼建筑面积达 200 多万平方米。为了实现办公自动化，新宿计划建设新的超高层建筑，来达到人均办公面积 15m^2 的目标。池袋是规模仅次于新宿的东京第二大副都心，截至 1995 年，该地区共有各类零售商业、文化设施 1353 家，总营业面积 278489m^2。除了传统的商业零售功能外，东京艺术剧场、大都会酒店、乡土文化馆、千种画廊、枇杷之实文库等文化交流设施也集聚在池袋，文化交流频繁已成为池袋副都心最突出的特征。由表 3-9 可以看出，六个副都心各具特色。

各副都心高于平均统计值的统计项目一览表 **表 3-9**

	第一位	第二位	第三位	第四位	第五位	第六位
新宿	车站乘客数	娱乐设施率	办公商务设施率	就业人数	零售业单位营业额	昼间人口密度
池袋	文化交流设施率	零售业单位营业额	车站乘客数	商业设施率	娱乐设施率	办公商务设施率
涩谷	公共汽车线路数	娱乐设施率	车站乘客数	就业人数	昼间人口密度	批发业单位营业额
上野、浅草	文化设施率	铁路线路数	批发业单位营业额	公园率	夜间人口密度	商业设施率
锦系町、龟户	公园率	夜间人口密度				
大崎、五反田	设施平均占地面积	批发业单位营业额	夜间人口密度			

资料来源：根据东京都编《副都心整体计划》整理

三、伦敦经济与用地开发特征

（一）城市经济特征分析

伦敦是英国最重要的商业金融中心。根据英国统计局的资料显示，2003 年伦敦市的 GDP 为 2636 亿美元，占当年整个英国经济增加值的 16.29%，远远高于英国其他城市。2006 年伦敦市区 GDP 增长至 3010 亿美元，占整个英国的经济增加值仍然维持在 16%以上，达到 16.49%。按照其市区人口 729 万来计算，其人均 GDP 达到 41289 美元。与此同时，伦敦的产业结构合理，金融和商业服务业发达，第三产业增加值占 GDP 的比重超过 85%，金融和商业服务业产业增加值占伦敦总经济增加值的 40%。

对比伦敦市 1981 年和 1999 年就业人口可得，其制造业的就业人口和其他服务业明显下降，分别从 1981 年的 19.2%和 29.1%下降至 1999 年的 7.4%和 6.6%；而 FIRE(保险、金融和不动产)、金融中介和商贸服务比例有大幅提升，分别从1981年的15.9%、0、0上升至1999年的32.2%、8.7%和23.5%(图3-11)。这充分表明伦敦产业重心的转移，FIRE、金融中介和商贸服务等行业已成为城市主导产业。

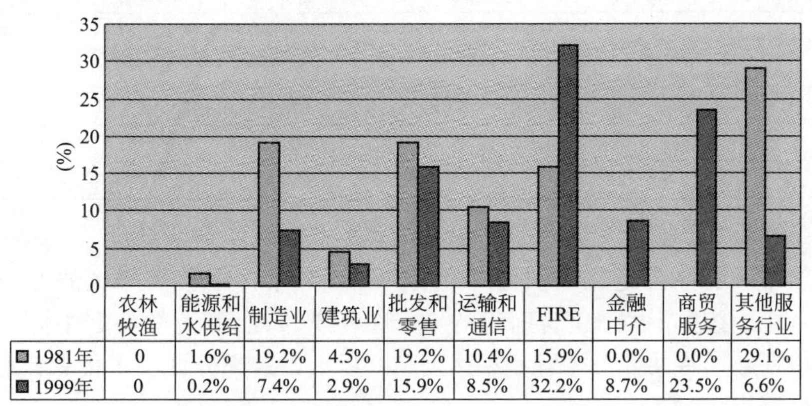

	农林牧渔	能源和水供给	制造业	建筑业	批发和零售	运输和通信	FIRE	金融中介	商贸服务	其他服务行业
1981年	0	1.6%	19.2%	4.5%	19.2%	10.4%	15.9%	0.0%	0.0%	29.1%
1999年	0	0.2%	7.4%	2.9%	15.9%	8.5%	32.2%	8.7%	23.5%	6.6%

图3-11　伦敦市区就业人口分布

资料来源：英国国家统计局. 劳动市场趋势 2000

(二) 土地利用规划及办公建筑存量

伦敦市2007～2016年房屋十年发展规划的数据显示，伦敦市在城市建设中，十分注重保持住宅、办公楼、商铺、工业等各种类型用途建筑的合理比例，以配合其产业结构特征和经济发展的需要，保持各产业各行业的持续、协调发展。在规划的十年间，伦敦市新建建筑中，住宅、办公楼、商铺、工业和公共事业的用地面积比重分别为23%、7%、9%、33%和5%，而公共建筑(办公楼、商铺和公共事业建筑)的比例将超过1/5(图3-12)。

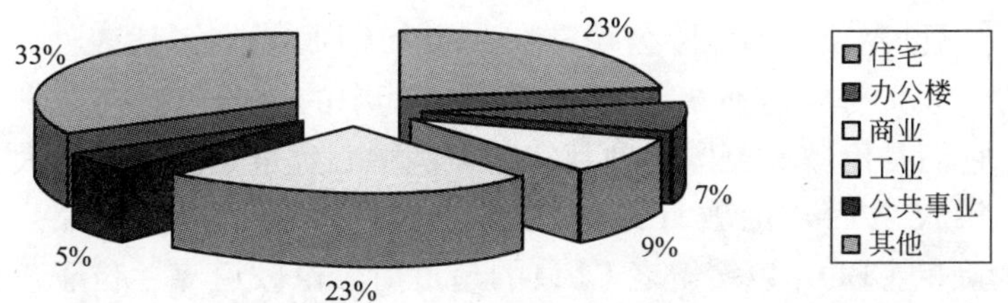

图3-12　2007～2016年伦敦市规划中不同类型建筑所占比例

资料来源：Greater London Authority. 2004 London Housing Capacity Study. July，2005

从伦敦各区未来的土地利用规划情况来看，2007～2016年这十年间土地利用的重点在伦敦东区，新建建筑总量占地达到829.1hm²，占总量的49.7%。东区的住宅、办公楼、商铺、工业和其他类土地的规划利用量均为各区之首，而南区的未来开发量在各区中最少，土地总开发量仅为148.8hm²。从各类建筑用地的总量来看，2007～2016年间，所有新建建筑的土地开发总量为1668hm²，其中，住宅用地391hm²、办公楼用地110hm²、商业用地143hm²、工业用地383hm²、公共事业用地86hm²、其他用地555hm²(表3-10)。这十年间，每年新建公共建筑(办公楼、商业和公共事业)的占地面积平均为33.9hm²。

2007～2016 年伦敦各区土地利用情况 **表 3-10**

分　区	住宅	办公楼	商业	工业	公共事业	其他	总共
中央区(hm^2)	51.9	15.2	16.6	43.9	29.4	58.7	215.5
东区(hm^2)	201.4	48.7	67.1	247.4	17.4	247.1	829.1
北区(hm^2)	78.8	10.7	8.3	36.5	4.3	96.1	234.8
南区(hm^2)	12.5	13.7	14.7	18.2	8.8	81	148.8
西区(hm^2)	46.2	21.6	35.8	37.4	26.2	72.3	239.6
合计(hm^2)	391	110	143	383	86	555	1668
比重(%)	23.44	6.59	8.57	22.96	5.16	33.27	100.00

资料来源：Greater London Authority. 2004 London Housing Capacity Study. July，2005

目前伦敦市区的办公建筑面积为 2200 万 m^2，其中，中心商务区的办公建筑面积为 1510 万 m^2，约占伦敦市办公建筑面积的 69%(表 3-11)。商业核心区中办公面积比例极高，西城和威斯敏斯特的办公楼容积率达到 7.0 以上，这充分说明了伦敦核心区的商业服务业活动高度密集化。

伦敦市的办公建筑面积情况 **表 3-11**

<table>
<tr><th colspan="2">市区</th><th colspan="2">市中心区</th><th colspan="4">中心商务区</th></tr>
<tr><th>区域面积(km^2)</th><th>办公建筑面积(万 m^2)</th><th>区域面积(km^2)</th><th>办公建筑面积(万 m^2)</th><th>中心商务区</th><th>用地面积(km^2)</th><th colspan="2">办公建筑面积(万 m^2)</th></tr>
<tr><td rowspan="2">300</td><td rowspan="2">2200</td><td rowspan="2">47</td><td rowspan="2">1400</td><td>西城和威斯敏斯特</td><td>2</td><td>1400</td><td rowspan="2">1510</td></tr>
<tr><td>码头区</td><td>0.75</td><td>110</td></tr>
</table>

资料来源：戴德梁国际咨询行，美国 Gesnsler 设计公司.《静安南京路发展规划》国际咨询报告. 2002

(三) CBD 特征：金融为产业主导，政府为开发主导

伦敦城市 CBD 由相对独立的伦敦城(The City of London)和威斯敏斯特(Westminster)构成，虽然区内 150m 以上的超高层建筑不多，但 375 家世界 500 强企业、481 家外国银行分行和 20 家世界顶级的保险公司都在这两个 CBD 设立了代表处。在伦敦城和威斯敏斯特，每天的外汇交易额达到 6000 多亿美元，其中的企业与机构共管理着全球 4 万多亿美元的资产，它们是伦敦和英国名副其实的经济中心，也是世界第三大金融中心。

20 世纪 70 年代之后，伦敦计划将道克兰区(Dock lands)的加那利码头(Canary Wharf)建设成为新的 CBD，以缓解老 CBD 的超负荷。伦敦道克兰位于伦敦市区向东 3 英里，占地面积 8.5km^2，其内部的多格岛拥有该地区绝大部分的商业性建筑。加那利码头地区是道克兰的核心区，占地面积 34.4hm^2，建筑面积达 112 万 m^2，其中 93 万 m^2 为商务办公类建筑。另外，加那利码头 CBD 还有超过 10 万 m^2 的会展、零售及娱乐设施等。加那利码头拥有包括英国第一高楼——加拿大广场 1 号在内的众多高层写字楼，聚集了银行、金融机构和法律服务等众多行业，摩根斯坦利、瑞士第一波士顿银行、花旗集团等世界知名金融机构是该地区的主导租户。

在加那利码头 CBD 的开发投资方面，伦敦市政府通过伦敦码头开发有限公司主导了道克兰的发展，伦敦码头开发有限公司主要负责环境、社区的重建，它不直接投资，而是吸引私人投资者来建设。其权力体现在三个方面：①通过协议或强制购买获得土地；②规划权；③新建或更新基础设施。开发加那利码头 CBD 的全部资金来源于英国政府的拨款

和出售土地的收入，该地区公私投资比例约为 1∶6.74。这样的投资开发模式可以使得政府在进行片区整体规划、协调 CBD 各个功能区块的同时拓宽融资渠道、灵活吸纳资金。

四、巴黎经济与用地开发特征

（一）城市经济特征分析

巴黎是法国经济的中心，服务业发达。这不仅表现在服务业总体规模大，吸纳就业比重高，也体现在其更为合理与主动的内部结构上。大巴黎是法国的政治中心和经济中心，其生产总值占了法国的 28.7%，对法国的经济有着举足轻重的影响。巴黎的城市经济结构已经由工业和服务业并重转为明显的服务业突出，农业产值占 0.2%，工业产值占 16.9%，服务业占 82.9%。

从就业状况来看，在大巴黎地区，第一产业就业人口仅占 1.0%，第二产业就业人口占 16.3%，第三产业就业人口占 82.7%(表 3-12)。从服务业就业内部结构来看，2002 年面向企业的服务业就业人口占总就业人口的 25.4%，其次为金融房地产业占 18.9%，教育、健康、社会活动、管理占 16.1%，面向个人的服务业占 16.1%，商业 8.9%，运输业 5.5%，体现了显著的服务业主导型发展模式。

2001～2003 年大巴黎地区产业及就业状况 **表 3-12**

	大巴黎地区				法国本土
	2001 年（百万欧元）	2001 年（%）	2003 年就业人员（千人）	2003 年就业结构（%）	2002（%）
第一产业	750	0.2	48	1	2.6
第二产业	67352	17.8	777	16.3	24.4
第三产业	328125	82	3936	82.7	73
总　计	396225	100			1378900（百万欧元）

资料来源：CNGS 统计分析资料

从服务业发展的内部结构来看，综合指数、规模和效率指数最高的均为金融保险业；而增长指数最高的则是旅游业和房地产业，说明这两个产业正在兴起；就业指数最高的是社会服务业(表 3-13)。可以看出，服务业占据绝对优势，且服务业内部结构以金融保险业与批发零售等商业为主。

巴黎服务业综合发展优势比较(2001 年) **表 3-13**

	规模指数	效率指数	增长指数	综合指数	就业指数
交通、运输、仓储、邮电通信业	0.67	2.28	0.64	1.02	0.69
批发零售贸易餐饮业	1.81	2.49	1.21	1.31	1.33
金融保险业	2.29	4.46	1	2.17	0.11
房地产业	1.34	0.96	1.63	1.28	0.21
社会服务业	1.06	0.76	1.28	1.01	2.23
旅游业	1.78	1.28	1.85	1.65	1.83
演出、电影电视业	0.84	2.4	0.94	1.24	0.15
技术服务业	1.84	1.85	0.54	1.62	1.05
社会福利业	0.69	1.66	1.26	1.23	1.45

资料来源：姚晓东. 城市服务业发展的比较研究——天津与巴黎的对比研究. 亚太经济，2006(2)

（二）土地利用结构

从巴黎的土地利用结构中明显可以看出其工业化后期的城市用地结构特征。工业用地只占了8%，第三产业用地(商业用地、其他用地包括娱乐用地与各种市政管理和公用设施用地)占到了1/5(表3-14、图3-13、图3-14)。用地结构中另一明显特征是其交通用地比例也很大，占20%，这符合其国际性中心的定位。便捷的交通设施带来的可达性提高能有效地减少交通成本，提高城市运行效率，加快要素流动，从而促进人口与经济资源的高度集聚。

巴黎土地占用规划控制指标 **表3-14**

	面积(hm²)	占总计用地百分比(%)
传统商务区	151.91	2.90
多种功能区	433.50	8.27
多种功能区1	9.63	0.18
多种功能区2	27.91	0.53
工业区	28.93	0.55
混合形态区1	1403.53	26.76
混合形态区2	328.92	6.27
混合形态区3	165.82	3.16
金融区	580	11.06
居住区	754.54	14.39
生活形态多样化区	380.97	7.26
优先居住区	978.75	18.66
总　计	4756.59	100.00

注：以上数据依据巴黎土地占用图计算所得。

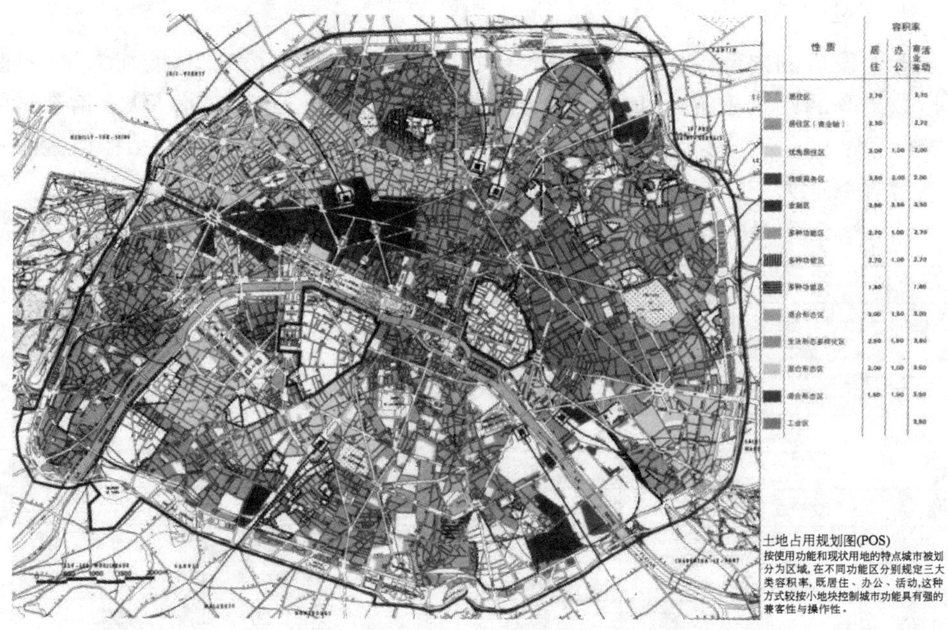

图3-13 巴黎土地占用规划图

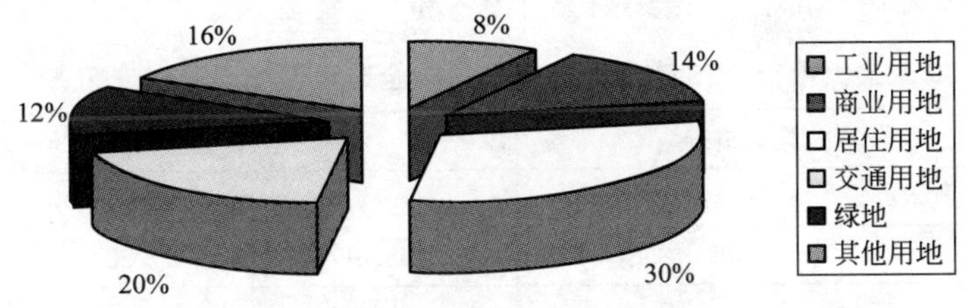

图 3-14 巴黎城市主要用地结构

巴黎土地占用规划控制指标中专门对城市中心的混合功能用地进行了划分，其中值得注意的是，传统商务区与金融区被独立出来进行控制，可见商务与金融是巴黎的核心功能。而城市中心的活动多样性也直接导致大量混合功能用地的出现，因此土地占用规划中专门对多种功能区与混合形态区的开发强度进行了控制，使城市密度保持在合理的范围内。

五、全球经济核心城市经验总结

(一) 经济特征方面

全球经济核心城市的经济总量都达到 3000 亿美元以上，人均 GDP 都在 40000 美元以上。纽约、东京和伦敦的城市 GDP 分别为杭州经济总量的 10.9 倍、15.2 倍和 5.5 倍，其人均 GDP 分别为 2007 年杭州人均 GDP 的 10.4 倍、9.7 倍和 6.0 倍。纽约、东京和伦敦的产业结构中第三产业的比重都在 70%以上，特别是 FIRE(金融保险、房地产)的产业增加值比例都相当高。就业人口中有 90%左右的人从事服务业。它们都已处于后工业时代的高级阶段，而处于工业化后期和后工业时代边缘的杭州在近期和中期都无法达到这样的经济水平，但它们的一系列经济指标将是杭州远期经济发展的可靠参照。

(二) 土地利用及各类建筑比例方面

从存量数据来看，虽然由于各城市的人口密度不同，造成住宅占地比例各不相同，但是公共建筑所占土地的比例都在 1/4～1/3 左右。各个公共建筑中经营性公共建筑的占地比例存在一定的差异，纽约的公共建筑用地中只有 1/3 经营性公共建筑用地，而东京的公共建筑用地中 1/2 以上为经营性公共建筑用地；从增量数据来看，新建各类建筑中公共建筑的建筑面积占 1/5～1/3 左右，而其中经营性建筑的建筑面积占所有建筑 1/6～1/4 左右。由于杭州的人口密度与同处亚洲的东京较为接近，其土地利用状况更符合杭州远期用地结构，即更具借鉴意义(东京住宅用地比例为 55.9%，公共建筑用地为 32%，经营性公共建筑用地为 16.6%)。

(三) CBD 特征方面

作为全球核心城市的纽约、东京和伦敦，其 CBD 中的商务办公规模都在 1500 万 m^2 以上，其中纽约 CBD 的规模最大，曼哈顿中央商务区就已经云集了 3829 万 m^2 的商务办公楼。这三座城市的 CBD 都无一例外地表现出多核多中心模式，且各中心各具特色，这一点在东京的六个副都心 CBD 中表露无遗。另外，通过分析银行、证券公司和跨国公司总部在这三座城市 CBD 的分布情况可以看出，这三大 CBD 集聚了世界 100 家最大银行 60.1%的资产和 49.3%的收入，世界 25 家最大证券公司 97.8%的资产和 99.3%的收入，以及33.6%的跨国公司总部，可见其财富集聚效应之显著(表3-15)。

世界100家最大银行、25家最大证券公司在全球经济核心城市分布 **表3-15**

城市	100家最大银行		25家最大证券公司		跨国公司总部
	总收入(%)	资产(%)	总收入(%)	资产(%)	总数(%)
纽约	8.6	8.8	58.6	50	12.4
东京	36.5	45.6	29.6	42.9	9.8
伦敦	4.2	5.7	11.1	4.9	11.4

资料来源：赵弘. 总部经济. 北京：中国经济出版社，2004

第三节 区域经济中心城市

一、台北市经济与土地开发特征

（一）城市经济特征分析

按照台湾有关统计资料显示，2006年台北市的GDP为763亿美元，常住人口270万，人均GDP达28279美元。1991～2007年，三大产业结构比例从1991年的3.78：41.07：55.15调整到了2007年的1.45：27.50：71.06(图3-15)。台北的第一产业和第二产业的比例明显下降，而第三产业比例则进一步提高到70%以上。相对于其他先进国际都市，其第三产业比例在20世纪90年代之后发生了较为大幅的调整，这主要跟台北市20世纪80～90年代的制造业升级有关。

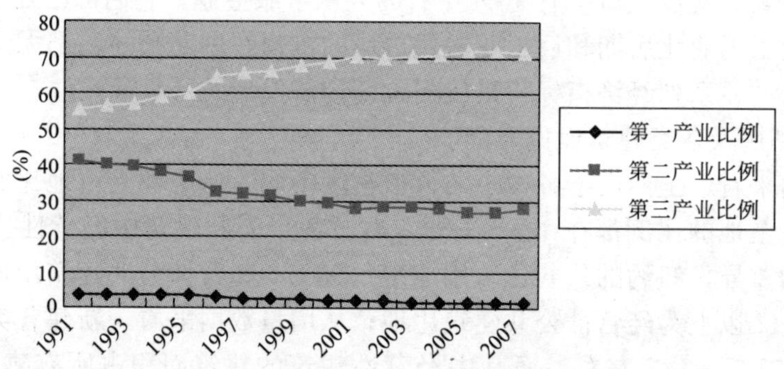

图3-15 1991～2007年台北市产业结构

资料来源：台湾“行政院主计处”

（二）土地利用及各类建筑物比例

1. 土地存量方面

从表3-16可以发现，2001～2007年台北市存量土地利用结构中，除了商业区和特定专用区在土地存量方面有所上升之外，其余性质的土地存量均呈现下降的态势。截至2007年，台北市已经开发利用土地存量13348.91hm^2，其中住宅区占地3814.81hm^2、商业区占地918.69hm^2、工业区占地448.31hm^2、行政区占地70.83hm^2、文教区占地81.38hm^2、公共设施占地7341.43hm^2、特定专用区占地498.76hm^2和其他用地占地174.7hm^2。

2001～2007 年台北市土地利用情况　表 3-16

年份	合计 (hm^2)	住宅区 (hm^2)	商业区 (hm^2)	工业区 (hm^2)	行政区 (hm^2)	文教区 (hm^2)	公共设施用地 (hm^2)	特定专用区 (hm^2)	其他 (hm^2)
2001	13398.85	3991.08	904.23	480.80	75.31	164.96	7473.83	129.94	178.70
2002	13402.84	3856.54	912.43	470.54	75.38	75.57	7393.98	439.96	178.44
2003	13406.10	3845.91	914.95	452.51	74.77	77.47	7374.82	487.23	178.44
2004	13394.29	3837.17	918.59	452.49	74.77	80.47	7364.82	492.83	173.15
2005	13352.72	3820.65	917.81	452.40	74.77	80.61	7340.50	492.83	173.15
2006	13352.73	3819.67	916.61	452.40	74.77	81.30	7341.56	492.83	173.59
2007	13348.91	3814.81	918.69	448.31	70.83	81.38	7341.43	498.76	174.70

从台北市存量土地利用比例图可以看出，公共设施用地所占比例最高，为 55%；住宅次之，占 28.58%；商业名列第三，占 6.88%；工业区仅占 3.36%(图 3-16)。

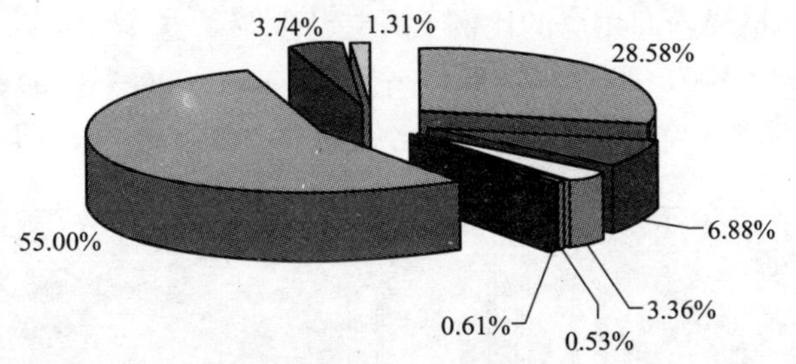

图 3-16　2007 年台北市土地利用情况

从台北市公共设施用地细分图中可以看到，其公共设施用地不仅涵盖了纽约市土地分类中的公共机构、公共事业等非经营性公共建筑用地和公园广场等公共开阔空间，还包括了道路用地、机场用地等，这样的分类方式也造成台北市公共设施用地比例明显高于其他城市(图 3-17)。总体来看，台北市公共建筑用地(包括商业区、行政区、文教区和公共设

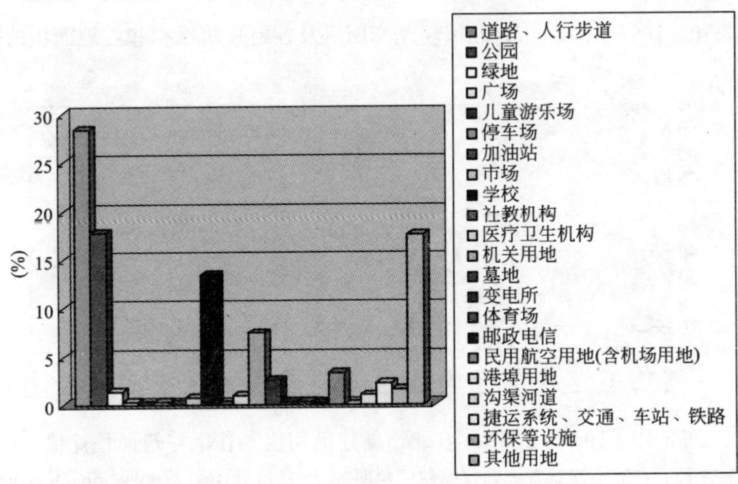

图 3-17　台北市公共设施用地细分

资料来源：台湾“本部营建署”

施用地的学校用地、机关用地、公共机构用地等)比重近 1/4，占地 30km² 左右。

2005 年，台北公共建筑项目的投资额达到 2000 亿新台币(合 62.1 亿美元)，私人企业参与的公共项目预计达到 1100 亿新台币。私人投资额从 2002 年的 72 亿新台币和 2003 年的 624 亿新台币上升到 2004 年的 1100 亿新台币，这说明在政府的鼓励政策下，台北市公共建筑的私人参与度大幅提升，这也是台北近几年公共建筑的主要特征之一。

2. 土地增量和新建建筑物方面

从 1967～2007 年台北市新建商用房及住宅建筑面积和占地面积情况来看，新增商用房的占地面积和建筑面积基本保持平稳，其年平均新增占地面积 35.49 万 m²，年平均新增建筑面积 47.33 万 m²(图 3-18)。这期间，新增住宅的年平均新增占地面积 67.38 万 m²，年平均新增建筑面积 200.73 万 m²。而在 20 世纪 70～80 年代，新增住宅呈现高速增长态势，1975～1985 年间的年平均新增占地面积 111.54 万 m²，年平均新增建筑面积 324.42 万 m²。1967～2007 年台北市新建商用房与住宅建筑面积比值走势图表明，新建建筑中商用房和住宅的比值呈现震荡上行的格局，商用房的比例上升趋势明显，这个比值从 1967 年的 9.45：100 上升到 2007 年的 38.03：100，2003 年达到最高值 88.06：100(图 3-19)。在这 41 年间，新增商业房总建筑面积和新增住宅总建筑面积的比例为 24：100 左右，即 1：4 的关系。

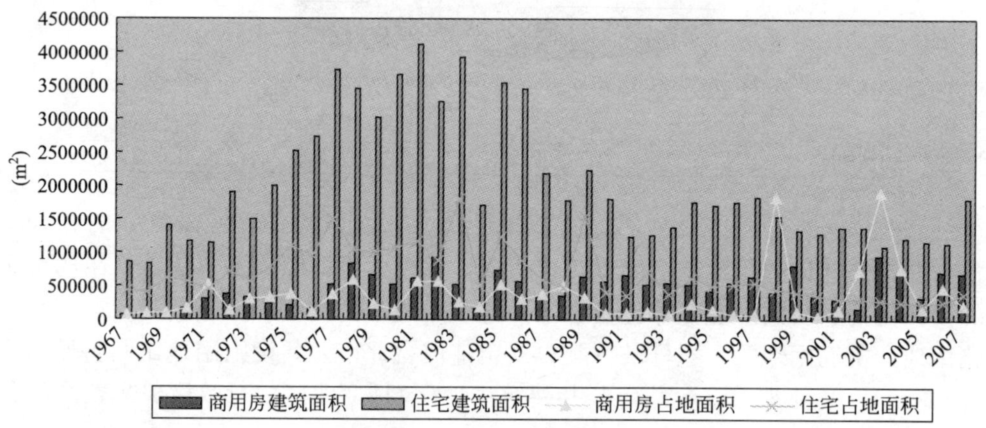

图 3-18　1967～2007 年台北市新建商用房及住宅建筑面积和占地面积情况

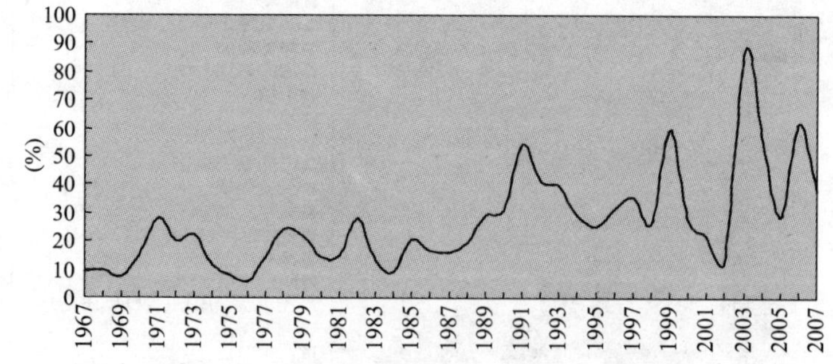

图 3-19　1967～2007 年台北市新建商用房与住宅建筑面积比值

资料来源：台北市建筑管理处核发使用执照统计报表，http：//www.dba.tcg.gov.tw/lp.asp? ctNode=103&CtUnit=85&BaseDSD=7&mp=1

二、新加坡经济与土地开发特征

(一) 城市经济特征分析

1960 年，新加坡的 GDP 总量与人均 GDP 分别为 7.022 亿美元和 427 美元，2007 年这两项指标上升至 1613.488 亿美元和 35163 美元(图 3-20)。可见，在不考虑物价因素的前提下，新加坡的 GDP 总量在这 48 年间增长了近 230 倍，人均 GDP 增长了 82 倍。但需要指出的是，1997 年的亚洲金融危机使得新加坡在 1998～2003 年的经济发展保持停滞甚至后退，直至 2004 年经济才恢复到 1997 年的水平。

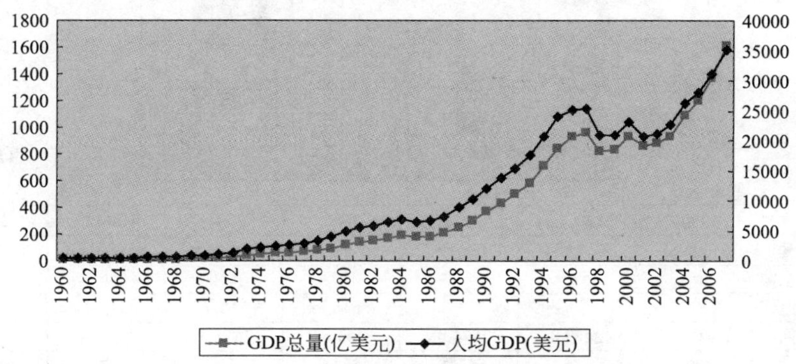

图 3-20　1960～2007 年新加坡 GDP 总量和人均 GDP

根据 1960～2005 年新加坡各行业产值比例统计，新加坡的服务业(商业、运输和通信业、金融和商业服务、公共事业、其他服务业)产值一直处于 55%～65%之间，1995 年后维持在 65%左右(图 3-21)。新加坡的制造业比重并没有下降，反而从 1960 年的 11.6% 攀升到 2005 年的 27.3%，这与同为亚洲四小龙的香港不同。新加坡的这一产业结构特点，主要归因于其在 20 世纪 80 年代期间通过引进外资和国外先进技术，成功地建立起以电子电器、石油提炼、机械制造(主要是造船)为主体的制造业，实现了产业结构的升级和优化；而香港在 20 世纪 80 年代尚未实现制造业升级就将大量制造业迁往珠三角地区。

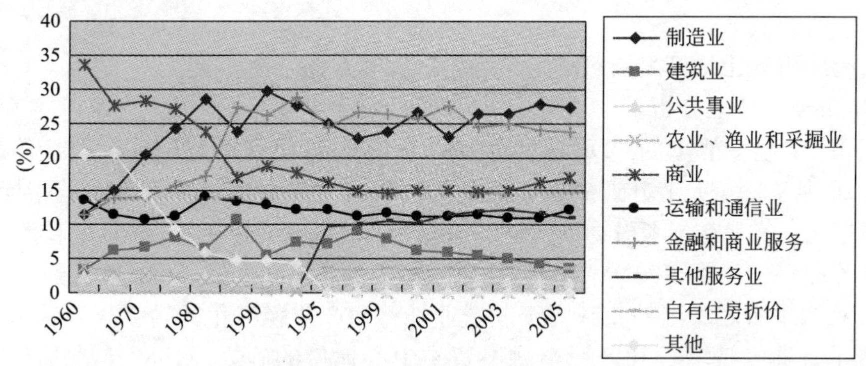

图 3-21　1960～2005 年新加坡各行业产值比例

资料来源：2007 年新加坡统计年鉴

(二) 各类建筑存量

至 2006 年，新加坡拥有住宅 8524.55 万 m^2，写字楼 652.9 万 m^2，商铺 325.2 万 m^2，

工厂 2743.7 万 m²，仓库 595.3 万 m²。就各类建筑存量的比例来看，住宅占 66.38%，写字楼占 5.08%，商铺占 2.53%，工厂占 21.37%，仓库占 4.64%。这与新加坡制造业在各个发达城市中比重相对较高的特点相匹配。

由于新加坡的国土面积有限，并且其产业结构在 1990 年之后保持相对稳定格局，2000 年以后新增的写字楼面积骤减。2001 年写字楼存量 625 万 m²，2006 年 653 万 m²（图 3-22、图 3-23）。

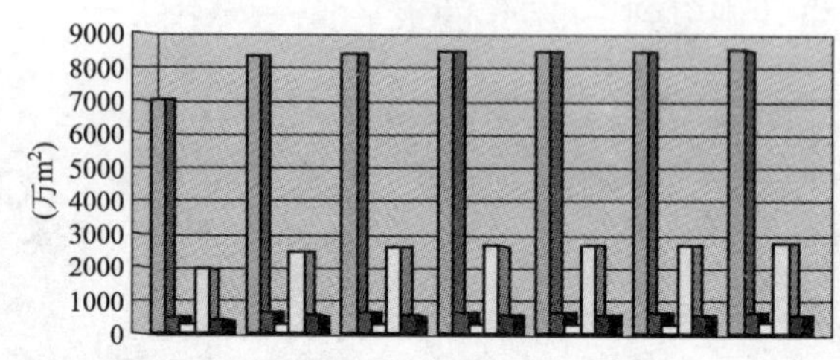

	1996	2001	2002	2003	2004	2005	2006
■ 住宅空间	7033.8968	8376.4544	8400.8887	8479.5751	8506.7545	8512.1962	8524.554
■ 写字楼空间	510.7	625	647.9	652.4	649.3	646.5	652.9
□ 商业楼空间	301.3	310.9	313.6	316.5	313.9	314.4	325.2
□ 工厂空间	1948.2	2463.8	2584.8	2636.7	2671.6	2700.8	2743.7
■ 仓库空间	409	535	547.9	566.9	572.3	577.5	595.3

图 3-22　新加坡各类建筑存量面积

资料来源：2007 年新加坡统计年鉴

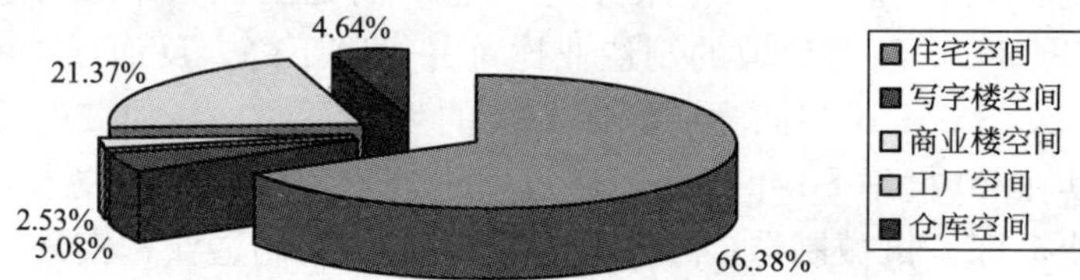

图 3-23　2006 年新加坡各类建筑存量比例

资料来源：2007 年新加坡统计年鉴

三、香港经济与土地开发特征

（一）城市经济特征分析

按当时市价计算，香港的 GDP 总量由 1961 年的 9.56 亿美元上升到了 2007 年 2050 亿美元，人均 GDP 从 302 美元上升到 29350 美元（图 3-24）。香港在经济总量和人均指标方面的走势与新加坡如出一辙。在不考虑物价因素的前提下，此期间香港的 GDP 总量和人均 GDP 分别增长 217 倍和 99 倍。但 1997～2003 年香港经济受到了亚洲金融危机的严重影响。

从产业结构来看，香港一直致力于制造业外移和产业轻型化的转变，而这种产业结构转型又促进了香港经济增长和区域金融、贸易中心地位的确立。1980 年之后，香港的产业结构有较大幅度的调整，三大产业比例从 1980 年的 0.81∶30.90∶68.29 调整到 2006 年的 0.06∶8.78∶91.16（图 3-25），主要原因是 1980 年之后香港制造业在完成升级之前就大量地迁往珠三角地区，这样的产业结构调整模式使得香港经济在后期一度出现“产业空洞化”的问题。

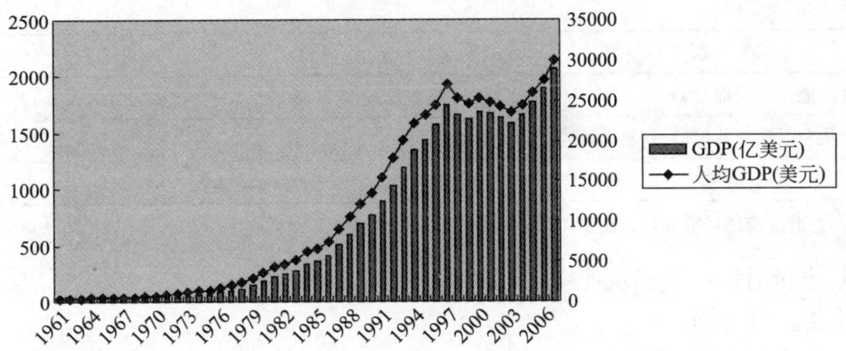

图 3-24　1961～2007 年香港 GDP 总量和人均 GDP

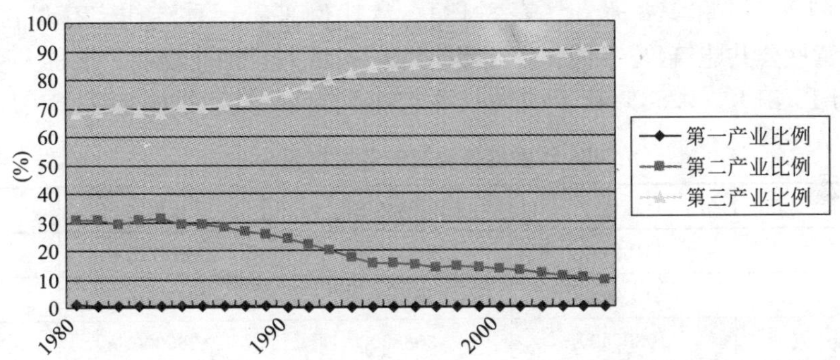

图 3-25　1980～2006 年香港产业结构走势

资料来源：香港政府统计处网站，http：//www.censtatd.gov.hk/

从人口来看，20 世纪 50 年代初，由于内地人口大量迁入，香港人口增加较快。60 年代初，香港人口已达 300 万，2000 年人口增加到近 680 万。香港规定，就业年龄在 15～60 岁之间。据此，1981 年，香港劳动力为 250 万，2000 年增至 340 余万。

从各行业就业比重看，香港就业结构发生了很大的变化，尤其是自 20 世纪 80 年代起，劳动力就业人数的行业分布出现了一个大规模的变迁过程。制造业比重从 1961 年的 43%下降到 2000 年的 9.8%。批发、零售、进出口贸易、饮食及酒店业就业比重呈上升趋势，从 1961 年的 14.4%上升至 2000 年的 45%，名列第一。金融、保险、地产及商业服务业的就业比重保持上升态势，从 1961 年的 1.6%，上升至 2000 年的 18.7%，显示了香港经济结构的转化。社区、社会及个人服务业的就业比重处于 18.3%的较高水平（表 3-17）。

1961～2000 年按行业类别划分的就业比例　　**表 3-17**

行业类别	1961	1971	1981	1986	1991	1996	2000
制造业(%)	43	47	41.3	34.7	28.2	18.9	9.8
建筑地盘(%)	4.9	5.4	7.7	7.4	6.9	8.1	3.4
运输、货仓、通信(%)	7.3	7.4	7.5	8.2	9.8	10.9	7.8
批发零售、饮食酒店、进出口贸易(%)	14.4	16.2	24.9	24	22.5	29.1	45

续表

行 业 类 别	1961	1971	1981	1986	1991	1996	2000
金融、保险、地产、商业(%)	1.6	2.7	4.8	6	10.6	13.4	18.7
社区、社会及个人服务业(%)	18.3	15	15.6	17	19.9	22.3	14.9
其他(%)	10.5	6.3	3.9	2.8	2.1	1.5	0.4

资料来源：香港政府统计处网站，http：//www.censtatd.gov.hk/

（二）土地利用和各类建筑比例

1. 建筑物存量方面

2006年香港全市的住宅存量为6841万m^2，经营性公共建筑写字楼和商业楼宇的存量分别为981万m^2和1040万m^2，非住宅建筑工业物业、工贸大厦和仓库的存量分别是1740万m^2、61万m^2和158万m^2(表3-18)。从比例来看，香港住宅存量占建筑总量的62.19%，经营性公共建筑(写字楼和商业楼宇)占18.37%，工业物业、工贸大厦和仓库的存量比例分别为15.81%、0.56%和3.07%；住宅和经营性公共建筑比为3.38：1(图3-26)。

2006年香港各类建筑各区存量分布 **表3-18**

	总计	港岛	九龙	新界
住宅(m^2)	68409472	20608256	21878720	25922496
写字楼(m^2)	9812800	6096100	3062300	654400
商业楼宇(m^2)	10395500	3088200	4265300	3042000
工业物业(m^2)	17396500	2220300	6418900	8757300
工贸大厦(m^2)	612800	402300	157300	53200
仓库(m^2)	157900	532300	2739900	3430100

资料来源：香港特别行政区政府差饷物业估价署

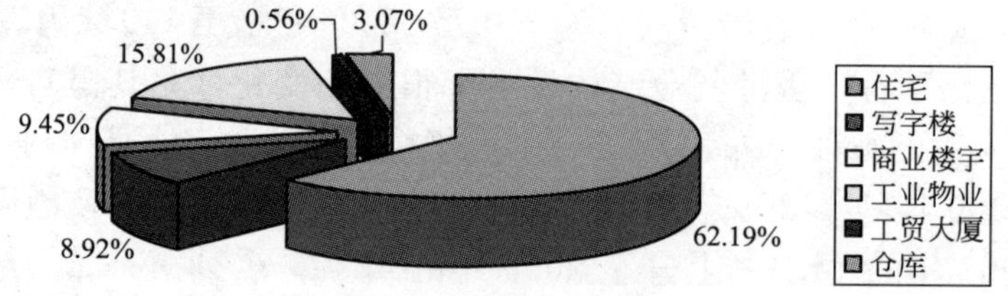

图3-26 2006年香港各类建筑物存量比例

注：住宅存量按照1999年香港差饷物业估价署统计数据，按照户均面积64m^2计算。

资料来源：香港特别行政区政府差饷物业估价署

从各类建筑在各区的分布比例来看，住宅在三区分布的比例相对较为均匀，在新界的比例最高，达到37.89%；写字楼集中在港岛，占62.12%；而新界的比例最低，只有6.67%；在商业楼宇方面，九龙区最多，占到了41.03%，其余两个区则是平分秋色；工业物业和仓库主要分布在新界，分别占到其总量的50.34%和79.88%；而工贸大厦物业还是主要集中在港岛区，有65.65%的工贸大厦集中在港岛(表3-19)。

香港各类建筑各区分布比例 表 3-19

	港岛	九龙	新界
住宅(%)	30.12	31.98	37.89
写字楼(%)	62.12	31.21	6.67
商业楼宇(%)	29.71	41.03	29.26
工业物业(%)	12.76	36.90	50.34
工贸大厦(%)	65.65	25.67	8.68
仓库(%)	4.60	15.52	79.88

从数据可以看出香港一个比较独特的特点是：工厂大厦和工贸大厦相对比较发达。由于可用地短缺，香港工业多元化并未拓展到资本和土地密集的工业，而以轻工制造业为主，产品主要是消费品，工厂则设于多层工厂大厦之内。据香港屋宇地政署估计，1998年全港有1500座工厂大厦，用户总数约13500家。香港政府规定，所有工厂大厦内的用户必须把全部面积用于工业生产，不过在实际执行时，可以灵活地允许楼宇总面积的20%用作写字楼。

为了挖掘土地潜力，提高土地利用率，香港政府采用提高容积率的办法。1995年以前，香港建筑物的容积率不超过3，高度通常不超过25m。1995年规定容积率为6。其后，容积率不断修改提高。现在，不少住宅楼宇容积率达到10，非住宅楼宇容积率为15。

香港经营性公共建筑基本上都由私人开发，其开发量在1995～2006年基本保持稳步增长，2006年香港私人非住宅楼宇历年总存量比1995年增长14.3%，其中，商业楼宇增长26.49%，写字楼增长37.51%，分层工厂大厦增长−1.27%，特殊厂房增长9.34%，货仓增长8.20%，工贸大厦增长428.45%(表3-20)。

按类别划分的香港私人非住宅楼宇历年总存量 表 3-20

类别	1995	1996	1997	1998	1999	2000	2001	2002	2003	2004	2005	2006
商业楼宇(万 m^2)	821.9	831	856.5	879	891.7	898.5	910.2	924.5	930.6	940.8	952.2	1039.6
写字楼(万 m^2)	713.6	741.7	788.9	860.4	891.7	908.6	913.2	927.1	953.9	979.5	977	981.3
分层工厂大厦(万 m^2)	1762.1	1782.7	1794.2	1788.8	1772.5	1757.8	1756.1	1756.5	1746.3	1748	1746.8	1739.7
特殊厂房(万 m^2)	286.8	292.1	289.6	303.8	318.2	318.4	317.4	314.6	316.2	317.7	315	313.6
货仓(万 m^2)	317	321	329.8	339.1	343.8	341.1	338	338.9	338.1	339	340.1	343
工贸大厦(万 m^2)	11.6	24.7	33.3	47.9	53.5	58.3	59.9	59.8	61.3	61.3	61.6	61.3

资料来源：香港特别行政区政府差饷物业估价署

2. 土地利用增量方面

对1985～2007年香港地政总署登记的卖地记录统计，这期间的土地出让(包括公开拍卖、招标和私人协议三种方式)主要是以住宅为主，共出让约 310 万 m²，出让商住两用和商业用地总计 70 万 m²，经营性公共建筑用地的比例为土地总出让面积的 12.6%(图 3-27)。

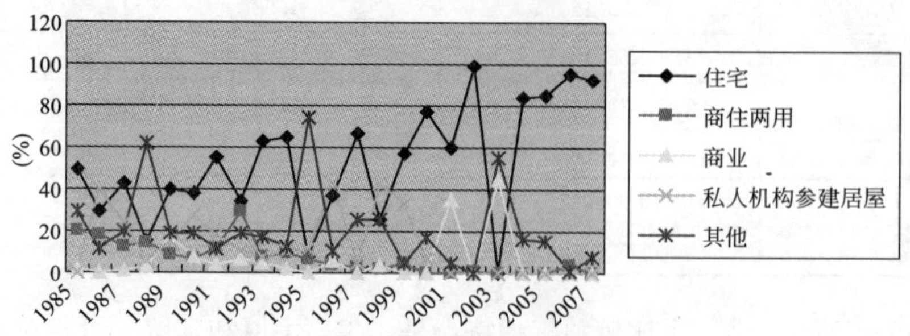

图 3-27 1985～2007 年香港土地出让分类情况

资料来源：香港地政总署网站，http：//sc. info. gov. hk/gb/www. landsd. gov. hk/tc/about/welcome. htm

对 1996～2006 年香港各年度的新落成私人楼宇统计，平均每年住宅楼宇落成面积与商业楼宇落成面积的比例为 3.27∶1，其中，住宅楼宇新落成面积占平均每年落成量的 54.97%，商业楼宇占 16.83%，工业楼宇占 8.67%，其他非住宅楼宇占 19.52%(表 3-21)。

按楼宇种类划分的历年香港新落成私人楼宇 **表 3-21**

年份	总计	住宅楼宇		商业楼宇		工业楼宇		其他非住宅楼宇	
	面积（万 m²）	面积（万 m²）	比例（%）	面积（万 m²）	比例（%）	面积（万 m²）	比例（%）	面积（万 m²）	比例（%）
1996	217.15	110.65	50.96	35.31	16.26	42.62	19.63	28.57	13.16
1997	184.83	71.16	38.50	45.07	24.38	39.18	21.20	29.42	15.92
1998	252.63	87.46	34.62	79.24	31.37	39.92	15.80	46.01	18.21
1999	262.97	134.67	51.21	37.12	14.12	19.52	7.42	71.66	27.25
2000	152.12	110.74	72.80	11.77	7.74	10.4	6.84	19.21	12.63
2001	135.42	96.34	71.14	8.33	6.15	7.14	5.27	23.61	17.43
2002	190.83	136.01	71.27	21.04	11.03	1.96	1.03	31.82	16.67
2003	158.68	99.86	62.93	32.86	20.71	4.36	2.75	21.6	13.61
2004	172.04	103.21	59.99	43.27	25.15	3.59	2.09	21.97	12.77
2005	123.55	71.83	58.14	3.95	3.20	0.94	0.76	46.83	37.90
2006	138.85	71.52	51.51	16.81	12.11	2.92	2.10	47.6	34.28
总计	1989.07	1093.45	54.97	334.77	16.83	172.55	8.67	388.30	19.52
平均	180.82	99.40	54.97	30.43	16.83	15.69	8.67	35.30	19.52

资料来源：香港特别行政区屋宇署

(三) CBD 特征：服务业强劲，多核心迸发

香港作为全球进出口贸易、电讯、金融、保险、房地产及商业服务中心，在诸多方面得到了国际机构的认同，其中包括银行和金融体系、世界级证券交易所、规划完善的基建和运输网络、现代化通信设施以及低税率的税制。

香港宏观经济环境在过去的数年中持续改善，这刺激了各国企业在香港设立地区办事

处和总公司的需求。此外，受雇于服务行业的人数由2000年的260万人（占总就业人数的79.4%）增至2005年的近280万人（占总就业人数的84.6%），这也进一步推动了香港写字楼物业和商业楼物业的增长。

到2006年底，香港写字楼的存量达到9812800m²，实际使用面积为9057000m²左右。存量中甲级写字楼5799200m²，占写字楼总量的59.10%；乙级写字楼2428800m²，占写字楼总量的24.75%；丙级写字楼1584800m²，占写字楼总量的16.15%。这些数据表明香港甲级写字楼的比例与纽约曼哈顿相近，充分说明了香港写字楼的高档次。从表3-22逐年下降的写字楼空置率来看，近几年香港每年的写字楼净吸纳量明显大于每年的竣工量，市场处于供不应求的行情之中。

香港的商业楼宇与写字楼相当，到2006年底，其存量达到10395500m²，实际使用面积为9377000m²。商业楼宇的空置率与写字楼相比较为稳定，在2005年和2006年有所下降（表3-22）。

2002～2006年香港经营性公共建筑物业竣工量、存量及空置率　　**表3-22**

年份	写字楼			商业楼		
	竣工量(m²)	年末存量(m²)	空置率(%)	竣工量(m²)	年末存量(m²)	空置率(%)
2002	165600	9270800	12.6	138000	9244600	10.7
2003	298800	9539200	14.0	117900	9305600	10.8
2004	279500	9794900	12.7	91300	9407800	10.8
2005	34100	9769700	8.7	110700	9522400	10.3
2006	108200	9812800	7.7	182800	10395500	9.8

资料来源：香港特别行政区政府差饷物业估价署

香港的CBD，原本主要指港岛中区一带，20世纪80年代后期开始向东西两侧发展，目前扩展的CBD包括上环、中区、湾仔和铜锣湾、尖沙咀。从表3-23可以清晰地看出，约62%的甲级写字楼和67%的乙级写字楼都集中在这四个区。

2006年香港上环、中区、湾仔和铜锣湾、尖沙咀各类写字楼存量　　**表3-23**

	甲级写字楼(m²)	乙级写字楼(m²)	丙级写字楼(m²)	总存量(m²)
上环	232400	350300	430400	1013100
中区	1591900	372700	189500	2154100
湾仔和铜锣湾	917700	581300	325200	1824200
尖沙咀	832700	325400	209500	1367600

资料来源：香港特别行政区政府差饷物业估价署

四、区域国际经济中心城市经验总结

（一）经济特征方面

香港、新加坡、台北的常住人口规模有明显差异，其中香港有693万常住居民，而台北只有270万，所以，造成三座城市的经济总量相差较大。香港、新加坡、台北的GDP总量分别为2050亿美元、1613亿美元和763亿美元，是杭州目前经济总量的3.8倍、3.0倍和1.4倍。而三座城市的人均GDP基本处于同一水平线，均在30000美元左右，分别为2007年杭州人均GDP的4.3倍、5.1倍和4.1倍。在产业结构方面，这三座城市存在较大差异，台北和新加坡第三产业比重均在70%左右，香港在20世纪80年代将制造业外迁，造成第三产业比重达到90%左右。从杭州与这三座城市的功能定位比较来看，台北和新加坡的产业结构更符合杭州未来中期的产业结构导向。

（二）土地利用及各类建筑比例方面

从存量看，香港的经营性公共建筑(写字楼和商业楼宇)比重要明显高于新加坡，前者为18%，后者为8%，这和两个城市的产业结构特征有关。在新增建筑面积和占地面积方面，台北市近40年的新增经营性公共建筑面积和新增住宅面积的比例为24∶100左右，香港近20年的出让土地中经营性公共建筑用地占土地总出让面积的12.6%。综上所述，结合三个国际区域经济中心城市和杭州的特点，我们认为经营性公共建筑用地占出让土地总面积的比重控制在15%～18%，应能满足未来中期杭州经济发展对公共建筑的需求。

（三）CBD特征方面

作为国际区域经济中心城市的香港、新加坡和台北，其CBD中的商业办公楼宇规模都在1000万m^2左右。以香港的CBD作为代表，上环、中区、湾仔和铜锣湾、尖沙咀四大商务商业中心使得香港CBD亦呈现多核多中心特征。香港CBD中甲级写字楼的比例在56%，与纽约中央商务区的甲级写字楼比例相当。杭州CBD发展的中期目标应当是发展千万平方米级别商务规模的CBD，并且将CBD中甲级写字楼比例提高至40%～50%。

第四节 国内发达城市比较

本节选择北京、上海、深圳、广州、杭州五个城市，详细比较研究其经济特征、土地利用及建筑结构比例。

一、城市经济特征比较

GDP总量指标，2008年上海以13698.15亿元的经济总量居首位，北京以10488亿元次之，广州、深圳和杭州分别为8215.82亿元、7806.54亿元和4781.16亿元；人均GDP指标，深圳、广州和上海分列前三甲，分别为89031.40元、80689.65元和72536.09元，北京和杭州稍低，分别为61876.11元和60019.58元(图3-28)。

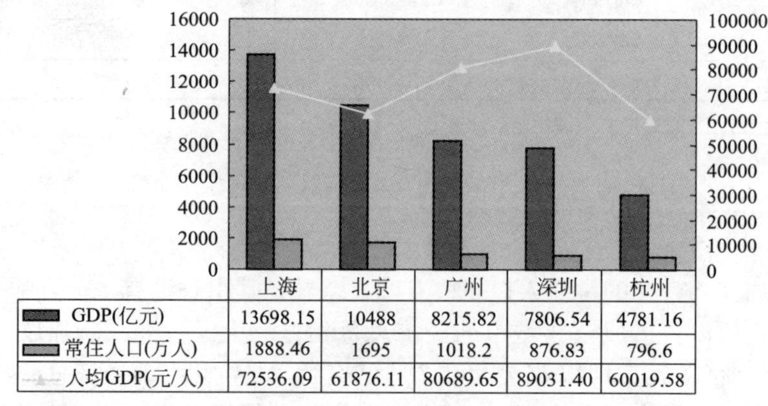

	上海	北京	广州	深圳	杭州
GDP(亿元)	13698.15	10488	8215.82	7806.54	4781.16
常住人口(万人)	1888.46	1695	1018.2	876.83	796.6
人均GDP(元/人)	72536.09	61876.11	80689.65	89031.40	60019.58

图3-28 2008年五城市经济概况

北京的第三产业比重明显高于其他城市，达到73.25%，其余城市均在50%左右，其中杭州最低为46.29%。第三产业增加值指标，同样也是北京以7682亿元排名最高，上海以7350.43亿元次之，广州、深圳和杭州分别为4849.14亿元、3984.1亿元和2213.14亿元(图3-29)。

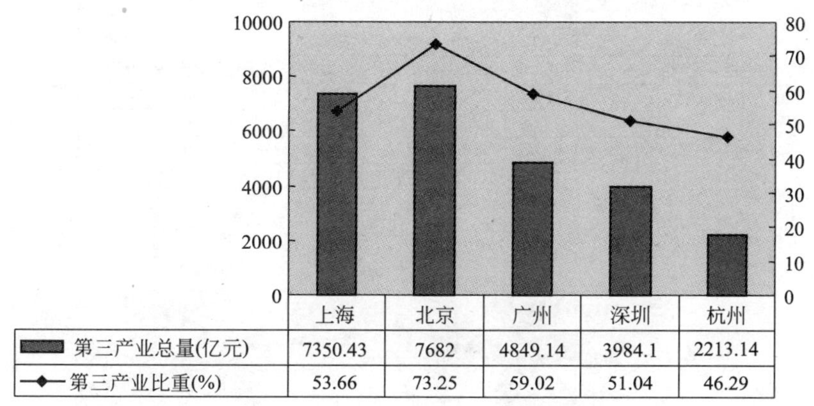

	上海	北京	广州	深圳	杭州
第三产业总量(亿元)	7350.43	7682	4849.14	3984.1	2213.14
第三产业比重(%)	53.66	73.25	59.02	51.04	46.29

图3-29　2008年五大城市第三产业比重及产值

资料来源：上海市2008年国民经济和社会发展统计公报、北京市2008年国民经济和社会发展统计公报、广州市2008年国民经济和社会发展统计公报、深圳市2008年国民经济和社会发展统计公报、杭州市2008年国民经济和社会发展统计公报

二、土地利用及建筑结构比例

(一) 增量土地方面

1. 五城市历年新开工建筑分析

(1) 1999~2005年，北京、上海、广州、深圳和杭州这五座城市平均每年的各类建筑新开工总面积，分别达到2598.34万m^2、2532.37万m^2、1102.27万m^2、917.22万m^2和852.06万m^2(图3-30~图3-34)。

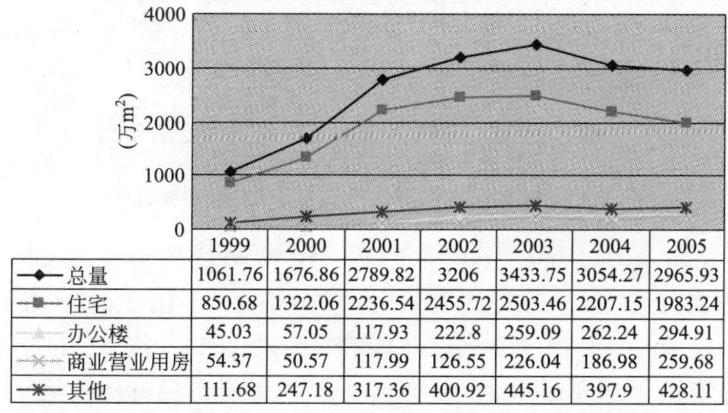

	1999	2000	2001	2002	2003	2004	2005
总量	1061.76	1676.86	2789.82	3206	3433.75	3054.27	2965.93
住宅	850.68	1322.06	2236.54	2455.72	2503.46	2207.15	1983.24
办公楼	45.03	57.05	117.93	222.8	259.09	262.24	294.91
商业营业用房	54.37	50.57	117.99	126.55	226.04	186.98	259.68
其他	111.68	247.18	317.36	400.92	445.16	397.9	428.11

图3-30　北京历年新开工建筑分类面积(建筑面积)

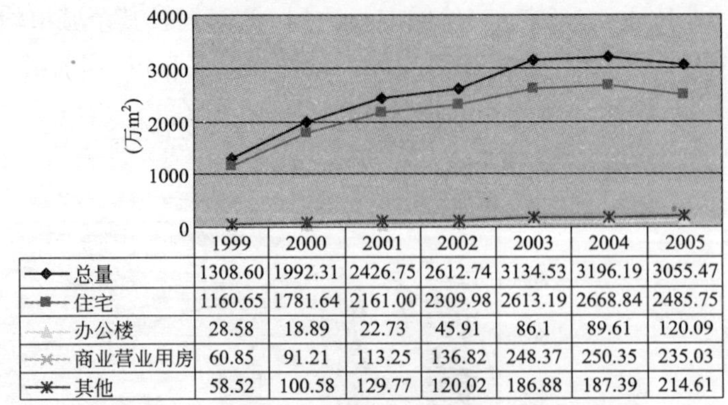

	1999	2000	2001	2002	2003	2004	2005
总量	1308.60	1992.31	2426.75	2612.74	3134.53	3196.19	3055.47
住宅	1160.65	1781.64	2161.00	2309.98	2613.19	2668.84	2485.75
办公楼	28.58	18.89	22.73	45.91	86.1	89.61	120.09
商业营业用房	60.85	91.21	113.25	136.82	248.37	250.35	235.03
其他	58.52	100.58	129.77	120.02	186.88	187.39	214.61

图 3-31 上海历年新开工建筑分类面积(建筑面积)

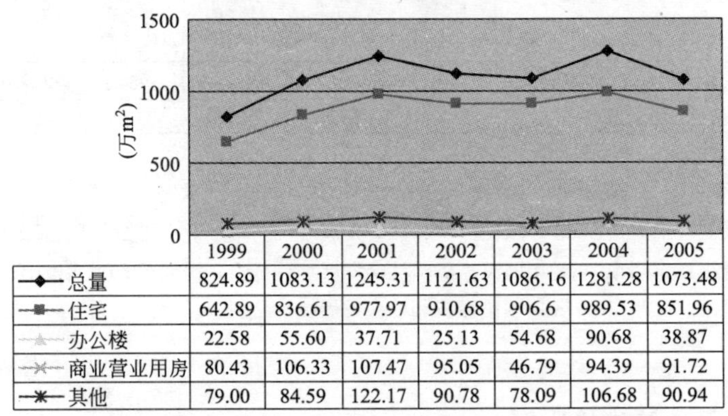

	1999	2000	2001	2002	2003	2004	2005
总量	824.89	1083.13	1245.31	1121.63	1086.16	1281.28	1073.48
住宅	642.89	836.61	977.97	910.68	906.6	989.53	851.96
办公楼	22.58	55.60	37.71	25.13	54.68	90.68	38.87
商业营业用房	80.43	106.33	107.47	95.05	46.79	94.39	91.72
其他	79.00	84.59	122.17	90.78	78.09	106.68	90.94

图 3-32 广州历年新开工建筑分类面积(建筑面积)

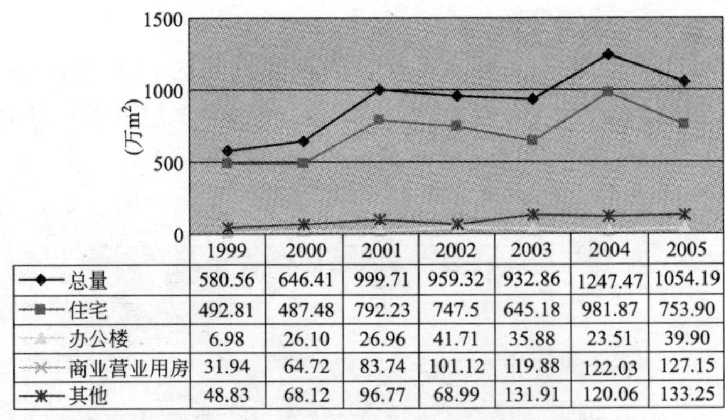

	1999	2000	2001	2002	2003	2004	2005
总量	580.56	646.41	999.71	959.32	932.86	1247.47	1054.19
住宅	492.81	487.48	792.23	747.5	645.18	981.87	753.90
办公楼	6.98	26.10	26.96	41.71	35.88	23.51	39.90
商业营业用房	31.94	64.72	83.74	101.12	119.88	122.03	127.15
其他	48.83	68.12	96.77	68.99	131.91	120.06	133.25

图 3-33 深圳历年新开工建筑分类面积(建筑面积)

(2) 1999～2005 年，北京、上海、广州、深圳和杭州办公楼新开工总量分别为 1259.06 万 m^2、411.9 万 m^2、325.25 万 m^2、201.04 万 m^2 和 276.68 万 m^2，商业营业用房新开工总量分别为 1022.18 万 m^2、1135.88 万 m^2、622.17 万 m^2、650.58 万 m^2 和 467.53 万 m^2。就办公楼和商业营业用房新开工面积来看，只有作为第一阶梯的北京和上海在这 7 年间保持单边上扬，而其他城市此两类建筑的新开工面积都有波动。2005 年北京和上海的办公楼新开工面积分别达到 294.91 万 m^2 和 120.06 万 m^2，其商业营业用房的新

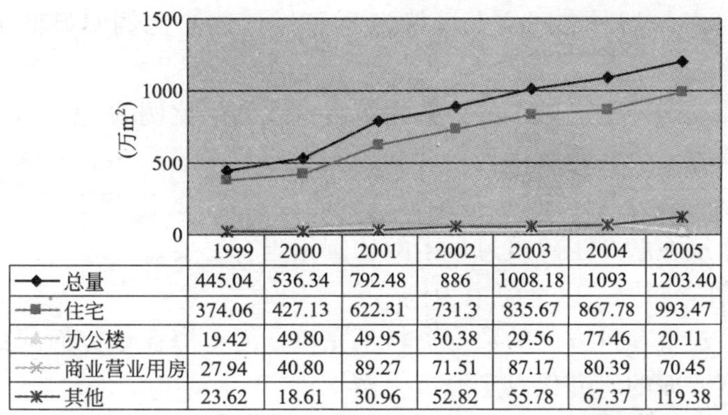

	1999	2000	2001	2002	2003	2004	2005
总量	445.04	536.34	792.48	886	1008.18	1093	1203.40
住宅	374.06	427.13	622.31	731.3	835.67	867.78	993.47
办公楼	19.42	49.80	49.95	30.38	29.56	77.46	20.11
商业营业用房	27.94	40.80	89.27	71.51	87.17	80.39	70.45
其他	23.62	18.61	30.96	52.82	55.78	67.37	119.38

图 3-34 杭州历年新开工建筑分类面积(建筑面积)

资料来源：中国房地产统计年鉴 2002～2003、中国房地产统计年鉴 2004、中国房地产统计年鉴 2005～2006、中国房地产统计年鉴 2007

开工面积分别为 259.68 万 m² 和 235.03 万 m²。同样作为第一阶梯的上海和北京虽然在建筑总量上相差甚微，但是这 7 年中北京办公楼的新开工面积要远远大于上海，这可以归因于奥运会的经济效应。2005 年其余几个城市在经营性公共建筑特别是办公楼的面积要显著小于北京和上海，2005 年广州、深圳和杭州的办公楼新开工面积分别为 38.87 万 m²、39.9 万 m² 和 20.11 万 m²，而商业营业用房的新开工面积分别是 91.72 万 m²、127.15 万 m² 和 70.45 万 m²。

2. 五城市新开工总量分类

对比五个城市在 1999～2005 年新开工总面积中各类建筑的比例可以发现，北京、上海、广州、深圳和杭州的新开工办公楼面积分别占到新开工总量的 6.92%、2.32%、4.22%、3.13%和 4.64%，新开工商业营业用房分别占到新开工总量的 5.62%、6.41%、8.06%、10.13%和 7.84%(图 3-35)。除了上海之外其余四个城市办公楼和商业营业用房

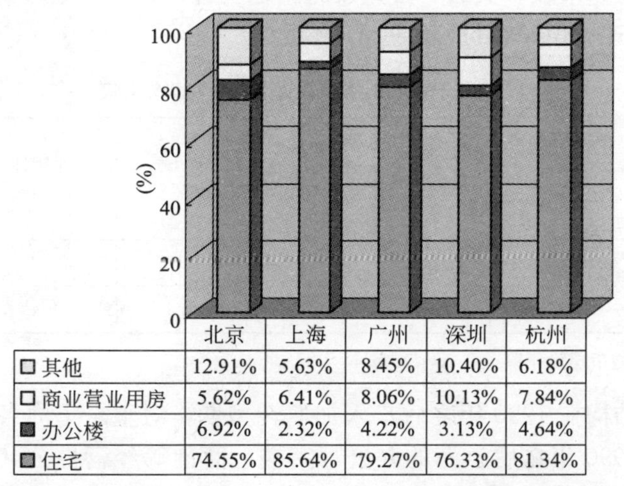

	北京	上海	广州	深圳	杭州
其他	12.91%	5.63%	8.45%	10.40%	6.18%
商业营业用房	5.62%	6.41%	8.06%	10.13%	7.84%
办公楼	6.92%	2.32%	4.22%	3.13%	4.64%
住宅	74.55%	85.64%	79.27%	76.33%	81.34%

图 3-35 1999～2005 年五城市新开工总面积分类(建筑面积)

资料来源：中国房地产统计年鉴 2002～2003、中国房地产统计年鉴 2004、中国房地产统计年鉴 2005～2006、中国房地产统计年鉴 2007

的比例之和都在12%～13%之间，上海仅为8.73%，这一比例明显低于东京和伦敦，而更接近香港。

按照上文统计，国外先进城市的公共建筑占土地利用比例为1/5～1/4，若剔除公共开阔地、空地和道路等，公共建筑用地占建筑总量的比例在1/4～1/3左右。国内上述城市的建筑存量数据显示其公共建筑(包括经营性和非经营性)的比例不足1/5，因此，长期来看适度提高公共建筑在新开工建筑总量中的比例相当有必要。

（二）存量建筑方面——以上海市为例

由于内地城市建筑存量方面的数据资料不完整，而上海在该方面的数据相当完整，因此在存量建筑类型方面的研究仅以上海市为例。

随着上海市城市化进程的快速推进，城市的经济容量和人口容量急剧增加，从而导致了建成区的快速扩张。1984～2004年20年间，上海市建成区面积增加了600km^2，至2004年建成区面积达到781km^2，年均增加30km^2，位居全国前列(表3-24)。从建成区年均增长率来看，1991年前后年均增长率大都处于10%左右，1991～2004年间，年均增加高达40.5km^2，上海市建成区面积呈现出加速增长的趋势。

上海市1984～2004年建成区面积变化情况　　表3-24

年　份	1984	1988	1991	1994	1997	2000	2004
建成区面积(km^2)	181	247	254	366	412	550	781
年增长量(km^2)	—	16.5	2.3	37.3	15.3	46	57.8
年均增长率(%)	—	9.1	0.9	14.7	4.19	11.2	10.5

资料来源：各年上海统计年鉴

值得一提的是，自1990年浦东开发开放以来，浦东经济获得了高速发展，城市建设日新月异，各类用地比重变化明显。从1995年和2002年的统计资料可以看出：商业服务用地、工业仓储用地、市政、交通、公共设施用地上升很快，而其中的商业服务用地更是以15倍以上的增长速率位于首位(表3-25)。

1995年与2002年浦东新区用地结构比较　　表3-25

年份	商业服务用地(%)	工业仓储用地(%)	市政交通公共设施用地(%)	住宅用地(%)	水域(%)	农业用地(%)	其他及特种用地(%)	合计
1995年	0.11	5.84	5.42	18.82	9.57	54.39	5.85	100
2002年	1.7	19.5	13.4	23	7.4	26.4	8.6	100

资料来源：浦东新区城市建设年鉴

伴随上海产业结构在1990年之后步入加速转型期，对整个上海各类建筑的存量进行分析，不难发现，1990年之后上海的办公写字楼、商铺等经营性公共建筑开发进入快速增长的阶段。这充分体现写字楼和商铺类经营性公共建筑的需求量与第三产业有着相当高的依存关系。

比较1990年和2007年上海各类建筑存量，建筑物总量增长了4.34倍，而经营性公共建筑的量却增长了 8～10 倍(表 3-26)。2007 年，上海公共建筑所占比例为 17.25%，其中经营性公共建筑的比例为 13.02%，包括办公建筑 6.64%、商场店铺 5.38%、旅店 0.91%和影剧院 0.1%；非经营性公共建筑 4.23%，包括学校 3.42%、医院 0.8%(图 3-36)。

上海市各类建筑存量(按建筑面积) **表 3-26**

类　别	1978	1990	2000	2006	2007
总计(万 m^2)	8653	17256	34206	70282	74873
居住房屋(万 m^2)	4117	8901	20865	40857	43283
花园住宅(万 m^2)	128	158	250	1464	1639
公寓(万 m^2)	90	118	206	528	531
职工住宅(万 m^2)	1140	4884	17939	36504	38836
新式里弄(万 m^2)	433	474	428	534	531
旧式里弄(万 m^2)	1777	3067	1896	1689	1366
简屋(万 m^2)	464	123	84	37	35
其他(万 m^2)	85	77	62	101	345
非居住房屋(万 m^2)	4536	8355	13341	29425	31590
工厂(万 m^2)	2543	4822	5739	13276	14526
学校(万 m^2)	504	927	1417	2456	2562
仓库堆栈(万 m^2)	354	472	650	1305	1342
办公建筑(万 m^2)	228	599	2416	4674	4972
商场店铺(万 m^2)	228	403	1191	3788	4029
医院(万 m^2)	123	203	367	591	602
旅馆(万 m^2)	55	237	376	651	679
影剧院(万 m^2)	20	34	47	72	72
其他(万 m^2)	481	658	1138	2612	2806

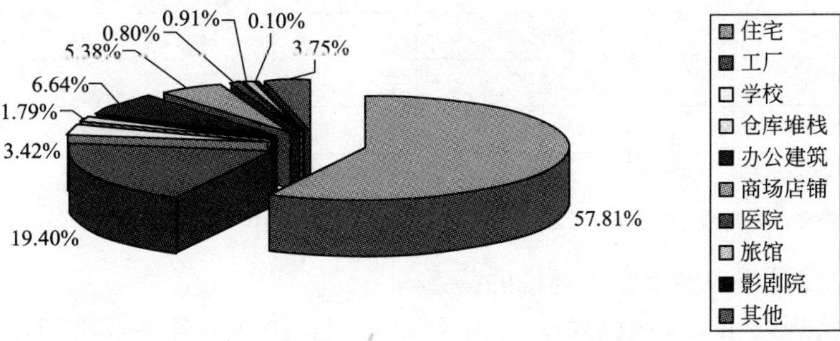

图 3-36　2007 年上海市建筑物分类(按建筑面积)

资料来源：2007 年上海市统计年鉴

2007年上海市拥有住宅存量总建筑面积43283万m^2，经营性公共建筑面积(办公、商铺)9000万m^2，住宅与经营性公共建筑面积之比为4.8∶1。

三、内地代表城市CBD比较

(一) CBD基本情况比较

在CBD规模方面，上海、北京、深圳位居全国三甲，分别为1767.8万m^2、1602.9万m^2和1584.5万m^2，三者比位居第四的广州CBD规模(708.4万m^2)都要大1倍以上。列于全国第八位的杭州，其CBD规模为517.9万m^2，不足上海的1/3(表3-27)。从CBD中商务建筑比例来看，各类建筑的比例份额与各个城市的行业特色息息相关：金融证券在上海和北京的比例较高，分别为28.57%和26.10%，而深圳的比例较低，为11.63%；对于贸易开放度很高的广州和深圳，贸易咨询的比例都大于70%，杭州这方面的比例较低，大约只占一半左右；而作为世界知名旅游城市的杭州在旅游酒店的比例方面独占鳌头，其比例为29.43%，约为其他四个城市比例的2倍左右(表3-28)。

内地五城市CBD状况统计 **表3-27**

	总用地面积(hm^2)	CBD规模(万m^2)	商务规模(万m^2)	金融证券(万m^2)	贸易咨询(万m^2)	旅馆酒店(万m^2)	CBHI	CBII
上海	792	1767.8	880.5	251.6	514.9	114	1.11	0.5
北京	702.9	1602.9	798.2	208.3	490.9	99	1.14	0.5
深圳	696.7	1584.5	787	91.5	586.6	108.8	1.13	0.5
广州	347.2	708.4	354.1	44.3	248.6	61.3	1.02	0.5
杭州	252.2	517.9	258.9	49.2	133.3	76.2	1.02	0.5

注：CBHI(Central Business Height Index)：中心商务高度指数=中心商务区建筑面积总和/总建筑基底面积；CBII(Central Business Intensity Index)：中心商务强度指数=中心商务用地建筑面积总和/总建筑面积。将CBHI>1，CBII>0.5的地区定义为CBD区域。

内地五城市CBD中商务建筑分类比例 **表3-28**

	金融证券(%)	贸易咨询(%)	旅馆酒店(%)
上　海	28.57	58.48	12.95
北　京	26.10	61.50	12.40
深　圳	11.63	74.54	13.82
广　州	12.51	70.21	17.31
杭　州	19.00	51.49	29.43

注：包括已开工建设项目，时间截至2003年12月。

资料来源：杨俊宴，吴明伟．中国城市CBD量化研究．南京：东南大学出版社，2008.

(二) CBD规模与各城市经济规模的关系

在各项经济规模和CBD规模的排序中可以发现，深圳的各项经济规模排在五个城市的第四位，而其CBD规模却排在第三位，广州的情况与之恰恰相反(表3-29)。根据CBD/GDP、CBD/TIGDP和CBD/BGDP三项指标的定义，它们主要是用来反应CBD规模对经济规模的负荷程度，指标越大，负荷越小。由于商务产业对于 CBD 中经营性公共建筑需求影响最大，因此 CBD/BGDP 这项尤为关键。按照 2003 年上海、北京、深圳、广州和杭州 GDP 中商务产业的规模(分别为 2187 亿元、1590.9 亿元、891.4 亿元、1340.2 亿元和 561.6 亿元)来计算，这五个城市的 CBD/BGDP 值分别为 0.81、1.01、1.78、0.53 和 0.92(表 3-30)。分析五个城市中 CBD 规模与经济规模的比值可以得到，负荷程度最小的是深圳，负荷最大的是广州，上海和杭州的负荷也较高。换而言之，在内地一线城市经营性办公建筑整体规模欠缺的背景下，广州、上海和杭州加大 CBD 建设规模的迫切度要大于其他城市，在未来的土地利用和新建建筑分类比例中更需要加大经营性公共建筑的份额。

2003 年各城市 CBD 规模和各项经济指标关系　　**表 3-29**

	CBD 规模(万 m^2)	城市 GDP(亿元)	城市第三产业(亿元)	GDP 国内商务产业(亿元)	商务产业产值/第三产业(%)
上海	1767.8	6250.8	3027.1	2187	72.25
北京	1602.9	3663.3	2255.6	1590.9	70.53
深圳	1584.5	2895.4	1154.9	891.4	77.18
广州	708.4	3758.6	2162.8	1340.2	61.97
杭州	517.9	2099.8	883.9	561.6	63.54

注：商务产业指第三产业中除去交通运输业、仓储业、地质勘探业、水利管理业、农林牧渔服务业、社会福利业、教育文艺事业和国家党政机关社会团体等非商务功能产业而剩余的产业集合。

资料来源：2004 年上海统计年鉴、2004 年北京统计年鉴、2004 年深圳统计年鉴、2004 年广州统计年鉴、2004 年杭州统计年鉴

CBD 规模与经济规模比值　　**表 3-30**

	CBD/GDP	CBD/TIGDP	CBD/BGDP
上　海	0.28	0.58	0.81
北　京	0.44	0.71	1.01
深　圳	0.55	1.37	1.78
广　州	0.19	0.33	0.53
杭　州	0.25	0.59	0.92

注：CBD/GDP(万 m^2/亿元)＝CBD 规模(万 m^2)/城市 GDP(亿元)；CBD/TIGDP(万 m^2/亿元)＝CBD 规模(万 m^2)/城市第三产业(亿元)；CBD/BGDP(万 m^2/亿元)＝CBD 规模(万 m^2)/GDP 国内商务产业(亿元)。

四、小结

对上述城市的经济状况、用地结构、各类建筑比重等数据进行汇总(表 3-31)，发现在不同经济阶段、不同产业结构特征背景下，城市公共建筑特别是经营性公共建筑在存量和增量方面存在着差异显著的规模特征和比例特征。根据对城市分类，基本可以得出表 3-32 的判断。这为杭州未来公共建筑发展的近期、中期和远期三阶段目标提供了参考依据。

国内外研究城市经济与用地开发特征汇总表

表 3-31

城市	GDP（亿美元）	人均GDP（美元）	总人口（万人）	产业结构比重	第三产业就业人员比重（%）	按土地利用（存量）		土地利用（增量）		按建筑面积（存量）		按建筑面积（增量）	
						住宅：公共建筑	住宅：经营性公共建筑	住宅：公共建筑	住宅：经营性公共建筑	住宅：公共建筑	住宅：经营性公共建筑	住宅：公共建筑	住宅：经营性公共建筑
纽约	5911	71998	821	0.5∶10.5∶89	90.16	1.85∶1	3∶1						
东京	8280	67372	1229	1.4∶26.4∶72.2	77.4	1.75∶1	3.4∶1					1.8∶1	2.5∶1
伦敦	3010	41289	729	0.5∶14.5∶85	90			1.1∶1	1.45∶1				
巴黎	7313	63647	1149	0.2∶16.9∶82.9	82.7		2.15∶1						
台北	763	28279	270	1.45∶27.50∶71.05	80.19	1.3∶1	4.15∶1		1.57∶1				3.65∶1
新加坡	1613	35163	458	0.1∶31∶68.9	67.5						8.5∶1		
香港	2072	29918	693	0.06∶8.78∶91.16	86.8				4.5∶1		3.5∶1		
北京	1184	7654	1547	1.1∶26.8∶72.1	69.3								5.1∶1
上海	1663	8949	1858	0.8∶46.6∶52.6	56.4					3.35∶1			8.9∶1
广州	934	9302	1005	2.3∶40∶57.7	51.67								6.2∶1
深圳	908	10628	854	0.1∶50.9∶49	42.3								5.7∶1
杭州	544	6922	786	4.1∶50.2∶45.7	37.22				2.18∶1				5.9∶1

不同经济阶段公共建筑特征总结　　表 3-32

经济发展阶段	榜样城市	人均 GDP（美元）	第三产业比重（%）	公共建筑比例（%）	经营性公共建筑比例（%）	CBD 商务规模（万 m^2）	甲级写字楼比例（%）
初入后工业化阶段	上海、深圳	＞10000	＞50	18～20	12	500	35
后工业化时代的中期	台北、香港、新加坡	28000～35000	＞70	25	15	1000	40
后工业化时代的后期	纽约、东京、伦敦、巴黎	40000～70000	＞80	30	18	1500	55

第四章　杭州经济社会发展阶段及趋势

公共建筑需求规模与城市经济发展水平、产业结构、就业规模等密切相关。因此，在具体分析杭州市经营性公共建筑合理规模之前，除充分借鉴国际国内发达城市的经验外，很重要的是要把握杭州经济发展所处的阶段，以及发展趋势。

第一节　杭州经济发展阶段的判断

判断经济发展所处的阶段有多种方法。通常是从经济发展的水平和经济结构的变化来研究经济发展的阶段，本书采用人均总量指标和结构指标作为阶段划分的依据，并进行经济发展的国际比较。

一、从人均国内生产总值判断

钱纳里(H. Chenery)等人通过实证分析，从经济发展水平(人均 GDP)的角度，将一国从不发达到发达的发展过程划分为三个阶段和六个时期(表 4-1)。2008 年，杭州全市按常住人口计算的人均 GDP 为 60414 元，按户籍人口计算的人均 GDP 为 70832 元，按国家公布的 2008 年平均汇率计算，分别达到 8699 美元和 10199 美元，已达到中等收入国家或地区水平，可以判断杭州已经进入了工业化后期阶段，正迈向发达经济初级阶段。根据各个国家与地区经济发展的规律可知，这是一个以信息化、知识化为主要特征的社会阶段，经济结构从以制造业为主转向以服务业为主，产业结构呈现出高度化、多元化、服务化、柔性化等特点。

钱纳里的工业化发展阶段　　　　**表 4-1**

时　期	人均国内生产总值变动范围 (按 2000 年美元计算)	发 展 阶 段	
1	574～1148	初级	初级产品生产阶段
2	1148～2296	工业	工业化初级阶段
3	2296～4592		工业化中期阶段
4	4592～8610		工业化后期阶段
5	8610～13776	发达	发达经济初级阶段
6	13776～20664		发达经济高级阶段

资料来源：H·钱纳里等. 工业化和经济增长的比较研究. 吴奇等译. 上海：上海三联书店，上海人民出版社，1995

对照台湾、香港地区和新加坡人均国民生产总值水平，发现杭州经济大致相当于台湾地区 1990 年，香港地区 1987～1988 年，新加坡 1988 年的水平，落后 20 年左右(表 4-2)。

台湾、香港地区和新加坡人均国民生产总值(美元) 表 4-2

年 份	台湾地区	香港地区	新 加 坡
1986	3993	—	6570
1987	5275	8180	7404
1988	6333	9250	8900
1989	7512	10320	10275
1990	8611	—	12110
2004	14032	23684	—

注：均按当年价格计算。

数据来源：各地各年的统计年鉴

普遍认为：4000 美元是中等收入的门槛，13000 美元是高收入水平的低限，4000～13000 美元是工业化的中后期阶段，也是经济高速增长即将结束的时期。由此推算，若杭州人均 GDP 保持 8%的增长，则达到 13000 美元还需要大约 7 年时间，若保持 10%的增长，还需要大约 5 年时间，即在没有意外事件发生情况下，未来 5～7 年内杭州经济仍将处于高速增长期。

二、从产业结构判断

产业结构的演变表现为由低级向高级纵向演进的高度化和产业结构横向演变的合理化。这种结构的高度化和合理化是与经济发展相伴生的，并推动着经济向前发展。从许多发达国家和新兴工业化国家的实践来看，产业结构的演变阶段可以从以下几个角度划分：

(一) 从工业化发展的阶段判断

从工业化发展的阶段判断，产业结构的演进可分为以下几个阶段：前工业化时期、工业化初期、工业化中期、工业化后期和后工业化时期五个阶段。不同时期，三次产业在国民经济中所处地位不同。根据美国经济学家西蒙·库兹涅茨等人的研究成果，在工业化初期和中期阶段，产业结构变化的核心是农业和工业之间“二元结构”的转化，在后工业化时期，则是工业与第三产业之间的转化，工业在国民经济中的比重将经历一个由上升到下降的“∩”形变化。

(二) 从主导产业的转换过程判断

根据主导产业的转化，可把产业结构的演进分为以农业为主导，轻纺工业为主导，原料工业和燃料动力工业等基础工业为重心的重化工业为主导，低度加工型的工业为主导，高度加工组装型工业为主导，第三产业为主导，信息产业为主导等几个阶段。

(三) 从三大产业的内在结构判断

在第一产业内部，产业结构从技术水平低的粗放型农业向技术要求较高的集约型农业，再向生物、生态等技术含量高的绿色农业、生态农业发展。在第二产业内部，产业结构的演进按轻纺工业—基础型重化工业—加工型重化工业方向发展；从资源结构变动来看，产业结构沿着劳动密集型产业—资本密集型产业—知识、技术密集型产业方向演进；从市场导向角度看，产业结构朝着封闭型—进口替代型—出口导向型—市场全球化方向演进。在第三产业内部，产业结构沿着传统服务业—多元化服务业—现代型服务业—信息产业—知识产业的方向演进。

（四）从产业结构演进的顺序判断

产业结构由低级向高级发展的各阶段是难以逾越的，但各阶段的发展过程可以缩短。威廉·佩蒂(William Petty)和科林·克拉克(Colin Clark)各自的研究结果表明，随着人均国民收入水平的提高，劳动力将首先从第一产业向第二产业转移，并进一步向第三产业转移。这一结果被称为“佩蒂·克拉克法则”。

从产业结构变动的趋势看，杭州已实现了由“一、二、三”到“二、三、一”的大跨越，开始向“三、二、一”迈进。尽管杭州全市目前第三产业比重尚未超过第二产业，但第三产业比重上升的趋势明显。2000 年全市第三产业的比重为 41.17%，2008 年提高到 46.3%(表 4-3)，其中以金融业、科学研究技术服务、信息传输计算机服务和软件业为代表的现代服务业加快发展，增速均高于第三产业平均水平[1]。市区 2006 年第三产业的比重首次超过第二产业，达到 48.88%(表 4-4)。

杭州产业结构的演变(大杭州)　　**表 4-3**

年　份	第一产业(%)	第二产业(%)	第三产业(%)
1978	22.31	59.62	18.07
1990	16.32	50.71	32.97
1995	9.08	53.81	37.11
2000	7.52	51.31	41.17
2005	5.04	50.87	44.09
2006	4.5	50.4	45.1
2007	4.0	50.2	45.8
2008	3.7	50.0	46.3

数据来源：杭州各年统计年鉴

杭州产业结构的演变(市区)　　**表 4-4**

年　份	第一产业(%)	第二产业(%)	第三产业(%)
1978	3.67	75.12	21.21
1990	2.67	52.52	44.81
1995	1.60	50.03	48.37
2000	2.15	46.27	51.58
2005	3.13	49.46	47.41
2006	2.71	48.41	48.88
2007	2.4	47.7	49.9

注：从 2001 年起，杭州市区包括萧山区和余杭区。

数据来源：杭州各年统计年鉴

这一阶段的特征决定了杭州经济发展模式必然在成功地发展了劳动密集型产业，进而经历了资本密集型产业、技术和知识密集型产业的发展阶段后，在日后较长时期内不断在技术和知识、服务密集型产业领域开拓前进。

[1] 杭州统计信息网：http：//www.hzstats.gov.cn/webapp/show_news.aspx? id=15128

将杭州产业结构与台湾、香港产业结构演变进行比较，可以发现杭州市区第三产业比重大致相当于台湾地区20世纪80年代中后期之水平(表4-5)；而香港作为国际金融、贸易、服务中心，由于经济类型的差异，其第三产业占国民生产总值的比重必然较高，可比性不强。

台湾地区及香港产业结构演变 表4-5

年份	台湾		香港		新加坡	
	第二产业(%)	第三产业(%)	第二产业(%)	第三产业(%)	第二产业(%)	第三产业(%)
1987	46.7	48	27.78	71.85	40.2	59.2
1988	44.8	50.1	26.17	73.49	40.7	58.9
1989	43.60	51.51	25.18	74.54	40.0	59.6
1990	42.53	53.34	24.14	75.61	40.1	59.6
1991	42.47	53.83	21.88	77.90	40.6	59.1
1992	41.47	54.97	19.78	80.03	40.6	59.2
……	……	……	……	……	……	……
1999	33.24	64.2	14.63	85.27	—	—
2000	32.52	65.38	14.22	85.7	—	—
2001	31.17	66.87	13.39	86.52	—	—
2002	31.36	66.79	12.4	87.51	—	—
2003	30.57	67.63	11.45	88.48	—	—

数据来源：各地各年的统计年鉴

三、从工业内部结构判断

随着一国工业化的发展，消费资料工业净产值/资本品工业净产值比例(即霍夫曼比率)呈现出不断下降的趋势：霍夫曼比率越小，重工业化程度越高，工业化水平也越高。霍夫曼依据对20多个国家工业内部结构时序划分和计算分析，认为任何国家的工业化进程都要经过如下四个阶段(表4-6)：

霍夫曼比率及工业化阶段划分 表4-6

阶段	第一阶段(工业化初期)	第二阶段(工业化中期)	第三阶段(工业化高级期)	第四阶段(后工业化)
霍夫曼比率	5(±1)	2.5(±1)	1(±0.5)	1以下

注：表中括号的数字，表示以前面数字为基准允许浮动的幅度。

资料来源：霍夫曼. 工业化的阶段和类型，1931

第一阶段：霍夫曼比率为5(±1)，消费品工业占主要地位。

第二阶段：霍夫曼比率为2.5(±1)，资本品工业快于消费品工业增长，达到消费品工业净产值的50%左右。

第三阶段：霍夫曼比率为1(±0.5)，资本品工业继续快速增长，并已达到与消费品工业相平衡的状态。

第四阶段：霍夫曼比率在1以下，资本品工业占主导地位，这个阶段实现了工业化。

运用轻重工业产值之比近似计算霍夫曼比率，得到改革开放以来主要年份的霍夫曼比率(表 4-7)。数据显示，无论是大杭州还是杭州市区，霍夫曼比率呈明显下降趋势，2007 年大杭州霍夫曼比率只有 0.7532，表明杭州处于工业化第四阶段即后工业化时期。

杭州霍夫曼比率 **表 4-7**

	1985	1990	2000	2005	2007	2008
大 杭 州	1.613	1.722	0.9758	0.7927	0.7532	0.741
杭州市区	1.698	1.778	0.8721	0.7786	0.7728	—

数据来源：杭州各年统计年鉴

四、就业结构：处于工业化基本实现向全面实现阶段迈进

综合钱纳里(H. Chenery)、赛尔奎因(M. Syrquin)、艾尔金顿(H. Elikington)和西姆斯(C. Sims)等人的实证研究，就多数国家的一般变动模式来说，工业化初期阶段，三次产业的就业比重分别为 58.7%、16.6%和 24.7%；工业化进入中期第一阶段，三次产业的就业比重分别为 43.6%、23.4%和 33%；工业化进入中期第二阶段，三次产业的就业比重分别为 28.6%、30.7%和 40.7%；当人均 GNP 上升到 2800 美元时，工业化处于基本实现阶段，三次产业的就业比重分别为 23.7%、33.2%和 43.1%；当人均 GNP 上升到 4200 美元时，工业化处于全面实现阶段，第一产业的就业比重下降到 8.3%，第二、三产业的就业比重上升到 40.1%和 51.6%。

大杭州 2007 年三次产业的就业比重分别为 15.75%、46.02%、38.24%(表 4-8)，对照上述标准，尽管杭州人均 GNP 超过 4200 美元，但就业结构尚处于工业化基本实现阶段向全面实现阶段迈进的阶段。

2006 年、2007 年杭州三次产业就业结构 **表 4-8**

	第一产业(%)		第二产业(%)		第三产业(%)	
	2006 年	2007 年	2006 年	2007 年	2006 年	2007 年
大 杭 州	16.97	15.75	45.81	46.02	37.22	38.24
杭州市区	9.19	7.86	47.29	47.26	43.52	44.88

数据来源：杭州各年统计年鉴

将杭州三次产业就业结构与台湾地区进行比较，大致相当于台湾地区 20 世纪 80 年代末 90 年代初之水平。杭州市区 2007 年第三产业从业人员比重 44.88%，台湾地区 1988 年就达到了 43.73%(表 4-9)。

台湾地区三次产业就业结构 **表 4-9**

年　份	台　湾		
	第一产业(%)	第二产业(%)	第三产业(%)
1981	18.84	42.18	38.98
1982	18.85	41.23	39.92
1983	18.63	41.12	40.25
1984	17.60	42.28	40.12
1985	17.46	41.44	41.10

续表

年份	台湾		
	第一产业(%)	第二产业(%)	第三产业(%)
1986	17.03	41.46	41.51
1987	15.28	42.76	41.96
1988	13.73	42.54	43.73
……	……	……	……
2004	6.56	35.13	58.23

数据来源：各地各年的统计年鉴

五、城乡结构：落后于工业化

钱纳里等经济学家在研究各个国家经济结构转变趋势时，曾经概括了工业化与城市化关系的一般变动模式：随着人均收入水平的上升，工业化的演进引起了产业结构的转变，带动了城市化程度的提高。

一般认为，工业化前的准备期，城市化率在30%以下；工业化的实现和经济增长期，城市化率在30%～60%之间；工业化后的稳定增长期，城市化率在80%以上。2007年杭州全市城市化率48.15%，市区城市化率为64.20%，总体来看城市化落后于工业化(表4-10)。

杭州城市化率 **表4-10**

年份	1985	1990	1995	2000	2005	2006	2007	2008
大杭州(%)	28.26	29.40	32.01	36.52	45.05	46.49	48.15	50.28
杭州市区(%)	80.22	82.13	84.57	80.19	59.96	61.91	64.20	—

注：① 城市化率＝非农人口数量/全部人口数量。

② 从2001年起，杭州市区人口数统计包括萧山区和余杭区。

六、消费结构：进入高额群众消费阶段和追求生活质量阶段

改革开放20多年来，杭州城镇居民收入水平逐年提高，2008年杭州市区居民人均可支配收入24104元，比上年增长11.1%，扣除价格因素，实际增长5.9%。在国内发达城市中处于比较领先的位置。

随着收入的增长，杭州城镇居民生活消费发生巨大的变化：

(1) 恩格尔系数(食品消费比重)逐年下降，由2000年的42.4%下降到2008年38.3%。

(2) 居住消费支出大幅度增加，2007年市区城镇居民人均居住消费为1508.88元，比2000年增长212.33%。

(3) 交通通信消费增势迅猛，成为持续增长的消费热点。2007年杭州市区城镇居民家庭人均交通和通信消费性支出为2549.38元，比2000年增长465.63%，占市区城镇居民家庭人均全年消费性支出的17.11%，家用汽车百户拥有量则由2000年的0.7辆增加到2007年的15.44辆。

(4) 教育支出增长显著，据调查，2006年杭州市区城镇居民人均教育文化娱乐服务支出2010.54元，比1995年增长464.19%。同项数据相对比，2006年浙江省城镇居民教育文化娱乐服务人均支出，列全国第三位，位居前两位的分别是北京和上海。

(5) 享受型消费比重进一步加大，以追求精神生活，提高生活质量为目标的化妆品及金银珠宝类等商品销售成为消费品市场的热点领域，以旅游、健身、家政等为代表的服务性消费增速加快。2007 年，化妆品类和金银珠宝类零售额分别增长了 20.8%和 17.7%。

沃尔特·罗斯托(Walt Rostow)把经济增长划分为起飞前阶段(传统社会、为起飞创造前提阶段)、起飞阶段、成熟阶段(向成熟推进阶段)，和成熟后阶段(高额群众消费阶段、追求生活质量阶段)[1]，杭州从居民消费结构分析，已进入成熟后阶段，即高额群众消费阶段(汽车与住房消费)和追求生活质量阶段。

经过上述多个指标的分析可得出杭州经济已进入工业化后期，从资本密集型产业向技术和知识密集型产业快速转型期。同时这也将是经济服务化趋势比较明显的阶段，享受型、发展型服务消费快速增加，服务业成为最具潜力的经济增长点。

第二节 杭州未来经济社会发展的趋势

改革开放以来，特别是迈入 21 世纪以来，杭州经济社会发展和各方面的建设取得了令人瞩目的成就，2008 年杭州全市人均 GDP 已突破 10000 美元，跨入万元的后工业时代。这是个经济社会急剧变革和快速转型期。全球化、新经济、互联网将极大推动杭州融入国际社会的步伐。长江三角洲的一体化、环杭州湾产业带的建设，以及浙江省由创业型经济向创业创新型经济的转变，都将对杭州市的中心城市功能和定位提出更高的要求。

一、杭州经济社会发展环境的基本判断

全面辩证地认识国际、全国、长三角和浙江省的宏观经济或区域经济发展背景是判定未来杭州经济社会发展趋势的重要基础。杭州城市的未来发展不仅是在传统的工业化背景下，而且是在全方位应对全球化、信息化、市场化、现代化的宏观时代背景下，其主要特点是：

(1) 全球化影响日益加深，城市成为全球要素流动的主要节点。

20 世纪 80 年代以来，经济全球化作为一个历史发展趋势逐渐凸显出来，极大地推动了全球市场的开放与形成，城市在全球经济中所扮演的角色也由于相互间联系的广泛性而日益重要，逐渐成为全球要素流动的主要节点和指挥控制中心。博尔雅和卡斯泰尔(Jordi Borja and Manuel Castells，1996)在《地方与全球》一书中阐述：全球化最直接和最突出的地方影响是城市的空间和社会结构。全球经济网络的控制性节点是商务产业(Advanced Services)和研究开发活动(Research and Development)最发达的城市。在全球竞争中，城市必须提供这些产业所需要的信息基础设施(telematics)和相应的人力资源所需要的生活环境。因此，21 世纪一定是城市经济的世纪。

(2) 增长方式转变成为主导未来一段时期宏观经济演变的主题。

当前，我们正面临着践行“科学发展观”这一重大使命。在“科学发展观”指导下，必将推动我国进入新一轮经济增长和结构大调整。杭州市资源和能源制约因素尤其

---

[1] Walt W. Rostow. The Stages of Economic Growth. Cambridge：Cambridge University Press，1960.

突出，土地价格持续飙升，水电煤日益紧张等问题不仅暴露出了上一阶段杭州市粗放型经济增长方式的缺陷，同时也明确警示着下一阶段杭州市经济发展由粗放型向集约型，由制造型向创造型增长转变的必要性与紧迫性，以实现经济社会的全面、协调和可持续发展。

(3) 服务经济的迅速崛起，为杭州服务业发展迎来前所未有的机遇。

在全球外包服务市场迅速扩大、服务业转移具有较强的选择性、国际投资中服务业比重增加较快和长三角作为世界制造基地快速发展的四大背景下，作为长江三角洲南翼的中心城市和沿海开放城市的杭州，必将迎来前所未有的机遇。杭州完全可以凭借自身良好的经济基础条件、极具磁力的人居环境、丰富的智力资源、贴近市场的运作模式，推动杭州的服务业上一新台阶。

(4) 长三角区域经济一体化进程加速，杭州发展机遇与挑战并存。

在长三角中心城市上海的价值体不断集聚辐射的今天，杭州首当其冲成为承接上海价值中心资源辐射的重要平台。事实上，定位为国际化大都市的上海的确需要有更大的空间来完成产业互补，并需要更多和其具有不同功能的城市的支撑，来进一步扩容其人流、资金流、商品流、信息流。而与上海有着极其便利的交通网络，拥有良好的生态资源和经济态势的杭州，自然成为上海旅游等现代服务业进行一次彻底扩容的首选对象。

因此，明确城市定位，构筑特色优势明显、与上海梯度错位的价值链分工地位和城市中心功能，尽可能有效的延伸上海作为国际性大都市的国际功能，并最大限度地获取长江三角洲一体化过程中的区域再分配要素，构筑国际投资、人才、技术、信息等创新要素的高地，是杭州市发展所面临的巨大机遇，也是巨大挑战。

(5) 浙江省实施“两创”战略，杭州中心城市功能和作用亟待加强。

浙江省在实现了从资源小省到经济大省的历史性跨越后，现正进入经济强省的转型阶段。2007 年，浙江提出了“创业富民、创新强省”的两创总战略，这必将引致以差异化竞争、实现进一步促进区域创新投入、创新体系结构、创新服务环境等一系列领域的完善与发展为主要内容的新一轮制度变迁和产业组织调整。

在两创战略的背景下，区域竞争日趋激烈，尤其是随着杭州湾大桥的建成，杭州的传统区位优势日渐削弱，宁波、绍兴等省内周边地区的迅速成长，对杭州的区域地位和产业发展造成巨大的压力。因此，如何最大限度地构筑创新要素区位禀赋优势，奠定区域价值链分工地位，重新定位和明确全省的中心功能及作用，准确把握其在全国乃至全球产业链上的定位，成为摆在杭州市面前的一道考题。

(6) 城市空间格局、发展战略转变对杭州经济发展布局产生直接影响。

杭州市委、市政府颁布的《关于进一步构筑市域网络化大都市的实施意见》为杭州区域经济发展格局勾画出了基本轮廓，并确定了发展重点。其次，城乡统筹与区域协调发展是新时期杭州城市发展的重要战略之一，包括区域协调发展、重心战略转移——从“西湖时代”迈入“钱塘江时代”、旧城有机更新、提高城镇基础设施网络化程度、加快村镇建设。第三，杭州市对钱江新城发展的政策和财力支持，有利于加快当地的基础设施，提高公共服务能力，推进国际化、城市化、现代化进程。第四，城市建设由中心城区的外延扩展转向调整优化，郊区、新城成为城市建设的重点区域。这些大项目建设，必定重构城市空间格局。

(7) 在经济转型、空间有限的背景下，提高集聚效益任务艰巨而紧迫。

随着城市人口爆炸性的增长，土地等资源的大量消耗，有限的城市地面空间已不能满足社会和城市发展的需要，如何在地域空间有限的客观条件下，创新且适应性地提高空间开发与集聚的效益，成为杭州突破资源环境瓶颈、转变发展方式的紧急任务。与此同时，在跨入万元时代之际，一场深刻的消费和产业大调整正在杭州孕育而生，因此优化、调整、创造城市空间结构，满足并引导杭州消费结构和产业升级要求的任务切实而紧迫。

二、杭州经济社会发展趋势判断

杭州处于这样的发展阶段与发展环境下，可以预计未来杭州经济社会将出现许多新的特点，集中表现为以下几点：

(1) 随着经济发展与居民收入的提高，城市居民的公共消费将迅速上升，对生活品位与质量的要求更高，对教育、文化、身心健康等方面的需求更加强烈，对生活品质的追求将成为居民普遍的意识与行动。

衣食足而求美乐。如果说杭州过去 20 多年的发展着重于提高物质生活水平，那么未来发展的出发点与立脚点必须是着力提高包括物质生活、文化生活和主观幸福感在内的生活品质。据长三角 16 个城市统计信息交流资料显示，2008 年杭州市区城镇居民人均可支配收入为 24104 元，比上年增长 11.1%，在 16 个城市中居第四位；市区城镇居民人均消费性支出为 16719 元，比上年增长 12.2%，在 16 个城市中居第二位，仅次于上海市(19398 元)。随着经济发展与居民收入的提高，求好、注重生活品质的提升已经不是某一阶层的特权和标识，而是广大人民群众的一种普遍的诉求，这必将促使杭州市消费结构发生根本性的变化，主要表现在以下四点：

城市居民的公共消费将会迅速上升。居民家庭在私人消费品需求得到基本满足之后，对社会公共消费品的需求将迅速上升。其一是家庭消费日益依赖于公共消费品的供给，如住房、汽车等的消费对道路、社区物业管理、停车设施的依赖非常强。其二，居民在基本消费品占有量达到饱和之后，对生活的外部环境，如空气、饮用水的质量，对社区的健身娱乐设施、城市绿化、公园、旅游景点的建设将日益关注，要求不断提高。其三，随着收入的提高，高层次的公共消费设施如音乐厅、歌舞剧院等的消费需求将出现扩张。

教育等知识型、投资性消费持续扩张。根据新增长理论，经济长期增长的关键因素是人力资本增长。随着科学技术的进步和社会生产力的发展，知识更新的速度越来越快，经济的发展要求人们不断提高自身的文化素质，人们对知识需求日益增强，居民越来越重视教育的投入，不断提高个人文化素质，除了对子女的教育消费支出不断增长以外，成人的教育费用也不断提高。教育等知识型、投资性消费持续扩张，这是发展的必然趋势。

保健、旅游、娱乐消费需求持续上升。经济越发展，人均收入越高，城市居民对生命价值的认识也越全面，对善待生命的感受也越深。这种观念的总体转变将进一步激发居民对医疗保健、旅游、娱乐等消费品和服务的需求。

发展享受型消费比重进一步加大。随着收入的增加，城市化进程的推进，消费结构向营养价值较高、穿着时尚、居住宽敞明亮、出行快捷高速、通信网络电讯、文化休闲娱乐等高层次消费提升，2007 年，化妆品类、金银珠宝类和汽车类商品零售额分别增长 20.8%、17.7%和 16%。长三角 16 个城市联合组成的长三角商业信息协作网发起国际品牌在全国布点情况的调查，结果显示，杭州和上海的国际品牌最为密集，一线品牌入驻率均达 88.7%，在长三角地区并列榜首❶。

(2) 经济加快向后工业化时期迈进，产业结构升级加速，从资源消耗型全面转向以现代服务业、高新技术产业、先进制造业为主导力量的集约型经济结构。

杭州的经济发展水平已接近日本、新加坡、中国台湾 20 世纪 80 年代中后期的发展水平，进入工业化高级阶段，产业经济发展的内在素质将逐步提高，原先主要靠土地、资源消耗，靠投资、制造业推动的经济增长方式，在资源短缺、要素成本快速提高的背景下，已经难以继续支撑杭州经济的高速发展。大力发展现代服务业和先进制造业，大力推动科技进步和自主创新，大力发展循环经济，建设节约型社会，实现产业升级，已成为杭州未来经济社会持续协调发展的必然选择。这是解决好在“一大使命三挑战”❷ 背景下杭州发展的迫切需求；是突破资源环境瓶颈、转变发展方式的有效途径；是完善城市功能、促进城市化发展、提升城市竞争力的重要举措；是扩大社会需求，提高人民生活质量的内在要求。产业升级主要表现在以下几点：

1) 服务业的高速增长将主导城市经济发展

服务业发展是经济发展、科技进步和社会分工专业化的必然趋势，是衡量一个地区经济、社会现代化水平的重要标志。从全球看，当前世界经济重心已从制造业转向服务业，竞争焦点已从商品转向服务，步入“服务经济”时代。其中发达国家的服务业已占 GDP 总量的 70%左右，第三产业就业比重占 60%左右(表 4-11、图 4-1)。2005 年，服务业在全球 FDI 总存量中占 60%，新增流量的 2/3 在服务业。

世界不同收入水平国家 GDP 的三大产业构成　　**表 4-11**

国家类型	中国	低收入	中低收入	中等收入	中高收入	高收入	世界平均
年份	2005 年	2002 年	2001 年	2002 年	2002 年	2001 年	2001 年
人均 GNI(美元)	2180	430	1360	1850	5110	26640	5160
农业(%)	12.4	23.8	10.5	9.1	6.3	1.8	3.8
工业(%)	47.3	30.4	34.1	33.9	34	27.5	28.6
服务业(%)	40.3	45.7	55.5	57	59.8	70.7	67.7

数据来源：World Development Indicators. 2006/7/10

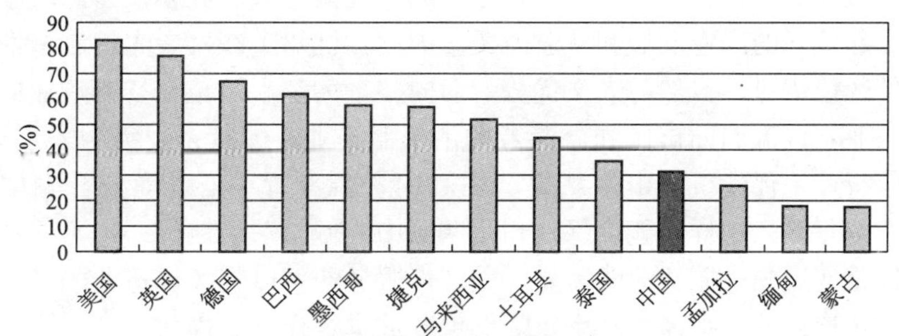

图 4-1　世界代表性国家服务业就业比重(2005 年)

❶ 郭峰. 杭州一线品牌入驻率居榜首 [N]. 杭州日报，2008-09-16.

❷ 一大使命：科学发展观；三大挑战：“全球化、新经济、互联网”、“高油价、高粮价、高成本”、“迎接人均生产总值 2 万美元时代”。

居民收入的增加，消费结构的升级和经济增长轴心的转换使得服务业在国民经济中的地位越来越突出。2008 年，杭州作为第三产业的服务业实现增加值 2213.14 亿元，增长了 13.8%，对全市经济增长的贡献 49.8%，实现了增加值总量及占 GDP 比重首次超过工业的历史性跨越。除此之外，2007 年杭州全社会就业人员 533.1 万人，其中从事服务业 203.8 万人，占 38.2%，比上年增加了 13.2 万人，比重提高了 1 个百分点，服务业就业人口的绝对量和相对量都呈现上升趋势。

顺应这一趋势，杭州提出实施“服务业优先”战略，力争到 2015 年全市服务业增加值占生产总值比重突破 50%，着力打造全国文化创意产业中心、长三角现代服务业中心，实现从“杭州制造”向“杭州创造”、“杭州服务”、“杭州创意”的历史性跨越。这些措施最终将表现在两个方面：生产性服务的增加和消费性服务的增加。

以商贸为核心的消费性服务业将成为杭州产业规划的基础。依托长江三角洲南翼公路、铁路、航空运输的区位优势，加上得天独厚的优美自然环境，杭州有可能成为长江三角洲所有大中城市中最具吸引力的区域性购物中心和旅游观光中心。近年来，杭州已经引进了华润、中国远洋等大型商业开发商，这是一个良好的开端。今后，还将引进更多的世界 500 强企业。杭州旅游业所面临的机遇更是令人振奋的。有机构预测，到 2020 年，长江三角洲每年将接纳 1 亿人次的国际游客[1]，就算其中只有 10%来杭州，1000 万人次的规模也足以使杭州与日内瓦比肩。同时，经济的发展，收入的提高，生活品质意识的强化，都将促使杭州消费性服务业成为杭州经济新的亮点。

生产性服务业将成为产业结构升级的重要途径与支撑。生产性服务业是指主要为生产经营主体而非直接向个体消费者提供服务，从企业内部的生产服务部门分离和独立从而发展起来的新兴产业。萨斯基亚·萨森(Saskia Sassen)在《全球化城市》(Global City)中对纽约、伦敦和东京等全球城市的生产性服务业进行了系统研究，认为生产性服务业是后工业化时期的主导产业。在主要发达国家，以通信、物流、批发、金融、专业服务等为主的生产性服务业已经占到全部服务业的 50%以上。根据国际经验、产业的演变规律，再结合杭州的自身情况来看，生产服务业的快速增长将成为杭州产业升级的必然趋势。

首先，这是杭州城市自身特点决定的。杭州缺地矿资源、缺港口资源、缺政策资源、缺项目资源的城市特点，决定了它不适合进行的大规模的重工业建设，同时单一的旅游业也不足以支撑起杭州的产业发展和就业需要。因此，杭州市在发展先进制造业的同时，必须发挥自身的区位优势、自然与人文优势，面向整个大都市乃至全省制造业的需要，大力发展生产服务业，以及面向市民和旅游者的消费服务业；尤其是要大力发展金融、物流、科技、教育等行业，促使杭州市区从生产中心向资源配置中心、商贸金融中心、研发中心、教育中心的复归。这样才能确保杭州“区域中心城市”的地位。

第二，这是发展先进制造业的需要。生产性服务业可以支撑制造业的循环架构，帮助制造业增强作业连续性，提高生产率，降低可变成本，促进规模化生产。同时，制造业自身的发展壮大给生产性服务业以极大的市场需求和发展空间，制造业企业内部服务功能的剥离以及新兴服务商的成长，也使得整个生产性服务业得以发展。浙江大力发展先进制造

---

[1] 熊晓红. 浙江省湖州市入境旅游业发展现状及提升对策研究. 中国市场，2008(44).

业，需要杭州发挥人力资源密集优势，大力发展生产性服务业，其中包括金融、保险、运输、信息服务、电子商务、现代物流等现代服务业以及法律、会议、评估、咨询、工程设计、广告等中介机构在研发、咨询和培训等方面的作用。

第三，城市经济结构的扁平化，以及企业的外包化加速生产服务业的发展。在全球化和信息化的背景下，随着产业分工越来越细，制造厂商基于强化其核心竞争力、降低成本及信任专业服务等因素的考虑，产业价值链拆解的情况将会愈趋明显，甚至将属于其内部的某些业务外部化，委托给其他企业。这些拆解以及外包出去的业务即转化为服务业，如运输、仓储、信息咨询业、会计事务所、管理咨询、广告设计等机构，促进了生产服务业的繁荣发展。

2）以“三高”为典型特征的现代产业将加快对传统产业的替代步伐

高技术含量、高附加值、高新技术产业“三高”产业的发展对全球经济产生了革命性的影响，其布局具有指向高素质的人才资源、发达的地区市场、良好的自然环境、优越的制度环境等特点。长江三角洲作为我国高新技术发展的重要基地，如果说苏州高新技术产业的发展建立于跨国公司垂直分工下外资导向的基础之上，其大量引进外资的“挤出效应”有可能制约民间的投资活动，阻碍高新产业的本地化和网络化，从而形成跨国公司主导下的先进制造业基地；那么，民营企业发达、民办市场众多、民有资本充裕、民间人才众多的杭州中心城区则更可能走出一条与苏州不同的道路，成为民间资本主导下的创业型高科技产业基地，其中杭州中心城区很有可能成为我国高新技术与市场机制结合最为成功的区块之一。

因为，在“工业要发展、质量要提升”的总体要求下，围绕“工业兴市”、“构筑大都市，建设新天堂”，建设先进制造业基地的过程中，杭州必然会更加注重产业分工和价值链分工，摆脱价值增值贫乏的一般制造环节，集中资源和力量做大做强以高技术含量、高附加值、高新技术产业“三高”为典型特征的现代产业。

3）文化创意产业成为推动经济增长新引擎之一

文化创意[1]的价值源于文化积累和科技进步所激发的创意，其最鲜明的特点就是“人脑＋电脑＋文化”，是典型的“大脑经济”，它是制造业充分发展、服务业不断壮大及制造业和服务业融合发展的结果，是继技术、管理和资本之后又一个新的推动社会经济成长的要素。在资源不占优势、环境人才文化发展条件丰厚的基础上，着力发展动漫等文化产业，培育杭州新的经济增长点，成为日后杭州发展的又一必然选择。

2007年，杭州市第十届党代会上正式提出将杭州打造成“全国文化创意产业中心”的口号，打响“创意杭州”品牌，并在投融资、人才引进、资源整合方面，也出台了系列政策，标志着杭州市文化创意产业的全新起步。随着政府的大力扶持、社会的高度关注、环境的不断优化，杭州的文化创意产业必将成为产业新亮点。近年来文化创意产业增加值以年均20%以上的速度递增，预计在2010年能将文化创意产业打造成杭州的新兴主导产业。

（3）随着市域网络化大都市建设步伐的加快推进，杭州城市从“西湖时代”向“钱塘江时代”迈进，城市功能布局由块状向网络转变，城市从单核向多核发展，将是一种

[1] 集中发展信息服务业、动漫游戏业、设计服务业、现代传媒业、艺术品业、教育培训业、文化休闲旅游业、文化会展业等八大门类文化创意产业，建设“十大文化创意产业园区”。

必然。

随着杭州“退二进三”、旧区改造、新区开发、都市圈、交通网络等发展战略的实施，杭州城市空间将呈现出新的集聚与分散相结合的网络结构特征：扩散化趋势将引导城市产业和人口的疏散，在城市外围出现一些新的制造业中心、居住中心以及部分办公园区；集聚化趋势则促进了中心区的进一步发展和繁荣，城市中枢功能更为显著。杭州城市空间演变表现出三大特征：

1）交通基础的完善，促使区域内土地利用、功能布局、呈现网络化特征

未来一段时间内，“交通西进”依然是一个主旋律，依托高速公路，实现产业、资金、人口集聚，“顺藤结瓜”，促进中心城市产业梯度转移，发展“高速公路经济”和“黄金水道经济”依然是一个大方向。随着交通网络的形成，西部五县(市)尤其是富阳、临安正在从郊县(市)向郊区转变。与此同时，“杭州一小时半经济圈”也将由市域扩展到与湖州、嘉兴、绍兴等合作发展的“都市经济圈”，主动适应周边城市发展旅游、都市农业、制造业和基础设施等接轨大都市的需求，构建合作平台，有效推进都市经济圈的整体发展。

2）城市产业出现新的集聚和分散，加速城市空间的集聚与扩散

由于中心区的拥挤和较高的使用成本，主城区“退二进三”和“腾笼换鸟”步伐加快，杭州产业空间布局必将出现集聚与分散共存的新趋势：一是生产技术已经标准化、操作程序化的传统劳动密集型和资本密集型制造业将从城市中心区向外扩散；二是需要大量信息和彼此频繁接触、交流与联系的知识密集型产业，主要是生产服务业，如金融、企业管理，控制和协调等职能及价值链环节将逐渐向城市中心区集聚。这种集聚与分散共存的发展趋势使城市的空间布局进一步有序化。

3）新城的建设拓展了城市的空间

在城市地域的特定空间进行新区配置时，必然会打破城市功能与内涵配置的原有空间格局，影响城市空间结构的发展与变化。“城市东扩、旅游西进、跨江发展、沿江开发”的发展战略，构建以钱塘江为轴线，“一主三副、双心六组团、六条生态带”的城市布局结构。在市区沿钱塘江规划建设湘湖新城、之江新城、滨江新城、钱江新城、临江新城等“十大新城”建设。

新城建设步伐加快，杭州从单核城市向多核城市发展，将是一种必然。尽管这一进程才刚刚开始，一些新兴区域的商业与公共建筑配套尚停留在规划蓝图上，但钱江新城作为核心区位置适中，位于主城又与江南城、下沙城、临平城有便捷的联系。钱江新城高起点、大规模的基础设施建设，将有利于引导城市建设的重心从西湖转移至钱塘江边，形成新的城市布局结构。而滨江、城西这些人口集聚密度已经相当大、配套较为完善的新兴板块，完全有可能加速成为杭州的次中心。

(4) 在当前人口、环境、资源三大危机及现代城市生产、生活快速发展的背景下，城市发展从粗放、扩张性发展到理性、集中发展——精明增长。

在当前人口、环境、资源三大危机及现代城市生产、生活快速发展的背景下，随着城市发展步伐的加快以及国家对于城市化水平的调控和推进，城市成长中的矛盾已逐步凸现出来，主要体现在：城市用地数量增长过快而耕地资源极其短缺；城市过度扩张而土地利用效率低下；新区开发建设迅猛而浪费严重；外延式增长突出而内部空间结构失衡等等，由此也造成了资源的粗放式利用，以及空气污染、环境噪声、交通拥堵、热岛效应等环境

问题。

因此，杭州市尽快调整城市发展策略，抛弃以外延扩张为主的粗放式发展，向以内涵增长为主的集约式精明增长转变，这是一种在提高土地利用效率的基础上控制城市扩张、保护生态环境、服务经济发展、促进城乡协调发展和人们生活质量提高的发展模式。其主要特点是：

1）采取土地混合利用与内涵挖掘，强化城市土地集约利用

伴随着“一主三副、双心六组团、六条生态带”的城市布局结构的落实和中心城功能的有机疏散，杭州各项建设的用地需求仍处在较为强劲的增长阶段，杭州本着严控总量、理性增长的原则，适当控制建设用地供给量，在科学的城市有机更新中，引导土地利用，集约高效地建设中心城和新城。

提倡通过土地混合使用塑造城镇或社区中心，增强“凝聚力”，提高居住密度；提倡混合式多功能的土地利用，将工作、娱乐、休憩、商务和居民生活结合在一起，将人们的工作与生活集中在较小的范围之内；提倡修建混合使用的建筑，如多功能、高效率的综合体，采用垂直而非水平的紧凑式建筑布局，提高土地使用效率，向空间和高度索要效益。杭州开展实施的“831”工程(80 幢重点楼宇、30 幢特色楼宇以及 10 大文化创意新城)，20 座新城，100 个综合体的空间发展战略就是最好的见证。

2）大力推进以轨道交通和公交优先为导向的城市发展和土地开发模式

杭州城市交通功能更新正在经历向轨道交通和公交优先发展模式的转变，用带状公共基础设施和轨道交通连接各功能中心区，形成城市网将是杭州发展的重要策略。现今，杭州区域性交通枢纽和轨道交通已开始规划或启动建设，公交优先已逐步落实，旅游集散中心已投入使用，未来结合交通枢纽、地铁站点和重要换乘中心是城市专业性街区和商业能级发展的最主要类型之一。

3）推动城市发展、人口增长、产业成长和土地利用之间的良性互动

据各行政区的特点，分别制定人口增长、产业发展与土地资源消耗相挂钩的标准，有效引导和调控重点区域的人口增长和产业发展。对中心城区内不适宜发展的项目逐步用适宜发展的新项目进行土地置换，将第二产业用地逐步置换为第三产业用地。遵循城市空间区位市场选择规律，在城市地域边界框架内，通过对不同等级区位功能的科学分析，确定城市空间布局及相应的土地开发控制指标，实现多功能中心的组团式城市空间，是杭州市域格局发展的重要策略和方向。

第三节　杭州公共建筑的发展定位

城市公共建筑作为满足城市居民生活生产需要，保障经济正常运行、产业持续发展的基础建设，是城市经济活动所必需的基础性物质条件，是城市功能要素的重要组成部分，对城市的经济发展、城市的空间发展、城市环境及城市景观都有着重要的影响。根据杭州未来经济发展趋势，结合公共建筑发展的自身特点，杭州公共建筑开发必须坚持以下几个方面的要求：

(1) 着眼于满足人们日益增长的物质与精神需求，以提升生活品质为根本点

服务于生活、有利于生活品质提升是公共建筑建设的根本目标。杭州城市品牌——生

活品质之城表明，基本的物质需求已经不再是市民或政府追求的目标。随着人均收入的提高和消费理念的转变，人们对文化教育设施、生态健康空间、娱乐休闲度假等的需求更加强烈，因此，这不仅在量上对公共建筑提出了更高的要求，更对其品质与多样性提出了更高的标准。

此外，杭州作为国内外著名的旅游城市，具有相当数量的旅游人口，庞大的旅游人口会集聚起巨大的消费需求，同时也对城市公共建筑的建设提出更高的标准。因此，高起点、高标准地建设规划好公共建筑将是共建共享与世界名城相媲美的“生活品质之城”的必然选择。

(2) 着眼于满足产业结构升级、建设节约型社会的需要，重点发展楼宇经济

产业结构转换的空间表现就是产业布局优化，而产业布局优化能够带动城市功能结构优化，进而推动城市能级提升。杭州人均 GDP 已接近 10000 美元，正在向 20000 美元迈进，这个阶段正是产业结构升级、建设节约型社会的关键阶段，高新产业、创意产业、服务经济、休闲经济等集约、环保、高效产业成为杭州新经济发展的方向。集高效、集约、环保为一身的楼宇、城市综合体无疑正是这一功能和空间二者最佳结合的重要载体之一，是杭州推进转型升级、建立现代产业体系，建设节约型社会的必然选择。

首先，随着城市土地资源越来越短缺，城市经济要持续发展，必须重视土地的集约利用。发展楼宇经济，发展综合体经济可以变平面发展为立体发展，向空间求发展，向楼宇要效益，实现城市经济从外延式扩张向内涵式的深化转变。

其次，这是都市产业和现代服务业发展的需要。随着产业结构的必然提升和转型，都市产业和现代服务业正在成为杭州城市发展的主要驱动力，“3＋X”的产业目标、全国总部经济中心和全国文化创意产业中心的“两中心”目标以及科教研发、旅游休闲、中国电子商务之都、国际休闲之都、西博会等目标、品牌的打造已经提出，并逐步实施。而与此相关的都市产业和现代服务业一般呈功能和业态的集聚或复合形态时才更有空间效率，二者呈现互动时才更能提升产业竞争力，这些原因都将促进城市综合体和楼宇的发展。

(3) 合理构架公共建筑空间布局，以满足城市功能需求的变化

共建共享与世界名城相媲美的“生活品质之城”是杭州城市的宏伟目标，同时，“一主三副六组团”的城市空间布局，未来“网络化都市、城市、新城、城市综合体”的四大涉“城”主题也在不断实践中，城市商业网点、综合交通和轨道交通、城市新兴文化和服务业、物流、旅游等功能和规划也在不断完善。城市公共建筑应以这些城市发展战略和发展目标为指引，与城市布局相融合，与城市各项规划相互证，用良好的形态和合理的空间结构协调各项城市功能，优化城市布局，实现城市职能和空间结构的相适应。

第五章 杭州市公共建筑规模预测

本章在分析影响写字楼、商业用房需求因素的基础上，通过建立 BP 神经网络模型、回归模型，对杭州市未来一段时期内写字楼、商业用房需求量进行了定量预测，为判断杭州市经营性公共建筑用地投放量的合理性提供依据。

第一节 写字楼公共建筑需求量预测

一、写字楼需求影响因素分析

通过文献综述的总结和国内外先进城市的经验借鉴，可以将写字楼需求总量的影响因素归结为以下三类：①影响写字楼使用者人数的因素；②影响写字楼使用者平均办公空间的因素；③影响写字楼需求的其他因素。

（一）影响写字楼使用者人数因素

影响写字楼使用者人数的因素主要有：城市经济水平和城市第三产业集聚水平。

1. 城市经济发展水平

城市经济的发展水平是决定写字楼使用者数量的重要基础，主要包括城市的 GDP 总量、人均 GDP、固定资产投资总额、财政收入、城市市场规模和城市资本存量等等。

城市房地产需求水平与城市经济水平呈正相关关系，而作为写字楼物业需求与该城市的国民经济发展水平正相关性尤为显著：GDP 总量和人均 GDP 作为衡量城市经济总量和人均经济水平的核心指标，综合反应过去和现在的经济发展状况和趋势，其发展趋势直接影响到写字楼物业未来的需求量；固定资产投资总额反应的是国内外资本对各个行业的参与程度，其规模的扩大会增大各行业对写字楼物业的需求水平；财政收入代表政府资金情况，财政收入越高，代表当地经济越发达，可以使得政府及事业单位有充裕的资金用于购买或租赁办公用房，从而进一步促使办公物业市场需求量的增长；除此之外，城市市场规模和城市资本存量分别代表着商品市场和资本市场的活跃程度及容量特征，这也是对写字楼物业需求影响至关重要的因素。

2. 城市第三产业集聚水平

城市第三产业集聚主要包括：城市第三产业规模、第三产业从业人员人数、商务产业[1]规模等。城市已有的产业集群化和专业化程度越高，规模经济和专业化经济的多方面效益就越明显，这有利于商务产业的继续集聚和写字楼商务中心的培育，从而有效增加该城市的写字楼需求。

---

[1] 商务产业指贸易业、金融保险业、房地产业、社会服务业、综合技术服务、法律服务业和广告业。

城市第三产业规模和第三产业从业人员比重的增加，特别是商务经济活动的结构和规模是直接反应写字楼使用者人数的重要指标。表 5-1 是美国 2000 年 SIC 调查显示的各个行业写字楼使用者的比例，该表显示第三产业的写字楼使用者比例要明显高于第一和第二产业，而第三产业中商务产业对写字楼使用的比例达到 100%。由此，商务产业的比例、规模和其就业人口的变化必然会引起写字楼整体使用者人数的显著变化，从而进一步改变写字楼的需求量。

基于 SIC 行业分组的就业人员需用写字楼比例 **表 5-1**

SIC 行业分组	广告业	法律服务业	计算机业	电子商务业	零售业	保险业	工程业	医疗服务业
需要使用写字楼的比例(%)	100	100	100	100	20	100	90	40
SIC 行业分组	制造业	金融业	会计业	房地产业	商务服务业	旅游代理业	采掘业	
需要使用写字楼的比例(%)	12	100	100	100	100	100	10	

资料来源：美国 2000 年 SIC 调查

（二）影响写字楼使用者平均办公空间因素

影响写字楼使用者平均办公空间的因素主要有：写字楼物业使用成本、对未来经济的预期和行业结构特征。

1. 写字楼物业使用成本

写字楼物业的使用成本是影响写字楼使用者办公空间的最重要的影响因素，其最重要的指标不仅是物业价格还有租金，这是由写字楼物业特有的需求特征所决定的。

根据微观经济学理论：使用成本对商品需求量有着复杂的影响。使用成本上升，需求下降；使用成本下降，需求上升。在正常的情况下，就写字楼物业而言，使用成本与需求量之间存在着反方向变动的关系，即在其他条件不变的情况下，写字楼物业的价格和租金高，需求就会减少，写字楼物业的价格和租金低，需求就会增加。而使用成本与需求量之间的反向关系，不能用简单的直线来描述，就某一时段其形态可能会呈现出复杂的变化情况，如直线、折线、曲线等，这是由房地产这种特殊商品的复杂性而形成的使用成本与需求量的复杂的关系，并不能否认使用成本的负相关影响作用。

2. 对未来经济的预期

对写字楼物业的购买行为或者租赁行为通常都有多年的契约合同，企业拥有的办公空间必须符合企业中期的需求，因此，企业对未来自身成长性特别是对员工人数的预期往往会影响当前企业对写字楼物业的需求。一个企业如果预期到其自身在近期或者中期将有较为快速的增长，就必然会在当前增加每个雇员的平均办公空间，以容纳未来扩充的需要；而当企业预期其增长速率明显下降时，将会减少目前每个雇员的平均办公空间。往往在经济形势较好时，企业的乐观程度会超过预期，而当经济下滑时，企业的悲观程度也会超过预期。因此，在经济形势乐观的时候，可能会带来写字楼使用人数和写字楼使用者平均办公空间的双重提升，而经济形势悲观时候则反之。

西维塔及兹(Petros S. Sivitanides，1990)的一项非公开的研究显示写字楼使用者的平均办公空间和每个雇员的赢利能力有关。如果对于同一市场份额其分享者(即公司员工数)

越少的话，写字楼使用者的平均办公空间就越大。因此，对于那些以较少公司人数占据较大市场份额的行业(寡头行业)来说，其每个雇员的赢利能力相对较高，而该行业写字楼使用者的平均使用空间也相对较大。

3. 行业结构特征

从2000年美国SIC的调查中可以看到对于属于同一级产业分类的各个行业而言，写字楼使用者的平均办公面积是大不相同的。例如，同属于第三产业的广告业、房地产业和保险业，就写字楼使用者的平均办公空间而言广告业为35m²，房地产业为18m²，保险业仅为12m²(表5-2)。可以看出产业结构对于影响写字楼使用者人数较为敏感，而产业结构内部具体的行业结构特征则决定着写字楼使用者对于平均办公空间的要求。由此来看，必须将划分标准细化至行业类型，作为写字楼使用者平均办公空间划分的依据。一个城市集聚第三产业中的行业不同，导致对写字楼物业的需求也不同。

基于SIC行业分组的人员平均办公面积　　**表5-2**

SIC行业分组	广告业	法律服务业	计算机业	电子商务业	零售业	保险业	工程业	医疗服务业
人均占用量(人/m²)	35	32	25	15	24	12	23	22
SIC行业分组	制造业	金融业	会计业	房地产业	商务服务业	旅游代理业	采掘业	
人均占用量(人/m²)	21	21	19	18	19	16	18	

资料来源：美国2000年SIC调查

(三) 影响写字楼需求的其他因素

1. 公共政策的因素

国家的土地政策、货币政策、信贷政策和财税政策等对房地产生产性需求会产生很大影响。首先，土地政策和财税政策的调整，在相当程度上能影响资产的价格及交易费用，进而影响写字楼物业的需求，而利率、信贷政策等对写字楼物业的市场需求和新项目开发建设规模的影响也是显著的。按照凯恩斯的经济学分析，投资需求取决于资本边际效率与利息率的差额。如果边际效率大于利息率，经营者就愿意投资；如果资本边际资本与利息率接近，则经营者就不愿投资。写字楼物业作为房地产的一种生产性需求，亦是一种投资行为，利率高了，投资需求就会降低。

2. 区位基础支撑的因素

城市的区位条件是由城市所处地理位置、行政地位决定的，这是城市的先天条件。地理区位便捷度优越的城市，经济发展战略中能得到优先的考虑，对城市经济结构升级和商务产业的集聚都有很大的促进作用。考虑到中国经济发展的特殊性(政府调控下的市场经济体制)，城市行政级别对商务总部机构的集聚有较大的影响力，不同城市的行政级别(主要分直辖市、省级省会城市、省级非省会城市、地级省会城市、地级市、县级市六类)以及在经济区内的行政首位度，都导致市场需求不同。

3. 基础设施支撑的因素

一直以来，基础设施建设都是我国大城市发展的弱项，与国外先进城市相比，我国的大城市都呈现快速都市化的特征，其城市规模的扩张速率明显快于基础设施的完善速率，各个大城市都不同程度地显现基础设施老化、更新缓慢等问题，而这些问题都影响各大都市商务经济的集聚效应，同时影响了各个城市写字楼的需求量。在衡量各个城市基础设施水平方面，可以选取铁路运量、航空运量、城市道路密度、轨道交通里程、邮电发展水平、信息通信水平、商务配套设施等指标，以此来全面系统地反映写字楼市场的基础设施支撑。

二、层次分析法(AHP)筛选写字楼需求影响因素

层次分析法(Analytic Hierarchy Process，简称AHP)是国外20世纪70年代末提出的一种新的系统分析方法。利用层次分析法确定影响写字楼需求量的各项因素的权重系数，可以为后续模型建立中变量的选取提供客观的参考依据。其基本内容是：受限根据问题的性质和要求，提出一个总的目标，然后将问题按层次分解，对同一个层次的各因素通过两两比较的方法确定出相对上一层目标的各自的权重系数。这样层层分析直到最后一层，便得到所有因素相对于总目标而言的按重要性程度的一个排序。

1. 建立层次分析结构和变量

在以上列举的影响因素中选取具有代表性的因子：代表城市经济总量的用GDP(B1)、固定资产投资(B2)、财政收入(B3)和金融机构存款余额(B4)，代表城市第三产业集聚因素的用第三产业就业人数指标(B5)，代表写字楼物业使用成本用租金指标(B6)，代表未来经济预期用企业家信心指数(B7)，代表行业结构特征(B8)，代表公共政策的用贷款利率(B9)，代表区位基础支撑的用城市行政级别(B10)，代表基础设施支撑因素用铁路运量(B11)和互联网用户数(B12)。

模型总目标A是写字楼物业需求量影响因素综合评价。第一层为三大类的影响因素：影响写字楼使用人数的因素(C1)、影响写字楼使用者平均办公面积的因素(C2)、影响写字楼需求的其他因素(C3)。模型总共分为三层，具体如图5-1所示。

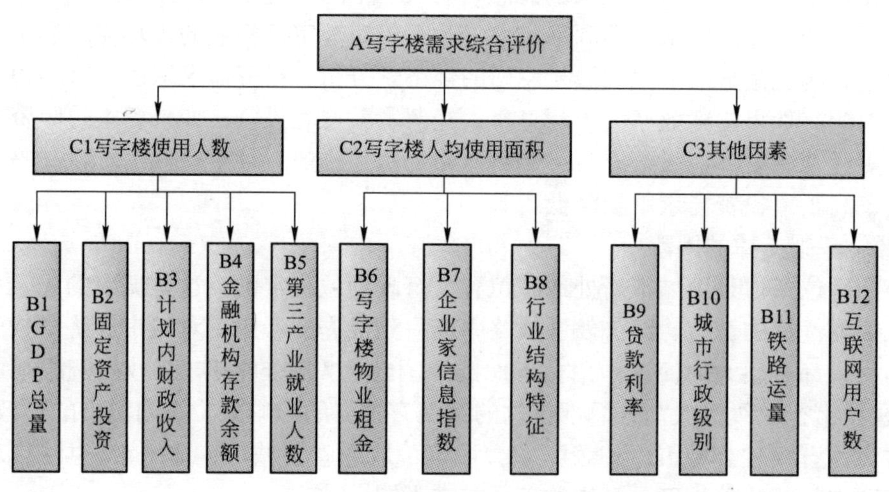

图5-1 写字楼需求影响典型因子层次分析图

2. 构造判断矩阵

判断矩阵元素的值 a_{ij} 反应了人们对各因素相对重要程度的认识。萨迪(Thomas L. Saaty)等建议引用数字1～9及其倒数作为标度。表5-3列出了1～9标度的含义：

AHP 判断矩阵元素值确定指标　　表 5-3

标度	含　义
1	表示两个因素相比，具有相同重要性
3	表示两个因素相比，前者比后者稍重要
5	表示两个因素相比，前者比后者明显重要
7	表示两个因素相比，前者比后者强烈重要
9	表示两个因素相比，前者比后者极端重要
2，4，6，8	表示上述相邻判断的中间值
倒数	若因素 i 与因素 j 的重要性之比为 a_{ij}，那么因素 j 与因素 i 重要性之比为 $a_{ji}=\frac{1}{a_{ij}}$

从心理学观点来看，分级太多会超越人们的判断能力，既增加了判断的难度，又容易因此而提供虚假数据。萨迪等人还用实验方法比较了在各种不同标度下人们判断结果的正确性，实验结果也表明，采用 1～9 标度最为合适。

本文通过专家打分法[1]及参照国内外文献资料比较方法相结合，构造出各个影响因素的判断矩阵。

3. 层次单排序及其一致性检验

(1) 将判断矩阵各列元素归一化，元素一般项为：$b_{ij}=\frac{a_{ij}}{\sum_{k=1}^{n}a_{kj}}$ (i，j=1，2，……，n)；

(2) 然后将其各列归一化后的矩阵按行相加，其一般项为：

$$\overline{w}_i=\sum_{j=1}^{n}b_{ij}\quad(i=1,2,\cdots\cdots,n);$$

(3) 再对向量 $\overline{w}$ 归一化，得到：$w_i=\frac{\overline{w}_i}{\sum_{j=1}^{n}\overline{w}_j}(i=1,2,\cdots\cdots,n)$；

(4) 计算判断矩阵最大特征根 $\lambda_{\max}=\sum_{i=1}^{n}\frac{\sum_{j=1}^{n}a_{ij}w_j}{nw_i}$；

(5) 进行一致性检验

计算一致性指标：$CI=\frac{\lambda_{\max}-n}{n-1}$。

查找相应的平均随机一致性指标 RI。用随机方法构造 500 个样本矩阵：随机地从 1～9 及其倒数中抽取数字构造正互反矩阵，求得最大特征根的平均值 $\lambda'_{\max}$，并定义 $RI=\frac{\lambda'_{\max}-n}{n-1}$。对 n=1，……，9，萨迪给出了 RI 的值，如表 5-4 所示：

[1] 专家打分所咨询的专家主要是由浙工大房地产研究所及浙工大经贸学院 8 位老师及研究人员组成。

RI 值 表 5-4

n	1	2	3	4	5	6	7	8	9
RI	0	0	0.58	0.90	1.12	1.24	1.32	1.41	1.45

计算一致性比例 $CR=\frac{CI}{RI}$。当随机一致性比率 $CR=\frac{CI}{RI}<0.10$ 时，认为层次单排序的结果具有满意的一致性，否则需要对判断矩阵的因素取舍进行适当调整。各影响因素权重系数及一致性检验结果见表 5-5～表 5-8。

A-C 判断矩阵 a_{ij} 表 5-5

A	C1	C2	C3	w_i	$\lambda_{max}=3.0378$
C1	1.00	3.00	5.00	0.6333	$CI=0.0194$
C2	0.33	1.00	3.00	0.2605	$RI=0.58$
C3	0.20	0.33	1.00	0.1062	$CR=0.334<0.10$

C1-B 判断矩阵 a_{ij} 表 5-6

C1	B1	B2	B3	B4	B5	w_i	
B1	1.00	2.00	4.00	3.00	0.50	0.2527	$\lambda_{max}=5.0342$
B2	0.50	1.00	3.00	2.00	0.33	0.1545	$CI=0.0086$
B3	0.25	0.33	1.00	0.50	0.14	0.0556	$RI=0.12$
B4	0.33	0.50	2.00	1.00	0.20	0.0903	$CR=0.0714<0.10$
B5	2.00	3.00	7.00	5.00	1.00	0.4470	

C2-B 判断矩阵 a_{ij} 表 5-7

C2	B6	B7	B8	w_i	$\lambda_{max}=3.0037$
B6	1.00	3.00	0.50	0.3092	$CI=0.0018$
B7	0.33	1.00	0.20	0.1096	$RI=0.58$
B8	2.00	5.00	1.00	0.5813	$CR=0.0032<0.10$

C3-B 判断矩阵 a_{ij} 表 5-8

C3	B9	B10	B11	B12	w_i	
B9	1.00	3.00	6.00	4.00	0.5564	$\lambda_{max}=4.0310$
B10	0.33	1.00	3.00	2.00	0.2285	$CI=0.0103$
B11	0.17	0.33	1.00	0.50	0.0786	$RI=0.90$
B12	0.25	0.50	2.00	1.00	0.1366	$CR=0.0115<0.10$

4. 层次总排序及一致性检验

B 层总排序随机一致性比例为：

$$CR=\frac{\sum_{j=1}^{m}CI(j)a_j}{\sum_{j=1}^{m}RI(j)a_j}\text{（}CI(j)\text{、}RI(j)\text{ 已在层次单排序时求得）}$$

当 $CR<0.10$ 时，认为层次总排序结果具有较满意的一致性并接受分析结果(表 5-9)。

层次分析总权重结果　　**表 5-9**

	C1	C2	C3	总权重
	0.6333	0.2605	0.1062	
B1	0.2527			0.1600
B2	0.1545			0.0978
B3	0.0556			0.0352
B4	0.0903			0.0572
B5	0.4470			0.2831
B6		0.3092		0.0805
B7		0.1096		0.0286
B8		0.5813		0.1514
B9			0.5564	0.0591
B10			0.2285	0.0243
B11			0.0786	0.0083
B12			0.1366	0.0145

经计算得到 $\sum_{j=1}^{m} CI(j)a_j = 0.0070$，$\sum_{j=1}^{m} RI(j)a_j = 0.3226$，$CR=0.0217<0.10$，通过一致性检验。

经过层次分析法的分析，在众多写字楼物业需求影响因素中，第三产业就业人数、城市 GDP 总量和行业结构特征三项因素影响权重分列前三位。另外，固定资产投资、金融机构存款余额、写字楼物业租金和贷款利率的权重都超过了 0.05。在后期的预测模型建立过程中，将结合本章结论予以变量的选择。

三、写字楼公共建筑预测模型变量的筛选

(一) 自变量二次筛选

通过 AHP 方法已经选出对写字楼需求量影响权重最大的七个自变量，分别为第三产业就业人数(*TSE*)、城市 GDP 总量(*GDP*)、行业结构特征(*ISF*)、固定资产投资(*IFD*)、金融机构存款余额(*DBFI*)、写字楼物业租金(*RENT*)和贷款利率(*LR*)。考虑到变量的可获取性、可量化性和其互相之间的共线性等因素，在决定进入预测模型的自变量之前需要进一步筛选。

(1) 行业结构特征因素(*ISF*)剔除：由于各个行业的人员平均办公面积大相径庭，而且在类别方面较难聚类，因此，难以对其行业结构特征进行量化，特别是国内统计资料不全，这使得该变量因素失去了进入预测模型的可能性。

(2) 写字楼物业租金因素(*RENT*)剔除：由于我国各个城市的统计资料中在写字楼物业租金方面都不完整，难以形成时间跨度大的时间序列数据，对于预测模型而言就不能在时间维度上形成统一，因此予以剔除。

(3) 贷款利率因素(*LR*)剔除：20世纪末开始至今，中国的房地产市场一直处于高速的增长期，其物业价格攀升迅速，而写字楼投资者对于作为投资成本的贷款利率的敏感度不高。因此在我国各大城市近几年快速发展的写字楼市场中，写字楼投资性需求受贷款利率影响程度不太显著，予以剔除。

(4) 固定资产投资因素(*IFD*)剔除：在进行回归分析时，自变量之间高度的相关性会导致严重的多重共线性的问题，降低我们参数估计的结果的质量，降低分析结果的精确性。由于GDP与固定资产投资的相关系数比较大(0.9456)，相关程度比较高，如果将这两个变量包括在回归方程中会引起严重的多重共线性。鉴于GDP和固定资产投资都可以体现经济总体发展规模及速率，且固定资产投资对于其余三个自变量的相关性也比GDP更高，所以选择将固定资产投资(*IFD*)这个变量剔除(表5-10)。

基于1999～2006年八个国内大城市(北京、上海、广州、深圳、杭州、天津、重庆和青岛)的相关历史数据，将剩余的四个变量进行相关性分析，得到的相关系数矩阵如表5-10所示。

剩余变量相关系数表 **表 5-10**

	TSE	*GDP*	*DBFI*	*IFD*
TSE	1			
GDP	0.5907	1		
DBFI	0.6430	0.7007	1	
IFD	0.7350	0.9456	0.6747	1

研究文献显示，短期内在一个正常的经济趋势下，人均办公面积C2是一个相对稳定的变量，而其他类型的写字楼需求影响因素C3(公共政策、区位基础支撑、基础设施支撑)在近几年国内写字楼市场的影响度不够显著。

根据数据可达性、可量化性、显著性和相关性分析的筛选，剩余的三个自变量(第三产业就业人数、城市GDP总量、金融机构存款余额)分别代表了城市产业集聚因素、城市国民经济水平因素和城市资本存量因素，这些变量均属于影响写字楼使用者人数因素C1，这也是基于本文只对近期(5年内)的写字楼市场需求进行预测的特征来决定的。

(二) 因变量的确定

在一般的研究中，住宅需求量的值一般用销售面积或者预售面积来代替，而写字楼需求量(*DEMAND*)则不能简单地用销售面积或者预售面积来代替，这是由于写字楼物业具有亦租亦售的特点决定的。各大城市写字楼每年入驻面积的存量和流量都缺乏完整的特别是有一定时间跨度的统计数据，因此没有现成的代替写字楼的精确数据。由于写字楼公共建筑的需求对于当前的经济环境的反映具有一定的滞后期，而作为反映未来供给流量的每年写字楼新开工面积(*NOD*)，在考虑实际空置率(*VACANCY*)的情况下它反映的更接近当前写字楼市场系统的新增需求情况，因此自变量写字楼需求量表达式为：$DEMAND=NOD(1-VACANCY)$。

四、基于面板数据写字楼公共建筑模型构建

(一) 面板数据基本原理

在经典的线性计量经济学模型中，所利用的数据(样本观测值)具有两个特征：一是在一个模型中，或者只利用时间序列数据，或者只利用横截面数据；二是作为被解释变量的样本观测值必须是连续的，且与随机误差项同分布。而实际上，仅利用时间序列数据或者只利用截面数据，经常不能满足经济分析的需要，而需要同时利用时间序列和截面数据。另外，作为被解释变量的样本观测值有时是不连续的，或者由于受到条件所限，不能在整个分布域内抽取观测值等等。面板数据(panel data)也称时间序列截面数据(time series and cross section data)或混合数据(pool data)。面板数据是同时在时间和截面空间上取得的二维数据。面板数据从横截面(cross section)上看，是由若干个体(entity，unit，individual)在某一时刻构成的截面观测值，从纵剖面(longitudinal section)上看是一个时间序列。

面板数据用双下标变量表示。例如：

$$y_{it}，i=1，2，\cdots\cdots，N；t=1，2，\cdots\cdots，T$$

N 表示面板数据含有 N 个个体，T 表示时间数列的最大长度。若固定 t 不变，y_i(i=1，2，……，N)是横截面上的 N 个随机变量；若固定 i 不变，y_t(t=1，2，……，T)是纵剖面上的一个时间序列(个体)。

面板数据应该比横截面数据甚至混合横截面数据有一些优越性，至少有以下两个优点：第一，对同一单位的多次观测，能控制观测单位本身隐秘性的特征，使得对模型中引入的变量的估计更准确；第二，应用面板数据使我们综合考虑了截面和时间序列两方面的信息，同时又可以通过一定的估计方法，克服两种数据中容易出现的异方差、序列相关和自相关性，使得估计的结果更有效。本文对写字楼每年新增需求量的预测模型而言：

$$DEMAND_{it}=f(TSE_{it}，GDP_{it}，DBFI_{it})$$

i=1，2，……，8，表示 8 个国内一线大城市(北京、上海、广州、深圳、杭州、天津、重庆、青岛)

t=1，2，……，8 表示一个时间序列，数据的时间跨度为 1999～2006 年。

(二) 面板数据模型的类型

设因变量 y_{it}与 $1\times k$ 维解释变量向量 x_{it}，满足线性关系

$$y_{it}=\alpha_{it}+x_{it}\beta_i+u_{it}，\quad i=1，2，\cdots\cdots，N；t=1，2，\cdots\cdots，T \qquad (5\text{-}1)$$

式(5-1)是考虑 K 个经济指标在 N 个个体及 T 个时间点上的变动关系，其中 N 表示个体截面成员的个数，T 表示每个截面成员的观测时期总数，参数 α_{it}表示模型的常数项，β_i表示对应解释变量向量 x_{it}的 $k\times 1$ 维系数向量，k 表示解释变量个数。随机误差项 u_{it}相互独立，且满足零均值、等方差为 σ_μ^2的假设。

按照对系数的不同设定，又可以将式(5-1)所描述的模型划分为三种类型：

(1) 个体影响的不变系数模型的单方程回归形式：

$$y_{it}=\alpha+x_{it}\beta+u_{it}\quad i=1，2，\cdots\cdots，N；t=1，2，\cdots\cdots，T \qquad (5\text{-}2)$$

在该模型当中，假设在个体成员上既无个体影响也没有结构变化，即对于各个体成员方程，截距项 α 和 $k\times 1$ 维系数向量 β 均相同。对于该模型，将各个体成员的时间序列数据合在一起作为样本数据，利用普通最小二乘法便可求出参数 α 和 β 的一直性有效估计。因此，该模型被称为联合回归模型(Pooled Regression Model)。

(2) 变截距模型的单方程回归形式：

$$y_{it}=\alpha_i+x_{it}\beta+u_{it} \quad i=1,2,\cdots\cdots,N;\ t=1,2,\cdots\cdots,T \tag{5-3}$$

在该模型当中，我们假设在个体成员上存在个体影响而无结构变化，并且个体影响可以用截距项 $\alpha_i(i=1,2,\cdots,N)$的差别来说明，即在该模型中各个体成员方程的截距项 α_i 不同，而 $k\times1$ 维系数向量 β 均相同，故称该模型为变截距模型。从估计方法角度，有时也称该模型为个体均值修正回归模型(Individual-mean corrected Regression Model)。

(3) 变系数模型的单回归形势：

$$y_{it}=\alpha_i+x_{it}\beta_i+u_{it} \quad i=1,2,\cdots\cdots,N;\ t=1,2,\cdots\cdots,T \tag{5-4}$$

在该模型中，假设在个体成员上既存在个体影响，又存在结构变化，即在允许个体影响由变化的截距项 $\alpha_i(i=1,2,\cdots\cdots,N)$来说明的同时还允许 $k\times1$ 维系数向量 $\beta_i(i=1,2,\cdots\cdots,N)$依个体成员的不同而变化，用以说明个体成员之间的结构变化。沃恩(Vaughn)称该模型为变系数模型或无约束模型(Unrestricted Model)。

(三) 面板数据类型检验

1. F 检验

在对时间序列截面数据模型进行估计时，使用的样本数据包含了个体、指标、时间三个方向上的信息。如果模型设定不正确，估计结果与所要模拟的经济现实偏离甚远。因此，建立面板模型的第一步便是检验被解释变量 y_{it}的参数 α_i和 β_i是否对所有个体样本点和时间都是常数，即检验样本数据究竟符合上面哪种模型形式，从而避免模型设定的偏差，改进参数估计的有效性。经常使用的检验是协方差分析检验，主要检验如下两个假设：

$$H_1:\ \beta_1=\beta_2=\cdots\cdots=\beta_N$$
$$H_2:\ \alpha_1=\alpha_2=\cdots\cdots=\alpha_N 且\ \beta_1=\beta_2=\cdots\cdots=\beta_N$$

如果接受假设 H_2，则可以认为样本数据符合模型(5-2)，无需进行进一步检验。如果拒绝假设 H_2，则需检验假设 H_1。如果拒绝假设 H_1，则认为样本数据符合模型(5-4)，反之，则认为样本数据符合模型(5-3)。

(1) 在假设 H_2下检验统计量 F_2服从相应自由度下的 F 分布，即

$$F_2=\frac{(S_3-S_1)/[(N-1)(k+1)]}{S_1/(NT-N(k+1))}\sim F[(N-1)(k+1),\ N(T-k-1)] \tag{5-5}$$

其中：S_3表示联合回归模型(5-2)的残差平方和，S_1表示无约束模型(5-4)的残差平方和。若计算所得到的统计量 F_2的值不小于给定置信度下的相应临界值，则拒绝假设 H_2，继续检验假设 H_1。反之，则认为样本数据符合模型(5-2)。

(2) 在假设 H_1下检验统计量 F_1服从相应自由度下的 F 分布，即

$$F_1=\frac{(S_2-S_1)/[(N-1)k]}{S_1/(NT-N(k+1))}\sim F[(N-1)k,\ N(T-k-1)] \tag{5-6}$$

其中：S_2表示个体均值修正回归模型(5-3)的残差平方和，S_1表示无约束模型(5-4)的残差平方和。若计算所得到的统计量 F_1的值不小于给定置信度下的相应临界值，则拒绝假设 H_1，用模型(5-4)拟合样本。反之，则用模型(5-3)拟合。

2. Hausman 检验

对于变截距模型和变系数模型而言，还需要通过 Hausman 统计量来检验该模型是个体随机效应回归模型还是个体固定效应回归模型。其原假设与备选假设是：

H_0：个体效应与回归变量无关(个体随机效应回归模型)；

H_1：个体效应与回归变量相关(个体固定效应回归模型)。

设个体固定效应回归模型参数和个体随机效应回归模型参数估计量分别用 $\hat{\beta}_W$ 和 $\tilde{\beta}_{RE}$ 表示($\hat{\beta}_W$ 表示离差 OLS 估计量；$\tilde{\beta}_{RE}$表示可行 GLS 估计量)。如果真实模型是个体随机效应回归模型，那么 $\hat{\beta}_W$和 $\tilde{\beta}_{RE}$都是一致估计量，两者差异应该小。如果真实模型是个体固定效应回归模型，那么 $\tilde{\beta}_W$ 是一致估计量，而 $\tilde{\beta}_{RE}$是非一致估计量，两者差异应该大。所以，如果两种估计结果差异小，说明可以建立个体随机效应回归模型；如果两种估计结果差异大，应该建立个体固定效应回归模型。

$$H=\frac{(\tilde{\beta}_W-\tilde{\beta}_{RE})^2}{s(\tilde{\beta}_W)^2-s(\tilde{\beta}_{RE})^2}\sim\chi^2(\nu)\quad(\nu\text{ 为自由度})\tag{5-7}$$

(四) 写字楼需求量预测模型拟合

本书目的是探求杭州市每年新增写字楼需求量和经济发展(三个自变量)之间的定量关系，但由于杭州自身数据样本有限，且存在较大波动性，因此采用基于 8 个中国内地一线大城市 1999～2006 年的面板数据来构建写字楼需求量预测模型，更系统地反应模型自变量和因变量之间的显著关系。数据包括了每年写字楼新增需求量(间接数据)*DEMAND*(万 m^2)：

$$DEMAND_{it}=NOD_{it}\times(1-VACANCY_{it})$$

城市经济总量 *GDP*(亿元)、城市第三产业就业人口 *TSE*(万人)和金融机构存款余额 *DBFI*(亿元)。数据来源分别为《中国房地产统计年鉴》、各大城市统计年鉴及各大城市官方统计信息网。本研究利用 Eviews6.0 软件进行分析。

1. 单位根及协整检验

对因变量 *DEMAND* 和自变量 *GDP*、*TSE*、*DBFI* 进行单根检验，本文主要采用的是 LLC 检验、PP 检验、ADF 检验来进行，再对同阶单整的变量进行协整检验。

对于面板数据的稳定性，主要是两方面的分析：一个是水平面板数据稳定性和去时间趋势的数据稳定性；另一个是差分的面板数据稳定性，即有时间趋势面板差分的数据的稳定性和去时间趋势的数据稳定性。如果得到水平的面板数据是不稳定的，通过差分得到稳定的面板数据，在此条件下运用 Pedroni Panel Cointegration Test 和 Kao Panel Cointegration Test 进行协整检验。

从表 5-11 中可以清楚看到，*DEMAND*、*TSE*、*GDP*、*DBFI* 的原数列均存在单位根，因此原数列均不平稳。将原数列进行一阶差分之后，*d*(*DEMAND*)在四个检验中均拒绝了原假设，而 *d*(*TSE*)和 *d*(*GDP*)均在 PP 和 ADF 检验中显示存在单位根，*d*(*DBFI*)更是在 PP、ADF 和 IPS 检验中均显示存在单位根，因此，一阶差分后各数列中只有 *DEMAND*是平稳的，也就是 *DEMAND* 是一阶单整。将自变量原始数列进行二阶差分，d^2(*TSE*)、d^2(*GDP*)和 d^2(*DBFI*)在四种检验中均拒绝了原假设，因此 *TSE*、*GDP* 和 *DBFI* 都是二阶单整。但是对于变量 *DEMAND*、*dTSE*、*dGDP*、*dDBFI* 而言(*dTSE* 为每年新增第三产业人数、*d*(*GDP*)为每年 *GDP* 增长值、*dDBFI* 为每年金融机构存款余额增加值)，其数列都为一阶单整序列，可以进行协整分析。

各变量平稳性检验 **表 5-11**

变量	LLC		ADF		PP		IPS	
	Statistic	Pro.	Statistic	Pro.	Statistic	Pro.	Statistic	Pro.
DEMAND	−4.1498	0.0000	16.8843	0.3931	33.7463	0.0000	0.0144	0.5058
d(DEMAND)	−6.3943	0.0000	35.3535	0.0036	49.6827	0.0000	−2.3389	0.0097
TSE	−2.6526	0.0040	12.2822	0.7243	16.4853	0.4196	2.4079	0.9920
d(TSE)	−4.3070	0.0000	15.0200	0.5232	26.3858	0.0488	0.3153	0.6237
$d^2(TSE)$	−7.7891	0.0000	37.1564	0.0020	50.9596	0.0000	−2.5652	0.0052
GDP	0.6507	0.7424	1.1258	1.0000	3.4580	0.9996	2.1577	0.9845
d(*GDP*)	−5.1533	0.0000	13.3917	0.6439	22.6347	0.1239	0.1824	0.5724
$d^2(GDP)$	−7.8822	0.0000	35.0575	0.0039	49.8658	0.0000	−2.3393	0.0097
DBFI	13.2695	1.0000	0.1523	1.0000	0.0222	1.0000	9.0563	1.0000
d(DBFI)	−3.8477	0.0001	15.2338	0.5076	13.8423	0.6105	0.0771	0.5307
$d^2(DBFI)$	−7.2743	0.0000	34.7602	0.0043	47.9786	0.0000	−2.2939	0.0109

注：LLC、ADF、PP、IPS 检验的零假设都为：存在单位根。

表 5-12 在 Pedroni 检验中 7 个协整检验统计量除了第一个 panel v-stat 外，其余 6 个都通过了显著性检验，而 Kao 检验的 ADF 数值也通过了显著性检验。由此可以得出，每年新增写字楼需求量、第三产业就业人数一阶差分、GDP 一阶差分和金融机构存款余额一阶差分之间存在长期均衡的协整关系。因此，*DEMAND*、*dTSE*、*dGDP* 和 *dDBFI* 建立的回归模型不会出现伪回归。

Pedroni 和 Kao 协整检验结果 **表 5-12**

Pedroni 检验		
Panel v-stat=−0.0498	Panel rho-stat=−3.1174 ***	Panel adf-stat=−1.8189 **
Panel pp-stat=−2.4428 ***	Group rho-stat= −1.3403 **	Group adf-stat=−3.3192 ***
Group pp-stat=−4.4955 ***		
Kao 检验		
ADF=−2.4746 ***		

注：***、** 、* 分别为满足 1%、5%、10%的显著水平检验值。

2. 模型类型确定

首先，利用 Eviews 统计软件对(5-2)、(5-3)和(5-4)式进行模型回归的残差平方和求得 S_3、S_2 和 S_1 的值：$S_3=52419.77$，$S_2=26969.56$，$S_1=11626.2$。

本文中 $N=8$，$T=8$，$k=3$，利用式(5-5)和(5-6)可得两个 F 统计量为：

$$F_2=4.0100, \quad F_1=2.0110$$

另外，$(N-1)(k+1)=28$，$N(T-k-1)=32$，$(N-1)k=21$，取显著性水平 $\alpha=0.05$ 时，由 F 分布表查得 $F_{0.05}(28, 32)\approx 2.37$，$F_{0.05}(21, 32)\approx 2.50$。由于 $F_2=4.0100>2.37$，故拒绝假设 H_2，继续检验假设 H_1，又由于 $F_1=2.0110<2.50$，故接受假设 H_1。因此，本文选择式(5-3)即变截距模型进行数据拟合，模型的具体形式为：

$$DEMAND_{it}=\alpha_i+dTSE_{it}\times\beta+dGDP_{it}\times\gamma+dDBFI_{it}\times\rho+u_{it}$$
$$(i=1,2,\cdots\cdots,8;\ t=1,2,\cdots\cdots,8) \tag{5-8}$$

为了进一步区分改变截距模型是固定效应变截距模型还是随机效应变截距模型，利用Eviews软件进行Hausman检验(原假设：模型为随机效应变截距模型)。

如表5-13所示，Hausman统计量的值为38.25，相对应的概率是0.0000，说明检验结果拒绝了随机效应变截距模型的假设，应该建立的是固定效应变截距模型。

Hausman检验结果　　**表5-13**

Test Summary	Chi-Sq. Statistic	Chi-Sq. d. f	Prob.
Cross-section random	38.248874	3	0.0000

综上分析，应该采用固定效应变截距模型。

3. 模型拟合

用Eviews6.0软件对式(5-8)进行拟合，得到结果如表5-14所示：

写字楼需求面板数据模型拟合结果　　**表5-14**

	α_i	β_i	γ_i	ρ_i
北京	25.376109	0.422165 (t=3.500785 ***)	0.041347 (t=3.372151 ***)	0.032851 (t=6.098911 ***)
上海	−51.669921			
广州	−18.223523			
深圳	−34.894781			
杭州	3.365669			
天津	−4.037711			
重庆	11.311899			
青岛	−3.348217			
R-squared=0.877492		F-statistic=37.96264 ***		

注：***、**、*分别为满足1%、5%、10%的显著水平检验值。

自变量系数均通过1%水平的显著性检验，且模型的拟合优度为0.88，F的统计量为37.96，模型整体显著。模型显示，第三产业就业人数的变化量、GDP的变化量和金融机构存款余额的变化量的系数均为正，这表明这三个自变量与新增写字楼需求都存在正相关性，而这些系数的大小表明了第三产业就业人数变化量、GDP变化量和金融机构存款余额变化量对每年新增写字楼需求的敏感性，它们代表的是杭州这类中心城市的写字楼市场对于三个自变量变化的反应。而各个城市截距项的各不相同则体现不同城市的写字楼需求特征：例如截距项最大的是北京市，表明即使第三产业就业人数、GDP和金融机构存款余额没有增加，但是由于首都经济的影响，北京每年的写字楼新增需求仍然有25万m^2左右；截距最小的是上海市，表明对于上海的庞大经济规模、高级化行业结构及其职员办公空间普遍低于其余城市的特点，每年需要保证第三产业就业人数、GDP和金融机构存款余额增加达到一定程度才能维持每年有新增的写字楼需求。

经过八个城市面板数据回归得到的杭州市写字楼需求模型如下：

$$DEMAND_{hz}=3.3657+0.4222\times dTSE_{hz}+0.0413\times dGDP_{hz}+0.0329\times dDBFI_{hz} \quad (5\text{-}9)$$

其中：$DEMAND_{hz}$为杭州写字楼每年新增需求，$dTSE_{hz}$为每年新增第三产业人数，$dGDP_{hz}$为每年 GDP 增长值，$dDBFI_{hz}$为每年金融机构存款余额增加值。

杭州写字楼需求模型显示，若杭州的第三产业就业人数、GDP 和金融机构存款余额没有变化，每年新增写字楼需求量为 3.3657 万 m^2。而当每年杭州的第三产业就业人数较上一年增加 1 万人，在考虑新增第三产业就业人数中在写字楼中办公人员的比例和公司对办公拥挤程度的敏感度的情况下，新增写字楼需求量为 0.4222 万 m^2；当每年杭州 GDP 较上一年增加 1 亿元，则新增写字楼需求量为 0.0413 万 m^2；当每年杭州的金融机构存款余额较上一年增加 1 亿元，则新增写字楼需求量为 0.0329 万 m^2。

五、基于 BP 神经网络写字楼公共建筑模型构建

前面是利用国内八个发达城市写字楼新增需求量与新增第三产业人数、每年 GDP 增长值、每年金融机构存款余额增加值定量关系，预测杭州未来经济发展对新增写字楼的需求量。这一部分是运用 BP 神经网络预测杭州写字楼需求。通过两种基于不同思路的预测方法，进一步验证预测结果。

（一）人工神经网络的原理及应用

1. 原理

人工神经网络(Artificial Neural Network，简称 ANN)是基于模仿人脑神经网络结构和功能而建立的一个非线性动力学系统。它由大量的、简单的处理单元(或称人工神经元)广泛地相互连接而成，是在现代神经科学研究成果的基础上提出的[1]。它反映了人脑功能的许多基本特性，但它并不是人脑神经网络系统的真实写照，而只是对其作某种简化、抽象和模拟。

实际上，人工神经网络的基本原理是利用历史数据通过误差反馈机制来调整网络，使各影响因素在系统中包含的信息通过网络的训练过程隐含在网络结构及输入输出的数据映射关系之中，以达到对现实系统的最佳模拟，同时让网络记录各因素所包含的信息，就相当于采用数据驱动式“黑箱”建模。

2. 人工神经网络的特点

人工神经网络汲取了生物神经网络的许多优点，因而具有其固有的特点：

(1) 高度的并行性。人工神经网络是由许多相同的简单处理单元并联组合而成，虽然每个单元的功能简单，但大量简单处理单元的并行活动，使其对信息的处理能力与效果惊人。

(2) 高度的非线性全局性。人工神经网络中的每个神经元接受大量其他神经元的输入，并通过并行网络产生输出，影响其他神经元。网络之间的这种互相制约和互相影响，实现了从输入状态到输出状态的非线性映射。从全局的观点来看，网络整体性能不是网络局部性能的简单叠加，而是表现为某种全局性的整合。

---

[1] Tarek Hegazy & Amr Ayed，Neural Network Model for Parametric Cost Estimation of Highway Projects. Journal of construction Engineering and Magement，1998，2(3)，3.

(3) 良好的容错性与联想记忆功能。人工神经网络通过自身的网络结构能够实现对信息的记忆。而所记忆的信息存储在神经元之间的权值中，由于从单个权值中看不出所存储的信息内容，所以其信息存储方式实际上是分散式的，这使得网络具有良好的容错性。

(4) 较强的自适应、自学习能力。人工神经网络可以通过训练和学习来获得网络的权值与结构，呈现出很强的自学习能力和对环境的自适应能力。

写字楼需求量的形成受多种因素的影响，这些因素之间的关系，之前的 AHP 和面板数据模型已经分析，而鉴于写字楼需求中还隐含了一些包括土地政策、投资和使用者心理、各行业特征及城市定位等无法量化的影响因素，这就使得人工神经网络模型在预测杭州写字楼需求量时表现出传统方法所不具有的优势，能对未来的需求量做出较为精确的预测。

(二) BP 神经网络模型特征

如前所述，目前在人工神经网络的实际应用中，绝大部分的神经网络模型都采用 BP 网络(Back-Propagation Network，简称 BP 网络)和它的变化形式。BP 网络是模拟人脑的思维方式和组织形式而建立起来的具有多层网络的数学模型，它具有并行处理、联想记忆、抗干扰能力强等特点。它也是前向网络的核心部分，体现了人工神经网络最精华的部分。

1. 数学模型

从结构上讲，BP 模型由三个神经元层次组成：输入层、隐含层、输出层，各层次之间的神经元形成全互联连接(图 5-2)。

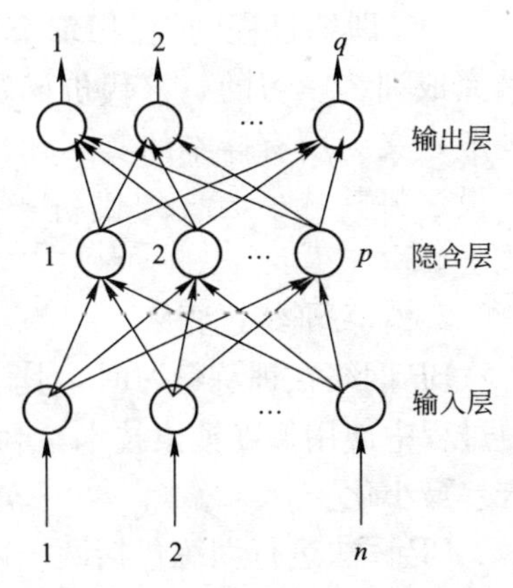

图 5-2　BP 神经网络结构图

BP 网络能够存储任意值的模式对，即样本(A_k，C_k)，$k=1，2，……，m$ 。第 k 个模式对中，模拟值模式为 $A_k=(a_1^k，a_2^k，……，a_n^k)$，$C_k=(c_1^k，c_2^k，……，c_q^k)$。

其中：输入层的 n 个单元(神经单元，也称为节点)对应于 A_k 的 n 个分量，而输出层的 q 个单元对应于 C_k 的 q 个分量。隐含层的数目可以取为若干个，但 K. Funahashi 从理论上证明，具有一个隐层(假设具有足够的隐层节点)的 BP 神经网络，已经能够以任意精度逼近任意连续函数[❶]，因此我们一般选用三层的 BP 网络来进行训练学习。通过训练，BP 神经网络能够形成从输入到输出的映射关系 $y=f(x_1，x_2，……x_n)$，从而建立起一个对于同一规律具有正确解答能力的系统模型。对于隐含层维数(隐含层节点数)的确定是一个比较复杂的问题，往往需要根据经验和试验来确定。隐含层维数太大，会导致学习时间过长，误差也不一定最佳；维数太小，容错性差，不能识别训练时没有学习到的样本。因此存在一个最佳维数的确定问题。

对于 BP 网络，在进行训练之前，有几个环节需要作一些安排，主要包括以下几个

❶ 杨力，韩静. 非线性经济建模中的 BP 神经网络模型研究. 技术经济，2003(5)：62.

方面：

(1) 初始权系数的选取。由于系统是非线性的，初始值对于训练学习结果是否能够达到局部最小以及是否能够收敛，关系很大。为了便于训练，要保证每个神经元开始时的状态值接近于零，使得它们都落到其转换函数变化（转化梯度）最大的地方，这就需要选择较小的初始权系数。权系数一般取随机数，可取为－0.1～0.1或－1～1[1]。

(2) 输入、输出变量的选择及初始处理。人工神经网络模型输入、输出向量确定的原则是：选择输入的向量维数(即输入变量的个数)在包含尽可能多信息的情况下个数尽可能少，以减少对输入变量的预测本身带来的误差[2]。

输入、输出变量的初始处理是指样本的输入、输出均应进行归一化处理，即将输入、输出变量的数据投影到－1与1之间。这样可使那些比较大的输入能够落在神经元转换梯度大的那些地方，从而向全局最优点方面发展，同时也可加快网络训练的速度。

(3) 隐含层维数的确定[3]。隐含层维数(节点数)确定的参考公式：

$$k < \sum_{i=0}^{n} C_{n_1}^{i} \tag{5-10}$$

式中：k为样本数，n_1为隐含层维数，n为输入层维数。如若$i>n_1$，$C_{n_1}^{i}=0$。根据上述原则，选择隐节点个数时可参考以下公式：

$$n_1=\sqrt{n+m}+a \tag{5-11}$$

式中：m为输入层维数，n为输出层维数，a为1～10之间的常数。

(4) 训练过程的控制BP算法(误差反向传播算法)是通过一个代价函数最小化过程来完成训练学习的。该代价函数也就是通常所说的目标函数，它可以定义为多种形式，一般定义为所有样本的实际输出与期望输出的误差平方和。当该代价函数持续增加时，要设法将其减小，直到代价函数满足一定的条件(小于一定的值)时，即认为训练完成了。

2. 学习训练过程[4]

BP网络在训练学习时，其学习算法的基本思路是：利用LMS学习算法，在网络的学习过程中使用梯度搜索技术，利用误差反向传播来修正权值，从而实现网络期望输出的均方差最小化。

BP算法进行训练包括两个阶段：第一阶段，正向求输出，求解误差；第二阶段，反向传误差，调整系数；如此往复，直至误差满足要求，即代价函数达到一定的界限以下。

(1) 当训练样本只有一个的情况。对于一个样本，运用BP算法进行学习训练的步骤大致如下：

A. 初始化各权系数，包括输入层与隐含层之间的连接权系数υ_{hi}和隐含层与输出层之间的连接权系数ω_{ij}，以及隐含层神经元的阈值θ_i和输出层神经元的阈值γ_j。其中，$h=1$，2，……，n，$i=1$，2，……，p，$j=1$，2，……，q；对于阈值，可以将其归入权系数

[1] 张立明. 人工神经网络的模型及其应用. 上海：复旦大学出版社，1993：47.
[2] 张立明. 人工神经网络的模型及其应用. 上海：复旦大学出版社，1993：43.
[3] 张立明. 人工神经网络的模型及其应用. 上海：复旦大学出版社，1993：46～47.
[4] 王科俊，王克成. 神经网络建模、预报与控制. 哈尔滨：哈尔滨工程大学出版社，1996：40～43，经笔者修改。

中，将其看作输入为 0，连接权系数为 θ_i、γ_j 的量。

这样，该网络可以看作输入层节点数为 $n+1$，隐含层节点数为 $p+1$ 的 BP 网络。对于连接权系数可以赋予$-0.1\sim0.1$ 或$-1\sim1$ 之间的随机数。其对应的网络结构图如图 5-3 所示：

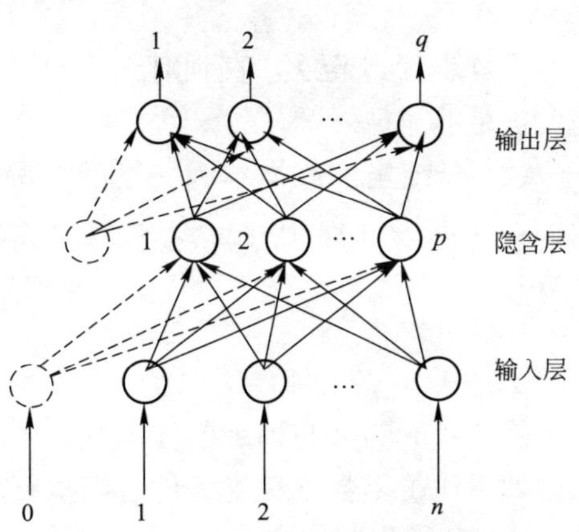

图 5-3　初始化各权数时 BP 神经网络结构图

B. 对于样本（A_k，C_k）（$k=1$，2，……，m），通过连接权系数 υ_{hi}，传播到隐含层：

$$bs_i=\sum_{h=0}^{n}\upsilon_{hi}a_h \quad (5\text{-}12)$$

式中：$i=1$，2，……，p，bs_i 为从输入层传播到隐含层的一次量，υ_{0i} 代表 θ_i。

C. 计算隐含层的激活值：

$$b_i=f(bs_i) \quad (5\text{-}13)$$

式中：f 为 S 型函数。

$$f(x)=(1+e^{-x})^{-1} \quad (5\text{-}14)$$

D. 通过连接权系数 ω_{ij}，将隐含层激活值传播到输出层：

$$cs_j=\sum_{i=0}^{p}\omega_{ij}b_i \quad (5\text{-}15)$$

式中：$j=1$，2，……，q，cs_j 为从隐含层传播到输出层的一次量，ω_{ij} 代表 γ_j。

E. 计算输出层的激活值，即输出量的实际值：

$$c_j=f(cs_j) \quad (5\text{-}16)$$

F. 计算输出层单元的误差（该式子是推导出来的）：

$$d_j=c_j(1-c_j)(c_j'-c_j) \quad (5\text{-}17)$$

式中：c_j' 为输出层单元的输出期望值。

G. 反向传播误差，求解隐含层单元的误差：

$$e_i=b_i(1-b_i)\sum_{j=1}^{q}\omega_{ij}d_j \quad (5\text{-}18)$$

H. 调整隐含层与输出层之间的连接权系数 ω_{ij}（包括阈值 γ_j）：

$$\Delta\omega_{ij}=\lambda b_i d_j \quad (5\text{-}19)$$

式中：λ 为学习率，取值为 $0<\lambda<1$。

另外，

$$\Delta\gamma_j=\Delta\omega_{0j}=\lambda b_0 d_j=\lambda d_j \quad (5\text{-}20)$$

I. 调整隐含层与输入层之间的连接权系数 υ_{hi}（包括阈值 θ_i）：

$$\Delta\upsilon_{hi}=\beta a_h e_i \quad (5\text{-}21)$$

式中：β 为学习率，取值为 $0<\beta<1$。

另外，

$$\Delta\theta_i=\Delta\upsilon_{0i}=\beta a_0 e_i=\beta e_i \quad (5\text{-}22)$$

J. 计算新的权系数：

$$\omega_{ij}=\omega_{ij}-\Delta\omega_{ij} \quad (5\text{-}23)$$

$$v_{hi} = v_{hi} - \Delta v_{hi} \tag{5-24}$$

重复步骤 B 至 J，直到对于输出层神经元的误差足够小，满足一定的条件为止，也就是代价足够小。

(2) 介绍当训练样本为一批的情况。对于一批样本(即样本集)，要求解整体的代价函数，在训练过程中，重复步骤 B 至 F，得出所有样本的误差后，求解整体的代价函数：

$$E = \sum_{k=1}^{m} E_{k} \tag{5-25}$$

式中：m 为参与训练的样本数。

如果代价函数不满足条件，则执行步骤 G 至 J，直至代价函数低于一定的界限为止。

3. BP 神经网络建模的步骤

利用 BP 神经网络进行非线性建模时，可以把复杂的非线形经济系统看作是一个黑箱，以实测输入、输出数据为样本，送入 BP 神经网络。网络对样本进行学习，通过权值、阈值的修正，确定其内部表达，使输入到输出的映象与对象相逼近，这样整个网络就可以模拟系统的外部特性。由于 BP 神经网络的信息分布性，各输入变量对输出变量的影响在对样本学习时就已自动记下，并由整个网络的内部表达而表现出来，从而省掉了通常建模前对各因素的人为分析，在以输出结果为目的的系统建模中降低了研究难度，特别适合对以预测写字楼需求量为目的的复杂的写字楼需求形成系统的研究。

利用 BP 神经网络构造预测模型时，其基本步骤如下：①确定 BP 神经网络的输入向量、输出向量的维数、隐层数及其节点。②确定输入层、隐含层及输出层传递函数关系。③将网络学习样本划分为学习段和检验段。④训练网络，拟合学习段时间序列，使其误差的平方和达到最小。⑤用检验段样本数据进行检验。⑥利用全体网络学习样本构建模型进行预测。

本论文采用 MATLAB7.4 软件，通过调用 MATLAB7.4 神经网络工具箱中的函数建立模型来仿真系统。

(三) 写字楼需求 BP 神经网络构建

1. 系统分析

利用 BP 网络构建写字楼需求量预测模型，实际上是要通过历史数据来模拟各影响因素与写字楼每年新增需求量之间的映射关系，通过这种映射关系来预测未来的写字楼新增需求量。

为了在预测方面保持相对的稳定性、统一性和可比性，我们以杭州写字楼每年新增需求量($DEMAND_{hz}$)为输出层，各影响因素($dTSE_{hz}$、$dGDP_{hz}$、$dDBFI_{hz}$)为输入层。先通过各影响因素和写字楼新增需求量的历史数据来模拟仿真整个写字楼需求量形成系统，再将未来年份各影响因素的预测数据输入模拟仿真好的系统来预测未来年份的写字楼需求量。

由于数据搜集和统计口径方面的原因，我们取 1999～2006 年的数据来模拟仿真系统(表 5-15)，再将 2008～2012 年各影响因素的预测值输入模拟仿真好的系统模型来预测 2008～2012 年的写字楼需求量。

1999～2006 年数据 **表 5-15**

年份	1999	2000	2001	2002	2003	2004	2005	2006
$DEMAND_{hz}$(万 m^2) 写字楼新增需求	17.48	44.82	44.95	27.34	26.6	69.71	18.1	106.96
$dTSE_{hz}$(万人) 第三产业就业人数变化	7.67	7.35	9.46	7.24	2.08	−9.89	11.28	23.33
$dGDP_{hz}$(亿元) 国内生产总值变化	90.39	157.28	185.45	213.82	317.94	443.41	399.47	498.85
$dDBFI_{hz}$(亿元) 金融机构存款余额变化	293.85	299.8	533.04	751.64	1279.58	1054.47	1041.52	1106.83

注：$DEMAND_t = NOD_t \times (1 - VACANCY_t)$，$NOD_t$ 为历年写字楼新开工面积，$VACANCY_t$ 为历年的空置率。

资料来源：2003～2007 年中国房地产统计年鉴、2000～2007 年杭州统计年鉴

2. 隐层数及其节点的确定

隐含层的数目可以取为若干个，在前面的模型介绍部分我们已经说明，具有一个隐层(假设具有足够的隐含层节点)的 BP 神经网络，已经能够以任意精度逼近任意连续函数。我们也做过相关试验，证明隐含层增加时系统仿真程度并不比一个隐含层好，而且还会延长计算时间，增加工作量。因此，选择一个隐含层。

隐含层维数的确定是一个比较复杂的问题，往往需要根据经验和试验来确定。参考前面隐含层维数的确定公式，我们将隐含层节点数分别从 3 取至 13，运用 MATLAB7.4 软件编程进行 2000 次的演算。经过比较，认为在本研究中，隐节点个数为 9 的情况下，整个网络最为稳定，收敛性好，且没有过度训练问题。因此，确定最佳的隐含层维数(即隐含层节点个数)为 10。

此时即可确定网络模型的结构为 [3 10 1]，如图 5-4 所示。

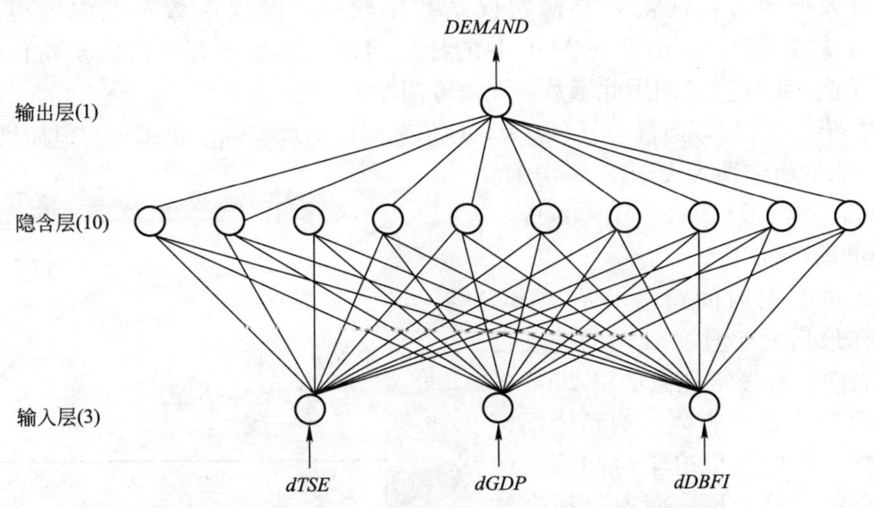

图 5-4 预测写字楼新增需求量的 BP 网络模型结构图

3. 输入、输出向量的初始处理

由于写字楼市场需求的发展更多地受到整个经济周期波动以及政策的影响，因此选取不受量纲影响的标准化数据来代替原始数据样本，更有利于人工神经网络模型进行拟合。

即在 Matlab7.4 中用函数 mapstd 来训练网络之前对输入层和输出层原始数据进行初始标准化(表 5-16)。

1999～2006 年标准化后数据 **表 5-16**

年份	1999	2000	2001	2002	2003	2004	2005	2006
$DEMAND_{hz}$ 写字楼新增需求	－0.8812	0.0106	0.0148	－0.5596	－0.5837	0.8225	－0.8610	2.0375
$dTSE_{hz}$ 第三产业就业人数变化	0.0383	0.0038	0.2316	-0.0081	－0.5653	－1.8578	0.4281	1.7293
$dGDP_{hz}$ 国内生产总值变化	－1.3341	－0.8833	－0.6934	－0.5022	0.1996	1.0452	0.7491	1.4190
$dDBFI_{hz}$ 金融机构存款余额变化	－1.3086	－1.2931	－0.6841	－0.1134	1.2649	0.6772	0.6434	0.8139

4. 确定输入层、隐含层及输出层传递函数关系

在 BP 神经网络中，要求传递函数必须可微。一般采用的传递函数有对数 S 型函数，正切 S 型函数和线性函数。采用不同的传递函数将得到不同范围的输出，对数 S 型函数产生 0～1 之间的输出，正切 S 型函数产生－1～1 之间的输出，而线性函数则可产生任意大小的输出值。

结合本研究的实际问题，经过反复实验，在写字楼需求量预测模型中，隐含层采用正切 S 型函数，输出层采用线性函数。在 Matlab 中表示为［tansig purelin］。

5. 选取初始权系数，设置学习率

由于整个写字楼需求量形成系统是非线性的，初始权系数的选取对于训练学习是否能够达到全局最小及是否能够收敛就显得非常重要。在前面的模型介绍中提到，为了便于训练，需要保证每个神经元开始时的状态值接近于零，使它们都能落到其转换函数变化（转化梯度）最大的地方，这就需要初始权系数比较小，而权系数一般取随机数，可取为－0.1～0.1 或－1～1。由于在 Matlab 的神经网络工具箱中有专门的初始化函数 init，所以我们可通过编程直接调用此函数，无需专门赋值。

关于学习率的设置，通常学习率越大，权值和阈值的调整幅度也越大。但如果学习率太大，会使网络的稳定性大大下降。一般可采用在 Matlab7.4 中默认的学习率 0.05。

6. 模型的拟合

由于样本数据时间跨度只有 8 年，且需求量在最后两年具有较大的波动性和趋势代表性，若按常规做法将 2006 年的数据作为检验段可能会影响整体网络的拟合特性，因此这里迫于时间维度的局限性，省略了检验段，而通过拟合结果来判断网络的稳定性。

利用 1999～2006 年的样本训练网络，拟合时间序列，使其误差的平方和达到最小。图 5-5 表示网络训练过程中误

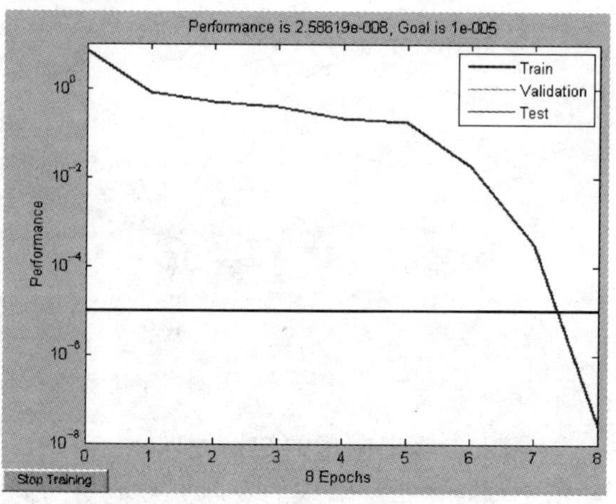

图 5-5 预测写字楼新增需求量的 BP 网络模型结构图

差的下降，网络经过8次迭代，均方误差达到设定值，网络收敛，训练结束。

在本研究中，经过1000次计算取平均得到的预测值之间的误差小于0.01，非常稳定，拟合结果见表5-17。因此，在计算预测值时，采用计算2000次取平均的方法以提高预测值的稳定性和准确性。至此，杭州每年新增写字楼需求的BP神经网络系统已经构建完成。

新增写字楼需求BP网络拟合结果 **表5-17**

年份	1999	2000	2001	2002	2003	2004	2005	2006
$DEMAND_{hz}$样本值	17.48	44.82	44.95	27.34	26.6	69.71	18.1	106.96
$DEMAND_{hz}$拟合值	17.4833	44.8128	44.9453	27.3388	26.6037	69.7084	18.1048	106.9572

六、正常条件下自变量预测

运用上述构建好的模型预测杭州写字楼新增需求量时，必须先对各影响因素的未来值进行预测，再将各影响因素的未来值代入上述构建好的模型，据以预测未来年份的写字楼新增需求量。

（一）自变量$dTSE_{hz}$的预测

从自变量$dTSE_{hz}$的走势图中可以看到(图5-6)，其在2004年出现较大的波动，对于时间跨度不长的时间序列来说，这样的波动会给预测模型带来很大的不确定性。而且时间序列$dTSE_{hz}$在2005年和2006年出现了加速上扬的态势，结合杭州市的产业结构政策中大力推进第三产业比重的政策导向来看，用1999～2007年的TSE_{hz}加权平均增长率来预测2008～2012年$dTSE_{hz}$的值(表5-18)，从而突显近期第三产业就业人数变化趋势对未来的影响更为合理，其中时间加权的函数采用：

$$W(t)=e^{-\alpha t}\sim(0,\ 1) \tag{5-26}$$

式中：α体现收敛速率取0.5，$t=2007-T$(年份)。

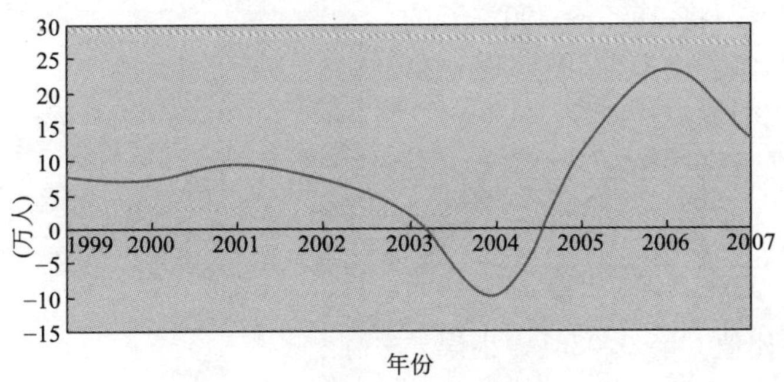

图5-6 杭州$dTSE_{hz}$平滑走势图

第三产业就业人口增长率 **表5-18**

年份	1999	2000	2001	2002	2003	2004	2005	2006	2007	增长率的加权平均值
TSE_{hz}(万人)第三产业就业人数	139.79	147.14	156.6	163.84	165.92	156.03	167.31	190.64	203.83	
增长率(%)		5.26	6.43	4.62	1.27	−5.96	7.23	13.94	6.92	
权值		0.03	0.05	0.08	0.13	0.22	0.37	0.61	1	7.14%

第三产业就业人口变化量预测值见表 5-19。

第三产业就业人口变化量预测值　　表 5-19

年份	2008	2009	2010	2011	2012
TSE_{hz}(万人) 第三产业就业人数	218.38	233.98	250.68	268.58	287.76
$dTSE_{hz}$(万人) 第三产业就业人数变化	14.55	15.59	16.71	17.90	19.18

（二）自变量 $dGDP_{hz}$的预测

经过比较试验，本文选用灰度模型 GM(1，1)对 GDP 进行预测，从而实现对自变量 $dGDP_{hz}$的预测。灰色预测模型(GM)通过对原始数据进行生成处理，使其呈指数趋势变化，建立指数微分方程，最终得到预测模型，这对于掌握不完全信息的系统预测来说是十分有效的。GDP 作为一个综合性的指标，它的变化受到诸多不确定性因素影响，可以通过灰度模型对其进行预测。从图 5-7 可以看出 GDP 符合指数平滑特性，GDP_{hz}的初始序列满足非负的齐次指数变化规律，因此 GM(1，1)模型适用于 GDP_{hz}序列。

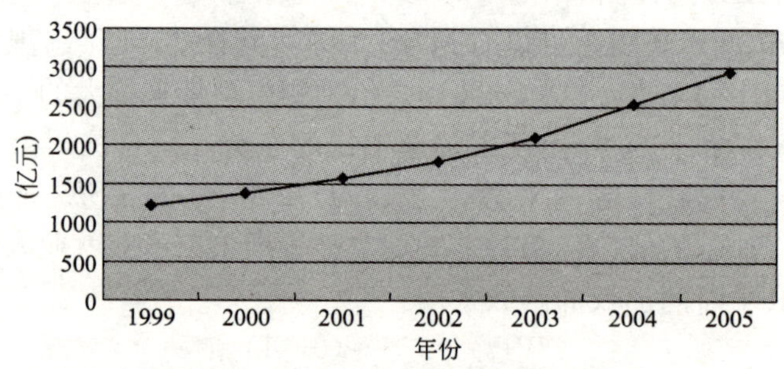

图 5-7　杭州 GDP 离散走势图

利用 Matlab7.4，将 1999～2007 年的 GDP_{hz}数据进行 GM(1，1)拟合(图 5-8)，得到 GDP 的拟合公式如下：

$$\hat{Y}_t = 7577.41 \times e^{0.1603(t-1)} - 6352.13 \tag{5-27}$$

$$GDP_t = \hat{Y}_t - \hat{Y}_{t-1} \tag{5-28}$$

其中，均方差比值 $C=0.0361$，小误差率比值 $P=1$。

根据拟合式(5-27)和式(5-28)，GDP_{hz}和 $dGDP_{hz}$的预测结果见表 5-20 所列。

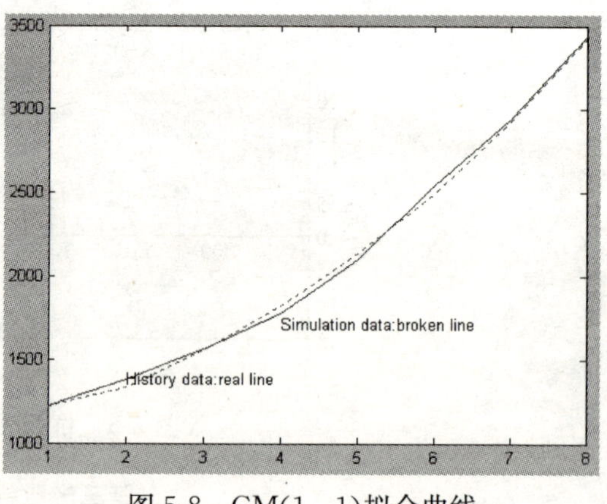

图 5-8　GM(1，1)拟合曲线

杭州第三产业就业人口变化量预测值　　表 5-20

年份	2008	2009	2010	2011	2012
GDP_{hz}(亿元) 国内生产总值	4749.71	5575.51	6544.89	7682.80	9018.56
$dGDP_{hz}$(亿元) 国内生产总值变化	703.49	825.80	969.38	1137.91	1335.75

（三）自变量 $dDBFI_{hz}$的预测

经过试验比较，$dDBFI_{hz}$的线性回归模型拟合度较高，因此，本研究采用1999～2007年的数据进行趋势外推。

在进行趋势外推时，采用三个模型对数据分别进行拟合。第一个是最普通的一元线性回归模型，假设 $dDBFI_{hz}$的每年递增速度都是相同的，$dDBFI_{hz}$线性增加(或者减少)，模型基本形式如下：

$$dDBFI_{hz}=A+B\cdot X \tag{5-29}$$

其中：X 是年份(1999 年为 1，2000 年为 2，依此类推)，A 和 B 是待估计的参数。

第二个模型假设 $dDBFI_{hz}$随着年份递增以幂函数形式增长，$dDBFI_{hz}=A\cdot X^{B}$，对这个函数形式进行简单变形，将等式两边同时取对数，就可以得到线性回归模型，模型形式如下：

$$LndDBFI_{hz}=A+B\cdot LnX \tag{5-30}$$

第三个模型假设 $dDBFI_{hz}$随年份递增以指数函数形式增长，$dDBFI_{hz}=A\cdot e^{BX}$，对这个函数形式进行简单变形，两边取对数，也可以得到线性回归模型，模型形式如下：

$$LndDBFI_{hz}=A+B\cdot X \tag{5-31}$$

对上述三个方程，分别采取最小二乘法，可以得到待估计的参数，通过比较三个模型的解释能力(Adjusted R^2)以及比较预测值和检验值之间的差异，选择最优的解释模型。一般说来，Adjusted R^2越大，意味着模型的解释能力和预测能力越强。模型参数的估计和检验结果见表 5-21：

$dDBFI_{hz}$预测模型检验结果 **表 5-21**

		模型一	模型二	模型三
数学表达式		$dDBFI_{hz}=A+B\cdot X$	$LndDBFI_{hz}=A+B\cdot LnX$	$LndDBFI_{hz}=A+B\cdot X$
待估计参数	A	169.5333 (1.25)	5.5000 *** (32.35)	5.6272 *** (27.98)
	B	139.7853 *** (5.82)	0.7923 *** (7.34)	0.1999 *** (5.59)
Adjusted R^2		0.83	0.89	0.82
F 检验值		33.88 ***	53.91 ***	31.29 ***
样本数		9	9	9

注：*** 表示参数估计值在 1%的水平上显著。

经过判断，模型二 $LndDBFI_{hz}=A+B\cdot LnX$ 的系数在 1%的水平上均表现显著，模型的 F 值也在 1%的水平上表现显著，并且其拟合优度 R^2 在三个模型中最大，达到 0.89。因此，在三个模型中选择模型二作为 $dDBFI_{hz}$在进行趋势外推时的模型。预测结果见表 5-22。

杭州金融机构存款余额变化量预测值 **表 5-22**

年份	2008	2009	2010	2011	2012
$dDBFI_{hz}$(亿元) 国内生产总值变化	1516.75	1635.71	1752.46	1867.19	1980.10

七、正常条件下杭州写字楼需求量预测结果

(一) 面板数据模型预测结果

将自变量的各个预测值(表 5-19、表 5-20、表 5-22)代入式(5-9)，通过面板数据建立的多元回归模型对每年新增写字楼需求量进行预测。结果如表 5-23 所示，2008～2012 年杭州市写字楼市场每年新增需求量分别为 88.46 万 m^2、97.87 万 m^2、108.11 万 m^2、119.35 万 m^2 和 131.78 万 m^2。

各自变量预测值及因变量预测值 表 5-23

面板数据模型预测结果	2008	2009	2010	2011	2012
$dTSE_{hz}$(万人)第三产业就业人数变化	14.55	15.59	16.71	17.90	19.18
$dGDP_{hz}$(亿元)国内生产总值变化	703.49	825.80	969.38	1137.91	1335.75
$dDBFI_{hz}$(亿元)国内生产总值变化	1516.75	1635.71	1752.46	1867.19	1980.10
DEMAND(万 m^2)每年新增写字楼需求量	88.46	97.87	108.11	119.35	131.78

(二) BP 神经网络预测结果

将各自变量的各个预测值(表 5-19、表 5-20、表 5-22)按照自变量原始的标准化规则进行标准化，形成自变量预测值的标准化数据(表 5-24)。

各自变量预测值标准化数据 表 5-24

年 份	2008	2009	2010	2011	2012
$dTSE_{hz}$(万人)第三产业就业人数变化	0.7812	0.8935	1.0145	1.1430	1.2812
$dGDP_{hz}$(亿元)国内生产总值变化	2.7982	3.6226	4.5903	5.7262	7.0597
$dDBFI_{hz}$(亿元)国内生产总值变化	1.8840	2.1946	2.4994	2.7989	3.0937

将自变量预测值的标准化数据输入之前所建立的 BP 神经网络之中，经过 1000 次的网络计算取得平均预测值。结果如表 5-25 所示，2008～2012 年杭州市写字楼市场每年新增需求量分别为 96.51 万 m^2、107.11 万 m^2、114.61 万 m^2、119.72 万 m^2 和 123.03 万 m^2。

写字楼公共建筑需求预测值 表 5-25

BP 神经网络预测结果	2008	2009	2010	2011	2012
DEMAND(万 m^2)每年新增写字楼需求量	96.51	107.11	114.61	119.72	123.03

第二节 商业公共建筑需求量预测

发达国家一般人均商业面积通常在 1.2m^2 左右，上海、北京人均商业面积约为 1m^2，需求依然较为强劲。目前杭州人均商业面积约为 0.7m^2，增量空间尚有可观的容量，因此，基于宏观变量对商业公共建筑未来的需求量预测显得尤为必要。

一、商业公共建筑影响因素

商业公共建筑作为体现城市商业经济繁荣程度的一项重要指标，其需求量和增长速度

必然要与支撑商业公共建筑需求的几个重要指标——GDP、社会消费品零售总额、城镇职工平均工资、贸易进出口总额等指标的增幅相吻合。

(一) 社会消费品零售总额

社会消费品零售总额(*TRSCG*)是指国民经济各行业直接售给城乡居民和社会集团的消费品总额。这个指标反映通过各种商品流通渠道向居民和社会集团供应生活消费品来满足他们生活需要的情况。一个城市社会消费品零售总额越大，就意味着该城市的消费能力越强，对城市商业面积需求量也越大，因此，社会消费品零售总额作为商业公共建筑一个决定性的影响因素，成为商业公共建筑需求预测模型变量之一。

(二) 城镇职工平均工资

城镇职工平均工资(*AW*)主要体现了该城市居民商业活动的繁华与否和居民支付能力的高低。很显然，城镇职工平均工资和商业地产需求量呈正方向变动。城镇职工平均工资水平越高，则城市商业就越发达，对商业地产的需求量也越大，反之，则对商业地产需求量小。商圈内城镇职工平均工资状况，不仅是指导经营定位、开发规模的重要参考标准，同样也是商业地产项目投资决策成败的关键。

(三) GDP和贸易进出口总额

GDP反应的是城市综合的经济发展水平和发展趋势，城市GDP越高的城市商业容量越大，城市GDP增长越快的城市商业容量增长越快，GDP与商业公共建筑的需求量存在着显著的正相关性。而贸易进出口总额(*TIEV*)反应的是该城市总体的对外贸易水平，贸易进出口总额越高，由外贸消费所产生的对商业公共建筑的需求量也越大。

但是相对于社会消费品零售总额与城镇职工平均工资而言，GDP与贸易进出口总额对于商业公共建筑需求量的影响是间接的和相对不显著的，经过模型测试，发现其与前两个变量具有较高的共线性(表5-26)，因此，商业公共建筑需求预测模型中可以忽略GDP和贸易进出口总额的影响。

自变量共线性分析 **表5-26**

	TRSCG	*AW*	*GDP*	*TIEV*
TRSCG	1			
AW	0.591	1		
GDP	0.955	0.664	1	
TIEV	0.676	0.663	0.811	1

(四) 其他相关因素

1. 租金及物业价格(*Rent & Price*)

作为商业公共建筑使用成本的租金及商业物业价格，也是商业公共建筑投资收益的影响因素。在商业公共建筑需求旺盛的市场中，租金及物业价格越高往往更显著地激发对商业物业的投资性需求，使得商业公共建筑需求量上升；而在商业公共建筑需求萎靡的市场中，租金及物业价格越高，往往更显著地抑制对商业物业的使用性需求，从而驱使商业公共建筑需求量进一步下降。由于我国各个城市的统计资料中商业物业租金方面都不完整，难以形成时间跨度大的时间序列数据，对于预测模型而言就不能在时间维度上形成统一，因此商业公共建筑需求预测模型中忽略租金和物业价格的影响。

2. 城市人口(*Population*)

城市人口作为商业公共建筑需求对象的基础变量，代表着商业需求载体的大小，人口越多，商业容量要求越大，人口递增率加快，城市商业容量必然加快。但城市人口对商业公共建筑需求的贡献度与社会消费品零售总额呈现高相关性，因此，商业公共建筑需求预测模型中忽略城市人口的影响。

二、商业公共建筑模型因变量选择

由于商业公共建筑的需求对于当前的经济环境的反映具有一定的滞后期，因此，本节中仍然采用代替写字楼公共建筑需求一样的方法来描述商业公共建筑的需求量。而作为反映未来供给与当前预期差额需求的流量数据——每年商业公共建筑新开工面积(*NOD*)，在考虑实际空置率(*VACANCY*)的情况下，它较为真实地反应当前商业物业市场系统的实际新增需求量，因此，因变量商业公共建筑需求量表达式为：

$$DEMAND = NOD(1 - VACANCY)$$

三、基于面板数据商业公共建筑模型构建

本文采用基于8个中国内地一线大城市1999～2006年的面板数据来构建杭州商业公共建筑需求量预测模型，数据包括了每年商业公共建筑新增需求量(间接数据)*DEMAND*(万 m^2)($DEMAND_{it} = NOD_{it} \times (1 - VACANCY_{it})$)、社会消费品零售总额 *TRSCG*(亿元)和城镇职工平均工资 *AW*(元)。数据来源分别为《中国房地产统计年鉴》、各大城市统计年鉴及各大城市官方统计信息网。本研究利用 Eviews6.0 软件进行分析。

(一) 单位根检验及协整检验

从表5-27中可以清楚地看到，*DEMAND*、*TRSCG* 和 *AW* 的原数列均存在单位根，因此原数列均不平稳。将原数列进行一阶差分之后，*d*(*DEMAND*)在四个检验中均拒绝了原假设，而 *d*(*TRSCG*)和 *d*(*AW*)仍然在四个假设中都不能拒绝原假设，因此一阶差分后各数列中只有 *DEMAND* 是平稳的，也就是 *DEMAND* 是一阶单整。将自变量原始数

自变量平稳性检验 **表 5-27**

	LLC		ADF		PP		IPS	
变量	Statistic	Pro.	Statistic	Pro.	Statistic	Pro.	Statistic	Pro.
DEMAND	−3.5401	0.0002	14.0538	0.5947	18.7149	0.2837	0.4739	0.6822
d(*DEMAND*)	−6.8455	0.0000	33.4520	0.0064	42.0717	0.0004	−1.8807	0.0300
TRSCG	32.8314	1.0000	0.2041	1.0000	0.0924	1.0000	17.7015	1.0000
d(*TRSCG*)	3.6750	0.9999	13.6070	0.6280	12.6132	0.7008	3.1078	0.9991
d^2(*TRSCG*)	−8.5673	0.0000	38.5787	0.0013	49.4964	0.0000	−2.7397	0.0031
AW	4.1234	1.0000	4.5530	0.9976	8.3215	0.9387	6.1261	1.0000
d(*AW*)	−0.4582	0.3234	13.4437	0.6401	14.7032	0.5465	0.7867	0.7843
d^2(*AW*)	−12.8954	0.0000	49.5769	0.0000	57.3368	0.0000	−4.5144	0.0000

注：LLC、ADF、PP、IPS检验的零假设都为：存在单位根。

列进行二阶差分，$d^2(TRSCG)$ 和 $d^2(AW)$ 在四种检验中均拒绝了原假设，因此 $TRSCG$ 和 AW 都是二阶单整。但是对于变量 $DEMAND$、$dTRSCG$、dAW 而言($dTSE$ 为每年社会消费品零售总额的变化量、dAW 为每年城镇职工平均工资变化额)，其数列都为一阶单整序列，可以进行协整分析。

佩德罗尼（Peter Pedroni，1997)指出，当时间段较长时(T 值一般大于 100)，上述全部 7 个统计量的偏误都很小、效能都很高；但对于时间段较短的情况($T\leqslant 20$)，第四个 Panel ADF 统计量和第 7 个 group ADF 统计量有最好的效能，其他 5 个统计量效能相对较低。表 5-28 在 Pedroni 检验中 7 个协整检验中 Panel adf、Panel pp、Group adf 和 Group pp 统计量都通过了显著性检验，并且 Kao 检验的 ADF 数值也通过了显著性检验。由此可以得出，每年新增商业公共建筑需求量、社会消费品零售总额一阶差分和城镇职工平均工资一阶差分之间存在长期均衡的协整关系。因此，$DEMAND$、$dTRSCG$ 和 dAW 建立的回归模型不会出现伪回归。

Pedroni 和 Kao 协整检验结果 **表 5-28**

Pedroni 检验		
Panel v-stat=−0.1689	Panel rho-stat=0.9832	Panel adf-stat=−2.1838 **
Panel pp-stat=−2.0313 **	Group rho-stat=2.1867	Group adf-stat=−3.0857 ***
Group pp-stat=−2.2860 **		
Kao 检验		
ADF=−2.4924 ***		

注：***、**、*分别为满足 1%、5%、10%的显著水平检验值。

（二）模型类型确定

利用 Eviews 统计软件对联合回归模型、个体均值修正回归模型和无约束模型式进行模型回归的残差平方和求得 S_3、S_2 和 S_1 的值：$S_3=149198$；$S_2=52072.04$；$S_1=34312.51$。

由于这里 $N=8$，$T=8$，$k=2$，利用式(5.3.5)和式(5.3.6)可得两个 F 统计量为：

$$F_2=6.3775, \quad F_1=1.4788$$

另外，$(N-1)(k+1)=21$，$N(T-k-1)=40$，$(N-1)k=14$，取显著性水平 $\alpha=0.05$ 时，由 F 分布表查得 $F_{0.05}(21, 40)\approx 2.35$，$F_{0.05}(14, 40)\approx 2.56$。由于 $F_2=6.3775>2.35$，故拒绝假设 H_2，继续检验假设 H_1，又由于 $F_1=1.4788<2.56$，故接受假设 H_1。因此，本文选择变截距模型进行数据拟合，模型的具体形式为：

$$DEMAND_{it}=\alpha_i+dTRSCG_{it}\times\beta+dAW_{it}\times\gamma+u_{it} \quad (i=1, 2, \cdots\cdots, 8; t=1, 2, \cdots\cdots, 8) \tag{5-32}$$

为了进一步区分改变截距模型是固定效应变截距模型还是随机效应变截距模型，利用 Eviews 软件进行 Hausman 检验(原假设：模型为随机效应变截距模型)。

如表 5-29 所示，Hausman 统计量的值为 3.5541，相对应的概率是 0.1691，说明检验结果在既定的置信区间不能拒绝随机效应变截距模型的假设，因此应该建立的是随机效应变截距模型。

Hausman 检验结果 表 5-29

Test Summary	Chi-Sq. Statistic	Chi-Sq. d. f	Prob.
Cross-section random	3.554147	2	0.1691

综上分析，1999～2006 年内地上海、北京、杭州等八大城市的每年新增商业公共建筑需求量、社会消费品零售总额变化量和城镇职工平均工资变化量之间关系应该采用随机效应变截距模型。

（三）商业公共建筑模型拟合

用 Eviews6.0 软件对式(5-32)进行拟合，得到结果如表 5-30 所示：

商业公共建筑需求面板数据模型拟合结果 表 5-30

	α_i	β_i	γ_i
北京	−15.6428	0.269682 (t=3.871106 ∗∗∗)	0.022956 (t=4.054597 ∗∗∗)
上海	17.58906		
广州	−36.0963		
深圳	−20.7126		
杭州	−32.3213		
天津	3.838124		
重庆	85.55884		
青岛	1.122236		
R-squared= 0.788166		F-statistic=29.24273 ∗∗∗	

注：∗∗∗、∗∗ 、∗分别为满足 1%、5%、10%的显著水平检验值。

自变量系数均通过 1%水平的显著性检验，且模型的拟合优度为 0.79，F 的统计量为 29.24，模型整体显著。模型显示，社会消费品零售总额的变化量和城镇职工平均工资变化量的系数均为正，表明这两个自变量与新增商业公共建筑需求都存在正相关性，而这些系数的大小表明了在内地 8 个一线城市所构成的商业公共建筑市场系统中社会消费品零售总额的变化量和城镇职工平均工资的变化量对每年新增商业公共建筑需求的敏感性。它们代表的是杭州这类城市的商业公共建筑市场对于两个自变量变化的反应。各个城市截距项的各不相同体现不同城市的商业公共建筑需求特征。

由城市面板数据回归得到的杭州市商业公共建筑需求模型如下：

$$DEMAND_{hz} = -32.3213 + 0.2697 \times dTRSCG_{hz} + 0.0230 \times dAW_{hz} \qquad (5\text{-}33)$$

其中：$DEMAND_{hz}$为杭州商业公共建筑每年新增需求，$dTRSCG_{hz}$为杭州每年社会消费品总额的一阶差分，dAW_{hz}为杭州每年城镇职工平均工资一阶差分。

杭州商业公共建筑需求模型显示，若杭州的社会消费品零售总额和城镇职工平均工资没有变化，每年商业公共建筑需求量将下降 32.3213 万 m^2。而当每年杭州的社会消费品年零售总额较上一年增加 1 亿元，新增商业公共建筑需求量为 0.2697 万 m^2；当杭州城镇职工年平均工资增加 1 元，则新增商业公共建筑需求量为 0.023 万 m^2。

四、基于 BP 神经网络商业公共建筑模型构建

商业公共建筑的 BP 神经网络的构建方法、步骤以及参数的涉及与写字楼 BP 神经网

络模型基本一致。在隐含层维数(即隐含层节点个数)的设置上，商业公共建筑 BP 神经网络较写字楼稍有不同，最佳隐含层节点个数设置为 8 个。

(一) 原始数据及标准化处理结果

我们取 1999～2006 年的数据来模拟仿真系统(表 5-31)，再将 2008～2012 年各影响因素的预测值输入模拟仿真好的系统模型来预测 2008～2012 年的商业公共建筑需求量。

1999～2006 年数据 **表 5-31**

年份	1999	2000	2001	2002	2003	2004	2005	2006
$DEMAND_{hz}$(万 m^2) 新增商业公共建筑需求量	20.95	30.60	66.95	53.63	65.38	60.29	52.83	65.97
$dTRSCG_{hz}$(亿元) 社会消费品零售总额变化	39.69	57.19	64.33	81.64	81.92	112.87	119.99	136.93
dAW_{hz}(元) 城镇职工平均工资变化	1479	2042	3930	3067	3257	4217	2394	1860

注：$DEMAND_t = NOD_t \times (1 - VACANCY_t)$，$NOD_t$ 为历年商业公共建筑新开工面积，$VACANCY_t$ 为历年的空置率

资料来源：2003～2007 中国房地产统计年鉴、2000～2007 杭州统计年鉴

同样使用函数 mapstd 来训练网络之前对输入层和输出层原始数据进行初始标准化，得到表 5-32 的标准化数值。

1999～2006 年标准化后各数据 **表 5-32**

年份	1999	2000	2001	2002	2003	2004	2005	2006
$DEMAND_{hz}$ 新增商业公共建筑需求量	−1.8005	−1.2423	0.8605	0.0900	0.7697	0.4752	0.0437	0.8038
$dTRSCG_{hz}$ 社会消费品零售总额变化	−1.3989	−0.8795	−0.6675	−0.1537	−0.1454	0.7732	0.9845	1.4873
dAW_{hz} 城镇职工平均工资变化	−1.3083	−0.7425	1.1550	0.2877	0.4786	1.4435	−0.3887	−0.9254

(二) 商业公共建筑模型拟合结果

利用 1999～2006 年的样本训练网络，拟合时间序列，使其误差的平方和达到最小。图 5-9 为网络训练过程中误差的下降图示，在图中，网络经过 8 次迭代，使均方误差达到设定值，网络收敛，训练结束。

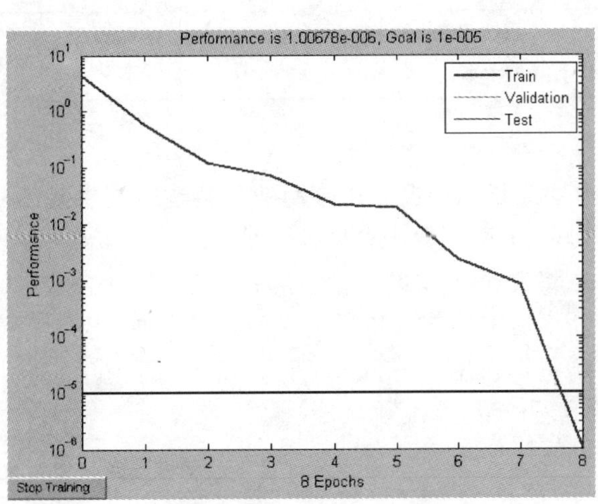

图 5-9 预测商业公共建筑新增需求量的 BP 网络模型结构图

在本研究中，经过 1000 次计算取平均得到的预测值之间的误差小于 0.01，非常稳定，拟合结果见表 5-33。因此，在计算预测值时，采用计算 2000 次取平均的方法以提高预测值的稳定性和准确性。至此，杭州每年新增

写字楼需求的BP神经网络系统已经构建完成。

新增商业公共建筑需求BP网络拟合结果 表5-33

年份	1999	2000	2001	2002	2003	2004	2005	2006
$DEMAND_{hz}$样本值	20.95	30.60	66.95	53.63	65.38	60.29	52.83	65.97
$DEMAND_{hz}$拟合值	20.9506	30.5996	66.9434	53.6296	65.3762	60.2883	52.8302	65.9691

五、正常情况下商业公共建筑预测模型自变量预测

在选择趋势外推模型时，通过比较，选择增长趋势收敛的模型 $LnY_{hz}=A+B\cdot LnX$ 对自变量社会消费品零售总额一节差分($dTRSCG$)和城镇职工平均工资原值(AW)进行预测，结果见表5-34。

自变量预测模型检验结果 表5-34

数学表达式		$LndTRSCG_{hz}=A+B\cdot LnX$	$LnAW_{hz}=A+B\cdot LnX$
待估计参数	A	3.571012***(34.63)	9.246701***(163.54)
	B	0.641173***(9.79)	0.541392***(15.08)
Adjusted R^2		0.93	0.97
F检验值		96.00***	227.69***
样本数		9	9

注：***参数估计值在1%的水平上显著。

通过上述趋势外推模型预测自变量的未来值见表5-35。

自变量预测值 表5-35

年份	2008	2009	2010	2011	2012
社会消费品总额预测值	1451.92	1617.34	1792.25	1976.37	2169.45
社会消费品总额变化 $dTRSCG_{hz}$(亿元)	155.61	165.42	174.91	184.12	193.08
城镇职工平均工资预测值	36073.08	37983.32	39815.42	41578.73	43280.85
城镇职工平均工资变化 dAW_{hz}(元)	2000.07	1910.24	1832.10	1763.31	1702.12

六、正常情况下未来商业公共建筑需求量预测

(一) 面板数据模型预测结果

将表5-35中的自变量的各个预测值代入式(5-33)，通过面板数据所建立的模型对每年新增写字楼需求量进行预测，结果如表5-36所示，2008～2012年杭州市商业公共建筑市场每年新增需求量分别为55.56万m^2、56.14万m^2、56.91万m^2、57.81万m^2和58.82万m^2。

面板数据模型商业公共建筑需求量预测值 表5-36

年份	2008	2009	2010	2011	2012
每年新增商业公共建筑需求量 $DEMAND$(万m^2)	55.56	56.14	56.91	57.81	58.82

(二) BP 神经网络预测结果

首先，将表 5-35 中的自变量的各个预测值按照自变量原始的标准化规则进行标准化，形成自变量预测值的标准化数据(表 5-37)。

各自变量预测值标准化数据　表 5-37

年　份	2008	2009	2010	2011	2012
社会消费品总额变化 $dTRSCG_{hz}$(亿元)	2.0418	2.3330	2.6146	2.8880	3.1539
城镇职工平均工资变化 dAW_{hz}(元)	−0.7846	−0.8749	−0.9534	−1.0226	−1.0841

然后，将自变量预测值的标准化数据输入 BP 神经网络，经过 1000 次的网络计算取得平均预测值，结果如表 5-38 所示，2008～2012 年杭州市商业公共建筑市场每年新增需求量分别为 59.13 万 m^2、60.79 万 m^2、61.48 万 m^2、62.21 万 m^2 和 63.04 万 m^2。

BP 神经网络模型商业公共建筑需求量预测值　表 5-38

年　份	2008	2009	2010	2011	2012
每年新增写字楼需求量 *DEMAND*(万 m^2)	59.13	60.79	61.48	62.21	63.04

第三节　杭州市经营性公共建筑需求量预测结果

将经营性公共建筑主体——写字楼公共建筑和商业公共建筑的预测总量相加，可以得到正常情况下的杭州 2008～2012 年经营性公共建筑需求量的预测值。

基于面板数据模型，2008～2012 年杭州市区经营性公共建筑需求量的预测值分别为 144.02 万 m^2、154.01 万 m^2、165.02 万 m^2、177.16 万 m^2 和 190.6 万 m^2；基于 BP 神经网络模型，2008～2012 年的杭州市区经营性公共建筑需求量的预测值分别为 155.64 万 m^2、167.9 万 m^2、176.09 万 m^2、181.93 万 m^2 和 186.07 万 m^2。两种模型预测结果相近，且符合经验判断的合理性，可以为未来经营性公共建筑的规划作出总量层面的预测分析。以两种预测方法预测值的平均值作为结论性的预测值，预计 2008～2012 年杭州经营性公共建筑需求量的预测值分别为 149.83 万 m^2、160.96 万 m^2、170.56 万 m^2、179.55 万 m^2 和 188.34 万 m^2，其中写字楼的需求量分别为 92.49 万 m^2、102.49 万 m^2、111.36 万 m^2、119.54 万 m^2 和 127.41 万 m^2，商业用房的需求量分别为 57.35 万 m^2、58.47 万 m^2、59.20 万 m^2、60.01 万 m^2 和 60.93 万 m^2(表 5-39)。

2008～2012 年杭州经营性公共建筑需求量预测值　表 5-39

年份	面板数据模型			BP 神经网络模型		
	写字楼(万 m^2)	商业(万 m^2)	合计(万 m^2)	写字楼(万 m^2)	商业(万 m^2)	合计(万 m^2)
2008	88.46	55.56	144.02	96.51	59.13	155.64
2009	97.87	56.14	154.01	107.11	60.79	167.9
2010	108.11	56.91	165.02	114.61	61.48	176.09
2011	119.35	57.81	177.16	119.72	62.21	181.93
2012	131.78	58.82	190.6	123.03	63.04	186.07
总和	545.57	285.24	830.81	560.98	306.65	867.63

注：此处商业是指功能独立的商业物业，不包含住宅底层之类社区型商铺。

下篇

城市公共建筑空间分布研究

第六章　城市公共建筑空间区位理论

对于城市公共建筑空间区位及其结构的研究，国外已经形成较为完善的理论体系，并呈现出研究范围广、内容多的特征；研究内容主要涉及商务办公等新型生产性服务业以及大型商业、酒店餐饮业等公共建筑的空间特征、区位选择、功能布局、总体分布结构等方面。

第一节　城市公共建筑外部宏观结构理论

一、中心地理论及其发展

1933年，德国地理学家克里斯泰勒(W. Christaller)在《南德的中心地》一文中提出中心地理论——城市区位论，建立了以区域间城镇公共服务中心为对象的市场等级体系模型，为分析和描述作为公共建筑中心(市场交易和商品服务中心)的城镇规模、数量和分布提供了一个理论框架。该文从商品服务的角度揭示了不同等级城镇服务的市场半径(货物的供给范围)，并提出了两个重要的基本概念："中心"和"层次"。中心地等级由它的服务区范围大小或公共服务中心提供的商品类型和服务规模来决定：不同商品和服务的需求门槛不同，必须高于该门槛，才能获利；高级中心地拥有低级中心地的全部职能，高、低中心地之间在空间和功能联系上存在某种程度的内含和镶嵌关系。表明某空间地域内城镇的等级结构本质上是由一系列紧密聚核状的商品服务中心(公共建筑中心地)组成，其作为区域空间的重要能极和引力中心，必然呈现由低级向高级，简单到复杂的多等级结构。

克里斯泰勒认为，中心地的空间分布形态，受市场因素($K=3$)、交通因素($K=4$)和行政因素($K=7$)的制约，形成不同的中心地系统模型(图6-1)。在这三个基本影响因素中，市场是基础性因素，而交通原则和行政原则可看作是在市场原则基础上形成的中心地系统的修正因素。从具体分析看，高级中心地对远距离的交通要求大，因此高级中心地按交通原则布局；中级中心地布局中行政因素作用较大；低级中心地则用市场因素解释较为合理。

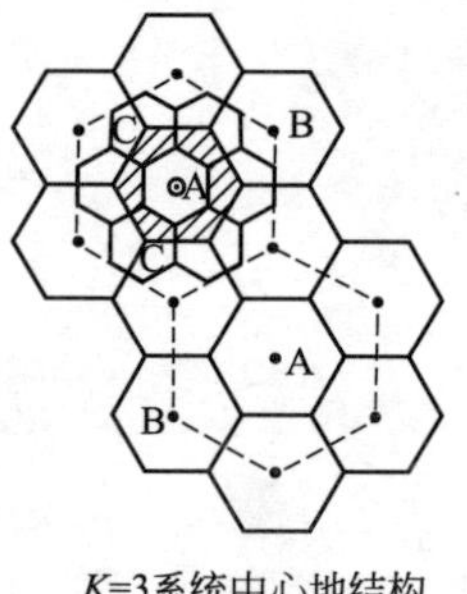

K=3系统中心地结构

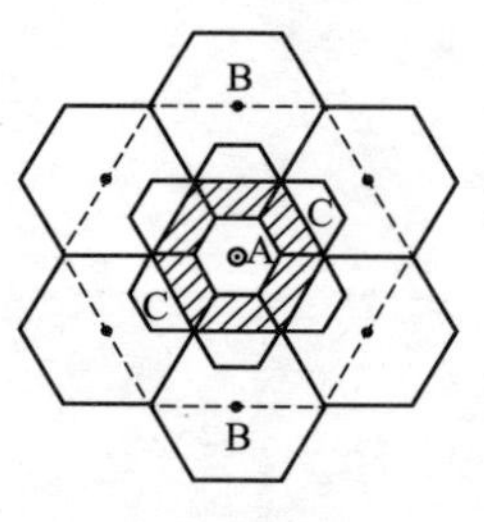

K=4系统中心地结构

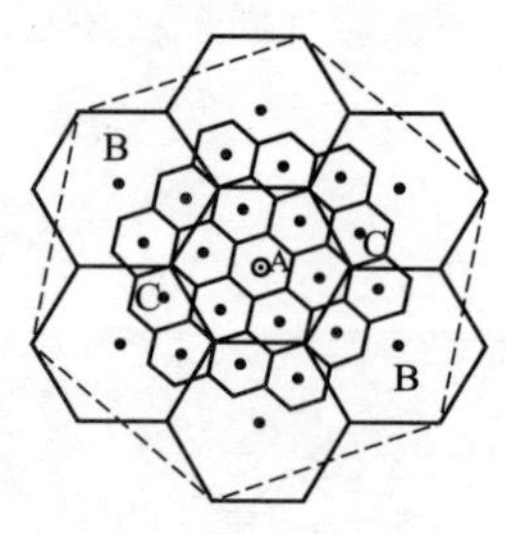

K=7系统中心地结构

图6-1　中心地布局结构模型

由于中心地理论是建立在理想的假设条件[1]下的，与现实差距较大；同时，随着现代城市经济的发展，城镇的服务职能体系和规模结构均发生了显著的变化。20 世纪 50 年代以来，地理学者开始对其进行修正，以便能更好地解释真实世界中的现状。怀特(R. W. White，1977)研究证明：固定支出和规模边际效益的提高，会引起中心地数量的减少；而城市商贸金融业的发展，大大减少了商业活动设施空间障碍，导致出现城市中的CBD形态。科来奇等(M. Colledge et. al.，1996)以“距离弹性”和“非距离弹性”商品概念为研究切入点，研究消费者购物出行模式的空间弹性对商业职能结构的影响，认为消费购物行为引导下的“空间距离承受能力”对商业中心地职能等级产生重要影响。奥凯利(O’kellyr，1981)从时间角度来掌握消费者和供给者的行为，把购买频率和购买量、商品的存量和销售周转数作为模型建立的基础，强调交通的方向性及其作用的重要性，认为左右对称的城市空间具有所有职能的中心地，将在城市几何中心布局，不同级别的中心地职能数随着中心区的距离发生衰减；对于非对称的都市空间，高级中心地并不在中央集聚，而呈点状或线状分布。

二、行为地理理论

西方国家关于消费者行为研究已经比较成熟。早期比较有代表性的有麦凯(D. B. Mackay)的“智能图”和“活动空间”的研究，以及波特(R. B. Potter，1981)的“消费者知觉、行为与零售区位模型”等。行为地理学家沃尔帕特(j. Wolpert)认为，现实世界的决策者不是区位论假定的经济人，而是接近于满意人。公共建筑空间使用者的行为决策一般经历环境—认知—决策—选择空间—行为活动的过程，也就是使用者首先对环境进行认知，考虑自己的居住地与公共建筑中心地的距离和交通的便捷性，以及公共建筑中心地对自己购买行为的可能满足程度，在此基础上综合分析，然后作出决策，最后决定行为的目标空间。因此，行为目标不是最佳化，而是最大满足化，满意人的概念比经济人的概念更现实。由于消费者并不是完全理性的经济人，个人购物决策受信息完备程度和信息利用水平的制约，以及个人的行为偏好、性格、习俗等非理性因素的影响，而在现实生活中，行为人的空间决策往往偏离正常经济理性的范畴。

三、零售引力模型

商业活动是城市公共中心最初的，也是最重要的功能之一。零售业是商业中心最重要的职能形态。学者赖利(W. J. Reilly)在调查美国 150 个都市基础上，归纳出了类似于牛顿引力定律的零售引力法则，认为商业等级较高的 A、B 两都市向等级较低的 C 都市吸引的零售额的比率与两都市的人口(市场辐射范围)成正比，与距离的平方成反比。零售引力模型表明在一定空间地域内，空间距离相近的公共服务中心之间存在潜在的空间竞争关系和市场服务的模糊边界，以及商业引力的磁场效应，而这种空间磁场的引力大小则取决于空间距离的时间成本和城镇职能中心满足消费者实际需求的综合能力(如商品的丰富度、购

---

[1] 中心地分布的地域为自然条件和资源相同且均质分布的平原，人口分布均匀，且居民的收入和需求以及消费方式都相同；具有统一的交通系统，且同一规模的所有城市，其交通便利程度一致，运费与距离成正比；消费者在获取相关服务时，都利用离自己最近的中心地，即就近购买以减少交通费；相同的货物和服务在任何一个中心地价格都相同，消费者购买货物和享受服务的实际价格等于销售价格加上交通费。

物环境、商品售后服务、满足消费者的行为偏好等)。

$$B_1/B_2=P_1/P_2(D_2/D_1)^2$$

B_1：表示都市 A 向都市 C 吸引的零售额；

B_2：表示都市 B 向都市 C 吸引的零售额；

P_1：表示都市 A 的人口；

P_2：表示都市 B 的人口；

D_1：表示都市 C 与都市 A 的距离；

D_2：表示都市 C 与都市 B 的距离。

第二节 城市公共建筑内部微观结构理论

公共建筑内部空间结构理论以单个城市或单个公共建筑中心地(如 CBD)，以及某种特定的城市服务功能为研究对象，用以揭示一个城市内部的综合公共建筑中心或特定城市功能业态的地理分布特征和区位选择规律。

一、城市空间结构的三大古典理论

1923 年，伯吉斯(E. W. Burgess)在对芝加哥城市土地利用结构进行分析后，用生态学的“入侵”和“继承”概念来描述城市土地利用的结构演变状况，并提出同心圆模式，认为城市内部空间结构是不同用途的土地围绕单一核心有规则地由内向外扩展，形成五个同心圆的圈层式结构，由内向外分别为中心商业商务区、过渡地带、工人住宅带、高档住宅带和外围通勤带。当城市人口增长导致城市区域扩展时，每一个内环地带必然延伸并向外扩展，“入侵”相邻的外环地带，产生土地利用性质的更替。该理论建立在较为理想均质的空间平面(没有自然阻隔的影响)上，且未考虑城市规模大小、道路交通、社会因素、区位偏好以及城市功能之间内在联系的潜在变化等因素。之后，在修订同心圆模式的基础上，1939 年霍伊特(Homer Hoyt) 提出了基于城市交通导向的扇形模型，根据交通敏感度配置各功能空间。1945 年哈里斯(C. D. Harris)和乌尔曼(E. L. Ulman)则提出了较为精细和具有弹性的多核心模型，并首次明确在城市规模日益壮大的情况下，存在次要经济胞体(次级公共建筑中心)。城市空间结构的三大古典理论(图 6-2)构建了不同主导因素

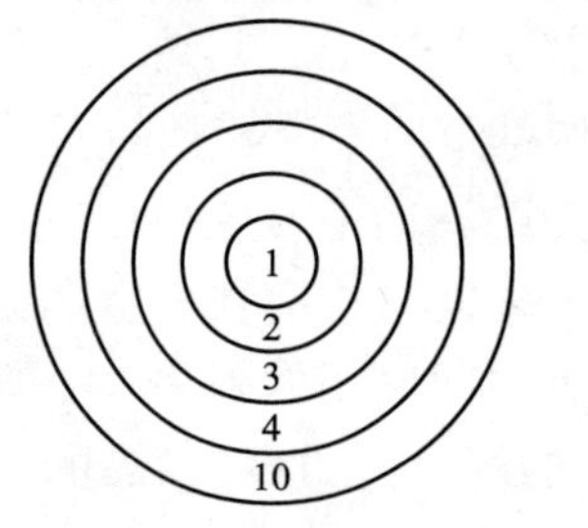

伯吉斯的同心圆模式

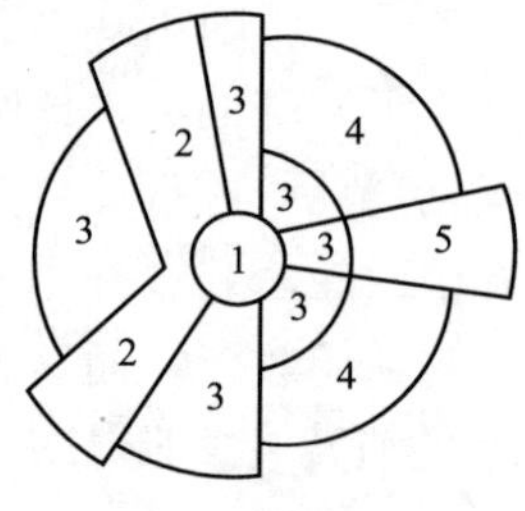

霍伊特的扇形模式

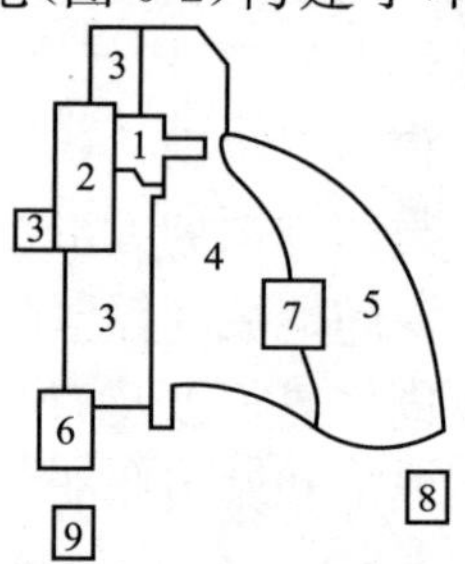

哈里斯和乌尔曼的多中心模式

图 6-2 三大古典城市空间结构模式

1—中心商务区；2—零售业、轻工业；3—低级住宅区；4—中级住宅区；5—高级住宅区；6—重工业；7—外围商务地区；8—外围居住区；9—外围工业区；10—通勤区；

(经济地租、交通条件、社会选择等)影响下城市土地利用的空间形态(功能分布特征)，但可以明确的是，作为城市心脏的CBD往往位于城市地理中心或其附近，表明其对城市空间区位具有某种特殊偏好(如选择最佳交通点或是人们区位偏好的热点)和功能要求。

二、商业(零售业)区位论

20世纪五六十年代，美国学者雷里(J. L. Rerry)将中心地理论运用于城市内部商业空间的分析，提出了较为完善的城市第三产业区位论，揭示较大规模城市的内部空间系统结构本质上也是由一系列紧密聚核状的公共建筑中心组成(图6-3)，其作为城市空间的重要能极和磁力中心，呈现由低级向高级，由简单到复杂的完整结构层级：孤立的街角商店、邻里级商业性公共建筑中心、社区性公共建筑中心、地区级购物中心和中央商务办公区，并呈现一定数量体系的等级结构。同时，除中央商务区外，城市的商业结构由四个基本要素组成：一是具有等级结构的商业中心(集结区)，二是公路导向的商业带，三是城市干道商业(带状区)发展，四是专业化的功能区(专业区)。这些要素从20世纪前几十年的发展中延续下来，并在城市功能增长的专业化、增长的流动性和变化的顾客喜好等因素的驱动下缓慢演变。

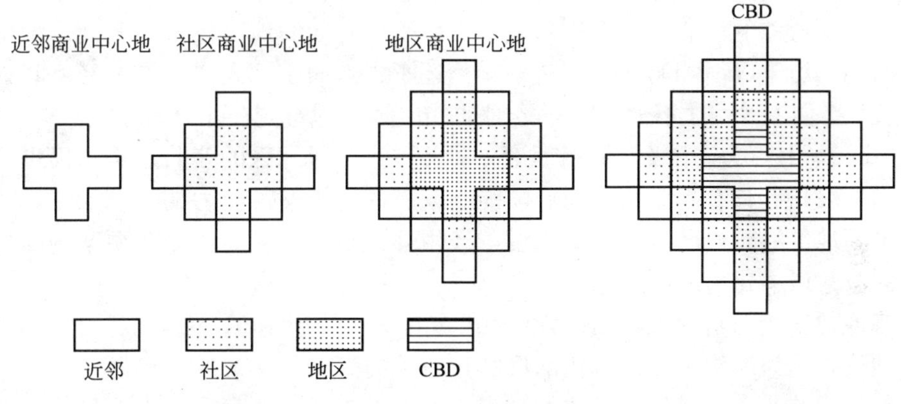

图6-3 商业中心地模式图

尽管不同等级公共建筑中心地的能级(服务范围、商品丰富度等)，数量，区位分布和空间结构各异，但对于整个城市，尤其是国际性大都市的公共建筑空间结构而言，各级公共建筑中心地需要形成一个有效的系统结构，并各司其职密切配合，满足城市使用者不同层面的多样化需求，并强调各等级公共建筑中心地在城市空间分布的均好性与可达性。

三、CBD(城市中央商务区)结构理论

现代CBD一般是由商业、办公业和金融业组成的功能混合区。20世纪50年代，墨菲(R. E. Murphy)、万斯(J. E. Vance)和爱泼斯坦(B. T. Epstein)经过对美国9个城市CBD的研究得出，地价不同是造成CBD中商务活动和公共建筑空间分布差异的主要原因。若将CBD内的商务活动以圈层划分，则第一圈层是零售业建筑集中区，以大型百货商场和高档购

物商店为主，它们围绕着 PLVI[1] 分布；第二圈层是生产性服务业，其底层为金融业、高层为办公机构的多层或高层复合建筑集中区；第三圈层以办公机构为主，旅馆也多见；第四圈层以商业性较弱的活动为主，如家具店、汽车修理厂、超级市场等需要大面积低价土地的商务活动。他们将 CBD 内部的土地利用类型归为三个部分：中央商业、中央商务和非 CBD 功能(居住、工业、批发等)，在其调研中比例一般分别为 30%、40%、30%。

斯科特(D. H. Scott，1959)对澳大利亚 6 个州府的 CBD 进行研究后认为，CBD 内部结构可分为三大功能圈层，即以高档服装和百货店为主的零售业公共建筑内圈层，以专业化职能较弱的多种零售业为主的零售业外圈层，商务办公圈层。同时还研究了这三个圈层的关系：第一圈层总是位于 PLVI 区域，第二圈层往往围绕第一圈层呈非特别有规律的分布，商务办公圈层则总是集中于城市 CBD 的一侧分布。

四、地租和竞租理论

地租理论源于屠能(Von Thünen)的农业土地利用模式。1961 年格蒂斯(Gertis)借鉴屠能的级差地租思想研究了城市内部商业性公共建筑的空间布局，指出零售业公共建筑空间分布随着离开最高地价区位(往往是城市商业中心)距离的增加而呈递减的趋势，从而证实了城市土地地租变动及其与经济活动之间的互动规律。各种商业活动在承租能力上表现出随离城市中心距离的增加而递减的规律，公共建筑布局整体上呈现出类似于屠能环的地价分布图。由于特殊的潜能，街道拐角呈现类似于中心区的地价模式，表现出地价空间分布高值的结构。唐宁(P. B. Downing)进一步阐述了土地面积、人口分布、经济收入分布状况、交通以及便捷性的不规则状况对城市公共建筑空间分布的影响。加德纳(R. H. Gardner，1966)应用级差地租理论，对美国芝加哥地区的公共建筑布局进行了实证研究，提出一般只有具有高门槛的商业职能和较高的地租支付能力的经济形态，才能够选址于城市中高地价的核心区位。总的来说，地租理论表明，以商业为典型案例的公共建筑中心以利润收益最大化为原则来选择符合自身承租能力的城市空间区位。

在原有地租理论的基础上，阿朗索(William Alonso)于 1964 年提出适合于自由竞争市场的竞租理论，认为地价是土地价值的反映，地价的高低与土地的市场区位有关，而且由于稀缺土地供给的非弹性，任一区位的城市土地在现有基础上存在最大地租值。而交通便捷性、空间的关联性和周边环境的满足度是影响土地购买者支付最大租金(竞租)的重要因素。根据阿朗索的调查，商业由于靠近市中心具有较高的竞争力，也就可以支付较高的地租，因此往往位于城市核心区；接着，依次为办公楼、工业、居住和农业。竞租模型所建立的商业地租对服务业(对区位的要求较高，往往位于城市稀缺空间地域)的空间分布具有较强的解释力；丹尼尔(P. W. Daniel，1985)则在修正后将其中最重要的概念——“易达性”，细分为一般易达性、地区易达性和特殊易达性三类。竞租理论用易达性来分析一般服务业与生产性服务业的区位分布规律，但是对于一些专业性服务业的区位仅考虑易达性是远远不够的，如集聚性会成为更重要的选址因素。据此，应整合集聚经济与服务易达性等多面向的概念来分析服务业的区位。

---

[1] 地价峰值区，为 CBD 的内核中心，在这一点上中心商务活动设施的密度指数和高度指数达到最高，即服务活动的强度最高，通常该点的地价(楼面出租价格)为全城最高，交通密度也最高。

五、办公室区位均衡理论

办公室区位均衡理论是从厂商活动的接触形态、接触次数、接触成本等，分析都市内办公室区位(D. J. O'hare，1977；J. M. Clapp，1980)。此理论假设厂商经由CBD才能与其他厂商接触，因此接触成本曲线会由厂商距CBD的距离而增加，但地租成本会随着距离的增加而减少，因此厂商在进行选址时，将考虑厂商本身与其他厂商或消费者接触的需求程度与所需成本。琳内·爱德华兹(Lynne Edwards)1983年时延伸了该概念，并提出二阶段办公室区位选择模式，其中“信息的充分与否”是决定区位决策正确与否的关键。但此理论也有缺陷，即未能考虑到集聚经济会使得接触成本降低，如位于市郊的办公室区位若产生了集聚现象时，虽然距离市中心较远，接触成本却因为集聚的效益而下降，因此在应用时也必须加以必要的修正。

六、空间选择性扩散(外溢)理论

20世纪80年代末，西方城市出现了两大郊区化现象：一个是住宅、工业、商业等的郊区化，另一个则是以接近局部市场为目的的办公郊区化，并逐渐取得了西方城市学界较一致的看法。加德(G. Gad，1985)认为，为使面对面的联系成本减少到最小，中心区位往往就成为办公机关的主要集聚地；只有在交通、人口拥挤的情况下，一些非中心区位才有可能成为新的集聚地。通信技术的逐步发展，某种程度上可取代面对面的联系，尤其是较低等级的日常事务工作。另外，办公总部规模过大，缺少扩展空间是后方办公机关发展的主要制约因素。霍伍德(E. M. Horwood)和博伊斯(R. R. Boyce)在1959年提出的CBD内核—外框(core-frame)空间结构模型的理论假设和斯科特(D. H. Scott，1959)与戴维斯(D. H. Davies，1960)建立的CBD亚区功能簇群理论，均从不同角度论证了核心区的办公功能存在向边缘地区过渡和扩散的趋势；劳伦斯(Lawrence，1996)运用租金主成分分析及4种时序法研究了香港、东京、伦敦、纽约等国际金融中心办公楼分散化的程度，并得出了部分办公楼将逐步偏离CBD布局的结论。

七、商圈理论

商圈是一个地理区域，即商店吸引消费者的地理区域，具体而言，又称商业圈或商势圈(Trade Area)，意指零售店以其所在点为中心，沿着一定方向和距离扩展，吸引顾客的辐射范围。一个商圈的实际服务能力不仅取决于商业服务点的业态特征、商品结构、商店规模等内部因素，还受制于商业点的城市区位、商店的集聚程度、产业结构、交通地理状况、消费者购物出行方式等外部因素。商圈理论提出的空间表现模式如图6-4、图6-5所示。

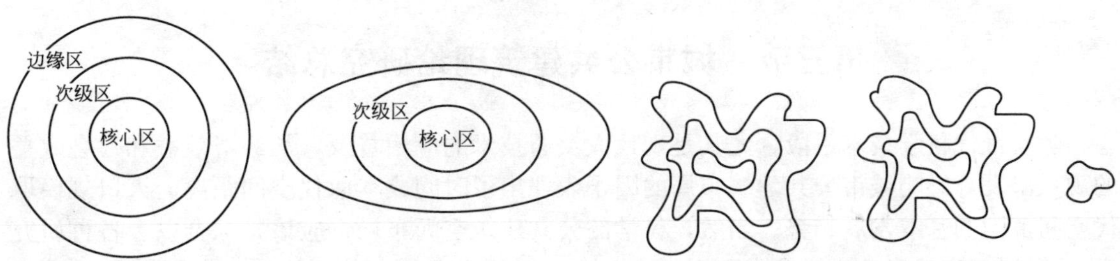

图6-4 同心圆模式和椭圆形模式　　图6-5 多角形模式和飞地型模式

现代商圈理论则更偏向于中微观的人性化尺度研究，而微观店铺区位选址的理想目标是获取“空间垄断效益”。影响店铺选择的区位因素包括：拦截性，指选择居住区和传统商业区之间的交通要道，以便避开传统商业区竞争，又比较接近客源地；可达性，包括消费者便于获取的交通设施，以便顺利到达，以及店铺周围易获取的停车设施；步行交通，避开影响步行心理的障碍，如交叉路口、货车穿行的狭窄通道；兼容性，一些商店的成功运作在于和另一些商店分享顾客，如时尚服装店和鞋店、珠宝店、美发店集聚在一起，可以达到顾客共享的效果；外地消费，一般说来，中小社区的零售业容易受到较大城市购物中心的威胁(John L. Beisel)，零售商的区位选择取决于规模经济、个人需求、购物外在性和交通系统(Arthur O. Sullivan，2003)。西方国家社区环境中影响零售场所最主要的人本因素包括：顾客的可视性和易接近性、对顾客具有的展示性区位(孙鹏，2002)，在这些因素中，尤其重要的是可达性、停车场的就近与否以及设施可进入性对商业发展影响巨大，因此出现了预测商业和停车点布局的统计模型。

八、批发商业区位论

韩欧提出了“交易总数最小化”的观点，他认为在给定生产者和零售者的情况下，通过发展中介批发业可大量减少交易数，节约在流通中的流通费用，表明批发业的规模与区位取决于生产者和零售业的规模与区位。批发业的需求者通常是销售企业，市场占地较大，一般位于城市的外围，且需要便利的交通。对于大宗货物而言，最佳区位是交通枢纽和集散中心。

胡佛从商品移动过程中费用变化的角度，对消费者与生产者的商业区位，特别是批发业区位进行了研究。他认为接近消费地(城市)的最近交通节点是批发业的最佳区位选择。胡佛的理论为说明在城市周边的交通节点上形成许多批发中心提供了理论依据。

20 世纪 70 年代，美国学者戴维斯(R. J. Davies)按交易方式、运输手段和发展形态得出批发业的几种地域类型：传统的批发业地区、批发商品地区、商品品种选择地区、现物批发地区，以及面向制造业的原材料和办公用品批发地区。总体而言，影响城市批发业区位的因素仍然集中在交通接近性、地价便宜性和时间节省性等几个方面。

中国学者万典武等(2004)提出了城市批发商业区位模式，认为从城市中心点向四面有若干条辐射性交通运输线与外界相接，同时在城市四周又有若干组环线与交通干线相交，便会出现若干个交通枢纽地，批发商业企业应选择在外环线与干线的交会点上，即进入这个城市的第一个交通枢纽地。随着现代物流批发业的发展，酒店旅馆餐饮等综合性的商业空间往往围绕批发业集聚，并作为城市外围重要的公共建筑中心腹地。

第三节　城市公共建筑理论研究总结

随着现代科学技术手段，尤其是现代大交通技术的应用普及，从经济效益和社会效益的观点出发，影响城市公共建筑布局的因子表现出了时间成本取代空间距离、人口规模取代空间范围的基本发展趋势。当然，科学的公共建筑空间布局，应该是综合以上各种研究模式的结果(表 6-1)，即地租(空间使用成本)、时间成本(交通便利性)、市场容量(消费量及实际购买力)和空间使用者行为导向(非理性因素)的综合作用结果。地租始终是公共建筑布局选位的决定因素(出于经济因素的最大考量)，由此各类公共建筑空间的实际承租能力决定了其空间分布特征。交通便利性的形成实际是从提高土地利用效率的角度改变了原有空间地租的地理分布格局，进而影响城市公共建筑的分布格局。

城市公共建筑空间分布的相关理论总结 **表 6-1**

研究空间尺度	主要理论	研究对象	研究切入点	基本空间模式
外部结构理论	中心地理论	公共建筑中心	公共建筑的规模、数量和分布，即“中心”和“层次”	由一系列紧密聚核状六边形的商品服务中心(公共建筑中心地)组成
	行为地理理论	公共建筑中心	公共建筑空间使用者的行为决策	由环境—认知—决策—选择空间—行为活动决定空间模式
	零售引力模型	商业中心	商业等级较高都市向等级较低都市吸引的零售额与人口和距离的关系	商业引力磁场效应决定着空间结构
内部结构	城市空间布局的三大古典理论	城市土地利用	不同主导因素(地租、交通、用地条件等)影响下城市土地利用的空间形态	伯吉斯同心圆模式、霍伊特扇形模型、哈里斯和乌尔曼多核心模型
	商业(零售业)区位论	城市内部公共商业空间	城市内部公共建筑中心的等级结构	呈现由低级向高级，由简单到复杂的五种等级结构：孤立的街角商店、邻里级公共建筑中心、社区级公共建筑中心、地区级公共建筑中心和中央商务区，并呈现多个数量级的等级结构
	CBD 结构理论	CBD 内部空间结构	影响商务活动空间分布的因素和圈层划分	第一圈是零售业公共建筑集中区，第二圈是零售服务业，其底层为金融业、高层为办公机构的多层公共建筑集中区；第三圈以办公机构为主，第四圈以商业性较弱的活动为主
	地租和竞租理论	公共建筑中心内部结构；服务业区位	各种商业活动的承租能力公共建筑布局上的表现；集聚经济与服务易达性对功能空间的影响	空间业态由城市地价峰值区向外依次为综合高档零售业、专业中档零售业、低档零售业、酒店旅馆、商务办公等公共建筑空间类型
	办公室区位均衡理论	CBD 中生产性服务业空间布局	厂商活动的接触形态、接触次数、接触成本	
	空间选择性扩散理论	CBD 中生产性服务业空间布局	办公郊区化，生产性服务业的区位演变	核心区的办公功能可能向边缘地区过渡和扩散
	商圈理论	商业圈	决定商圈的实际服务能力的众多因素	同心圆模式、椭圆形模式、飞地型模式、多角形模式
	批发商业区位论	城市批发商业区	最佳区位选择	最佳区位是交通枢纽和集散中心，城市外围重要的商业中心腹地

从城市产业发展的角度，随着城市产业商务经济活动的膨胀，未来大型城市核心公共建筑中心(CBD)的部分功能将出现集聚和扩散相结合的局面：一些重要的承租能力极强的

服务业空间(如总部经济、国际银行金融保险证券公司)会持续向CBD集中，而部分低档次的办公空间会向城市次级公共建筑中心或向城市郊区转移(垂直分化)；城市CBD或次级公共建筑中心在整个城市空间层面上也会出现内层分化，突出表现为以商业零售、文化娱乐、公共服务等主导功能的空间集聚和以商务办公、金融贸易和总部经济服务等主导空间的中心分离(水平分工)。

第七章　国内外城市公共建筑空间演化的基本规律

第一节　国外城市公共建筑宏观结构演化

一、纽约

（一）纽约城市公共建筑中心空间演化与产业集聚过程

纽约曼哈顿中心区的公共建筑空间演化大致经历了四个跃迁阶段(表7-1)：

纽约公共建筑中心的空间跃迁演化　　**表7-1**

年　代	中心形态	功能类型	地理区位
17世纪	单中心雏形	商业、贸易	曼哈顿的西南端，靠近哈得孙河一隅
18世纪	单中心	商贸、金融	曼哈顿南端的三角形地区
19世纪	双中心雏形	商贸、金融、商务	1. 曼哈顿西南的原CBD 2. 中城新兴中心
19世纪末以后	双中心	综合性、多功能，集商业、金融、商务、文化、娱乐于一体	1. 曼哈顿岛中部综合性中心 2. 曼哈顿华尔街的国际金融中心

第一阶段是萌芽时期(17世纪)：1615年，在曼哈顿的西南端，靠近哈得孙河一隅，建立起纽约最早的经济活动中心，称为“新阿姆斯特丹”，主要从事商业和贸易活动，使得这一地区由初期的水手市镇发展成贸易发达的自由港。产业集聚的功能类型以商业、零售和自由贸易为主。

第二阶段是形成阶段(18世纪)：纽约城市人口激增，市场繁荣，商贸兴旺，加之美国临时首都(1789～1796年)的地位，为其城市发展和经济繁荣提供了动力。华尔街金融保险业开始崛起，在曼哈顿南端的三角形地区形成建国初期纽约的原始CBD，城市公共建筑中心基本形成。产业集聚的功能类型以商业、贸易和金融保险业为主。

第三阶段是发展阶段(19世纪)：19世纪，伊利运河修通，纽约成为五大湖地区往返大西洋的主要海港；相继建造的多条铁路和公路，也大大拓展了纽约的经济腹地。1898年，处于下曼哈顿一隅的原CBD，已难以便捷地服务于全市，于是，全市的经济活动中心转移至第34街附近的中城(Middle Town)，城市公共建筑中心也从曼哈顿南端的三角形地区转移到中城。公共建筑中心开始出现空间分化趋势，产业集聚类型出现多样化趋势，双中心CBD的形态雏形出现。

第四阶段是稳定阶段(19世纪末以后)：19世纪末，美国成为世界头号经济强国，在华尔街国际金融中心地位强化、城市跨州蔓延发展、中心城区高层化三个因素的共同作用下，使纽约的CBD又发生了一次空间跃移，在中央公园以南(42街至61街)，出现了一个以时报广场(Time Square)为中心的现代 CBD。在 46 街至 59 街的派克大道两旁，集中了大批的跨国公司总部和国际知名的商务公司。产业集聚呈现综合性、多功能特征，一个集商业、金融、商务、文化、娱乐为特征的综合性公共建筑中心在曼哈顿岛中部形成，与下曼哈顿华尔街的国际金融中心南北呼应，形成双内核极化发展的空间形式。这一时期空间极化作用大于扩散效应。

近 60 年来，纽约市的金融、保险和房地产业三个部门得到了快速发展(图 7-1)。在 20 世纪 50 年代左右初步形成产业集聚效应，区位熵一直在 1 左右徘徊，集聚效应并不明显；从 20 世纪 70 年代开始，集聚效应越来越显著，在 80 年代初区位熵增加至 2，之后更是逐年上升，仅在 2002～2003 年有小幅下降；至 2005 年，三个产业部门的区位熵已经超过了 5，说明纽约市的这三个产业已经成熟，在经济中占有重要地位，是全国在该行业部门的重要集聚中心。

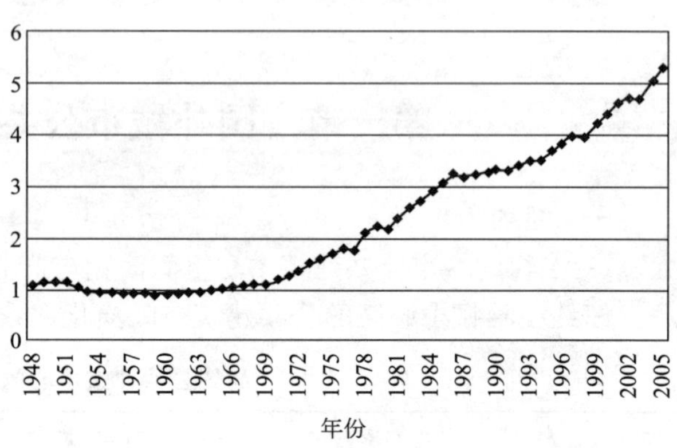

图 7-1　1948～2005 年纽约市金融、保险和房地产业区位熵变动图

(二) 城市公共建筑中心空间体系

纽约市的公共建筑分布空间格局表现出明显的“多核、多层”状态(图 7-2、表 7-2)，中央商务区总体来看均集聚于曼哈顿区域，但在中观层面还是多中心的。其中，曼哈顿区占了三个，昆斯区和布鲁克林区各有一个；自由贸易区则相对分散在外围；而工业商务区域则基本呈现均匀分布特征。同时，城市轨道交通线路及站点的布局与高密度的城市中心体系有着很高的耦合性(图 7-3、图 7-4)。

图 7-2　纽约城市公共建筑中心体系空间结构图

资料来源：纽约城市发展规划(A Green，greater NewYork)，2005

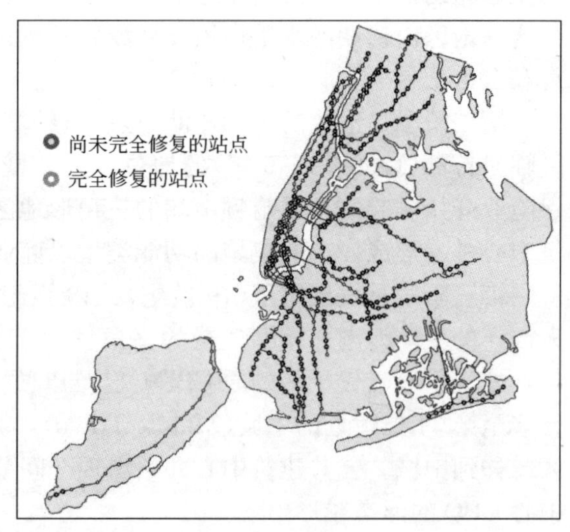

图 7-3　纽约地铁站点与线路系统图

资料来源：纽约城市发展规划(A Green，greater NewYork)，2005

图 7-4　纽约曼哈顿公共建筑中心

纽约市公共建筑空间体系简表　　表 7-2

中心等级	名　称	功能类型	所在区域	空间分布类型
一级	市中心区(Midtowm)	中央商务区	曼哈顿区	中央集聚
	曼哈顿下城(Lower Manhattan)	中央商务区	曼哈顿区	中央集聚
	哈德孙场(Hudson Yards)	中央商务区	曼哈顿区	中央集聚
	长岛(Long Island City)	中央商务区	昆斯区	中央集聚
	布鲁克林中心(Downtown Brooklyn)	中央商务区	布鲁克林区	中央集聚
二级	125 街(125th Street)	自由贸易区	曼哈顿区	外围相对集聚
	中心贸易区(The Hub)	自由贸易区	布鲁克斯区	外围相对集聚
	161 街(161st Street)	自由贸易区	布鲁克斯区	外围相对集聚
	福德姆路(Fordham Road)	自由贸易区	布鲁克斯区	外围相对集聚
	弗拉兴市中心(Downtown Flushing)	自由贸易区	昆斯区	外围相对集聚
	杰梅卡(Jamaica)	自由贸易区	昆斯区	外围相对集聚
	乔治街(St. George)	自由贸易区	斯塔滕岛区	外围相对集聚
三级	服装中心(Garment Center)	工业商务区	曼哈顿区	基本均匀分布
	莫里斯港口(Port Morris)等	工业商务区	布鲁克斯区	基本均匀分布
	北布鲁克林(North Brooklyn)等	工业商务区	布鲁克林区	基本均匀分布
	西麦斯佩思(West Maspeth)等	工业商务区	昆斯区	基本均匀分布
	豪兰胡克(Howland Hook)	工业商务区	斯塔滕岛区	基本均匀分布

二、伦敦

(一) 城市专业化分区、公共建筑中心区及产业变迁

伦敦的行政区划分为伦敦城和 32 个市区(图 7-5)，由伦敦城(The City)、内伦敦、外

伦敦组成，合称大伦敦。大伦敦市又可分为伦敦城、西伦敦、东伦敦、南区和港口。伦敦城是金融资本和国际贸易中心，西伦敦是英国王宫、首相官邸、议会和政府各部所在地，东伦敦是工业区和工人住宅区，南区是工商业和住宅混合区，伦敦港口是指伦敦塔桥至泰晤士河河口之间的地区。根据人口密度与活动强度进行空间分区，可以分为中心区(Central)、城市区(Urban)和郊区(Suburban)，而尤为引人注目的则是其中心区空间分布所呈现出来的明显的多中心特征。

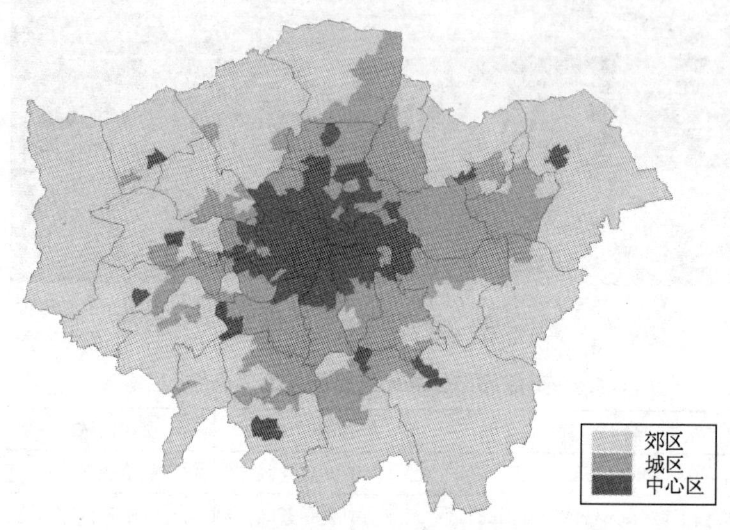

图 7-5 伦敦大都市地域空间划分图

资料来源：大伦敦规划(GLA，The London Plan-consolidation with alterations since 2004)

伦敦市核心公共建筑区主要分布在伦敦城和西伦敦区：

伦敦城：伦敦中心商务区(CBD)是指伦敦城和内伦敦地区，办公建筑面积 1500 万 m^2，并主要集中在伦敦城(The City)和内伦敦西区的威斯敏斯特区(Westminster)两个相对独立的中心节点区，占地面积约 $3km^2$，是城市的商业中心、金融业和国际商务活动的集聚地。

西伦敦区：西伦敦是英国王宫、议会及政府各部门的所在地，主要分布了商业、剧院和文化产业，与伦敦城国际金融中心相对应的以公司总部和专业服务业为主的商务活动集中区在空间上形成明确的功能分工。

从伦敦的企业空间分布来看，制造业遍布整个伦敦地区，反映了伦敦制造业由小企业主导的发展路径。同时，伦敦的工商业非常发达，伴随伦敦产业结构的不断升级优化，伦敦在 20 世纪中期就已经进入服务业主导型经济阶段，同时不同类型企业区位也进行着重新调整。从 1996～2001 年间，伦敦制造业、服务业企业区位的变化中(表 7-3)可以看出：在伦敦的 33 个城区，只有哈默史密斯—富勒姆区(Hammersmith and Fulham)及哈罗区(Harrow)两个城区的制造业企业数出现增长，分别为 9.1%和 1.5%，其他 31 个区都出现负增长，最高的陶尔哈姆莱茨区(Tower Hamlets)减少了 27.7%，哈林盖区(Haringey)为 27.4%，哈克尼区(Hackney)为 27.2%，大量的制造业企业迁出了伦敦；与此同时，服务业企业数量在 33 个城区中均为正增长，最高的萨瑟克区(Southwark)为 22.7%，伊斯灵顿区(Islington)为 21.4%。从服务业内部结构来看，企业数最多的是金融、房产及商业服务类，占到了总数的41.3%，高于英国的平均水平(27.5%)近14个百分点。

伦敦企业区位变化状况(1996～2001年) **表7-3**

自治城区	制造业(%)	服务业(%)
内伦敦城西部		
卡姆登(Camden)	−9.5	14.7
伦敦城(City of London)	−22.7	13.1
哈默史密斯—富勒姆(Hammersmith and rulham)	9.1	17
肯辛顿—切尔西(Kensington and Chelsea)	−1	4.4
旺兹沃思(Wandsuorth)	−6.7	15
威斯敏斯特(Westminster)	−5.8	13.7
内伦敦城东部		
哈克尼(Hackney)	−27.2	18.2
哈林盖(Haringey)	−27.4	17.6
伊斯灵顿(Islington)	−20.7	21.4
兰贝斯区(Lambeth)	−6.9	14.2
刘易舍姆(Lewisham)	−7.1	10.1
纽汉(Newham)	−22.8	5.2
萨瑟克(Southwark)	−8.3	22.7
陶尔哈姆莱茨(Tower Hamlets)	−27.7	12.3
外伦敦东部和东南部		
巴金—达格纳姆(Barking and Dagenham)	−3.1	13.8
贝克斯利(Bexley)	−4.3	9
恩菲尔德(Enfield)	−6.8	13.7
格林尼治(Greenwich)	−10	10.9
黑弗灵(Havering)	−9.9	3.5
雷德布里奇(Redbridge)	−7.6	7.5
沃尔瑟姆福里斯特(Waltham Forest)	−13.1	4.6
外伦敦南部		
布罗姆利(Bromley)	−3.8	9.8
克罗伊登(Croydon)	−12.1	9
金士敦(Kingston)	−10.8	14.8
默顿(Merton)	−10.5	13.4
萨顿(Sutton)	−8.4	6.9
外伦敦西部和西北部		
巴尼特(Barnet)	−9.8	13.9
布伦特(Brent)	−12.3	7.2
伊令(Ealing)	−4.7	16.6
哈罗(Harrow)	1.5	14.1
希灵登(Hillingden)	−9.9	15
豪恩斯洛(Hounslow)	−14.6	5.1
里士满(Richmond)	−2.9	15.8

资料来源：Dev Virdee，Tricia Williams(Editors). Focus on London 2003. London：TSO，www.statistics.gov.uk

(二) 城市公共建筑中心空间体系

在大伦敦及周边城市圈范围内，大伦敦已有的各个城市中心被认为是这个区域多中心格局的一部分，而且认为需要考虑这个城市圈和英格兰东南区域以及东部区域之间跨边界的合作。在大伦敦范围内，新规划在肯定已有的多中心格局的基础上，把大伦敦分为了5个次区域(图7-6)，在大伦敦以及次区域范围内，根据中心地区特征分为有潜力的中心区、加大开发强度的中心区、需要更新的中心区以及城镇中心，进一步强化了多中心空间格局。其中，有潜力的中心区的具体边界是完全不确定的，并以网络框架(net-work)来组织大伦敦的中心体系，分为中央活力区CAZ(Central Activity Zone)、国际中心(INTERNATIONAL CENTRE)、大都市中心(Metropolitan Centre)、主要中心(Major Centre)和地区中心(District Centre)五个层级，构成合理的大都市中心等级体系。

从空间分布形态上看，两个国际中心主要集聚在CAZ范围内，呈双核状；大都市中心分别位于若干次区域中，呈离心分散状；主要中心分布在CAZ外围，呈相对集聚状；

图 7-6 伦敦城市中心体系与交通干线图

资料来源：大伦敦规划(GLA，The London Plan-consolidation with alterations since 2004)

地区中心则均匀分布在大伦敦市域范围内，并未呈现集聚趋势。

三、巴黎

(一) 城市公共建筑中心变迁轨迹

巴黎市的公共建筑中心拉德方斯经历了“形成—单核—多核—成熟”的发展过程(表 7-4)。

巴黎城市中心演化表 表 7-4

年 代	中心形态	功能类型	地理区位
20 世纪 30 年代	单中心雏形	商业、商务	拉德方斯
20 世纪 30～50 年代	单中心与轴向拓展	商贸、金融	卢浮宫小凯旋门—协和广场方尖碑—凯旋门伸展到拉德方斯
20 世纪 50～70 年代	多中心雏形	会展、政府办公、商业、娱乐、居住	沿塞纳河、马恩河、卢瓦兹河河谷方向，形成了两条平行的城市发展主轴，通过公共建筑副中心和新城的建设组织城市的功能布局
20 世纪 70 年代以后	多中心	商业、商务、会展、办公、娱乐、居住	广域拉德方斯区域

20 世纪 30～50 年代，公共建筑单中心形成阶段：二战后经济恢复，尤其是以商务办公为主的新兴第三产业的快速发展，对商务写字楼需求增长迅速，推动了城市土地利用结构的变化。从 1954～1974 年，按建筑面积计算，巴黎工业所占面积减少了近 1/3，而商务商业用房面积增长了 22%，整个巴黎出现向商务中心转型的趋势，拉德方斯的建设使巴黎城市的历史轴线向西延伸，自卢浮宫小凯旋门—协和广场方尖碑—凯旋门伸展到拉德方斯大拱门，长度达 8km。在相当长的一段历史时期内，巴黎保持着拉德方斯单中心的空间结构。

20 世纪 50～70 年代，公共建筑中心多心发展阶段：通过新城建设，大致在已有的建成区南北外侧，沿塞纳河、马恩河、卢瓦兹河河谷方向，形成了两条平行的城市发展主轴，将城市空间扩张限制在这两条平行的城市发展主轴之间，即通过轴线引导规范城市的空间增长，通过公共建筑副中心和新城的建设组织城市的功能布局。经过 30 多年的开发建设，拉德方斯已入驻公司 1500 余家，可容纳 15 万人就业，成为以商务办公为主，兼有会展、政府办公、商业、娱乐、居住功能的欧洲最大的商务办公区之一。同时，在紧邻巴黎城外形成了一个风貌与城区截然不同的现代化的副中心。

20 世纪 70 年代以后，公共建筑中心成熟阶段：20 世纪 70 年代以后，巴黎商务空间的拓展主要集中在城市轴线延伸线上的拉德方斯，在拉德方斯 750hm² 的商务区内聚集了 20 多家世界最大企业办事处、1500 家公司总部和 50％的法国大企业，成了巴黎名副其实的商务中心区。

（二）城市公共建筑中心空间体系

巴黎城市的总体布局模式为“老区—副中心—卫星城—平衡城市”，为了减轻办公、商业活动和交通对巴黎中心区的压力，因而作为多中心核心内容的公共建筑区也相应呈现多中心模式(图 7-7、图 7-8)，在近郊原有基础较好的地点建立了 9 个新的商贸、服务、交通副中心，即拉德方斯(图 7-9)、圣德纳、博尔加、博比尼、罗士尼、凡尔赛、弗利泽、伦吉和克雷特伊，以实现巴黎市内人员和货物的分流。另外在巴黎市区东西两侧、离市中心 20～30km 范围内的塞纳河谷地、城市化程度较高的地方建立塞日蓬图瓦斯(Cergy-Pontoise)、曼马恩拉瓦莱(Maine-La-Vallee)、圣冈代(St. Quentin-en-Yvelines)、埃夫里(Evry)，默伦—瑟纳尔(Melun-Senart)等 5 个新城公共建筑中心，发展工业以及居民所需的基础和服务设施，引导市区工业、人口向郊区迁移，从而在保持巴黎地区在世界工业生产上的竞争力的同时，还能使巴黎市区有更多的空间来发挥商务金融服务中心的作用。

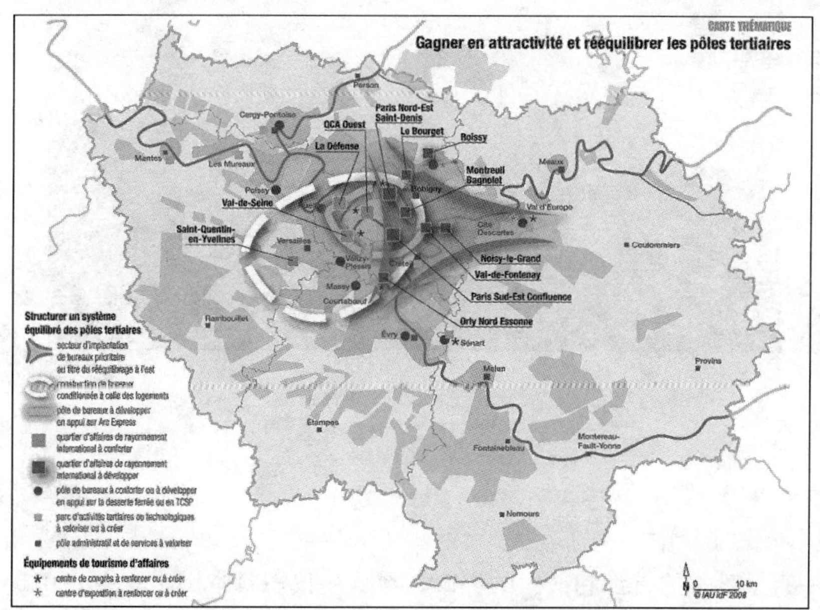

图 7-7　巴黎沿塞纳河、马恩河、卢瓦兹河河谷多中心发展格局

资料来源：1994 年《法兰西岛地区发展指导纲要(1990～2015)》(简称 SDRIF 规划)

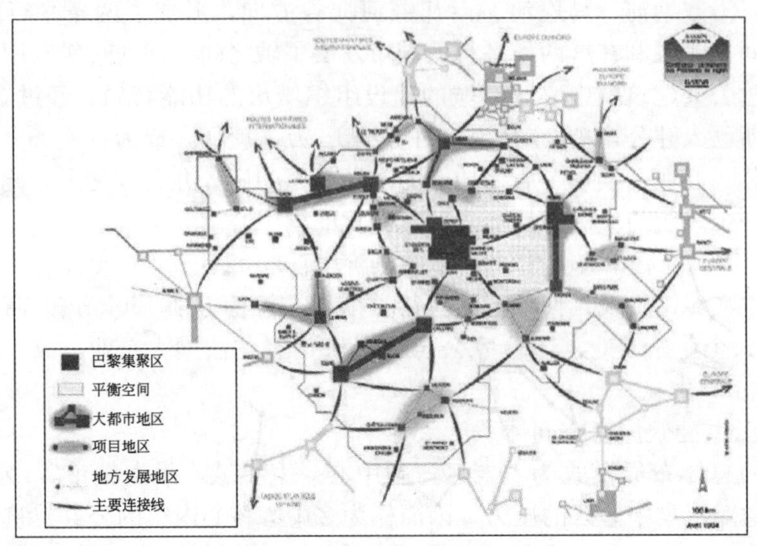

图 7-8 巴黎大都市区网络体系结构图

资料来源：1994 年《法兰西岛地区发展指导纲要(1990～2015)》(简称 SDRIF 规划)

图 7-9 拉德方斯公共建筑中心

四、东京

(一) 城市公共建筑中心变迁轨迹

东京都一直是日本的首都和最大的都市。在这块仅占日本国土总面积 0.6%的土地上，创造了 16.9%的国内生产总值，集中了 13.5%的就业者和 16.7%的企业。东京的公共建筑中心发展也经历了由“单中心—多中心、低端—高端、简单—复杂”的演化过程。

第一阶段(20 世纪 30～50 年代)为单中心发展阶段：东京的都心(市中心)是指位于东

京市区中央的千代田区、中央区、港区的中央商务区，聚集了国会、国家各部、众多大使馆和主要大企业的总部。

第二阶段(20世纪50年代)多中心模式萌芽阶段：20世纪50年代，随着日本经济的高速增长，都心的商务功能得到快速发展，很快形成了高度集中的中上商务区。与此同时，都心地价高涨，居住开始向郊区转移，出现了城市功能的单中心高度集聚，通勤时间长等大城市问题。到1986年，在郊区发展区域之外的整个关东平原已经完全城市化了，同时意识到要将经济发展从过分拥挤的核心分散到地区的外部边缘，因而开始关注“多极”或“多中心”的都市空间结构。

第三阶段(20世纪60年代)由单中心模式向多中心模式转变阶段：到了20世纪60年代初期，都心内商务办公用房出现短缺，政府开始意识到必须抑制商务功能继续向都心的集聚，要向外分散。实现工作和居住就地平衡的城市构造，因此，东京都提出了建设副中心，引导城市由单中心结构向多中心结构转移的构想和规划，确定东京周围除了多摩地区的业务核城市之外，还要环绕其建设三大新的“业务核城市”，这些核城市将发展成为主要的就业和服务副中心以缓解东京都心的发展压力，并构建出一个多核的都市结构。目前东京已形成了包括7个副都心和多摩地区5个核都市的多心型城市结构。7个副都心是池袋、新宿、涉谷、大崎、上野—浅草、锦系町—亀户、临海，它们基本上位于山手线(环线)与各个铁路放射线的交会处，充分利用了交通枢纽对于商务及人流的集聚效应。其中，最具成效的是新宿和临海两个具有强大商务中心区功能的副都心；多摩地区的5个核都市是八王子、立川、青梅、町田和多摩新城，它们分别位于西部地区进入东京市区的交通枢纽处。

(二）城市公共建筑中心空间体系

1. 空间体系

东京都公共建筑空间格局由单极极化的空间结构走向多极化，最终形成了一主(东京都)七副的公共建筑中心地体系(表7-5)，各副都心与主都心之间通过铁路建立便捷的联系。

东京中心、副中心的主要功能定位　　**表7-5**

名　称	中心类别	主要功能定位
中　心	主中心	政治经济中心、国际金融中心
新　宿	副中心	第一大副中心，带动东京发展的商务办公、娱乐中心
池　袋	副中心	第二大副中心，商业购物、娱乐中心
涩　谷	副中心	交通枢纽、信息中心、商务办公、文化娱乐中心
上野—浅草	副中心	传统文化旅游中心
大　崎	副中心	高新技术研发中心
锦系町—亀户	副中心	商务、文化娱乐中心
滨海副中心	副中心	面向未来的国际文化、技术、信息交流中心

资料来源：舒冲，杨俊．长三角都市圈内各主要城市的分工与定位——日本东京都市圈的启示．上海企业，2008，(4)：39-41.

2. 功能体系

东京大都市圈形成了明显的区域职能分工体系(图 7-10)，即各核心城市根据自身基础和特色，承担不同的职能，在分工合作、优势互补的基础上，共同发挥出了整体集聚优势(表 7-6)。

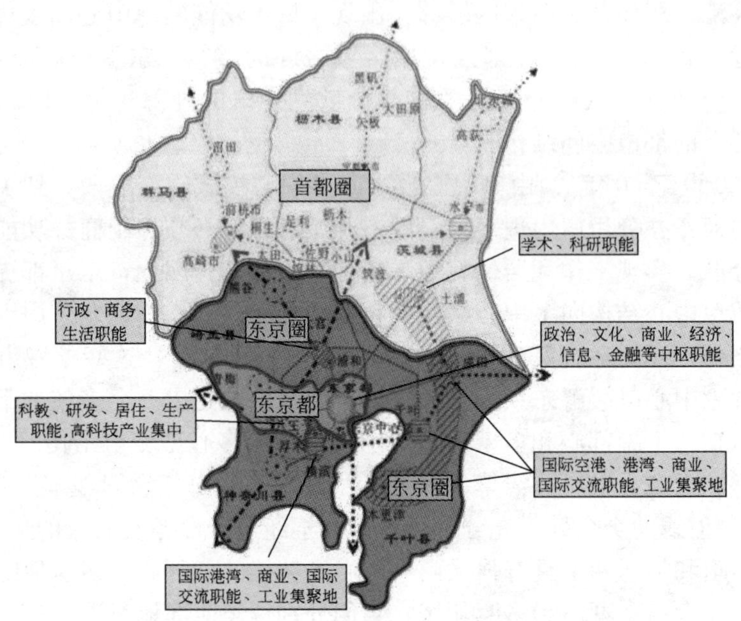

图 7-10　东京都市圈职能分工图

资料来源：卢明华，李国平，孙铁山. 东京大都市圈内各核心城市的职能分工及启示研究. 地理科学，2003，(2)

东京大都市圈区域分工职能体系　　**表 7-6**

	业务核心城市	职　能
东京中心部	区部	政治、行政、金融、信息、经济、文化
多摩自立都市圈	八王子市、立川市	商业、大学集聚
神奈川自立都市圈	横滨市、川崎市	国际港湾，工业集聚
琦玉自立都市圈	大宫市、浦和市	居住、政府集聚
千叶自立都市圈	千叶市	国际空港、港湾，工业集聚
茨城南部自立都市圈	土浦市、筑波地区	大学、研究机构集聚

资料来源：高汝熹，吴晓隽. 上海大都市圈的结构及功能体系研究. 上海：上海三联书店，2006

东京不仅在大都市圈地域范围内形成了以上的区域分工体系，在东京都内部也形成了相对明显的分工(图 7-11)。政治、行政、金融、信息、教育、文化等职能主要集中在东京都区部的核心区，尤其是都心三区(千代田、中央和港区)，而居住、生产、科研等职能主要集中在东京都区部的外围区和市町村。东京都的公共建筑中心体系按功能分类，大致可以分为综合型、零售业中心型和专项中心型三种，具体职能特点与地域范围见表 7-7 所示。

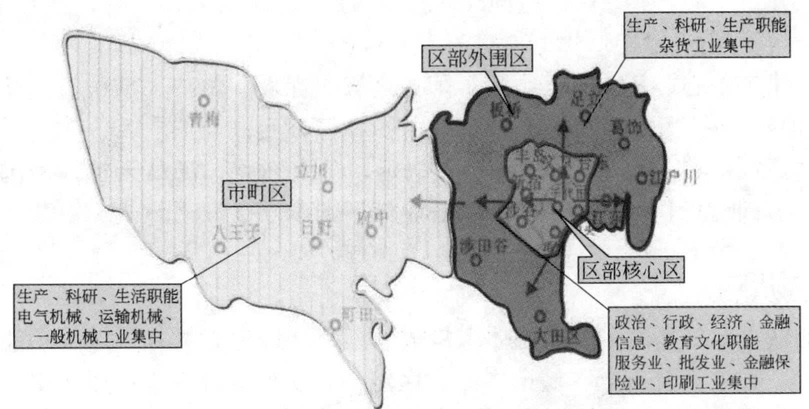

图 7-11　东京都内部地区专业化分工图

资料来源：卢明华，李国平，孙铁山．东京大都市圈内各核心城市的职能分工及启示研究．地理科学，2003(2)

东京都公共建筑中心职能体系表　　**表 7-7**

功能类型	职能特点	地域范围	比重
综合型	在繁华街区用地内，各种社会服务设施的门类、内容比较齐全的中心地	银座—有乐町、新宿、涩谷、池袋、上野、浅草等	19.1%
零售业中心型	以各类商品零售店为主要设施内容的中心地	东京站—日本桥、新桥、马食横山、北千住、绫濑等	78.3%
专项中心型	在中心地范围内，由于历史和周围环境等因素，某一类设施比较集中，并且已成为其主要特色的中心地	神田神保町（书店）、秋叶原（电器）、赤坂（餐饮）、六本木（娱乐设施）等	2.6%

3．规模等级

东京（图 7-12）的各个中心地规模等级结构，按营业面积和年营业额又可以分为四个等级：

图 7-12　东京城市中心区

一级公共建筑中心，共 5 个（银座—有乐町、东京站—日本桥、新宿、涩谷和池袋），营业面积大于 25 万 m^2，年营业额超过 5500 亿日元；

二级公共建筑中心，共 11 个(上野、蒲田、赤羽、锦系町、大森、浅草等)，营业面积 5～11 万 m^2，年营业额 700～2600 亿日元；

三级公共建筑中心，共 83 个(中野、阿佐之谷、赤坂、龟户、新桥、武藏小山、五反田等)，营业面积 1～5 万 m^2，年营业额 100～600 亿日元；

四级公共建筑中心，共 221 个(春日、中延、千束通路、汤岛天神、两国、曳舟、向岛、森下等)，营业面积小于 1 万 m^2，年营业额不到 100 亿日元。

五、新加坡

新加坡的城市布局是由多级中心体系构成的，每一级中心具有一定的功能等级和规模等级(图 7-13)。在空间分布上，城市中心、区域中心、次区域中心和边缘中心的分布可抽象为一个不完全的中心地体系：中心等级越高，数量越少，腹地范围越广，中心之间的距离越远；在高等级中心腹地交会的边缘形成多个低等级中心，空间分布十分有序。通过设立区域中心、次区域中心和边缘中心，城市中心的部分非必要功能实现了空间的转移，使城市中心具备了等级进一步提升的空间，在功能上不仅能够更好地辐射上述这些次级区域，还能将辐射范围扩展到新加坡以外的地区。

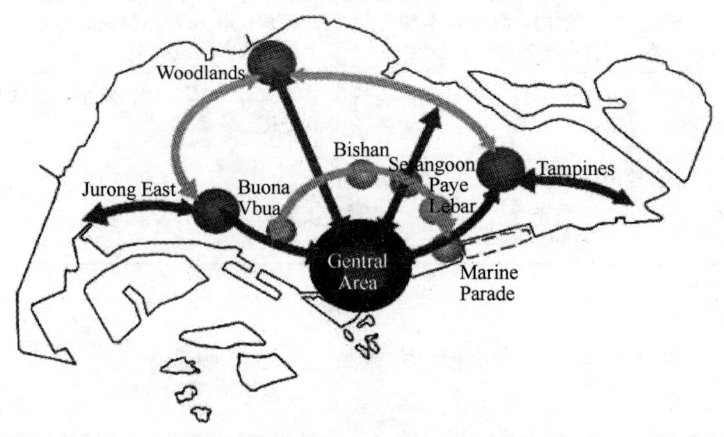

图 7-13　新加坡城市中心体系结构图

资料来源：2001 年新加坡概念规划(http：//www. ura. gov. sg/)

由轨道交通和常规地面巴士组成的系统包括三个层次(图 7-14)：第一层次——地铁，2000 年已建成南北线、东西线和东北线，呈放射状由中心城向外展开，穿梭于人口高密度聚居的新镇并沿 3 个方向延伸至岛的边缘，其作用是服务于主干交通走廊；第二层次——轻轨或接驳巴士(FeederService)，其中已建成 BPLRT、PGLRT、SKLRT 3 条轻轨线路，各自在规模较大的新镇中形成环路，在居住区内接送乘客至地铁站，为地铁网络提供快速接驳服务，在规模较小可由巴士进行接驳的新镇中，61 条接驳巴士线路承担起接运乘客的作用；第三个层次——步行，在这个整合系统中，人们在步行范围内就可以进入公交系统，享受类似于"门对门"的服务。另外，介于第一层次与第二层次之间，在非主干交通走廊上，主干巴士(TrunkService)穿梭于镇与镇之间，作为对有限的轨道交通系统的补充。在日常通勤中，以上下班为例，出行生成于居住组团内，人们通常步行 3 分钟内就能抵达巴士车站或轻轨车站，然后乘坐巴士或轻轨到达地铁车站，再由地铁运送至城市的各个中心。

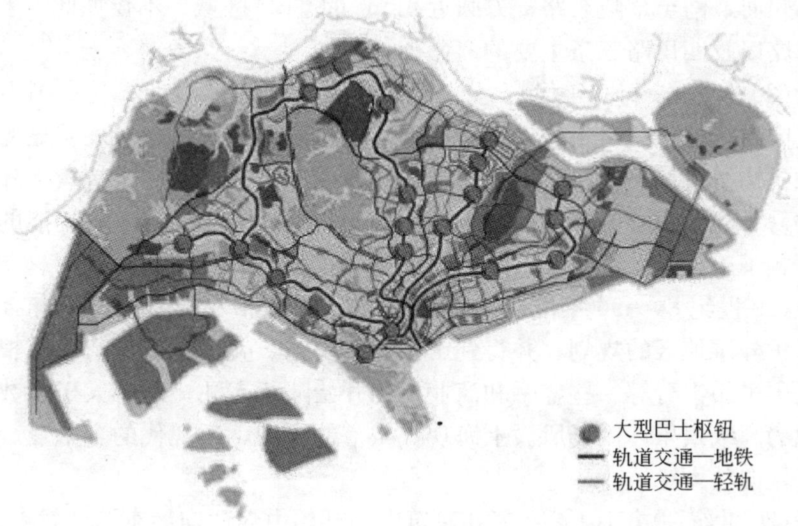

图 7-14　新加坡城市轨道交通与用地布局分析图

资料来源：2001 年新加坡概念规划(http：//www. ura. gov. sg/)

新加坡的城市中心结构与交通组织结构在层次上具有很好的对应性，两种组织结构形成了十分紧密的耦合关系。居住在邻里单元内的居民通过步行能够到达邻里中心，在邻里中心可以搭乘轻轨或巴士到达新镇中心，在新镇中心可以乘坐地铁到达城市中心及各个区域中心、次区域中心和边缘中心，两组层次有序地组合在一起，层次等级的差异取决于出行距离的长短和目标中心的等级。以两组层次各自形成的若干个节点为对象进行考察，在中心城范围内，地铁站点对应了中心城的高强度开发点，以地铁车站为中心、500m 为半径的范围内覆盖了中心城的主要功能；在中心城范围之外，区域中心、次区域中心以及邻近中心城的边缘中心全部位于地铁车站地块内，几乎所有的新镇中心都处在以地铁车站为中心、300m 为半径的范围之内。

第二节　国内城市公共建筑宏观结构演化

一、上海

(一) 上海公共建筑中心的变迁

上海的公共建筑中心经历了从开埠后的形成、计划经济时期的萎缩衰退和改革开放后的恢复与发展，一直发展至现在的黄浦江两岸的演化过程。

第一阶段(19 世纪 40 年代至 19 世纪末)：早期的商业中心雏形。1843 上海开埠前，其商业区位于今黄浦区靠近黄浦江大东门一带；开埠后，洋行和银行、商店、餐饮、娱乐设施纷纷设为租界，商业中心逐渐北移。19 世纪末，以南京路为主轴的商业中心区已初显端倪。

第二阶段(20 世纪 30～40 年代)：公共建筑中心形成。20 世纪 30 年代，以南京路为轴心的中心商业区已全面建成。同时，外资银行、官办银行和金融机构的总部相继开设或移址上海。至1943年，上海成为我国最大的经济中心城市，形成了西至西藏中路，东至外滩，北至苏州河，南至金陵东路，方圆近4km^{2}的CBD区域。不仅如此，上海还形成了南京路、淮海路以及四川路三条主要的商业街。

第三阶段(20世纪50～80年代)：公共建筑中心处于萎缩时期。受帝国主义对我国的经济封锁和我国奉行的独立自主建设方针影响，上海公共建筑中心呈现明显的萎缩衰退态势。许多金融机构纷纷迁出上海，商业网点裁并撤减，第三产业比重持续下降，上海由工业、金融、贸易、服务中心等多功能城市逐渐转变为国内工业中心单一功能的城市，商业金融区发展停顿了40多年。

第四阶段(20世纪80～90年代)：外滩中心步入恢复和发展期。1990年，上海市政府出台了一项保护外滩地区的规划，并得到了较好的实施，美国花旗银行、摩根银行、瑞士国家银行和法国里昂银行等一些金融和商业机构开始陆续入驻，外滩大楼多数被置换为金融机构，少数为高级娱乐休闲场所。上海现代城市的源头，近现代的金融业、贸易业从此处产生发展并走向壮大。

第五阶段(20世纪90年代后)：公共建筑中心开始由浦西向浦东跨江发展。自1993年起，中国人民银行上海分行等一大批内资国家银行、证券、保险公司陆续在浦东建设总部办公大楼。这一时期，陆家嘴中心区东侧不断补充完善，集聚了国内重点的银行、证券、保险企业，为形成上海的金融中心奠定了坚实的基础。

（二）城市公共建筑中心空间体系

1. 空间体系

上海城市公共建筑中心空间格局逐步由单极极化走向多极化，最终形成了一主四副的中心地体系(表7-8)。上海中心城以外环线为界，有600km^2，现有60%的人口集中在中心城，而中心城面积仅占全市面积的10%。中心城中的公共建筑中心由浦东陆家嘴和浦西外滩组成，集金融、贸易、商务办公等功能为一体。四个副中心是徐家汇、江湾—五角场、真如和花木。上海除了在中心城的空间布局结构为“多心、开敞”以外，还将形成由“中心城—新城—中心镇—集镇”组成的多层次的空间体系。

上海中心、副中心的主要功能 **表7-8**

名 称	中心类别	服务范围	功能定位
中心城	主中心	中心地区	金融、贸易、信息、购物、文化、娱乐等
徐家汇	副中心	西南地区	城市文化、体育、商业中心
江湾—五角场	副中心	东北地区	公共活动中心
真如	副中心	西北地区	开放性生产力服务中心
花木	副中心	浦东地区	行政文化中心和市民公共活动中心

资料来源：程也．构建四大城市副中心．今日上海，2008(12)：10-14.

2. 功能体系

从功能类型的空间结构上看，上海已经形成了区域职能分工体系，各个区域根据空间结构承担着相应的职能。城市公共建筑中心可以分成四大功能区(表7-9)。

上海公共建筑中心区域分工职能体系　表 7-9

地域范围	特　点	职　能
陆家嘴	现代化的金融、贸易、办公大楼集中地区	金融、贸易区
外滩至河南中路	政府机关和内外贸公司集中地区	贸易、总部区
河南中路至福建中路	陈旧民居集中地区	高效服务区
福建中路至西藏中路间	零售业发达地区	中心商务区

资料来源：汤建中．上海 CBD 的演化和职能调整．城市规划，1995(3)35-64.

浦东新区(图 7-15)的开发对上海城市经济、形态、功能组合产生越来越大的影响，至 2008 年，通过持续的项目建设和区域完善工作，陆家嘴公共建向中心规划形成五大功能组团(表 7-10)。

图 7-15　上海外滩风貌图

浦东公共建筑中心五大功能组团　表 7-10

组　团	地域范围	职　能
国际银行楼群组团	中国人民银行、汇丰银行、中银大厦等	经济、金融
中外贸易机构组团	金茂大厦	经济
旅游景点组团	东方明珠、香格里拉酒店、正大广场等	文化
江景住宅园区组团	仁恒、世茂、汤臣、鹏利等滨江地带	居住
跨国公司组团	陆家嘴中心区西区地块	商业、行政

二、香港

(一) 城市公共建筑中心的空间体系

香港由于人口众多、城市用地面积狭小，建成区集中紧凑发展，全港的人口过分集中于港岛北侧及九龙半岛下城区。为了有效疏散市区人口，20 世纪 90 年代初期，香港政府采取了发展新市镇，促进郊区城市化的新策略，全港分为五个区域，即都会区边缘、新界东北、新界东南、新界西北和新界西南。30年来，香港政府规划建设了8个新市镇，即荃湾、沙田、屯门、大埔、粉岭与上水、元朗、将军澳和天水围。香港政府重点建设这8个新市镇，其中前3个(荃湾、沙田和屯门)规模相当大，香港公共建筑中心也从原来的一个中心演变为现在的一心八副的空间格局(表7-11、图7-16)。

香港的中心与副中心的主要功能定位　　**表7-11**

名　　称	中心类别	主要功能定位
香港岛、九龙岛下城区	主中心	商业、文化、金融制造业中心
荃湾	副中心	居住
沙田	副中心	商业、居住
屯门	副中心	商业、居住
大埔	副中心	居住、商业、娱乐
粉岭与上水	副中心	居住、商业
元朗	副中心	居住、商业、小型加工
将军澳	副中心	工业
天水围	副中心	居住

资料来源：姚士谋，朱振国，陈爽等．香港城市空间扩展的新模式．现代城市研究，2002(2)：61-64.

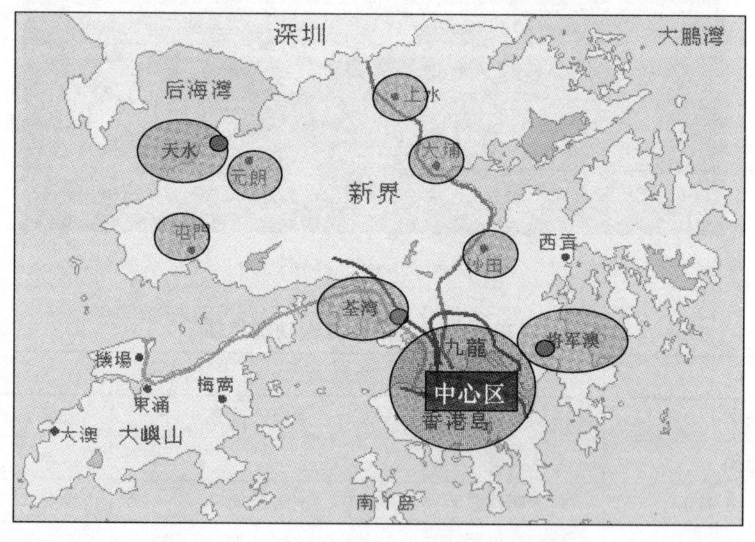

图7-16　香港公共建筑中心的空间格局

(二) 规模等级特征

世界级CBD建筑面积一般为1500～2500万m^2，国际级CBD为500～1000万m^2，地区级CBD为300～500万m^2。香港作为亚洲区域性中心城市和全球重要的自由贸易港、金融中心，用地约1.53km^2，总建筑面积约400万m^2以上，其中，写字楼建筑面积约168.41万m^2，写字楼总量占全港岛写字楼的82%，可见CBD写字楼的高度集聚程度，同时随着CBD副中心的进一步形成，其建筑面积还将进一步增加。

（三）内部功能组成

香港CBD的功能及区域分布具有"复合性"，即更具"广义CBD"的特性(图7-17)。其中，一般的CBD的功能和领域可包括以下几部分，即银行总部领域、一般办公领域、文化领域、金融领域、酒店领域、娱乐饮食领域、购物领域；非一般CBD的功能和领域包括政治管治领域(特区首长与行政会议等所在地)、军事领域、领事馆领域等。相比其他西方国家CBD功能的单调性，香港CBD的复合性和广泛性使其呈现繁荣景象，彰显出"东方之珠"的独特魅力。

图7-17　香港维多利亚港商务区

三、北京

（一）公共建筑中心的形成与发展

朝阳CBD是北京最具规模的CBD，也是大量公共建筑聚集的地区，其形成与发展主要经历了以下三个阶段：

第一阶段：公共建筑中心的形成与建设。在1993年《北京城市总体规划》的指导下，陆续建设了汉威大厦、嘉里中心等项目，并有其他许多建设项目在商务中心区及其附近的地区进行前期的开发筹备。这一时期北京商务设施的建设，虽然在CBD内有所集聚，但总体上讲，因当时对CBD建设缺乏足够的重视以及对城市规划缺乏应有的措施，大量的商务设施处于分散布局建设状态。

第二阶段：公共建筑中心的扩大。1997年受亚洲金融危机的影响，造成了写字楼项目暂时性的饱和。一大批的商务开发项目停建或缓建，CBD的建设一度陷入停顿。针对CBD出现的商务设施集聚度较低、各地块各自为政、缺乏统一组织，以及政府的协调、管理力度较弱等问题，北京市将商务中心区的用地向东扩至西大望路，向南扩至通惠河北路，总面积约4km^2的范围。

第三阶段：公共建筑中心的发展。2003年以来，通过强化北京CBD的国际金融功能定位，吸引了众多世界500强和跨国公司入驻，金融服务业呈现良好势头，国际金融业正在成为CBD区域现代服务业的龙头产业。同时，咨询、会计、法律等中介机构在CBD集聚也非常明显。在CBD入驻的近三千家企业中，服务业企业1798家，约占63.89%，随着中央、北京等电视台的落户，文化传媒业又将成为北京CBD的另一重要产业。

（二）城市公共建筑中心的空间体系

1. 空间体系

北京现状城市空间结构已经呈现明显的多中心城市格局(图7-18)，在“两轴—两带—多中心”的城市空间结构中，11座新城是位于两个发展带上的重要节点，是带动区域发展的规模化城市地区。三个重点建设的分别为顺义、通州和亦庄，形成“一主多副”的中心空间格局。

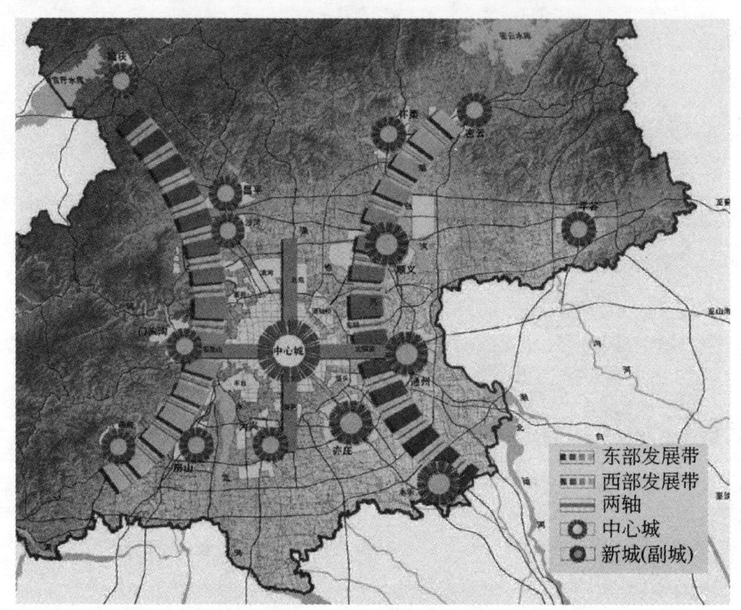

图7-18 北京“两轴—两带—多中心”的空间结构

资料来源：北京城市总体规划2004～2020

两轴：指沿长安街的东西轴和传统中轴线的南北轴。

两带：指包括通州等在内的东部发展带和包括大兴等在内的西部发展带。

多中心：指在市域范围内建设多个服务全国、面向世界的城市职能中心，提高城市的核心功能和综合竞争力，包括中关村高科技园区核心区、奥林匹克中心区、中央商务区、海淀山后地区科技创新中心、通州综合服务中心、亦庄高新技术产业发展中心等。

在“两轴—两带—多中心”城市空间结构的基础上，形成中心城—新城—镇的市域城镇结构。

2. 中心城内部公共建筑中心的规模等级

北京公共建筑中心内部主要包括商业、服务业、金融业等公共建筑，这些公共建筑根据从业人员规模可以分为以下几个等级(图7-19)。

一级公共建筑中心——共3个(西单、王府井、前门)，总规模为29660人，职能数[1] 45个。

[1] 职能数是指在一定区域范围内商业企业的服务类型数量。

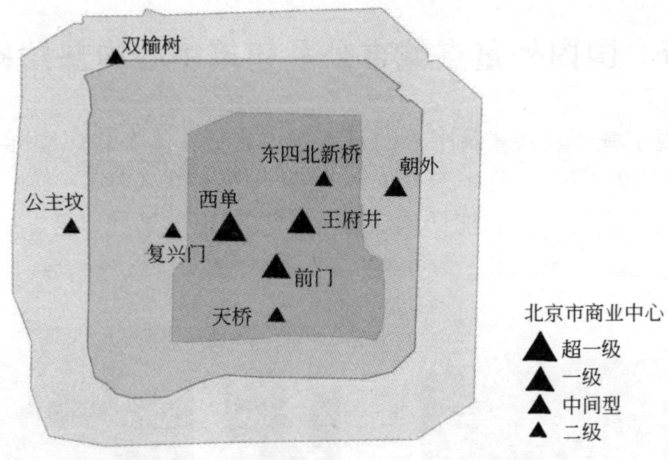

图 7-19 北京现代商业中心区位及等级

中间过渡型公共建筑中心——共 1 个(朝外)，总规模为 7665 人，职能数为 11 个。

二级公共建筑中心——共 4 个(东四北新桥、复兴门、双榆树、公主坟)，总规模为 3528 人，职能数 14 个。

从用地规模来看：朝阳 CBD、金融街和中关村三处，总用地面积 $7km^2$，总建筑面积 1602.9 万 $7km^2$。北京金融街地处北京市中轴对称中心地带，已经建成超过 110 万 m^2 的商务办公楼，加上大量在建项目将超过 200 万 m^2。西城区的中关村东区位于北二环与北三环之间，面积约 $1.98km^2$。

3. 内部职能结构

根据北京市中心商务区内部楼宇类别分类标准的划分(表 7-12)，总的来看，目前北京中心区的现代服务职能发展呈现出以下特点：北京公共建筑中心区的产业功能定位逐渐明确，尤其以金融为主体的服务业数量逐步增长，作为首都商务金融发展功能区的区域氛围正在逐步形成。金融业发展较为迅速，正逐渐成为核心产业；咨询、会计等中介服务机构开始集聚。按服务行业细分情况分析，入驻 CBD 的 2735 家企业中，服务业企业有 1798 家，占 63.89%，在 1798 家服务业企业中，商务服务业企业有 1102 家，占到服务业企业总数的 61.29%，并逐步具备了我国建立文化传媒产业基地的条件。

北京市中心商务区内部楼宇类别分类标准 **表 7-12**

楼宇类别	分类标准
商业	商业功能占整栋建筑空间的 70%以上
办公	企业性办公及营利为目的的自负盈亏的办公性功能占整栋建筑空间的 70%以上
住宅	住宅功能占整栋建筑空间的 70%以上
商住混合	商业、住宅性功能占 90%以上，但单一不超过 70%
商业办公混合	商业、办公性功能占 90%以上，但单一不超过 70%
旅馆	旅馆性功能占整栋建筑空间的 70%以上
娱乐	娱乐功能占整栋建筑空间的 70%以上
多功能	3 种以上功能共同占有建筑空间，但单一不超过 60%
其他	不符合以上条件的建筑

第三节 国内外重点城市公共建筑中心内部结构特征

由于CBD代表了城市公共建筑中心的最新发展趋势，本节将以国际城市CBD(以美国曼哈顿CBD，英国伦敦CBD，日本东京CBD，法国巴黎的CBD，中国香港中环CBD为例)作为研究城市公共建筑中心职能结构、就业构成、用地结构、公共建筑布局的典型案例(图7-20)。

纽约曼哈顿

香港中环

巴黎拉德方斯

东京新宿

图7-20 国内外典型公共建筑中心

一、就业构成和职能结构

国外CBD发展至今具有显著的现代信息化烙印，信息化使大城市从物质生产中心转向信息中心，未来大城市的基本功能将是信息的生产分配和控制。从具体形态来看，公司总部(生产和贸易公司)、金融中心(金融服务业和商业银行)和专业化生产服务(会计和法律等)成为当今商务中心区的三大职能。从就业构成看，1977～1996年，纽约、伦敦、东京的金融保险房地产和服务业就业人口均出现不同程度的增长，且服务业(主要是商业型服务业)增长迅猛，均增长10%以上，而批发零售处于停滞状态(表7-13)。从CBD服务业的内部构成比例看，服务业和金融保险房地产业成为CBD的主导产业，其比重之和占到50%以上(表7-14)。

东京、伦敦、纽约 CBD 服务业的内部结构 表 7-13

城 市	批发零售(%)	金融保险房地产(%)	商务服务(%)	公共服务(%)	总计(%)
东京(1980)	44.8	15.0	33.0	7.2	100
伦敦(1981)	11.1	79.4	9.5	—	100
纽约(1984)	24.8	32.7	19.7	22.8	100

资料来源：陈瑛．大城市 CBD 系统的理论与实践——以重庆和西安为例．武汉：华中科技大学，2002

20 世纪 50 年代美国中等城市 CBD 内零售和办公空间的功能结构 表 7-14

城 市	建筑容量(万平方英尺)			零售业容量占CBD总容量(%)	办公空间容量占CBD总容量(%)
	CBD 总容量	零售业的容量	办公空间容量		
辛辛那提	992	299	—	30.1	—
盐湖城	1113	334	332	30.2	29.8
凤凰城	605	206	154	34.0	25.4
图森	1097	252	459	30.0	41.8
莫比尔	467	159	126	34.0	27.0
塔科马	533	213	115	40.0	21.6
萨克拉门托	995	338	—	36.0	—
罗安诺克	542	206	103	38.0	19.0
密尔沃基	3120	—	785	—	25.2

资料来源：王朝晖等．现代国外城市中心商务区研究与规划．北京：中国建筑工业出版社，2001(经整理)

以纽约为例，1950～2001 年间，服务业、金融保险和房地产业以及各级政府部门的就业人口和比重持续上升，其中服务业比重由 14.6%上升到 39.5%，金融保险和房地产比重由 9.7%上升到 13.1%，政府部门比重从 10.8%上升到 15.4%，而制造业则逐步退出城市核心区的就业主流。从数据可以看出，作为国际性大都市的纽约由物质生产中心向为生产和流通服务的金融中心，服务中心，信息中心，管理中心和教育、科技、文化中心等复合功能演变。这些主导功能高度集聚在城市核心区或是 CBD，这一情况同样发生在伦敦、巴黎、东京等城市。

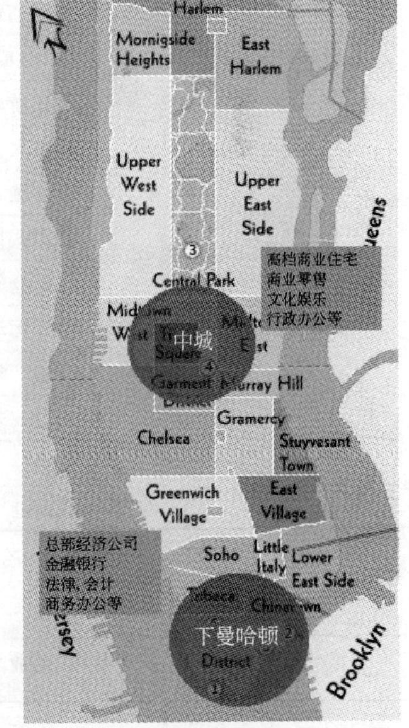

图 7-21 纽纽曼哈顿 CBD(多核心式分布)

二、用地结构和公共建筑布局

城市 CBD 的内在空间模式方面主要有两种：圈层多核心模式(如东京、纽约等，图 7-21)和线形多核心模式(如伦敦、巴黎等)。

国际大都市 CBD 所在城市市中心的用地面积大多在 40～60km²，CBD 用地面积约3～5km²，总体建筑容量规模都在 1500～2200 万 m² 之间(表 7-15)。CBD 面积仅占市中心区面积的 1/10～1/15，而容积率多在 5.0 以上，城市空间的纵向开发强度极高。以纽约为例，CBD 以占市中心

7%的土地面积创造82%的财富增加值，是就业人口和财富密度最为集中的地区。

CBD用地和建设规模指标 **表7-15**

城市	市中心区面积（km^2）	CBD用地面积（km^2）	CBD建筑面积（万m^2）	平均容积率	备注
纽约	60	4.3	2200	7.1	下曼哈顿、中城
伦敦	47	2.8	1496	5.3	金融城、加纳利
东京	41.5	4.5	2200	5.5	瓦内、新宿等
巴黎	39	3.6	1850	5.3	金融中心、拉德方斯
上海	20	3.3	630	1.9	陆家嘴、外滩等

资料来源：陶建强．现代城市中央商务区(CBD)与上海陆家嘴中央商务区开发及发展的研究．上海：同济大学，2004

从国际性城市CBD的土地利用结构来看(表7-16～表7-18)，国外城市公共建筑中心有如下特点：

CBD的土地用地结构 **表7-16**

大分类	小分类	东京都中心区	纽约CBD(曼哈顿)
公共服务系统(%)	政府管理机构	6.8	3.2
	教育文化设施	7.3	2.5
	福利医疗设施	1.0	0.8
	供应处理设施	0.9	0.0
商业服务系统(%)	办公楼	10.7	2.7
	专用商业设施	1.5	3.0
	SOHO(商住建筑)	4.1	10.0
	旅馆游乐设施	2.1	0.6
	体育文艺设施	0.6	—
住宅系统(%)	专业独立住宅	11.6	0.1
	公寓式住宅	10.4	13.8
工业系统(%)	工厂仓储等	4.9	7.3
空地系统(%)	公园运动场	6.0	14.2
	空地、临时建筑	3.1	1.5
	未建、未利用地	3.2	2.2
交通系统(%)	道路	22.3	37.5
	铁路港口	3.4	0.7

资料来源：冲岛章浩，曹信孚．曼哈顿城市结构分析．国外城市规划，1993(1)

曼哈顿的土地利用情况(2004) **表7-17**

1～2户住宅	多户住宅	商业与居住混合	商业与办公混合	工业	运输及公用事业	公共机构	开阔地和休闲场所	停车设施	空地	其他
1.1%	22.6%	12.5%	10.0%	2.8%	6.8%	11.8%	25.1%	1.9%	3.3%	2.0%

资料来源：纽约市规划局网站

伦敦道克兰区土地使用比例构成(1997) **表 7-18**

用地类别	比例(%)	用地类别	比例(%)
开放空间	12	公共设施	4
居住	33	伦敦机场	2.5
商务	22	水域(除泰晤士河)	12
零售	3.5	空地	6

资料来源：秦科. 城市CBD区域交通特征及交通规划问题改善研究. 上海：同济大学，2006

第一，城市中心区的功能以商业金融、公共管理、教育文化服务为主。服务业用地比例高，东京都中心区35%，曼哈顿22.8%。

第二，居住功能仍占据重要地位。从居住功能用地的构成比例看，东京都中心区为22%，曼哈顿为13.9%(至2004年已经达到22.6%)，伦敦道克兰区为33%，同时还有较多的商住综合型建筑，曼哈顿商住用地由10%上升到2004年的12.5%。

第三，交通功能十分突出。曼哈顿的交通用地占38.2%，东京都占25.7%。表明交通对于维持城市中心高效运转具有显著意义，大运量公共轨道交通是解决城市中心区人流物流的核心手段。

第四，工业用地比例很少，而公园和运动场等公共活动空间较多。曼哈顿的公共开敞空间用地比例达到14.2%，2004年上升至25.1%。表明在地价极为昂贵的城市CBD，绿化和室外休闲用地是必不可少的，在人口极为密集的地区，开敞空间满足了人们最为本源的心理需求。

从微观空间层面看，住宅、交通运输、公共服务相对于商务金融功能，以较多的土地占用和较低的容积率维持正常的城市运转，并位于城市CBD硬核的边缘；而总部型商务金融等付租能力较高的产业则以较少的土地占用和极高的容积率创造CBD的实际价值，往往位于CBD的地价峰值区，即硬核。以曼哈顿为例，作为主要商务办公空间的办公楼和商业设施用地只占总面积的5.7%，但据纽约市规划局2004年统计，除商住楼用地外，商业与办公混合用地也只有10%。

三、行业在建筑空间内的垂直分布特征

垂直利用研究是城市公共建筑中心内部结构研究的重点内容之一，根据国际性大都市的一般经验，城市中心区公共建筑的垂直开发形态具有以下几个共同特点(图7-22)：

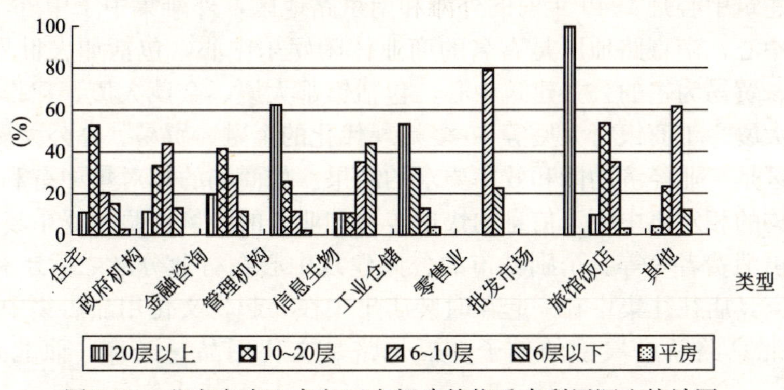

图7-22 北京市中心商务区内部建筑物垂直利用调查统计图

第一，零售业和批发市场垂直分布弹性较小，而住宅的垂直分布弹性最大。这一结果符合商业区位理论：批发市场多数为摊位式，平房利用效益最佳，楼层过高会增大管理运营成本，进而增加了摊位主的运营成本，不利于批发市场的经营。零售业呈现出 6 层以下和 6～10 层之间这样两种垂直利用的分化。

第二，住宅的垂直利用虽然从平房到 20 层以上均存在，但从数量上看主要集中在 10～20 层。

第三，政府机构的垂直利用集中在 6～20 层之间。一般来说，20 世纪 80 年代前的建筑层高为 6～10 层，20 世纪 80 年代后的建筑层高为 10～20 层。

第四，调查区域高档写字楼中的行业分布特点为：金融咨询分布偏重于中高层，管理机构和工业仓储服务机构分布集中在 20 层以上，信息生物技术公司多集中在 6 层以下，旅馆饭店分布偏重在 10～20 层。

与国际规律有所不同，国内大城市的办公职能在垂直利用上通常呈现如下特征(图 7-23)：一般生产性服务业，如金融、管理等呈高层趋势；带有营销性质的公司机构则偏重低层化。

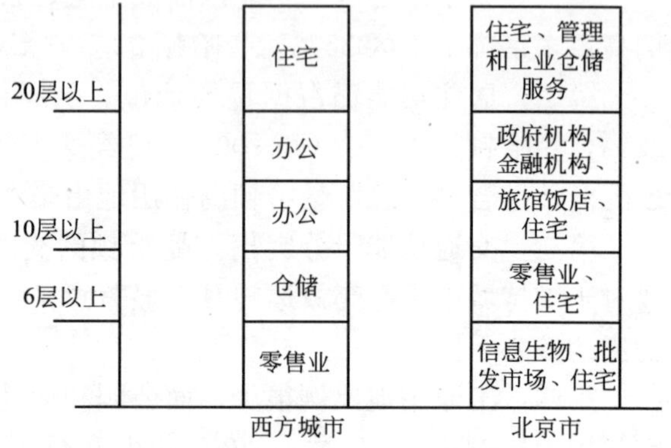

图 7-23 北京市中心商务区内部建筑物垂直利用与西方城市比较

四、专业化分区

城市公共建筑中心并不是一个均质的地区，虽然粗看起来各种类型的建筑混合似毫无秩序可言，特别是在一些发展中国家，新老建筑混杂，公共建筑中心中还有不少旧工业厂房和住宅没有迁出。但从理论上讲，特别是在一些发达国家，相同行业功能的相对集中有利于效率的提高。

国际性大都市的中心区在多样化复合功能形态下，还是具有明晰的专业化分区特征的。如伦敦 CBD 主要金融机构都集中在伦敦的中世纪老城和码头区附近，而英国议会和行政管理部门都集中在伦敦泰晤士河畔，在以上两者之间是伦敦的商业和娱乐中心；纽约 CBD 曼哈顿则明显分为两部分，下曼哈顿是金融中心，北曼哈顿是商业娱乐中心。在上海，老的公共建筑中心是 1949 年前的外滩和南京路地区，外滩集中了中外 100 多家银行，是上海的金融中心；南京路地区是有名的商业休闲娱乐中心，包括如大世界等娱乐场所；陆家嘴是金融、贸易为主的公共建筑中心，包括银都大厦、金茂大厦、建设银行大厦、交银大厦、金穗大厦、工商银行大厦等 10 多幢现代化的金融、贸易、办公大楼。

专业化分区是产业经济功能和效率要求的结果。如商场的相对集中有利于招揽更多的顾客，金融机构的相对集中便于信息的快速传递和业务的洽谈会晤，娱乐场所和商场在一起更利于其吸引消费者等等。个别城市的公共建筑中心在行业分区之后还有更细的划分，例如商业区中家具店往往集中在一起，时装店集中在一起，文化用品店集中在一起等。上海的福州路和北京路就是典型的例子，福州路是文化用品一条街，而北京路是五金一条街。

第四节　国内外城市公共建筑空间结构宏观特征比较

纽约、伦敦、巴黎、东京等国际性大都市的公共建筑空间结构演化历时长，经过多年的调整与优化，目前已成为世界级的服务业中心；而上海和北京等国内城市与这些世界级的中心城市相比还有较大的距离，不论从经济结构、人口的集聚程度还是空间形态上看，都还存在显著的发展中国家的特征(表7-19)。

国内外城市公共建筑空间结构宏观特征比较　表7-19

	纽约、伦敦、东京等国际性大都市	上海、北京等发展中大都市
工业化阶段	后工业化时期	工业化中后期
服务业区位模式	集聚与扩散并存，以扩散为主	集聚与扩散并存，以集聚为主
服务业区位特征	生产型服务业高度集聚，在城市中心区通过功能的延伸与裂变，形成多中心形态	传统劳动密集型和资本密集型制造业将从城市中心区向外扩散；生产性服务业在城市进一步集聚；出现多中心形态雏形
空间结构演化阶段	(后期)城市多中心区、多层级的郊区分散阶段，城市多中心网络体系趋于成熟	(中前期)从城市中心区单核集聚阶段向多核、多层集聚阶段过渡，并出现部分郊区化趋势
空间结构特征	多中心、多层级、强轴线	强主中心、弱次中心、多层级、弱轴线
功能结构特征	分化后期，中央商务为主的高端复合形态	多中心专业化初期
职能组合特征	综合性、多功能，集高端商业、金融、商务、文化、娱乐于一体	功能低级复合向专业化初期过渡
规模等级特征	首位度较高，呈金字塔状分布，次中心体系均衡发展，规模大	首位度高，呈阶梯状分布，次中心集聚与服务能力弱，规模小
核心CBD内部结构	圈层多核心模式(东京、纽约)和线形多核心模式(伦敦、巴黎)	单中心模式
开发强度	非常高，容积率达到5.0以上，一般为7.0，高度集聚	低，容积率平均只有3～4，集聚密度疏
支撑条件	多中心布局与多层次交通组织结构在空间上具有很高的耦合性	多层次交通组织结构，但与多中心布局欠协同

第八章　国内外城市公共建筑演化经验的启示

第一节　国外城市公共建筑空间结构演化轨迹

一、大都市产业结构以三产为主导，内部结构日趋高端化

国际经验表明，发达国家大城市经济的发展基本上都经历了三个阶段：第一阶段以制造业为中心；第二阶段以制造业为中心，加上服务业的多元化经济；第三阶段以服务业为中心，又有某些制造业(出版、印刷等)的多元化经济。

从三次产业比重看(表8-1)，任何一个大都市在不同的发展时期重点都有所不同，三次产业结构的关系随着城市的发展不间断地进行着同步调整。初期一般除了贸易和航运在城市经济中占有重要地位外，制造业是使整个城市经济腾飞的动力，但是随着技术进步和劳动生产效率的提高，制造业逐渐衰退并从城市中心地带撤出，此时城市发展的重心调整到包括金融、保险、房地产、服务等第三产业上来。在每一个发展时期，都有几个产业作

纽约、伦敦、东京中央商务区所选产业的就业比重　　**表8-1**

伦敦城	金融、保险、房地产业		商业服务业	
	占伦敦总的FIRE就业比重(%)	占伦敦总就业的比重(%)	占伦敦商务服务业的比重(%)	占伦敦总就业的比重(%)
1971	48.7	41.2	11.2	3.4
1981	44.8	37.6	20.2	19.6
1995	20.7	78.3	—	—
曼哈顿	金融、保险、房地产业		商业服务业	
	占纽约市总的FIRE就业比重(%)	占纽约总就业的比重(%)	占纽约市商务服务业的比重(%)	占纽约总就业的比重(%)
1970	86	17.8	88.1	8.4
1985	89.8	23.5	85.3	12.74
1993	90.7	22.3	81.4	10.2
1997	92.2	22.8	82.7	11.2
东京CBD(千代田区、中央区和港区)	金融、保险、房地产业		商业服务业	
	占东京总的FIRE就业比重(%)	占东京CBD总就业的比重(%)	占东京总的商务服务业的比重(%)	占东京CBD总就业的比重(%)
1980	49.4	9.9	33	21.8
1997	40.9	9.2	28	28.9

资料来源：屠启宇，金芳．金字塔尖的城市——国际大都市发展报告．上海：上海人民出版社，2007

为城市的主导产业和整个经济发展的指向标。由于适时地进行了产业结构的调整，并辅之以一系列行之有效的规划控制引导，在过去的超过百年时间内，纽约、东京、巴黎等大都市逐渐步入了全球性城市之列。

从第三产业内部结构看，金融业和商业是国际性大都市的主导产业(表 8-2)。纽约的服务业、金融保险业、房地产业以及各级政府部门就业人口和比重持续上升，服务业从业人员比重达到 70%以上，而伦敦的第三产业增加值占 GDP 的比重已经超过 85%，日本则更高达 92%。从案例和数据可以看出，作为后工业化时期的国际性大都市，其功能正日益从物质生产中心功能向生产和流通服务的金融中心、服务中心、信息中心、科学文化教育中心等多功能演变，服务业占绝对主导地位，并且其内部结构中又向着金融、保险、商贸业等高端服务业演化。

世界主要城市三次产业的就业结构 **表 8-2**

城　市	年　份	第一产业(%)	第二产业(%)	第三产业(%)
伦敦	2001	0.10	10.10	89.80
纽约	2001	0	9.57	90.43
洛杉矶	2004	0.10	16.40	84.10
台北	2005	0.20	19.50	80.30
多伦多	2001	—	24.00	76.00
约翰内斯堡	2001	1.27	19.18	60.71
新加坡	2003	0.18	16.30	74.00
悉尼	2001	0.60	18.40	81.00
香港	2003	1.00	14.00	85.00
法兰克福	2002	0.20	13.10	86.70
开罗	—	0.80	32.30	66.90
孟买	—	—	43.80	—
墨西哥城	2004	0.40	22.80	57.80
巴黎	—	0.20	9.10	90.70
东京	2005	0.30	18.90	80.80

资料来源：屠启宇，金芳．金字塔尖的城市——国际大都市发展报告．上海：上海人民出版社，2007

二、大都市服务业空间区位模式：集聚与扩散并存

从纽约、东京、伦敦和巴黎的案例来看，以大都市和区域为尺度，大都市服务企业区位模式更多是以多中心城市区域(PUR)的集聚形式存在；但从微观结构来看，大都市服务业在部分城市内部又有扩散的趋势。在经济全球化和新技术革命背景下，城市整体产业布局出现分散与集聚共存的新趋势：

一是传统劳动密集型和资本密集型制造业将从城市中心区向外扩散。如 20 世纪六七十年代美国、伦敦的城区内工业纷纷外迁，制造业就业人数逐年下降。

二是需要大量信息和彼此频繁接触、交流和联系的生产性服务业将在城市进一步集聚。例如 1986～2006 年伦敦增长最快的是第三产业的就业数量，以批发业、建筑业、宾馆餐饮与金融服务业为主导，其中最明显的是批发业为主的商业服务业一直保持着较高速

度的增长。

三是在城市中心区由单中心通过功能的延伸与裂变，形成多中心形态。如美国曼哈顿的发展由初期西南端的“新阿姆斯特丹”，通过中心功能裂变，跃移至第34街附近的中城(Middle Town)，形成双核对立的多中心CBD形态。在这个日益多中心化的结构里，越来越多的专业化功能区出现了。比如，北京市的金融、信息咨询、计算机服务分布各有特点：金融业主要聚集在城市中心区的附近；信息咨询业在城市中心区的东部分布较密集；计算机服务业的密集区在城市中心区的北部和西部。随着时间的迁移，布局趋向更为分散，于是，发展的焦点不再集中于城市中心而是城市区域。总体来看，这种分散与集聚共存的发展趋势使大都市产业的空间布局进一步有序化和合理化。

三、大都市公共建筑中心空间由单中心向多中心网络化转变

从国内外大都市公共建筑中心的演变过程中可以总结出，大都市公共建筑中心空间模式的演化一般都会经历以下几个主要阶段(表8-3)：

国内外大都市公共建筑中心演化简表 表8-3

空间演化阶段	纽约	巴黎	东京	上海
城市中心区单核集聚阶段	18世纪以前的“新阿姆斯特丹”	19世纪30年代，拉德芳斯中心区	20世纪50年代以前的东京都心区	20世纪40年代，形成了西至西藏中路，东至外滩，北至苏州河，南至金陵东路方圆近$4km^2$的单中心区结构，还形成了南京路、淮海路以及四川路三条主要的商业街
城市中心区多核、多层集聚阶段	19世纪，曼哈顿原始CBD与中城(Middle Town)双核结构	20世纪30年代，卢佛尔宫小凯旋门、协和广场方尖碑、凯旋门伸展到拉德方斯	20世纪50年代，关东平原多中心发展萌芽	20世纪90年代后，公共建筑中心开始由浦西向浦东发展，并有多条商业街连接这两大中心，公共建筑分布逐步趋向网络化
城市多中心区、多层级的郊区分散阶段	19世纪末，时报广场CBD、曼哈顿南端CBD、中城CBD等多中心	20世纪50年代，沿塞纳河、曼恩河、卢瓦兹河河谷方向的多中心城市发展轴线		
城市多中心网络体系成熟阶段	20世纪后，5个一级中央商务区、7个二级自由贸易区、多个三级工业商务区的多中心层级结构与派克大道等公共建筑轴线	20世纪70年代，广域拉德方斯区域	20世纪60年代，7个副都心和多摩地区5个核都市的多心型城市结构	

(一) 城市中心区单核集聚阶段

服务业首先出现在城市中心商务区或者经济发达区，呈现出单核集聚的特点。随着城市产业结构的调整，第三产业逐渐取代第二产业成为城市经济的主导产业，尤其是信息密集型服务业极具发展潜力，城市公共建筑呈现出明显的城市中心集聚趋势。

（二）城市中心区多核、多层集聚阶段

随着单中心规模的不断增大，产生了集聚不经济效应。交通设施超负荷、人口密度过高等一系列负效应使得中心区运行效率降低，而服务业发展逐渐进入高级阶段，呈现出一定的专业化趋势，原有的单中心结构出现功能裂变，城市向着专业化多中心的形态演进，城市公共建筑呈现出中心多核集聚的特点。

（三）城市多中心区、多层级的郊区分散阶段

由于城市规模的不断扩大、城市土地的紧缺、地价规律的组织作用、科学技术进步对土地替代效益的加大、城市规划的控制引导以及各个类型服务企业与顾客交流方式的差异性等因素，在获得原有市场份额最大化的前提下，服务企业开始考虑办公成本最小化，逐渐向郊区扩散。随着城市郊区的发展，形成服务业在城市郊区的部分集聚化，如计算机服务业、工程和建筑服务业等一些布局较分散的行业，有明显的郊区化倾向。在中心区成熟后，特大城市的中心区空间除继续发生延展式的扩张外，也出现了空间的跃迁形态，一些专业化的 Sub-CBD 开始出现(如日本的新宿、纽约巴特利花园城、上海徐家汇等)，一个由主中心和多个专业特色化的 Sub-CBD 组成的空间体系开始形成。在大都市区空间尺度上形成多个城市中心，并与中心区的多核结构一起构成“中心区多核、都市区多中心”的公共建筑空间分布格局。

（四）城市多中心网络体系成熟阶段

一方面，现代服务业在城市中心旧的商务区的单核集聚最大化，并且随着城市中心新的商务区逐渐增多，在城市中心区多核集聚；同时，相邻的商务中心逐渐“连心成轴”，使得城市服务业的空间集聚点逐步网络化。这一重组过程即所谓“集中式的分散”的复杂过程：在城市区域尺度上扩散，同时又在这个城市区域内的特殊节点上重新集聚，并出现中心区之间的轴向公共建筑带，形成“核心、轴线”的基本空间模式，在都市区层面呈现“多层级多中心”宏观空间模式，在中心区则形成“多核、多级、多轴”的中观空间模式。

四、大都市公共建筑中心职能由单一低端向复合高端迈进

美国学者墨菲和万斯将大都市中心区的内部职能划分为三个部分，分别是：中央商业功能、中央商务功能、非 CBD 功能(图 8-1)。从国外公共建筑中心区内部职能的演变过程来看，在从萌芽到成熟的过程当中，实际上是内部中央商业和中央商务两大主要职能此消彼长的过程，同时也是中心区职能内涵不断提升的过程(表 8-4、图 8-2)。

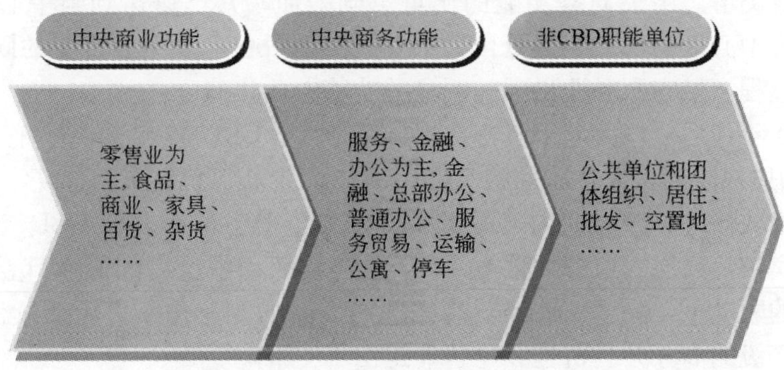

图 8-1 公共建筑中心内部职能划分图

国内外城市公共建筑中心内部主要职能演化阶段表 **表 8-4**

典型城市	公共建筑中心功能演化过程			
纽约	商业零售和自由贸易	商业、贸易和金融保险业	商贸、金融、商务	综合性、多功能，集商业、金融、商务、文化、娱乐于一体
伦敦	工商业		金融、房产、商业	
巴黎	商务办公		以商务办公为主，兼有会展、政府办公、商业、娱乐、居住功能	
北京	商业、办公		国际金融业、咨询、会计、法律等中介机构、文化传媒业	
上海	洋行和银行、商店、餐饮、娱乐设施	商业、外资银行、官办银行和金融机构的总部	金融和商业机构、贸易业、高级娱乐休闲场所	国内外重要的银行、证券、保险企业、总部办公、文化娱乐

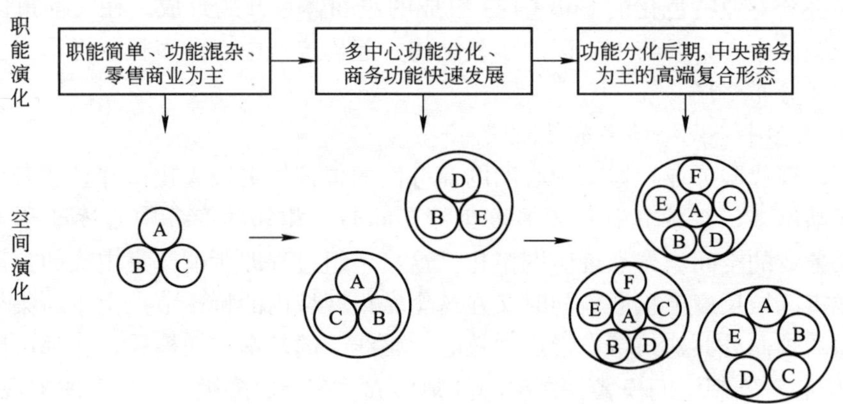

图 8-2 CBD 职能-空间演化示意图

20 世纪初——城市中心区的 CBD 雏形出现，内部职能结构尚比较简单，处于以商业零售为主要功能的混合功能阶段。

20 世纪 20～60 年代——国际间贸易水平提高，金融、保险、房地产等生产性服务行业在城市中的作用日益突出。该阶段，城市商务办公功能从依附性的次要门类跃升为城市经济的主体行业类群。中央商务功能的比重急剧增加，并迅速达到与中心商业相衡的状态。同时，原有中心区的功能裂变分化，中心区由单中心向多中心转变的同时，也伴随着职能专业化的过程，城市服务业出现较明显的功能专业化分区。

20 世纪 70 年代后——大城市多心多层体系形成：CBD 进入了中央商务功能为主的阶段，即 CBD 的成熟阶段。发达国家的一些大城市的中心区已经发展成熟，例如美国的曼哈顿、英国的伦敦城等，该时期内，城市中心区办公楼宇迅速占领 CBD 空间，银行、公司总部、星级宾馆等高层次服务大楼在 CBD 总建筑面积中所占的份额日益攀升。在“租金过滤”因素的驱动下，除了一些经营高档选购商品的专业化零售店继续保留在 CBD 内部外，一些低等级的商务办公机构和零售业退出了 CBD。

五、大都市公共建筑中心规模等级体系与用地结构特征

（一）规模等级体系

城市公共建筑中心区规模等级结构是指都市区域内不同用地规模、不同就业与开发面积的城市公共建筑的组合形式，反映了城市公共建筑中心在整个区域中所起的作用和分工，是城市空间结构与形态的主体框架。

1. 用地规模等级

从日本东京的核心 CBD 和 Sub-CBD 的规模等级体系来看（表 8-5），城市公共建筑中心的开发用地面积，主中心与副中心的比例控制在 1：1～3：1，如按四个等级进行划分则其规模比例为：3（主中心）：3（副中心）：2（副中心）：1（副中心）。

东京核心 CBD 和 Sub-CBD 的建设用地规模等级体系　　表 8-5

		核心 CBD				Sub-CBD		
		都心三区	新宿	涩谷	池袋	上野浅草	大崎五反田	锦系町
用地面积（hm^2）		294	270	240	—	89	82	179
从业结构（%）	商业、餐饮业	30.0	38.0	36.2	44.6	54.6	44.7	38.5
	商务、办公	30.4	18.7	18.8	15.7	19.8	23.3	32.2
	文化、娱乐	18.5	29.2	31.6	23.7	15.3	21.9	19.4
	金融、保险、房地产	21.2	14.1	13.4	16.0	10.3	10.1	9.9

资料来源：屠启宇，金芳．金字塔尖的城市——国际大都市发展报告．上海：上海人民出版社，2007

2. 建筑面积规模等级

从东京的商业中心等级体系的计算中可以看出（表 8-6），其四级中心的数量等级基本为 1：2：16：45，成明显的金字塔状分布结构；而建筑面积（营业面积）的规模等级为 20：10：5：1。

东京商业中心建筑面积规模等级体系　　表 8-6

中心等级	区　位	个数	营业面积（万 m^2）
一级	银座—有乐町、东京站—日本桥、新宿、涩谷和池袋	5	25
二级	上野、蒲田、赤羽、锦系町、大森、浅草等	11	5-11
三级	中野、阿佐之谷、赤坂、龟户、新桥、武藏小山、五反田等	83	1-5
四级	春日、中延、千束通路、汤岛天神、两国、曳舟、向岛、森卜等	221	<1

资料来源：刘志峰．城市对话：国际性大都市建设与住房探究．北京：企业管理出版社，2007

（二）主中心商务用地面积

从国际大都市主中心的办公用地规模数据可以看出（表 8-7），城市主中心的用地面积在 0.75～2.1km^2 之间，按照 14 个大都市中心区规模的均值计算，平均用地规模在 1.48km^2 左右；建筑面积则差异较大，范围从 110～1700 万 m^2 不等，这和大都市的发展背景有着密切的关系，1700 的峰值出现在国土面积与人口密度极高的日本东京，14 个大都市的商务建筑面积均值为 605 万 m^2。

国际大都市主中心办公用地及建筑面积　　表 8-7

单中心 CBD	用地面积(km^2)	建筑面积(万 m^2)	功　能
纽约下曼哈顿	2.1	约 1500	金融
纽约曼哈顿中城区	1.2	约 700	办公
东京新宿	1.6	160	办公
东京丸之内	1.5	1700	金融、办公
东京临海区	1.5	350	办公、会展
伦敦城、威斯敏斯特区	2	400	金融
伦敦码头区中心	0.75	110	办公
巴黎 1、8、9 区	1.8	1500	金融
巴黎拉德方斯(2 区)	1.6	250	办公
悉尼金融区	1	250	金融
新加坡 CBD	1.5	350	办公
北京建外 CBD	1.5	600	—
上海陆家嘴	1.7	485	金融
上海外滩	1.03	120	金融、办公
均值统计	1.48	605	

资料来源：单国铭，梅广清. 国际大都市及其中心区发展的特点与借鉴. 上海综合经济，2004(9)

（三）内部用地结构

从纽约、东京、伦敦以及巴黎等国内外重要城市的 CBD 建设数据来看，按办公设施、贸易展示及国际会议、公寓住宅和其他商业设施来进行用地结构的考量，可以得出：城市中心区功能以商业金融、公共管理、教育文化服务为主。服务业用地比例较高，一般占到 25%～35%；居住功能仍占据重要地位，占到 20%～30%；同时还有较多的商住综合型建筑，比例大约在 10%左右；交通功能十分突出，其用地在曼哈顿占 38.2%，在东京都占 25.7%，表明交通对于维持城市中心高效运转的突出意义，而大运量公共交通更是解决城市中心区人流物流的核心手段。工业用地比例很低，均在 5%以下，一般不到 2%；公园和运动场等公共开敞活动空间较多，比例均达到 20%以上。这一现象表明在地价昂贵的城市 CBD，绿化和室外休闲等开敞空间对于满足人们工作环境心理需求具有重要意义。

（四）建设强度

国际大都市 CBD 所在城市市中心的用地面积大多在 40～60km^2，CBD 用地面积约 3～5km^2，总体建筑容量规模都在 1500～2200 万 m^2 之间。CBD 面积仅占市中心区面积的 1/10～1/15，而容积率多在 5.0 以上，城市空间的纵向开发强度极高，是就业人口和财富密度最为集中的地区。

六、大都市公共建筑中心与交通组织结构的耦合特征

大都市的中心布局由多级中心体系构成，每一级中心具有一定的功能等级和规模等级；同时，大都市的交通组织结构则由轨道交通和常规地面公交系统组成，一般包括地铁

与公交两种主要模式，除此之外则以邻里范围内的步行为主。如新加坡的城市中心结构与交通组织结构在层次上具有很好的对应性，两种组织结构形成了十分紧密的耦合关系：居住在邻里单元内的居民通过步行能够到达邻区中心，在邻区中心可以搭乘轻轨或巴士到达新镇中心，在新镇中心可以乘坐地铁到达城市中心及各个区域中心、次区域中心和边缘中心，两组层次有序地组合在一起。公共交通体系十分发达，保证了步行范围的合理性和可承受性。

总之，完善、便捷、高效的交通组织结构系统是城市空间结构多中心形成的必要支撑条件之一；只有当城市多中心的空间布局与交通组织结构相耦合时，才能提高城市中心的时空可达性与城市的整体运行效率。

七、大都市公共建筑中心演化机制

国际上比较成熟的城市中心区(或 CBD)一般要经历四个发展阶段：

零售业为主阶段，即城市中心萌芽阶段。此时，CBD 的功能较为简单，零售为其主要功能，除主要为零售商店外，CBD 中尚有餐饮店、邮局、银行等。

中心商业与中央商务的均衡阶段，即城市中心的成长阶段。随着城市规模扩大，能级提高，辐射范围增加，金融、保险、中介、办公机构等在 CBD 中迅速集聚，中央商务功能的比重增加，并达到与中心商业并驾齐驱的状态。

中央商务功能为主的阶段，即城市中心的成熟阶段。CBD 的中央商务功能已居主导地位，零售功能退居其次，CBD 的高度化指数日趋提高，现代 CBD 轮廓基本形成。

全球(或地区)控制中心阶段，即世界城市形成阶段。这里指少数具有世界意义的城市，已经成为全球控制中心，CBD 的能级就发生了质的飞跃，它不仅仅是本市、本国的服务中心，而是世界某一大区域或全球的服务中心。

对照国外发展经验，目前我国大部分核心城市中心仍处于第二阶段的中前期，如杭州、南京、武汉等；部分城市已经开始向第三阶段演化，如上海、北京等。根据国际成熟 CBD 的发展经验，从较为初级的阶段向较为成熟的 CBD 阶段转变需要具备一定的内外部条件，如：

优越的基础设施条件支撑。优越的先天地理区位，如滨海靠江，或拥有天然良港，以及后天形成的先进城市交通和通信设施，这些条件有利于降低商务结构经营成本，提高收益水平，为产业集聚提供可能。

高度发达的产业经济支撑。经济支撑包括两个层面：第一是区域经济层面，CBD 是一定区域商务经济在城市的集聚，高度发达的区域经济意味着高密度的经济活动，繁荣的市场和完善的区域商务网络；第二层面是城市经济，城市是 CBD 生长的载体，其经济发展本身也呈现一定的阶段性，只有当城市经济发展到高级阶段，第三产业高度发达(即制造型经济向服务型经济转型)，城市外向度高，商务功能达到一定的规模时，CBD 才能形成并走向成熟。

高强度的集聚经济支撑。在以市场为主导的区域经济一体化过程中，市场经济的管理、运作和控制是有层次和系统网络特征的。商务产业的集群和专业化程度越高，规模经济和专业化经济的综合效益越明显，提供的机会更多，同时也能有效降低风险。

第二节 国际经验对杭州公共建筑发展的启示

一、空间重组适应产业升级，公共建筑与服务业联动发展

当前杭州城市发展进入了一个功能调整、结构剧变的重要时期。尤其是近年来，杭州以发展现代服务业为重心，加快产业结构的转型升级，获得了国内最具幸福感城市、最佳商业城市、福布斯中国最佳投资城市等城市品牌和荣誉。据最新统计数据显示，杭州城市服务业对全市GDP增长的贡献率已经超过工业多达10个百分点，已逐渐成为经济发展的主引擎。近20年来，以西湖和武林广场为轴线，随着杭州城市中心的变迁，杭州的服务行业出现了明显的区位变迁：20世纪90年代杭州的服务行业不仅在数量上增多，而且都有往轴线一带集聚的趋势，但是在2000年之后，逐步往轴线周边更广的范围扩散，并且不同的行业在空间上呈现专业化集聚的趋势与特征。

产业结构的高级化与经济活动的国际化，使杭州具备了一些新的城市功能：首先，城市向高度集中的指挥控制中心演化，许多大型公司都将其总部办公基地或者华东地区分管中心设在杭州；其次，城市功能结构的最大变化在于服务业逐渐取代制造业成为城市发展的支柱行业，尤其是金融与高级服务业的发展十分迅速；第三，城市成为创新基地，出现创意产业与高新研发产业空间集聚的趋势；第四，杭州同时也成为国际化的消费中心、产品销售市场和旅游中心。由于产业结构的升级，新的城市功能的涌现，杭州新的城市形态逐渐形成：地域上相对集中的城市中心控制着很大范围的腹地资源，同时城市内部的现代服务业对城市的社会经济秩序产生了决定性影响。而作为现代服务业的最主要的空间载体的公共建筑，其功能特点与布局形态也正在进行空间重组，城市内部公共建筑中心的集聚化与分散化发展并存，规模等级体系逐步清晰，专业化分区趋势初显端倪。从国际经验来看，当前杭州已经进入服务业快速发展轨道，城市功能与空间结构剧烈变动，此时，关键是要把握好城市空间重组，特别是城市公共建筑布局与产业升级过程的适应，保证城市公共建筑与现代服务业的联动发展，以促进杭州城市功能的国际化、高端化进程。

二、构建“多轴线、多中心、网络化”的城市公共建筑空间发展框架

杭州正处在功能调整、结构剧变的重要时期。当前杭州都市区结构演化主要表现在两个方面：一是内部功能的整合提升；二是外部空间的发展与扩张，体现在城市核心功能的空间疏散和外围区域对其辐射的接纳。前者是指核心区通过功能外迁的结构性过滤，使其内部的功能结构日趋合理，区域发展趋于一体化，运行质态不断提升，城市中心从单一的综合性功能逐步向多中心专业化功能转变，在都市区形成不同专业化方向的水平分工体系；后者是指杭州都市区的规模和地域范围不断扩大，周边区域逐渐融合进入大都市区发展腹地，内外部通联网络日益发达，随着不适合中心发展和超量功能的向外扩散，在都市区成长区逐步形成新的城市副中心，形成都市区不同等级的垂直分工体系。从杭州城市中心体系空间演化历程看，杭州城市中心体系的分布地域不断扩展，而同时其功能则不断裂变，并逐步向专业化发展，在此大背景之下的城市公共建筑中心必然要通过产业结构调整、空间资源整合和发展形态的引导，构成杭州核心都市圈的主体框架结构，形成完整的都市区经济流动体系（表8-8）。

杭州城市中心体系空间演化历程　　**表 8-8**

历史时期	城市形态	城市空间结构	城市中心区位		主导功能
清末至民国	由团块状向沿交通线呈放射状、星楔状扩展	一个主城	城市中心	中山中路、河坊街区域	综合商业区
20世纪80年代	围绕旧城呈指状发展	一个主城	城市中心	湖滨区域	旅游及文化商业区
20世纪90年代	以“摊大饼”、“填空档”为主，重新回归团块状	一个主城、两个副城、六个旅游区	主城双中心	湖滨区域	文化商业区
				武林区域	行政商业区
			两大副城	下沙城	综合性工业区
				滨江城	产、学、研、居、游相结合的新城
2000年至今	以钱塘江为轴线的跨江、沿江，网络化组团式	一个主城、三个副城、六大组团	主城双中心	湖滨、武林广场地区	旅游商业文化服务中心
				临江地区(钱江新城、钱江世纪城)	区域性商务中心
			三大副城	江南城	现代化科技城
				临平城	综合性工业城
				下沙城	高新制造业综合性新城

从国际大都市的城市空间结构发展演化过程中，可以判断杭州城市公共建筑空间结构未来会朝着“多轴线、多中心、网络化”的方向演进。多轴线指的是：一方面单中心的公共建筑规模扩张必然会从圈层式拓展转向轴线式延伸，另一方面是已经形成的多中心体系之间会通过线形公共建筑带逐步连点成网；多中心是指未来的杭州城市中心会通过集聚与扩散机制，主城区通过集聚作用强化其中心的综合服务功能，同时周边地区则通过扩散作用新兴多个专业化副中心，并最终形成多个规模等级，多个功能组合的城市公共建筑中心体系；网络化是指未来城市的公共建筑中心体系的基本空间模式是以多级公共建筑中心为节点、线形公共建筑带为连接纽带、网络状的空间布局结构，这种网络性的中心结构既是杭州城市历史发展与现有功能格局的有机延续，也是发达国家与地区城市发展规律性的再现。

三、建设“垂直分工”与“水平分工”结合的公共建筑职能体系

针对杭州核心区的相关研究表明，科学研究业、电子计算机业、邮电通信及信息咨询中介服务业等科研开发和信息类的行业已经形成了在城西区块集聚的态势；金融保险、外贸服务业、外地企业驻杭办等商务流通类的服务行业则往武林、湖滨一带区块集中；黄龙地区形成了以金融、展示和贸易为主导功能的商务办公区；随着以企业总部的管理、控制与决策来定位的钱江新城中央商务区的开发建设，今后杭州的现代服务业将呈现专业化集聚的态势。可见，在杭州核心都市区层面，已经初步形成了以水平分工为主的多中心城市(Polycentricity)结构形态。而从区域层面看，杭州主城区中心(湖滨、武林以及未来的钱

江新城)将会是杭州都市区的综合性服务中心，功能结构趋向高端化与复合化，而下沙、萧山和临平等副中心则形成专业化副中心，相互间形成专业化分工。以此，实现杭州大都市区域从单中心结构向多中心结构转型，建立起垂直与水平分工相结合的中心网络及其功能体系，在空间模式组织和战略选择上，强调高层、高密度的再开发，提高服务和设施的可达性。

总之，新一轮杭州都市圈规划的核心概念是“拓展空间，创造多中心空间”。一方面，应将公共建筑的副中心建设和公共建筑体系空间重组作为杭州城市空间调整的重点；另一方面应更强调不同层次城市中心极核在规模、功能和区位上的多样性及相互之间的联系与协作，以此作为加强区域整体性的重要手段。

四、期适应城市空间结构，控制城市中心等级规模的合理序列

城市公共建筑中心体系是城市地域范围内的大、中、小不同规模的城市中心的结合体，其形成和发展是一个历史的动态过程。所谓城市公共建筑中心体系的等级规模结构，是指城市公共建筑体系内上下不同层次、大小不等规模的城市公共建筑中心在质和量方面的组合形式，它反映了城市公共建筑中心在整个区域中所起的作用和分工，是城市空间结构与形态的主体框架。通过合理安排各级公共建筑中心的数量，能使整个体系实现有机协调发展。

杭州现状城市公共建筑空间分布不均，公共建筑中心等级序列不显，呈强中心线形结构特征。市区公共建筑主要集中分布在上、下城区，其中湖滨地区和武林广场集中了市区大多数的商业金融、文化娱乐、医疗卫生等大型公共设施，空间集聚效应已达到顶峰，市级公共建筑中心已具相当规模。萧山、余杭两区因其区位相对独立，其公共建筑自成体系，配置较为完备。现状市级公共建筑中心集中单一，向心作用过强，发展空间狭小，面临市景矛盾、交通负荷过重、环境恶化等多重压力；而次级公共建筑中心建设却还相对滞后，基础薄弱，功能遭到衰退，缺乏次级中心来承载不断涌现的城市新功能，因而亟待对城市的公共建筑中心规模等级和职能结构进行调整。

从日本与美国的相关经验来看，城市公共建筑中心的用地等级规模一般成阶梯状分布(如1∶2∶3)，而中心数量与建筑面积等级规模一般成金字塔状分布(如1∶2∶16∶45)，从中也体现出首位中心的就业容量与经济密度的合理等级规模体系应该大致符合幂次分布原理，这样的合理结构能保证一级中心的首位度，通过历史演化与区位锁定原理最终实现向国际性中心的转型，从而确保其经济集聚作用；而次级中心与三级中心则应注意其合理规模与服务辐射范围的匹配，这是构建均衡高效城市的关键——通过次级中心提供的岗位与生活生产性服务，能保持城市不同区域之间的出行平衡，减轻城市交通系统负荷，提高城市运行质态。

五、优化公共建筑中心内部结构，增强城市中心(CBD)的本体活力

城市中心区的活力来源于功能组合的多样性与动态持续发展能力，多种城市活动的空间集聚才能带来城市发展的源源活力。杭州现状城市中心普遍存在经营模式落后，整体水平和层次偏低；商业服务设施简陋，功能配套不齐，传统特色日渐消失；公共中心功能缺乏综合性，文化功能逐渐淡出，城市中心形象不够突出等诸多问题，严重影响城市运行效率和服务水平。西方国家成熟的城市公共建筑中心的容积率合理数值大多在3～5左右，与西方发达国家相比，杭州现状城市中心区的建设强度水平仍然偏低，但已出现时段性的严重交通堵塞现象，形成现有中心区已过饱和需要发展新中心的假象。然而，从国内城市CBD的开发强度统计来看，两者并没有直接的联系，上海外滩、深圳罗湖、大连等容积率较高的CBD，其交通状况尚好，可见造成拥堵的直接原因不是开发强度过大，而是其内部结构不合理。杭州城市中心区是典型的“宽马路—稀路网—大街区”的等级路网体系，而这种路网体系并不适合城市公共建筑中心的运行。杭州应根据国际大都市中心区的建设经验，调整优化现有城市中心的内部用地与职能结构，适应城市产业结构升级，同时加强中心区除了商业与商务功能外的辅助功能建设，合理确定内部居住、文化、开敞空间的比例，改善空间环境质量；对于新建的城市公共建筑中心，应该在规模、结构和开发强度等方面进行科学引导，同时对交通系统进行针对性设计，保证未来的运行效率与质量。

六、改善公共建筑发展的区域条件，加强交通等支持体系建设

城市公共建筑中心的布局要突出各级社区与邻里概念，完善各级商业设施和公共交通体系建设。用“以人为中心”的设计思想，重塑多样化、人性化的生活空间。杭州城市公共建筑的空间布局提倡两种模式的结合：TOD模式(公共交通导向的土地开发模式)和TND模式(传统邻里开发模式)，以城市公共建筑中心引导城市居住空间与产业布局发展，坚持组团紧凑型的发展，以大运量公共交通作为联系纽带，邻里为基本发展单元，提高多中心城市的运行效率。此外，交通组织是城市公共建筑发展建设的重要环节，在公共建筑中心的内部交通系统架构、辅助道路的建设等方面要充分考虑现有的道路格局、服务业网点、历史文脉等因素，在交通方式的选择上要以公共交通，特别是大容量公共交通为主，公共建筑中心区内部以步行系统为主导，把商业商务活动区域与外部城市活动相对隔离，有效分流社会车辆，合理组织公交车辆。

第九章　杭州城市空间结构演化历程及其机制

第一节　杭州城市形态与公共建筑的演化简史

一、杭州城市发展轨迹简介

（一）六朝、隋唐时期

六朝时期的钱唐县(即今天的杭州)由几个散布的聚落组成，受当时生产力水平的限制，城市建设地域主要分布在西湖群山的山麓地带，以及交通水道沿线。钱唐县治所在的行政中心聚落(公共建筑中心)位于柳浦之西凤凰山麓一带的浙江江干，依山面江。

隋唐时期是杭州城市发展的重要时期，隋代运河大堤使杭州城市南北分隔的宝石山东麓聚落与吴山东南聚落逐渐相连，杭州城区因此逐渐扩大，开始出现向北拓展的潜在趋势。当时，杭州城市经济商业化不仅程度高，而且已经形成南北两大公共建筑集聚地，主要功能为特色商贸集市，位于城南的江干地区，可以用“鱼盐聚为市，烟花起成村”来形容；城北江涨桥湖墅地区则是外地商人的贸易集市，即“通商旅之宝货”。

（二）南宋至清末时期

南宋时期，杭州作为京都临安府城，其布局和规制适应地理环境，依山就水，因势而筑，其禁城即皇城大内偏在西南凤凰山麓一角。南宋京城临安府的城市经济十分繁荣，具体表现在设立于城内外的各类商业贸易、娱乐场所(瓦子)，以及辖属于皇室、临安府和各级省署的仓库(图 9-1)。由于经济的发展，在城外也形成了许多市场。与此同时，商业场所出现了一定的专门化，这是南宋临安经济发展到相当程度的一种标志。

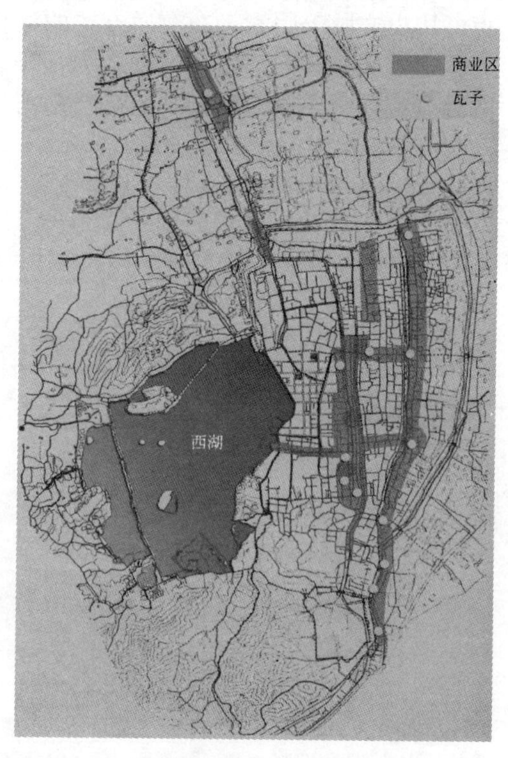

图 9-1　南宋临安商业区与瓦子分布图

明代杭州的商业经济中心在今城中官巷口一带，杭州以内河和海外贸易而繁荣，水运决定了杭州城市地域结构的分化现象并不明显，居民多以步行为主，活动半径狭小。当时，城市格局为棋盘状，布局集中紧凑，城市形态以护城河、城墙为界呈环形团块状布局。

清代杭州城市区域布局的最大变化是在城中筑城。东界为今庆春路与岳王路交界处南下，经岳王路、惠兴路、青年路至开元路止；西界为今湖滨路河南山路北段一线；南界为今开元路；北界今为庆春路。清代满营的修筑是杭州城市政治中心北移的结果，杭州的经济地理环境十分优越，自古“水陆所辏”，非常有利于商贸活动，有“十农五商”的说法，商业的繁华带来了城市的繁华。

清代杭州近城地域的新旧集市，今天都已成为现代城市的一部分；而清代远离杭州城区的新旧集市，绝大多数都延续到了今天，并成为今天杭州城市外围的重要卫星集镇，如良渚、留下、三墩、瓶窑、临平、塘栖等镇。一个现代大杭州城市的轮廓已经显现，但其历史的痕迹依然清晰可辨，并且杭州城市的地域结构演化产生了急剧变革，开始沿铁路、公路线向外呈放射状扩展，城市形态由团块状逐渐呈星楔状布局。

（三）民国时期

民国杭州城市仍呈单中心围绕西湖发展的形态，随着商会各行业的发展，商业市场逐渐形成特定区域，并分为东、西、南、北、中五个市区。东市区为城站商业区；在西市区内有延安路上的新新百货店、张小泉剪刀店等大型商店；南市区为江干商业区，从观音塘至龙山闸口，均为航运集散港口，自六朝以来，经久不衰；北市区为拱墅商业区，湖墅以北运河沿岸的拱宸桥地区，是杭州城北因交通而兴盛的集镇，是特殊的市区。中市区为中山中路商业区，也是南宋御街的中段，由于依傍吴山、官署集中、交通方便、商店荟萃、资金雄厚，因此商业兴盛，为民国时期杭州的中心商业区。民国时期杭州的五个商业区，东西南北中分布，各自因地制宜，逐渐形成具有特色的专业市场。

（四）20 世纪 80 年代

20 世纪 80 年代，杭州的城市性质为全国重点风景旅游城市与浙江省省会。城市空间拓展表现为围绕老城呈指状发展，城市中心区主要以湖滨(包括解放路与官巷口一带)地区为主，城市公共建筑集中分布于城站广场、浙江展览馆、少年宫广场这三个区域(图 9-2)。

中心商业建筑包括全市性的大型商店和对外旅游服务网点，共同形成了城市商业中心体系，如延安路、解放路、体育场路；次级网点系各区商业中心，主要是各种富有特色的专业商店和方便群众购买的综合性商店，如上城区的中山路、清河坊一带，下城区的庆春路，江干区的南星桥，拱墅区的卖鱼桥、拱宸桥，半山区的半山路。

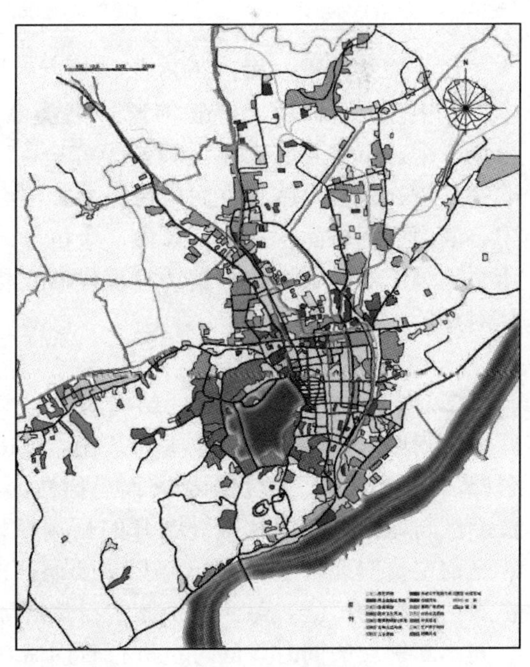
图 9-2　1981 年杭州现状图

（五）20 世纪 90 年代

20 世纪 90 年代，杭州城市建设规模迅速扩展，城市规模的增长形态从“摊大饼”和“填空档”重新回归团块状，城市公共中心不断向周边蔓延，尤其是由计划经济转入市场经济，商业服务、金融证券、商务贸易设施发展迅猛，城市公共中心进入快速成长期，但其布局形态依然以围绕西湖为主，在邻近西湖地区蔓延发展，呈区域面状与街道线状建设形态：

以湖滨地区为核心，沿延安路发展轴向北至武林广场地区，向南至吴山广场地区，沿解放路、庆春路、西湖大道发展轴向城市东部地区和城站广场地区延伸，形成南、北、东三面放射，功能完善，分工各有侧重的城市公共中心。

（六）2000年后

2000年后，杭州开始实施跨江发展战略，考虑重新选址城市中心，城市形态逐渐呈现以钱塘江为轴线的跨江、沿江，网络化组团式发展(图9-3)。主城区公共建筑主要集中分布在上、下城区，其中湖滨地区和武林广场集中了大多数的商业金融、文化娱乐、医疗卫生等大型公共建筑，空间集聚效应已非常显著，市级公共中心已具相当规模。而萧山、余杭两区因其区位相对独立，其公共建筑与公共服务自成体系，配置较为完备。

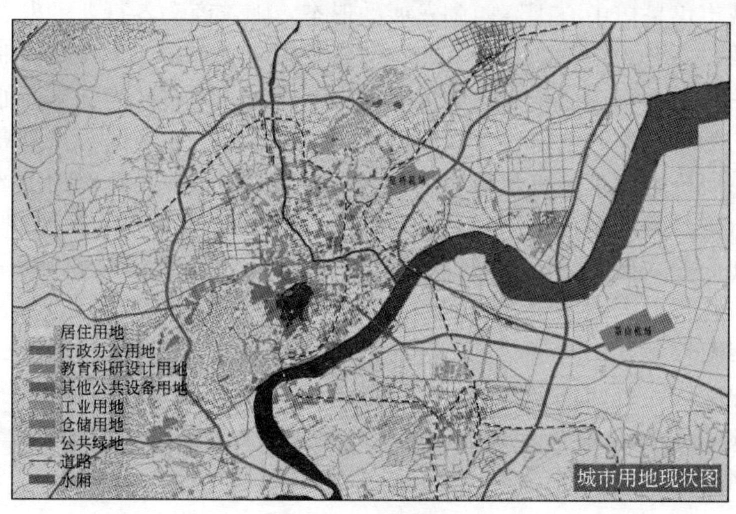

图9-3 2000年杭州城市现状图

商业公共建筑方面，2003年杭州市区拥有商业网点约7万余个，平均每万人拥有160个。其中，大型商场、超市34个，各类商品市场600余个，其中年成交额超10亿的专业市场8个。市中心区商业设施较为齐全，商业密集度高，集聚效应明显，但功能、档次、购物环境、配套设施等方面尚待提高；中心强大的极化作用抑制了区域次级中心发育，多中心的商业网络尚未形成；萧山、余杭两区商业规模较小，结构分散，业态单一；与连锁店、超级市场和仓储式大卖场等现代商业相配套的现代化大型物流中心和配送中心的建设相对滞后。

二、杭州城市形态与空间结构演化

杭州城市空间扩展模式主要是在城区边缘外延扩展，先是沿城市对外交通线路(铁路、公路、江河)两侧呈枝状延展，而后树枝形态逐渐变粗，或在枝状用地之间插入新建用地，使新区与城区连接成片，呈展开的折扇状。城市空间扩展方向具有明显的阶段性：1985年之前主要向北扩展，1985年后主要向西北扩展，1995年开始向东、向南扩展，2000后扩展区域较为广泛，除西南山体的自然屏障外，在其余方向均处于快速发展阶段。在城市空间不断扩展的同时，同时也进行着内城功能的向外疏散与结构优化，杭州城市空间扩展与产业结构演化相辅相成，高度耦合。

从杭州城市的历史演化来看：从民国时期至解放初，杭州的商贸业中心主要集中于上城区吴山路和中山路(图 9-4*a*)；新中国成立后至 20 世纪 70 年代末，上城区的湖滨地区逐渐形成全市的政治、商贸、金融和通信等的集聚中心(图 9-4*b*)，杭州一直处于单中心的集聚阶段；20 世纪 80 年代初，由于湖滨地区建筑高度受限和用地局限等原因，1983 年规划在下城区延安路北端的武林地区建设新的市中心，至 20 世纪 90 年代中期已经相对成熟，形成了武林与湖滨两大城市中心对峙的格局(图 9-4*c*)。同时，由于集聚效应，城市中心区的商业、金融、信息服务等职能仍然呈向心集聚的态势，使得中心市区不断扩展；同时扩散效应也起着作用，随着内城工业的外迁和居住空间的分散，以及信息技术的进步，现代服务业中的某些部门逐渐向中心区外围扩展，此时商务经济的雏形出现。

进入 21 世纪，随着城市建成区的扩展、郊区房地产的开发、城市中心区土地的紧张和地价的上涨，以及交通、通信技术的革新，使得现代服务业对市场空间接近的需求有所降低，因此一些企业纷纷向中心区外围迁移，在远离中心区的位置建设了地区级商务中心。此外，杭州新一轮的总规也提出了“跨江发展”的战略，新辟钱江新城作为未来的市中心和商务中心，形成多中心多层级的商务区结构，引导城市向多中心网络化大都市转型，城市空间发展处于整体分散与局部集聚的状态(图 9-4*d*)。

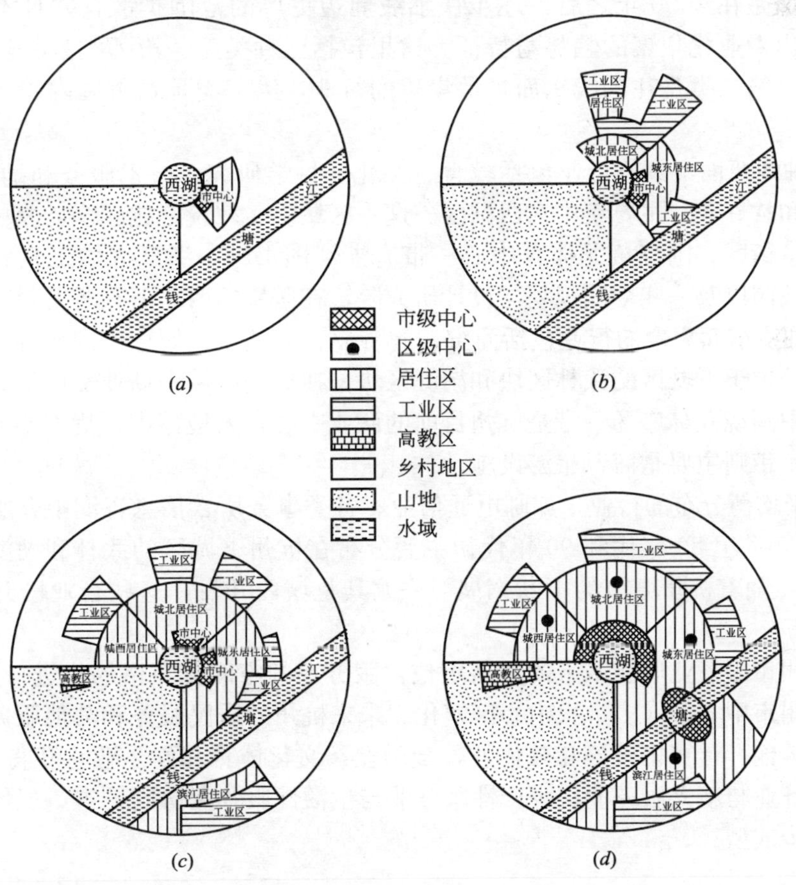

图 9-4　杭州城市空间结构演化图

(*a*)民国；(*b*)1981；(*c*)1994；(*d*)2005

第二节 杭州城市空间与现代服务业的互动演化

一、杭州服务业的空间演化特征

在全球化背景下，随着城市现代化的快速推进，杭州的服务业也发生了新的变化，产生了一系列以知识技术为支撑的高人力资本含量、高附加值的现代服务业，如信息服务业、金融保险业、科技服务业、现代物流等；随着知识技术以及信息的不断渗透，一些传统的服务业也不断发生着变革和升级，使得杭州近年来服务业发展呈现出以下特征：传统服务业不断升级，现代服务业和新兴服务业迅速发展，在服务业中的比重不断提高；消费性服务业不断扩大，生产性服务业特别是知识技术型服务业快速成长。

由于城市的不断发展和城市中心区在功能上的渐变，城市中心区逐渐由小变大，产业类型也随之调整，选址区位也相应发生变化。随着杭州的城市中心向多中心演化和生产价值链的区域分工，服务业在城市各区域出现了新的空间分布格局。以西湖和武林广场为轴线，随着杭州城市中心由湖滨向武林的迁移，杭州的服务行业在近20年中呈现了明显的区位变迁：20世纪90年代杭州的服务行业不仅在数量上增多，而且都有往轴线一带集聚的趋势，但是在2000年之后，逐步往轴线周边更广的范围扩散，并且不同的行业在空间上呈现出专业化集聚的趋势与特征。这里包括三种类型：第一类是往轴线西面扩散集聚的行业，第二类是往轴线东面扩散集聚的行业，第三类是在市区内趋于均衡分布的行业。

(1) 往轴线西面集聚的行业包括教育、文化、科学研究、技术服务和勘测业，信息、计算机服务和软件业，主要集中在西湖区。这一区域中文教设施比较多，其中沿文三路一带是电子信息街区，围绕黄龙体育中心一带有浙江图书馆、浙江大学玉泉和西溪两个校区、浙大科技园以及一些勘测规划与设计研究院，在区块的西北面有浙大紫荆港校区。

(2) 往轴线东面集聚的行业包括商贸、旅游业、金融业、信息咨询业等服务业。轴线的东面主要是位于下城区的武林区块和湖滨区块。在这一区域中商业、旅游、金融等设施比较多，其中围绕武林广场一带是杭州目前的商业中心，大型零售百货中心云集于此，围绕西湖吴山一带则主要是商业旅游设施。

(3) 趋于均衡分布的行业，如邮电通信业、各类事务所、信息咨询中介服务业与公关广告业等，20世纪80年代和90年代初主要分布在杭州下城区的武林和湖滨区块，但在1995年以后，随着杭州城市的不断拓展——尤其是城西开发，这些行业已开始趋于均衡分布。

根据杭州市服务业职能未来的发展定位，服务业的空间分布格局将进一步发展渐变，从目前的杭州市中心区向多个次中心区演化。未来杭州的居民服务和其他服务业，商贸物流业，信息传输、计算机服务和软件业，金融业，文化体育和娱乐业将获得更大的发展，坚持传统服务业与新兴服务业、生产性服务业与生活性服务业协同推进，现代服务业空间体系也将逐步成型。

二、杭州城市与公共建筑空间扩展特征

城市化、工业化的不断进步，现代服务业在城市中心区的集聚，工业、住宅用地不断

外移，杭州城市用地结构发生了很大的变化。将1978年以来杭州市的城市空间形态演变划分为两个阶段：第一阶段是1978～1996年，为圈层式发展阶段；第二阶段是1996年以后，为网络化发展阶段。

第一阶段：1978～1996年“圈层式”的发展阶段。该阶段城市空间结构的扩展主要是紧贴原有建成区的外围成片地扩建，即“圈层式”扩张阶段。杭州市的城市建成区形态在20世纪80年代以前主要为“团状”形态，在80年代以后，逐渐向“指状”演变，建设用地不断从中心沿重要交通干线两侧向外延伸。随着城市空间的继续扩展，延伸的线形用地逐渐扩展，并开始了“填充”式的发展，结合楔形绿地，使得城市建设连接成片。此时杭州城市形态已经演化成“扇形”，而在局部又会出现新的“指状”建设，以此开始一轮新的圈层式扩展。

第二阶段：1996年至今，网络化发展阶段。这一时期杭州市城区发展的特点是建成区面积在数量和空间上均呈跳跃式增长，由于城市新的建设大都位于城郊区位，与城市中心区通过交通线路相连接，从空间结构上来看呈现网络化的格局。主要表现在三个方面：一是1996年划归江干区的下沙镇和新成立的滨江区，作为新的城市建设区；二是2001年将萧山和余杭内原有的建成区调整为杭州市区；三是随着建成区的外扩，“城中村”现象开始出现，建成区周围的一些农村也被划为城市建设用地。

伴随着杭州市城市空间形态的演变，城市空间职能和空间结构也随之变化，形成了各种功能特征的集聚空间。以商业为例，武林广场商业区拥有杭州百货大楼、杭州大厦、银泰百货三家市级前三强商业零售企业，以及其他城市大型文化和信息设施；和平广场地区以会展中心为主要职能；黄龙地区以高档写字楼、省级文化体育设施为特色。城市中心空间集聚效应在湖滨地区和武林广场地区达到了顶峰，集中了市区大多数的商业金融、文化娱乐、医疗卫生等大型公共设施，市级公共中心已具相当规模。杭州主城从其发展的趋势来看，现状主中心有日益强化的倾向，主要表现为不同等级的商业中心蔓延连片，沿延安路、解放路、庆春路、天目山路呈“丰”字形线形散射发展。在城市次中心方面，萧山、余杭两区因其区位具有较强的相对独立性，其公共建筑中心自成体系，区域内公共设施配置较为完备，具有较强的城市次中心功能。同时，其他规划中的城市次中心都尚未成形，一些迫切需要城市次中心的地区面临着区域功能单一化的倾向，例如居住有70万人口的大城西地区，相应规模的公共建筑没有得到发展，是功能相对单一化的居住区，无法起到分散疏解市级公共建筑中心过度集聚的作用。

在城市结构和形态上，杭州还面临着郊区过度分散的问题。对于杭州城市中心区来讲，过度的集中，已经带来了生活和交通上的不便，为此迫切需要城市发展模式的转变。过去杭州过多倚重江北主城的空间发展，造成主城人口规模的快速增长和主城区的连片扩大，出现了集中与分散的空间极化，既不利于生态山水城市的规划建设，也不符合空间有机集中的发展方向。为避免杭州城市空间结构中过度集中与过度分散的结构性问题，迫切需要将杭州的城市发展模式转变到多中心发展模式上来。从长远看，杭州将是一个江南、江北跨江发展的滨江型特大城市，即跨江发展，组团式空间布局，多中心网络伸展，绿色空间和建筑空间互为镶嵌，城市经济、人口空间集约化有机集中的发展模式。

第三节 杭州城市公共建筑中心演化的动力机制

一、经济的快速增长促进了城市空间形态的外延扩张

经济增长对城市形态的影响最为重要，作为社会经济发展的产物，城市的形成、发展、变化都是城市经济作用力的表现结果，经济增长的速度、特征与方式引起了城市扩展的速度与形式的差异。解放初期，由于杭州城市经济的发展速度偏缓，多年来一直处于单中心集聚形态，加之地形条件的约束，而缺乏向外扩张的足够动力；进入20世纪80年代以后，随着杭州经济的快速发展，就业岗位的增加，原有极核状的城市中心区已经容纳不下新的人口和产业，经济活动所需要的空间越来越大，由此，引致了城市规模的快速扩展。人口的增加，相应要求提供的生活设施、配套设施和居住用地的规模也随之扩大，结构需求不断多样化，城市功能日趋综合。从1957年最初的“工业的、文化的、风景的城市”发展到当前的“浙江省省会和经济、文化、科教中心，长江三角洲中心城市之一，国家历史文化名城和重要的风景旅游城市”，城市形态从单中心圈层式缓慢扩张逐渐转变为多中心跳跃式快速扩张，空间结构日趋复杂。

二、城市功能迅速调整促进城市中心体系结构演化

杭州城市功能的调整，引起了城市形态的演变，城市的用地结构也随着城市功能的调整发生相应的变化，杭州由风景旅游、工业型逐步向服务型，尤其是生产性服务业快速转变，公共设施用地相应增加。同时，长三角区域功能的增强也促进了杭州城市商业商务中心的形成，城市的国际化信息中心和知识中心等新的功能也不断加强，相应地出现了新的城市中心。从杭州中心城区的发展来看，近几年其生产服务性功能进一步增强，已成为浙江省的生产性服务业中心和金融、信息、科技中心。位于主城区的工业逐步外迁，或者改造成城市综合体，有条件的则逐步形成城市次中心。同时，杭州作为区域服务职能的增强，也使得中心形态由点状向块状转变，以“退二进三”为核心的中心区用地结构调整策略成为杭州城市中心演化的主要内容，金融业、咨询业、办公业、文化等生产性服务业向中心集聚，更新与改造进程加快，大型公共建筑向各级中心继续集聚，促进了城市商业商务中心体系结构的形成。

三、现代化程度的提高与新的消费需求推动了公共中心的郊区化集聚

随着杭州城市现代化水平的提高与家庭收入的增加，近几年城市消费需求也发生了新的变化，舒适居住与闲暇生活成为了新的追求，刺激了人们购买小汽车、拥有住宅、休闲度假等愿望，要求提供相应的城市空间，催生新的城市中心，并因此持续地影响着杭州现有的城市空间形态。一方面，伴随着私人小汽车拥有量的增加，城市道路、隧道、高架等大量建设改造，削弱了城市空间扩散过程中由距离引起的摩擦力，推动城市向郊区快速扩展，引导主城区人口、工业、商业离心扩展；另一方面，杭州城市郊区的住宅逐渐体现出各方面的优势，如交通方便、环境优良、价格便宜、面积较大等，从而推动杭州郊区房地产快速发展。近年来，通往良渚、富阳、临安等的干道沿线房地产开发项目集聚态势十分明显，而居住空间在郊区的集聚必然也会对相应的配套服务设施乃至就业岗位产生极大的

需求，服务业的开发时滞必定会通过补偿式开发的形式体现出来，如杭州的西城广场便是典型的例子。城西的居住用地开发时间早，前期缺乏对于公共建筑的同步供给，而近几年随着城西入住率和人气的提高，对于公共建筑的需求急剧上升，在此背景下规划建设了一站式的城市综合体——西城广场。因此，现代化程度的提高与新的消费需求是推动城市中心地域分布向更广的范围集聚的主要影响因素之一，也是城市多中心结构形成的主要动力机制。

四、行政区划的调整与中心结构的优化推动了城市多中心结构的形成

城市行政区划范围基本上是一个长期稳定的格局，但由于其历史原因，杭州在 2000 年以前主城区行政区域范围只有六个城区，快速发展中的杭州越来越受到空间的限制。狭小的地域空间既限制了城市空间的合理增长与优化，同时也制约了城市资本、产业、劳动力等构成要素在地域空间上的合理流动与分布。2001 年杭州市政府经国务院和浙江省政府批准，撤销了原萧山市和原余杭市，设立萧山区和余杭区，与杭州市其余六个城区一起构成了新的大杭州。至此，杭州的城市空间拓展了 3 倍，为杭州城市功能拓展与优化创造了空间条件。近年来，杭州确立了跨江发展战略，制造业与相关服务业逐步向临平、萧山、下沙等地区集聚，改变了之前以西湖为核心的城市布局模式，开始从“西湖时代”走向“钱江时代”，城市结构走出了单一核心发展的束缚，朝着主次中心结合，多层级网络化的大都市结构发展。

五、人口的增长与空间扩散提升了对城市公共建筑的容量需求

人口结构的变化能从商业供给和需求角度综合反映商业空间结构形成的规律。一方面，人口的集聚和分散体现了城市化进程中经济、土地、交通等供给要素的变化；另一方面，人口的消费需求是公共建筑发展的直接动力，人口空间结构和消费的变化直接影响商业空间结构的形成。近年来，杭州的经济和人口增长迅速，人口集聚点和集聚带特征越来越明晰，对公共建筑空间结构特征和变化趋势具有显著的影响。城市人口增加带来对住房、交通和公共设施等方面的巨大需求。一定规模或密度的人口是公共建筑中心发展的必要条件，人口的分布影响着公共建筑中心的区位。城市人口是公共建筑中心服务的主要对象，人口密度的差异对公共建筑中心地的地域分布有着明显影响。人口分布密集的区域，公共建筑中心地的发展就快，数量多且规模大。居民的分布可能会出现集中与分散两种情况，这对城市公共建筑中心的发展具有不同的影响：居民分布相对分散，会导致公共建筑中心规模小、服务人口不足、活力弱；相反，若居民分布相对集中则公共建筑中心规模大、服务人口多、活力强。

从经济效益上讲，公共建筑中心地必须满足整个城市消费市场的要求，争取尽可能多的顾客；从成本效益上讲，要争取最大的集聚效益，并最大限度地利用城市的各种基础设施。以各级商业中心的发展为例，20 世纪 80 年代初杭州的商贸业主要集中于上城区吴山路和中山路，上城区的湖滨地区逐渐成为全市的政治、商贸、金融等功能中心。随着人口外迁、交通拓展等因素的综合作用，内环线以外地区对商业设施产生了很强的引力，新兴商业中心在此呈扩散式发展。例如，庆春东路、西城广场、半山地区、香积寺路、城站广场、之江大道南段新居区，这些新型的商业中心正不断改变人们的生活方式与购物习惯。

集聚力和扩散力的相互作用，改变了过去传统的商业向心集聚形式和“金字塔”式的商业空间网络结构。居住区域级商业中心的职能正逐渐得到强化，日用百货迅速在此集散，大大减少了消费者的购买成本和交易费用，也使得中心地体系变得不甚明晰；与此同时，市级商业中心的功能仍在不断提升，影响力依然存在。

六、交通体系建设对公共建筑开发起了先导作用

虽然交通发展并不是引起城市空间结构演变的惟一因素，但交通技术的发展对近现代城市空间结构的演变产生了重要的影响，它往往引导城市空间结构发展进入新的阶段。杭州城市的发展沿交通线辐射的特征十分明显。在主要依靠水路为交通工具的时代，京杭大运河两岸就形成杭州重要的商品集散地和居住圈。随着公路交通的发达，沿 320 国道、104 国道两侧都形成了重要的城镇带。根据交通圈的规划，杭州沿主要交通线，如高速公路、绕城公路，都将会形成若干新的城镇生长极。特别是杭州湾大桥的建设，在横跨杭州湾喇叭口后，与沪杭、杭甬高速公路形成的大三角区域，沿钱塘江两岸会出现新的增长极，北岸已有下沙，南岸仍有巨大的增长空间。

在杭州城市空间扩展中，杭州城市空间扩展更多地表现出围绕主城和新的组团，依托主要交通轴发展，在其两边不断充实，并沿新的交通轴向外扩展，在有些相隔较远的轴线之间留下大片空地，使城市空间扩展呈“指状”发展形态，也就是城市建设沿城市内部道路或对外交通干线进行连续或跳跃式的布局，并在交通网节点处形成新的工业区、居住区、商业区或卫星城镇。另外，除了向外延伸的发展轴外，与其垂直的市内交通轴促进了轴间用地的填实，实质上促进了城市空间的向外蔓延。

第十章 杭州现状城市公共建筑空间分布特征

第一节 杭州现状城市公共建筑数据库

国内外地理信息系统(GIS)技术的快速发展呈现出广阔的应用前景，在我国环境土地、规划和管理部门，对GIS技术的应用已成热点，不少城市都开始建设城市地理信息系统。

城市地理信息系统是一个涵盖城市各个行业和领域的综合信息系统，融合了电子、信息、网络、多媒体等技术。为了能够更好、更快地发挥城市地理信息系统的公共建筑空间分析与辅助研究功能，提高决策能力，研究建立了杭州公共建筑城市基础地理信息系统，主要有两方面的意义：一方面，公共建筑地理信息系统是城市基础地理信息系统的主要内容之一；另一方面，建立公共建筑地理信息系统能科学准确地在空间上对公共建筑情况进行分析，对城市建设与发展起到辅助决策的作用。

一、基础数据及来源

根据研究中进行的实地调研表格进行了原始数据的采集，信息包括公共建筑的具体位置、名称、所辖城区、功能类型、业态、占地面积、建筑面积、建筑层数、竣工时间、内部企业类型等，其中公共建筑的具体位置通过实地调研对照地形图绘制；名称、所辖城区、功能类型、竣工时间等信息均由实地调研获取，占地面积在调研后通过地形图测量获得；建筑面积一部分是通过调研该建筑时的建筑基础资料获得，而对于另一部分没有基础资料的建筑则通过层数与占地面积进行估算；内部企业类型通过建筑(写字楼)的相关告示牌、企业楼层分布牌等获得企业名称，然后对照行业分类表进行分类。其中：

功能类型共分为七类——商务办公楼(写字楼)、行政办公楼(政府管理部门)、金融中心(大型银行)、酒店宾馆(大型)、公共活动中心(展览馆和大型文化娱乐中心)、大型商业(大型百货商店和超市等)、专业市场(小商品市场和建材市场等)。

所辖城区由于调研的基础地形图范围所限，研究的重点区域是杭州的核心区，即上城区、下城区、西湖区、江干区、拱墅区、滨江区等六个城区。

内部企业所属行业采取与统计局一致的分类口径，分为：A采矿业，B制造业，C电力、燃气及水的生产和供应业，D建筑业，E交通运输，F仓储和邮政业，G信息传输、计算机服务和软件业，H批发和零售业，I住宿和餐饮业，J金融业，K房地产业，L租赁和商务服务业，M科学研究，N技术服务和地质勘察业，O水利、环境和公共设施管理业，P居民服务和其他服务业，Q教育，R卫生、社会保障和社会福利业，S文化、体育和娱乐业，T公共管理和社会组织。

二、数据库架构

建立地理信息数据库的软件很多，本次研究采用在国际上广泛使用，功能相对实用，又容易掌握的 Mapinfo 软件，该软件是美国 MapInfo 公司的桌面地理信息系统软件，是一种数据可视化、信息地图化的桌面解决方案。它依据地图及其应用的概念，采用办公自动化的操作，集成多种数据库数据，融合计算机地图方法，使用地理数据库技术，加入了地理信息系统分析功能，形成了极具实用价值的可以为各行各业所用的大众化小型软件系统。MapInfo 含义是“Mapping＋Information”（地图＋信息），即地图空间对象＋属性数据。

根据本次杭州公共建筑研究的需要，我们将实地调研的数据进行整理后，建立了杭州现状公共建筑地理信息系统(图 10-1、图 10-2)。

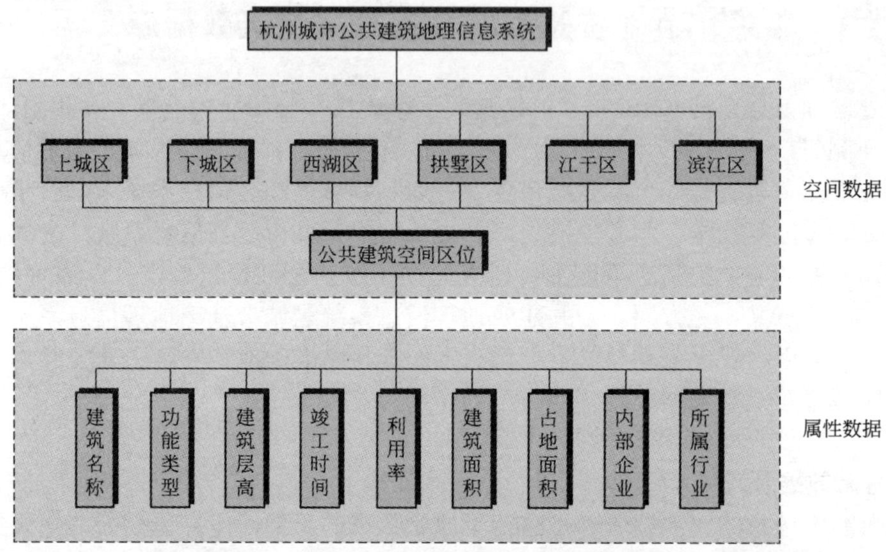

图 10-1　杭州公共建筑地理信息数据库架构图

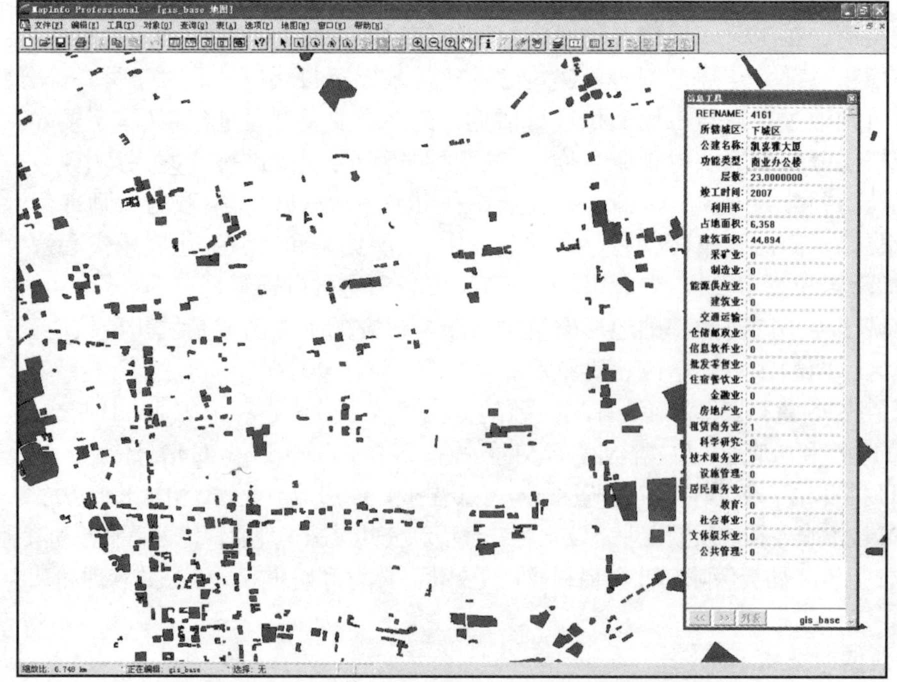

图 10-2　基于 Mapinfo 的杭州公共建筑地理信息数据库

三、数据库查询与统计功能

（一）SQL 查询语言

结构化查询语言(Structure Query Language，简称 SQL)是一套强大的查询系统，语法简单，被广泛地运用在关联式数据库中。相对于其他的程序语言，SQL 操作简单、指令简洁，但足以应付十分庞杂的数据查询需求。佐以 MapBasic 程序语言，结合 MapBasic 中的地理信息系统空间分析函数，使 SQL 除了能做一些基本的数据查询外，还可对数据进行整合，以条件式作为数据分组或排序的依据。另外 SQL 所提供的函数，可以方便字段的计算整理。图 10-3 是使用 SQL 查询功能对上城区的公共建筑进行查询统计的示意。

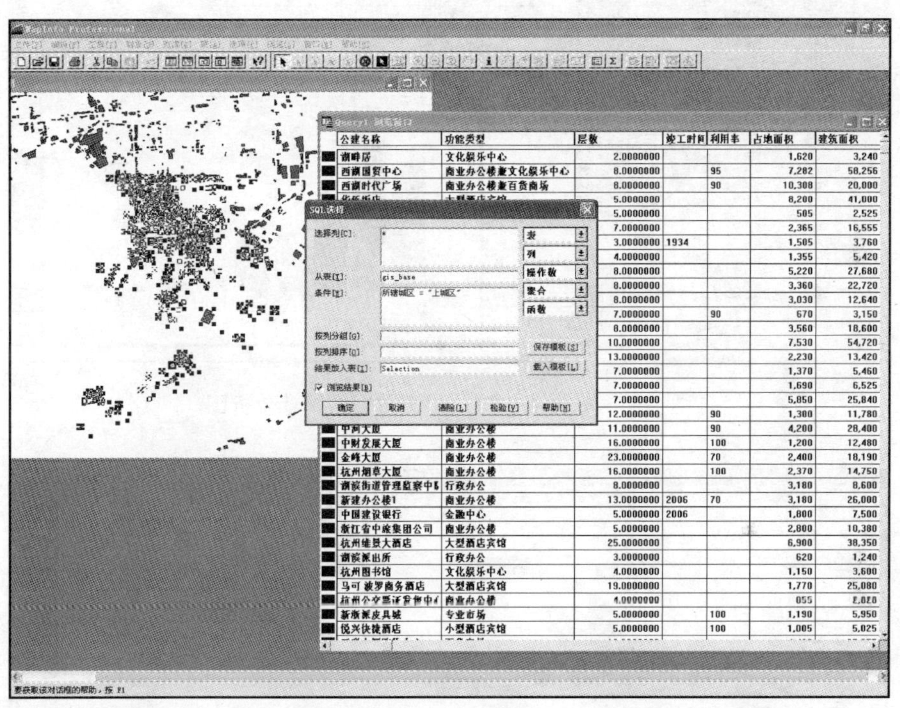

图 10-3　基于 SQL 功能对“下城区”公共建筑进行选择

（二）统计图表功能

通过数据库的建立，还可以便捷地制作各类关于杭州公共建筑不同属性字段的 3D、Area、长条、泡泡、折线、圆饼等统计图表(图 10-4)。

（三）主题图及其样板

根据图档的数值为图层着色，方便了解数据模式以及发展趋势，可以从上百种的颜色、符号和线形中进行选择，从而进一步区分数据，也可以将经常使用的主题图(图 10-5、图 10-6)以样板方式保存，方便日后进行修改或直接套用。

四、基于 Google Earth 的集成发布系统

Google Earth 整合了 Google 的本地搜索以及驾车指南两项服务，能够鸟瞰世界。Google Earth 采用的 3D 地图定位技术能够把 Google Map 上的最新卫星图片推向一个新的

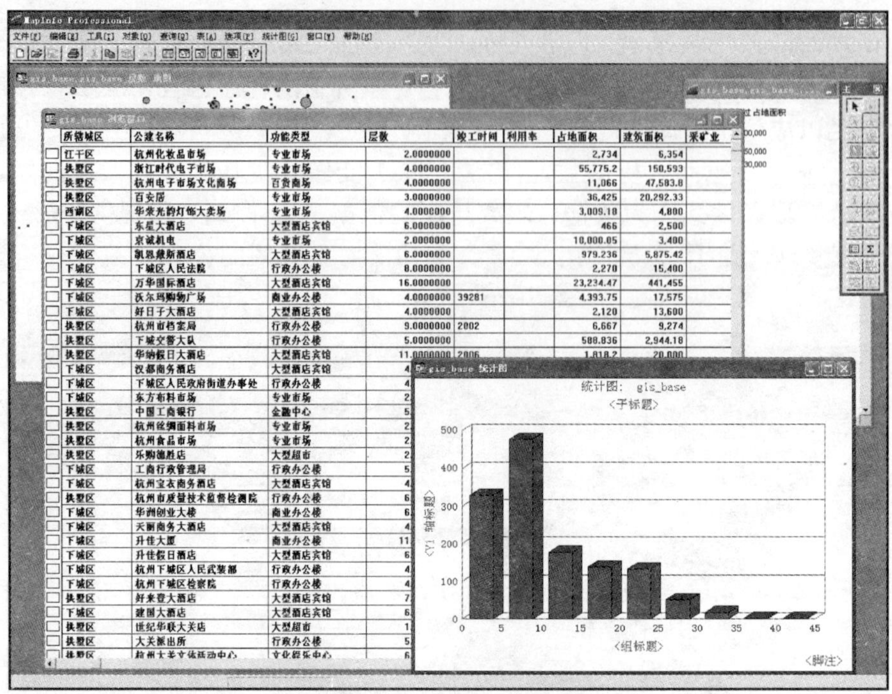

图 10-4　数据表中进行层高数据的统计分析图

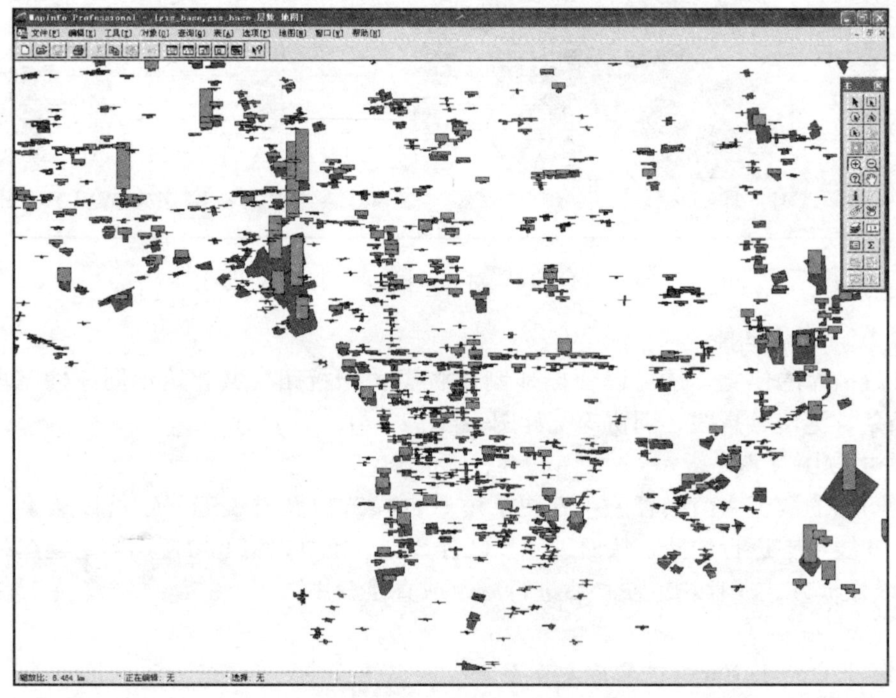

图 10-5　建筑面积空间分布专题图

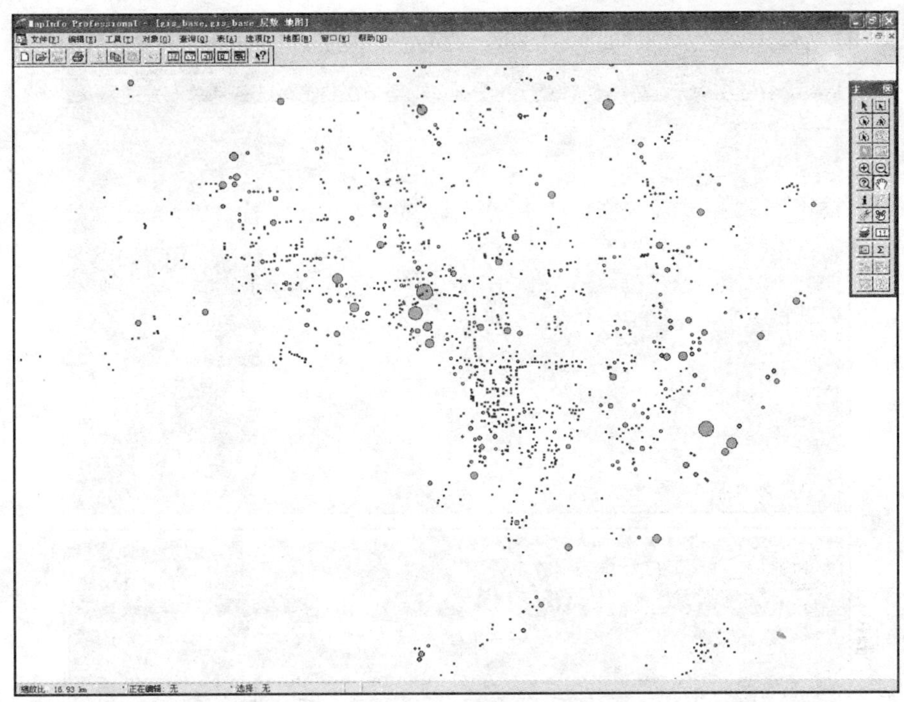

图 10-6　占地面积空间分布专题图

水平。用户可以在 3D 地图上搜索特定区域，放大缩小虚拟图片，Google Earth 主要通过访问 Keyhole 的航天和卫星图片扩展数据库来实现上述功能，它含有美国宇航局提供的大量地形数据，未来还将覆盖更多的地区。

通过 Google Earth 能清晰地看到杭州的地物景象，包括建筑轮廓、道路等，非常直观也便于查询操作，此次研究建立的数据库系统目前还需要相对专业的地理信息软件的支持才能使用，因而对一般城市居民或者政府管理部门的操作来说具有较大的难度，为此，本次研究专门将研究中的分析图以及最终研究的成果从数据库中导出(图 10-7～图 10-9)，并基于 Java 与 Google Earth 在网页技术中集成，使其能够通过一般的互联网进行访问，

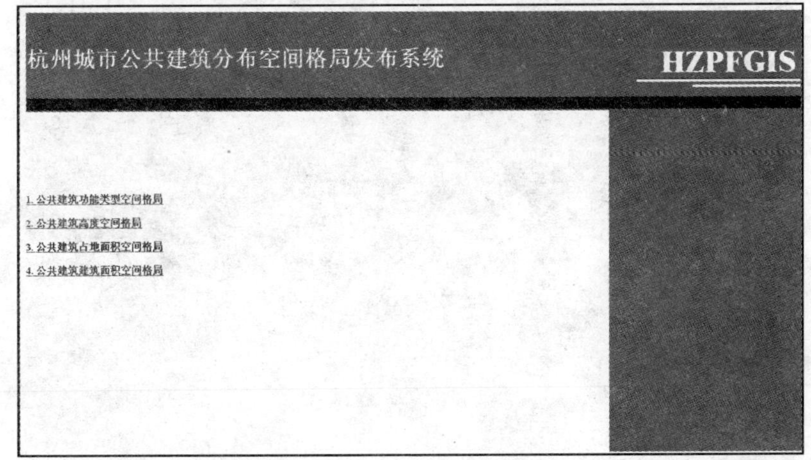

图 10-7　发布系统首页

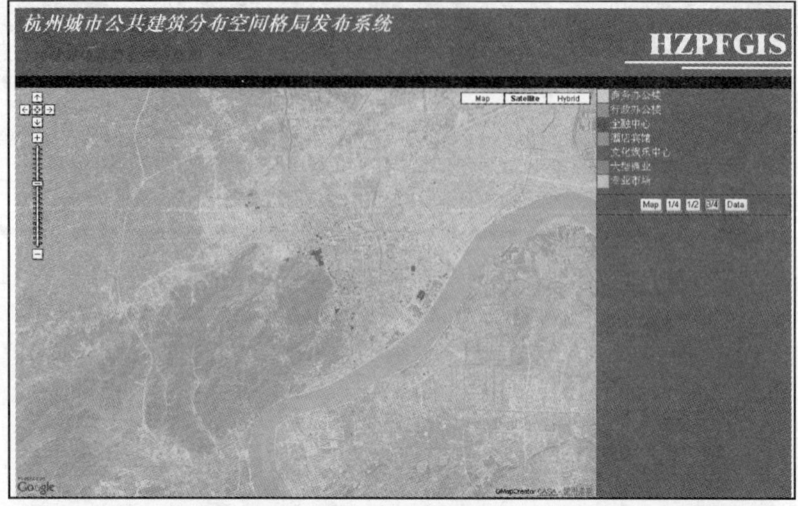

图 10-8 公共建筑功能类型空间格局发布页面

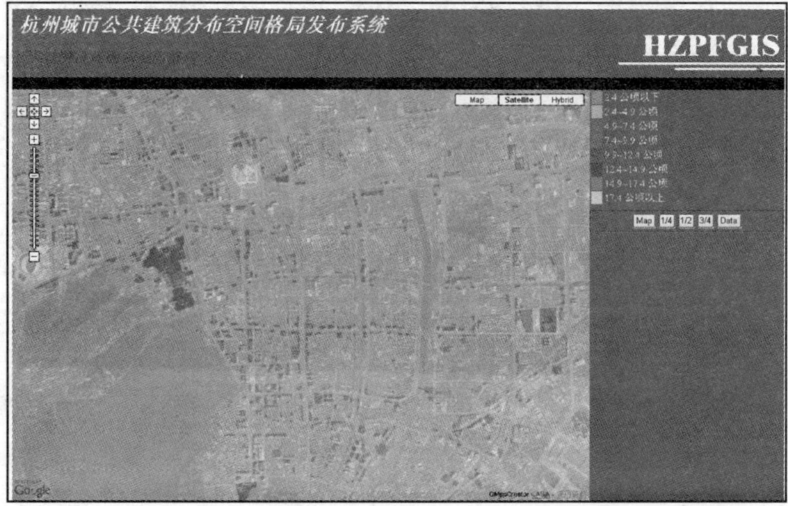

图 10-9 公共建筑占地面积空间格局发布页面

借助 Google Earth 的动态缩放功能，用户能查询任何一个公共建筑在空间上的分布以及在本次研究中相关的分析结果，也能查询最后的城市公共建筑布局决策，操作十分简单，能大大推进阳光规划❶的普及与公众参与能力的提升。

第二节　现状核心区公共建筑分布总体格局

由于城市公共建筑广义上包括城市规划用地分类中的大 C 类，涉及范围广泛，而教育、医疗等用地均有相关国家定额指标规定，故此次研究的公共建筑主要指与生产性服务业相关的经营性公共建筑，具体包括商务办公楼、行政办公楼、金融中心、酒店宾馆、公共活动中心、商业中心、专业市场等大部分属于经营性的公共建筑，在分类的基础上进行了为期两个月的实地调查。

一、现状城市公共建筑用地空间分布特征

从现状调研结果来看，比较杭州上城区、下城区、西湖区、拱墅区、江干区和滨江区六个区的公共建筑分布(图 10-10)可以发现，公共建筑的空间分布不均衡，主要分布在以杭州西湖为圆心的北部的扇形区域。为此，将该六个城区划为杭州大都市的主城区，也是本次研究的重点区域。通过对各类公共建筑(在统计局分类的基础上进行了归并，最后按照七类进行划分)的用地面积调研数据进行统计，得到表 10-1。

图 10-10　杭州现状城市公共建筑用地空间分布图

❶ “阳光规划”是地方上实施的规划公开与公众参与措施，使规划在审批前进入老百姓的视野，广大人民群众对规划第一次有了知情权、话语权和监督权，群众的智慧和意见被采纳到城市规划中，促进了城市的有序发展，同时也维护了老百姓的切身利益。

杭州主城区公共建筑用地面积　　表 10-1

	上城区	下城区	西湖区	拱墅区	江干区	滨江区
商务办公楼(m^2)	350485.00	381951.39	1096823.88	49277.04	580915.00	633539.00
行政办公楼(m^2)	177878.00	66257.08	505120.62	25878.60	259014.00	76450.00
金融中心(m^2)	38428.00	26294.28	6727.00	6475.18	12572.00	0.00
酒店宾馆(m^2)	210990.00	99484.88	131150.83	41768.46	170882.00	28150.00
公共活动中心(m^2)	96952.00	18286.13	130027.27	9306.82	119568.00	7800.00
大型商业(m^2)	90717.00	20703.72	41822.29	31212.51	115193.00	0.00
专业市场(m^2)	181602.00	159372.97	83778.37	255629.36	692597.00	24200.00
总计(m^2)	1147052.00	772350.44	1995450.25	419547.96	1950741.00	770139.00

从现状建成与正在建设的公共建筑总量的构成上看(图 10-11)，总量分布中以西湖区与江干区最大，均占到 28%；其次分别是上城、下城与滨江，分别占了 11%～16%；比例最少的是拱墅区，仅有 6%。西湖区商务写字楼的开发十分迅速，而江干区则凭借着新城市中心——钱江新城庞大的公共建筑规模，成为杭州近年来发展速度与结构变化最快的两个区域。

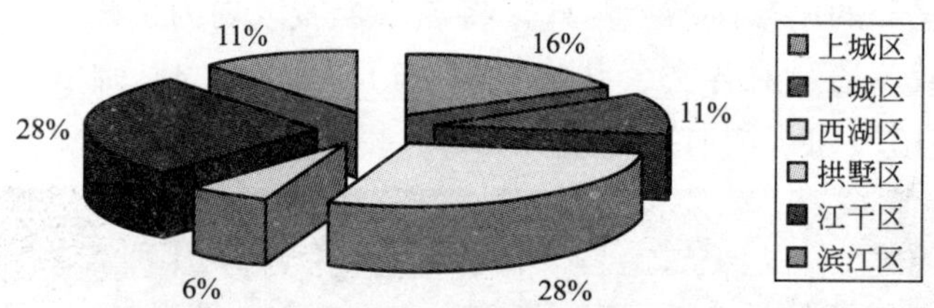

图 10-11　杭州主城区公共建筑总用地面积构成图

从杭州主城区公共建筑分类用地面积统计图分析(图 10-12)，按照七类公共建筑的功能划分，在总量存在巨大差异的现象背后，其功能结构却有较大的相似性：商务办公楼的用地面积最大，其次是行政办公楼与酒店宾馆，金融中心、大型商业与专业市场(除江干区外)的面积都是最小的。这与杭州在 2000 年以后加快了楼宇经济(写字楼)建设的步伐有着紧密的关系，各个城区写字楼建设十分火热。

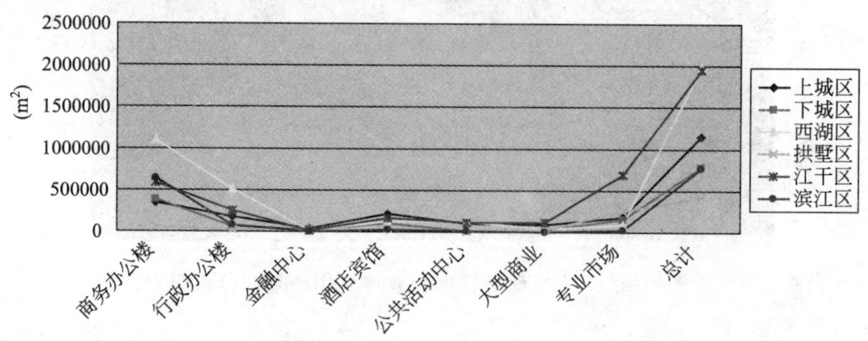

图 10-12　杭州主城区公共建筑分类用地面积统计图

从杭州主城区公共建筑用地面积空间分布图(图 10-13)可以看出，用地面积的空间差异具有明显的空间集聚特征，其中建筑面积较大的单体都呈现出集中分布的格局，从图中可以直观识别热点区域主要位于以下地区：武林广场地区(大型商业与省政府、市政府办公楼)，钱江新城(正在建设中的大型公共建筑群)，黄龙区块(世贸商务办公群)，文教区块(高新办公建筑群)，景芳区块(大型装饰专业市场)，滨江区块(UT 斯达康等高新制造业办公基地)。其余公共建筑则呈现从中心向外围密度梯度递减的格局。

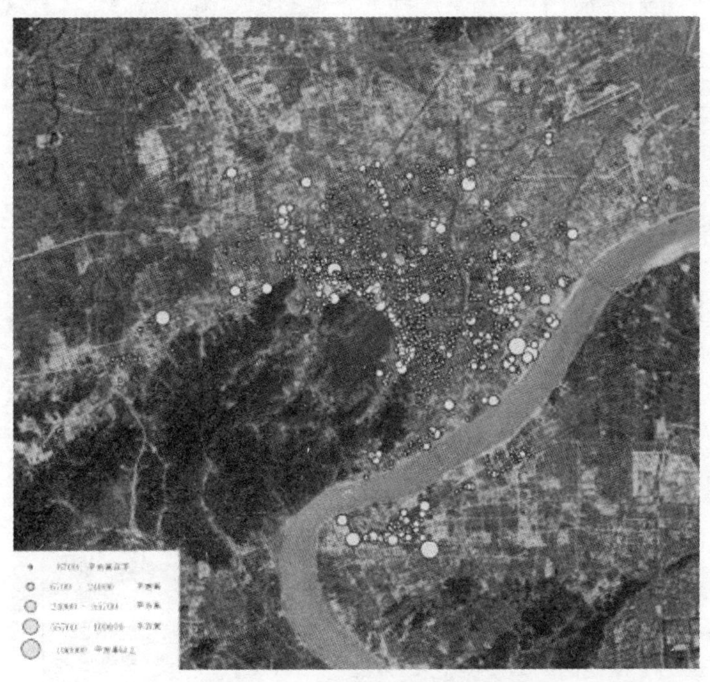

图 10-13　杭州主城区公共建筑用地面积空间分布图

从单体数量的统计结果来看(图 10-14)，比例较高的三类公共建筑是商务办公楼、行政办公楼与酒店宾馆，而金融中心、公共活动中心、大型商业与专业市场的比例均较低。

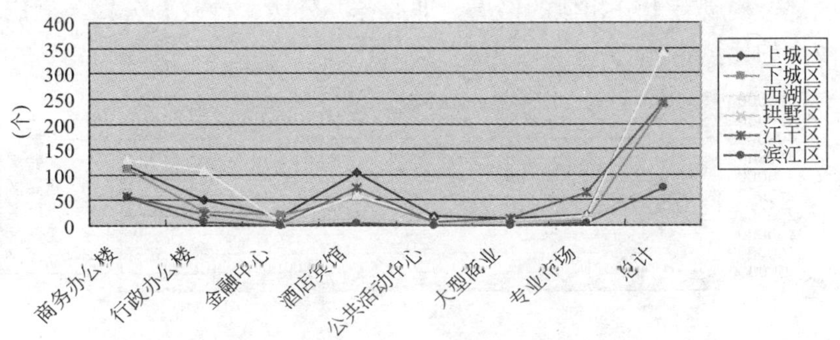

图 10-14　杭州主城区公共建筑单体数量统计图

二、现状城市公共建筑容量空间分布特征

公共建筑的用地面积体现了其在城市空间中的物理意义，而真正体现公共建筑经济意义的空间容量应该是其建筑面积，针对此次研究的目的，我们对杭州主城区公共建筑的建筑面积进行了分类统计，结果见表 10-2。

杭州主城区公共建筑建筑面积总体情况统计表　　表 10-2

类　别	上城区	下城区	西湖区	拱墅区	江干区	滨江区
商务办公楼(m^2)	2376992.00	2681792.73	4746480.09	865920.69	2630412.00	2049824.00
行政办公楼(m^2)	643074.00	822408.38	2068242.37	88941.58	575751.00	157900.00
金融中心(m^2)	190330.00	379309.75	30730.72	41973.54	47172.00	0.00
酒店宾馆(m^2)	1210415.66	1089918.73	663490.24	183510.60	670003.00	167800.00
公共活动中心(m^2)	199993.00	78158.40	334245.60	10691.61	179177.00	11600.00
大型商业(m^2)	430795.00	78004.98	145826.28	102641.96	188304.00	0.00
专业市场(m^2)	451083.00	190974.84	149713.12	934094.95	1401317.00	70500.00
总计(m^2)	5502682.66	5320567.80	8138728.43	2227774.93	5692136.00	2457624.00

从公共建筑建筑面积的构成来看(图 10-15)，西湖区还是占据明显的优势，与占地面积的构成相比，上城区公共建筑的建筑总面积占全市公共建筑的建筑总面积比例从 16%上升到了 19%，拱墅区从 6%上升到了 8%，下城区由 11%上升到了 18%；相反，江干区由 28%下降到了 19%，滨江区从 11%下降到了 8%。可见，上城区、下城区、拱墅区由于是杭州传统的老城中心区，从开发的建筑面积密度和强度上都较周边快速发展区要高一些；而滨江区、江干区等外围快速发展地区的开发面积虽较大，但强度稍低。

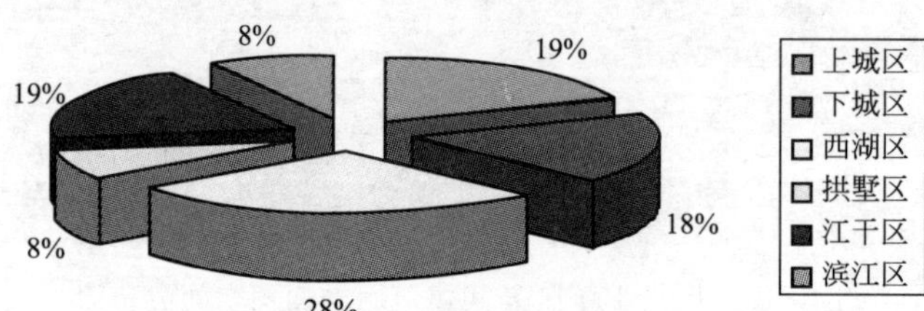

图 10-15　杭州主城区公共建筑建筑面积构成图

从杭州主城区公共建筑建筑面积内部构成统计图来看(图 10-16)，其内部构成结构与占地面积的内部结构具有十分相似的格局，即商务办公楼、行政办公楼与酒店宾馆三类功能建筑占有较大的比重。

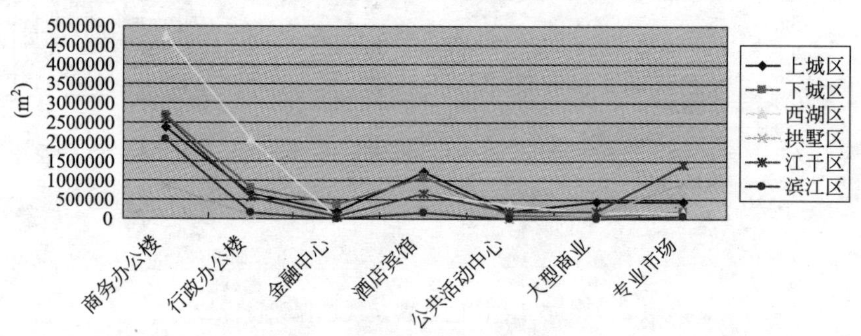

图 10-16　杭州主城区公共建筑建筑面积内部构成统计图

从公共建筑建筑面积的空间分布来看(图 10-17)，建筑面积较大的公共建筑在空间上的分布没有呈现明显的集聚特征，空间分布较为均匀，但总体看来，建筑面积较大的公共建筑一般位于城市的快速拓展区域，如钱江新城、文教区块、滨江区块以及湖滨的省府办公区块与吴山区块。但另一方面，从建筑面积的空间分布密度来看，还是呈现出明显的空间不均衡集聚格局，现状的密度高值点出现在武林广场、湖滨、黄龙、吴山、钱江新城、滨江区政府等区块，其余以西湖为圆心，向外围梯度递减。

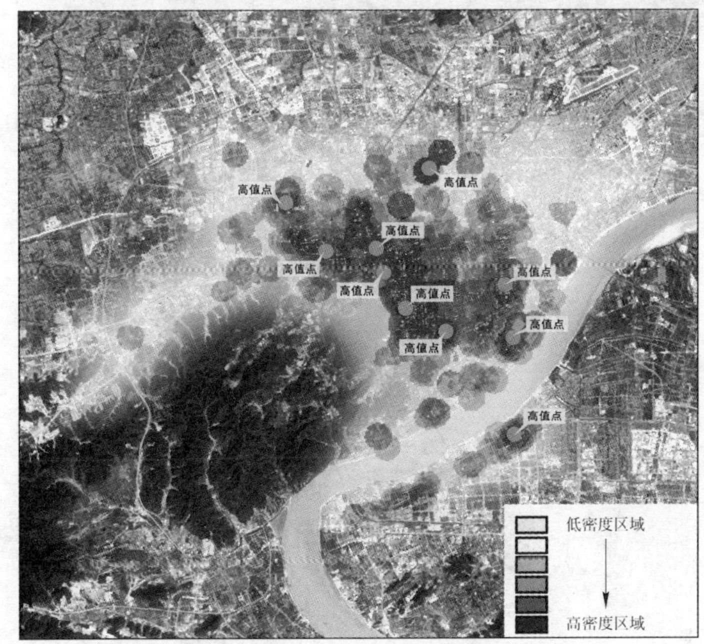

图 10-17　杭州主城区公共建筑建筑面积空间分布与密度分析图

三、现状城市公共建筑开发强度空间分布特征

研究根据调研的公共建筑高度数据建立了空间数据库，利用空间插值的分析方法建立高度空间分布的趋势面，生成高度变化的连续趋势图(图 10-18)。从图中来看，公共建筑高度分布存在几个明显的高值点，分别是：钱江新城正在建设的公共建筑群，市政府、武

林广场公共建筑群，凤起路与庆春路沿线部分地区，西湖大道部分地区，这些基本上都分布在城市的一级主干道沿线；而西湖周边地区，由于要保证城市景观视线的质量进行了高度控制，总体上还是控制在8层以下的开发强度。

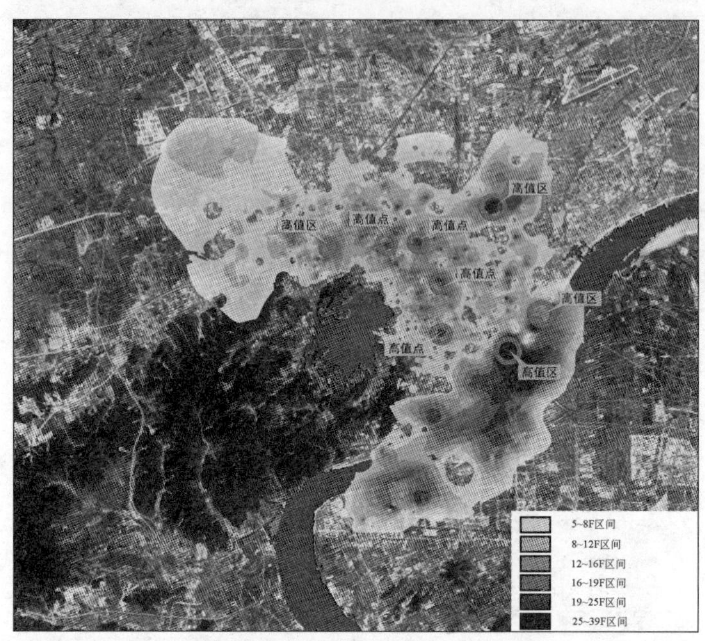

图10-18　杭州主城区公共建筑高度空间分布趋势图

从整个主城区一共1324个样本的层数分布频率图中可以看出，杭州公共建筑的高度集中于2～10层区间内，整体开发强度偏低，最多的是4～5层的公共建筑，样本数达到230左右，而20层以上的公共建筑所占的比例相对较少(图10-19)。

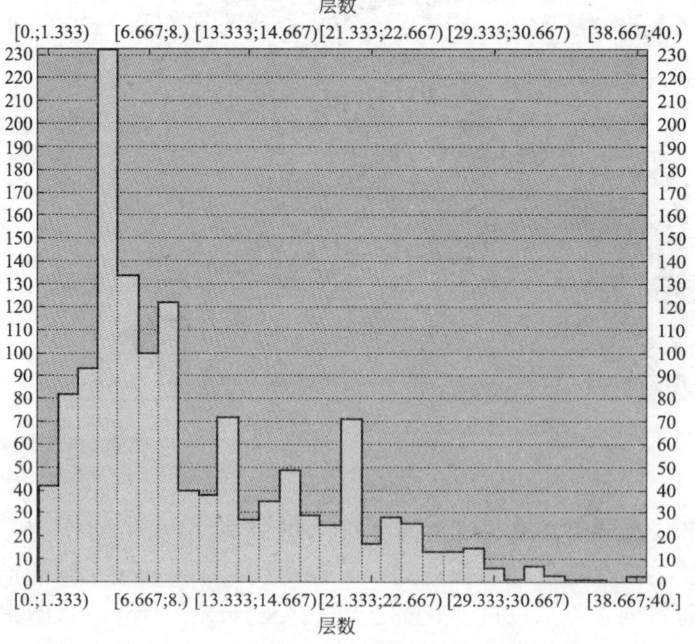

图10-19　杭州主城区公共建筑高度频率分布图

从杭州主城区公共建筑开发强度单体数量统计图看(图 10-20)，由于城市发展的继承性，各个城区还是以 8 层以下的公共建筑为主，25 层以上的公共建筑则以下城区、滨江区与江干区分布最为密集；相反，西湖区与拱墅区的公共建筑高度则较低；从平均层数来看(表 10-3)，滨江区以 14.6 层显著高于其他城区，第二梯度是下城与江干，拱墅区的开发强度是各个城区中最低的。

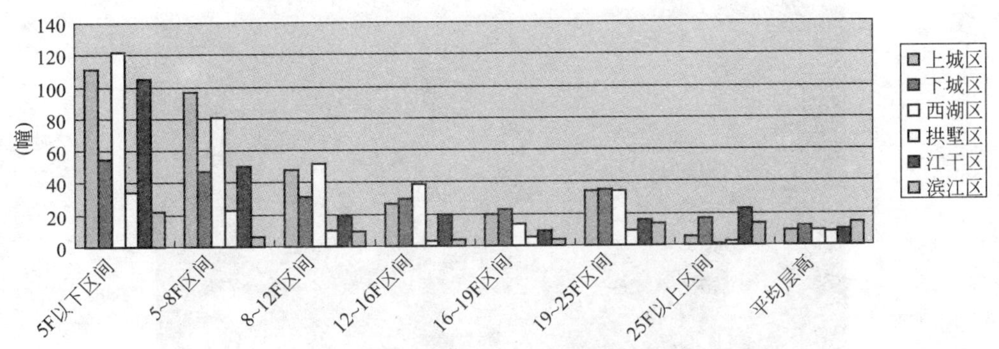

图 10-20　杭州主城区公共建筑开发强度分类分城区统计图

杭州主城区公共建筑开发强度单体数量统计表　　**表 10-3**

类　别	上城区	下城区	西湖区	拱墅区	江干区	滨江区
5 层以下区间	111	55	122	34	105	22
5～8 层区间	97	47	81	23	50	6
8～12 层区间	48	31	52	10	19	9
12～16 层区间	27	30	39	3	20	4
16～19 层区间	20	23	14	5	9	4
19～25 层区间	34	35	34	9	16	14
25 层以上区间	5	17	1	2	23	14
平均层高	9.3	12.2	9.0	8.7	10.0	14.6

四、现状城市各功能类型公共建筑的空间模式分析

从城市公共建筑用地的空间分布来看(图 10-21)，呈现出以西湖为中心的扇形展开状，另一方面，杭州城市用地扩展的地理质心从南宋时期开始便一直位于西湖区域。因此，此次研究采用以西湖为核心的同心圆分析方法，并考虑城市建设的区块分布特征，对现状城市公共建筑的空间分布模式进行分析，该同心圆由三个圈层组成：内圈层(半径 4km)、中圈层(半径 7km)、外圈层(半径 10km)。

(一) 商务办公楼空间模式识别

商务办公楼是楼宇经济的主体，是都市经济发展中的一种新型高级经济形态，它以极小的土地资源集聚起最大化的经济和财富效应。发展楼宇经济，对于开拓发展空间、集聚经济要素、提高业态档次、提升内涵发展、扩大经济总量等都有重要作用。从杭州核心区商务办公楼的空间分布中可以看出(图 10-22)，其空间分布符合基本的“核心—外围”模式，即大量的商务办公楼还是集聚在城市的内圈层，但具有向外围逐渐扩散的趋势，而在中圈层与外圈层的部分区域又有部分集聚的现象。

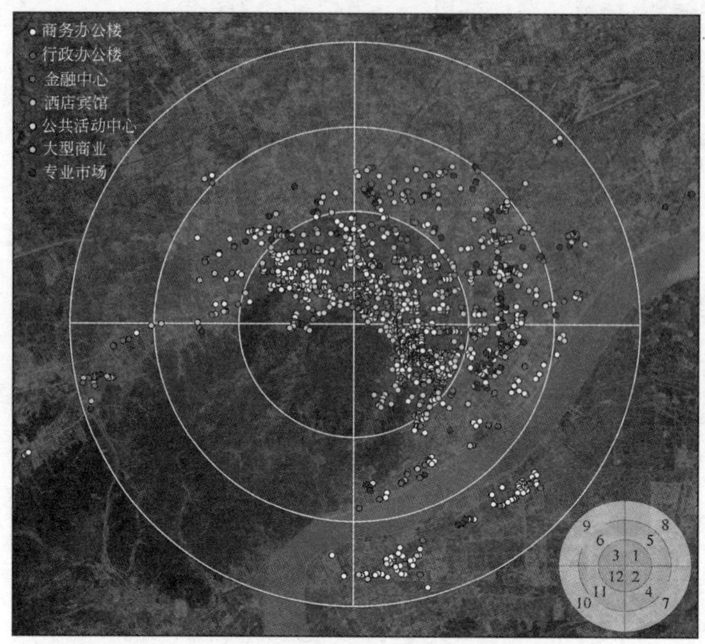

图 10-21 杭州主城区现状城市公共建筑空间分布格局图

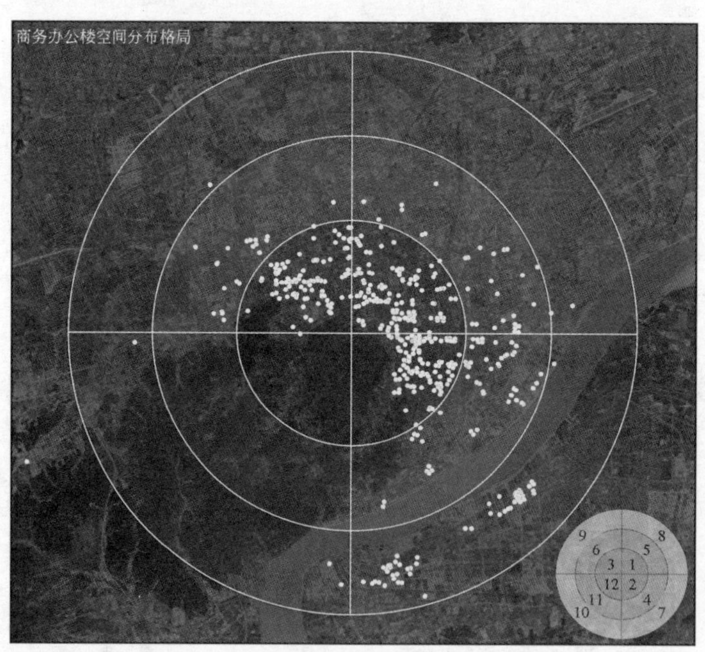

图 10-22 杭州核心区现状商务办公楼空间分布图

如杭州主城区商务办公楼建筑面积与占地面积空间分布统计(表 10-4、图 10-23)，虽然从内圈层到外圈层商务楼的分布密度总体趋势是递减的，但在 7 区却出现了明显的次高峰点，说明商务办公楼的空间分布有向多中心形态演化的趋势，并且现状已经形成了一定的次中心发育基础。

杭州主城区商务办公楼空间分布统计表　　表 10-4

区　域	1 区	2 区	3 区	4 区	5 区	6 区
单体个数(幢)	119	115	95	52	30	21
建筑面积(m^2)	3676135	2277726	3306878	2140844	926977	612703
占地面积(m^2)	598862	315699	592839	447845	177210	147734
平均层数(层)	6	7	6	5	5	4
区　域	7 区	8 区	9 区	10 区	11 区	12 区
单体个数(幢)	54	2	1	3	0	2
建筑面积(m^2)	1863424	207257	112000	223120	0	1880
占地面积(m^2)	557329	47836	31600	174710	0	830
平均层数(层)	3	4	4	1	0	2

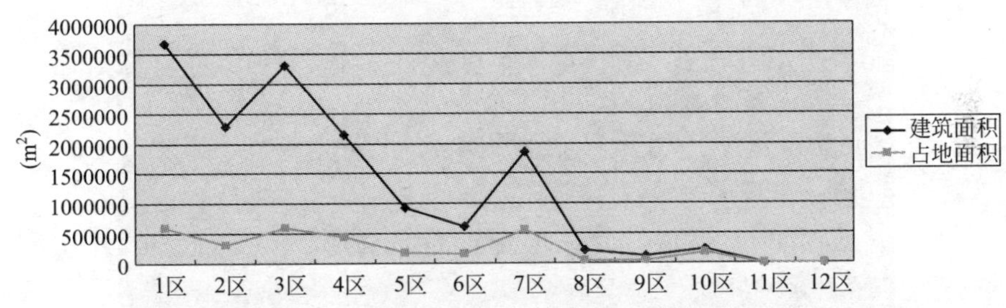

图 10-23　杭州主城区商务办公楼建筑面积与占地面积空间分布统计

从开发层数的统计看(图 10-24)，也存在类似的现象，即从内圈层到外圈层平均层数逐级递减，但局部出现了次波峰形态，说明在垂直空间的形态上也出现了多中心的雏形。

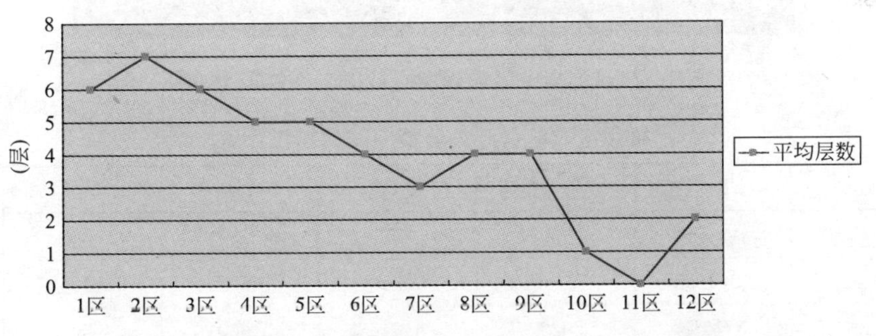

图 10-24　杭州主城区商务办公楼开发层数空间分布统计

由此，总结杭州城市商务办公楼的空间分布模式为：商务办公楼的空间分布区域差异显著，成非均衡集聚分布，主要集中在内圈层，即上城区、下城区，以及西湖区以西湖为圆心半径 4km 的区域内，尤其是武林广场、黄龙地区和吴山—城站地区；总体分布特征遵循由内圈层向外圈层逐级扩散的格局；在部分区域，如钱江新城、滨江区政府区域及文教区块出现次级分布高峰区，具有形成多中心的趋势。总体来看，商务办公楼的空间发展主要是以主城区为主，逐步向外扩散，并在中圈层及外圈层出现多中心结构的雏形。

（二）行政办公楼空间模式识别

行政办公楼大都是非商业性质的，承担着区域的管理职能，其布局一般是伴随着城市用地的建设与扩展，逐渐在外围区域形成新的管理机构，但钱江新城的建设具有特殊性，钱江新城除城市新区建设外的另一主要目的是为了引导城市形态的跨江发展，将现状城市的行政中心搬迁至城市外围的钱塘江沿岸，现状钱江新城尚在建设之中。因此从整体看（图 10-25），行政办公楼的数量分布除位于西湖边的省政府区块呈显著集聚外，其余地区分布较为均衡，但均位于内圈层与中圈层，从单体数量分布可以看出，1、2、3 区的单体数之和占到了总量的 67%，其中又以 1 区(包括省政府、武林广场、下城区部分区域)为最高值(表 10-5)。

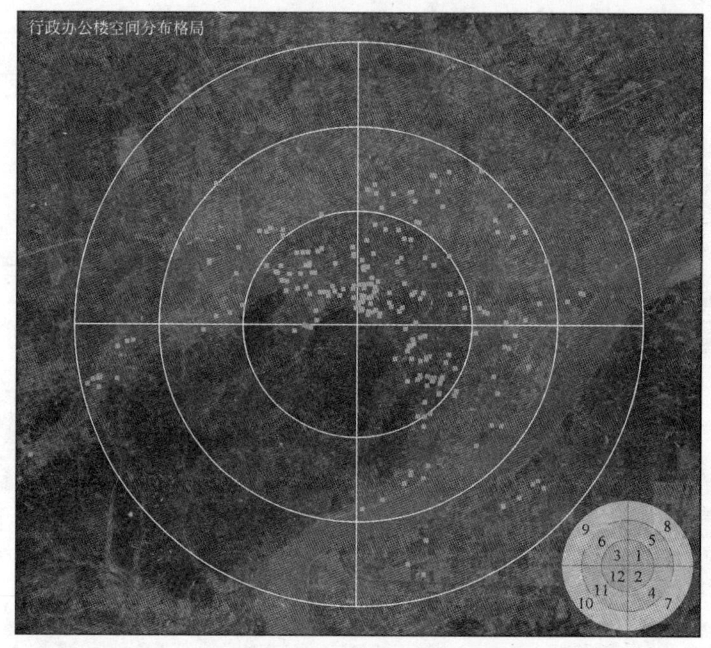

图 10-25 杭州主城区现状行政办公楼空间分布图

杭州主城区行政办公楼空间分布统计表 表 10-5

区域	1 区	2 区	3 区	4 区	5 区	6 区
单体个数(幢)	62	34	40	23	30	13
建筑面积(m²)	2063108	354943	485993	743079	265953	203115
占地面积(m²)	371518	70207	84846	313601	83385	88239
平均层数(层)	6	5	6	2	3	2
区域	7 区	8 区	9 区	10 区	11 区	12 区
单体个数(幢)	8	3	1	11	1	6
建筑面积(m²)	157900	16100	5819	15037	28095	14280
占地面积(m²)	76450	3630	1164	8438	4682	3366
平均层数(层)	2	4	5	2	6	4

从建筑面积与占地面积的统计来看(图 10-26)，从内圈层到外圈层并未呈现单调递减的变化趋势，而是在 4 区出现次级波峰，说明行政办公在 4 区(包括凤起东路沿线、钱江新城等区域)有出现另一中心的趋势，虽然空间上分布的集聚形态不显著，但由于开发强度的关系，面积属性上占有优势。

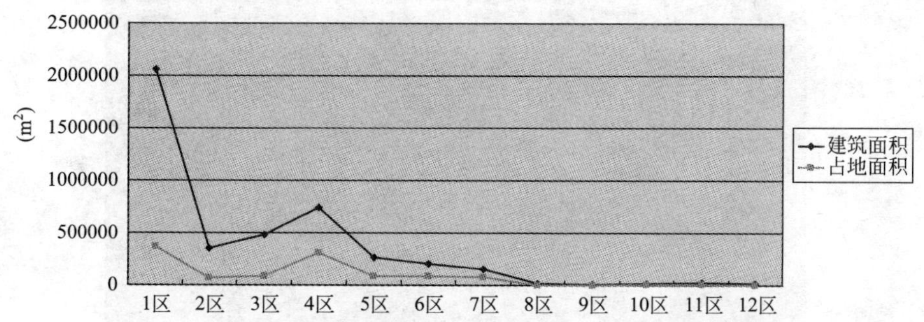

图 10-26 杭州主城区行政办公楼建筑面积与占地面积空间分布统计

由此，总结杭州城市行政办公楼的空间分布模式为：行政办公楼的空间分布区域差异不显著，成弱均衡集聚分布，大部分集中分布在内圈层，尤其是武林广场地区；总体分布特征遵循由内圈层向外圈层逐级递减的格局；在部分区域，如钱江新城区块出现次级分布高峰区，具有形成多中心的趋势。总体来看，行政办公楼的空间发展主要是以内城为主，并在中圈层及外圈层出现多中心结构的雏形。

（三）金融中心空间模式识别

从杭州城市主城区金融中心(银行区域总部、片区总部)的空间分布来看，金融业态还是处于集聚分布的阶段，扩散趋势并不明显，并显著集中在湖滨、武林广场和黄龙区域(表 10-6、图 10-27、图 10-28)可见，社会经济体制和金融管理体制转型、金融机构行为变化以及城市空间扩张分别是金融服务业空间格局变动的前提条件、微观基础和空间张力，城市化集聚经济效应促进金融服务业集中兴建在城市办公活动空间集聚的特定地段，但在目前杭州城市中心还是以武林广场一极集中的基本格局下，金融业的布局也还处在中心区集聚的阶段，待城市次级中心形成后才会继续向外扩散。

杭州主城区金融中心空间分布统计表 **表 10-6**

区　域	1区	2区	3区	4区	5区	6区
单体个数(幢)	19	23	6	1	4	0
建筑面积(m²)	262187	340552	25956	8000	47020	0
占地面积(m²)	23170	46253	5927	3681	10316	0
平均层数(层)	11	7	4	2	5	0
区　域	7区	8区	9区	10区	11区	12区
单体个数(幢)	0	1	0	1	0	0
建筑面积(m²)	0	1026	0	4775	0	0
占地面积(m²)	0	350	0	800	0	0
平均层数(层)	0	3	0	6	0	0

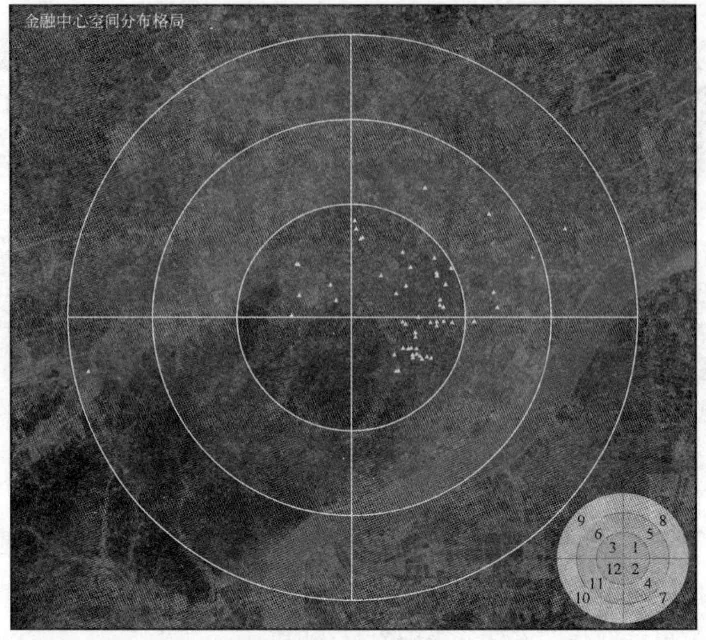

图 10-27 杭州主城区现状金融中心空间分布图

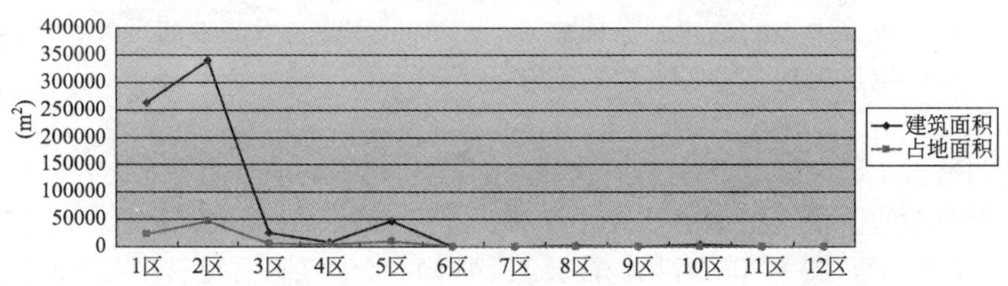

图 10-28 杭州主城区金融中心建筑面积与占地面积空间分布统计图

（四）酒店宾馆空间模式识别

从现状调研的统计结果来看(图 10-29、表 10-7)，杭州酒店宾馆的空间分布从内圈层到外圈层呈现多中心集聚的形态。从杭州主城区酒店宾馆建筑面积与占地面积空间分布的趋势可以看出明显的起伏(图 10-30)，结合空间分布图可以看出，酒店宾馆分布的高密度区主要位于湖滨地区、城站地区以及东站地区，符合旅游入境口、旅游名胜地、人口流动密集区域的空间特征。

（五）大型公共活动中心空间模式识别

从杭州主城区现状大型公共活动中心的空间分布上可以直观地看出，其分布格局较为清晰，即集聚分布于内圈层中心区，而点状分布于中圈层区域，体现出明显的集聚—扩散趋势(图 10-31、表 10-8)城市公共活动中心的空间变迁是与城市居住和产业空间的扩展高度相关的，造成杭州这种分布格局的主要原因在于：近几年城市居住空间虽然扩展较为迅速，但真正处于中外圈层居住区域的入住率尚不高，对于公共活动设施的需求因此并不旺盛，故空间上也相应地并未出现明显的多中心格局。未来随着人口的向外疏散和入住率的提升，公共活动中心必将向外扩散，并逐步在城市的次级中心集聚，最终形成多中心集聚的格局。

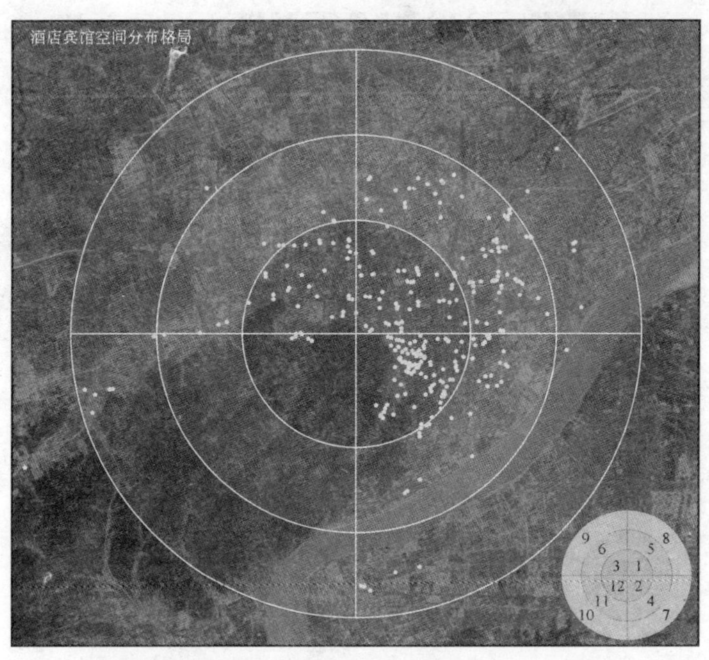

图 10-29　杭州主城区现状酒店宾馆空间分布图

杭州主城区现状酒店宾馆空间分布统计表　　**表 10-7**

区　域	1区	2区	3区	4区	5区	6区
单体个数(幢)	49	95	32	29	69	9
建筑面积(m^2)	606385	1229347	414714	267065	1030060	106204
占地面积(m^2)	75825	209172	69351	63770	155769	24043
平均层数(层)	8	6	6	4	7	4
区　域	7区	8区	9区	10区	11区	12区
单体个数(幢)	6	7	1	6	1	5
建筑面积(m^2)	200994	21582	15167	19021	16860	54540
占地面积(m^2)	53490	7650	1264	3548	3373	14212
平均层数(层)	4	3	12	5	5	4

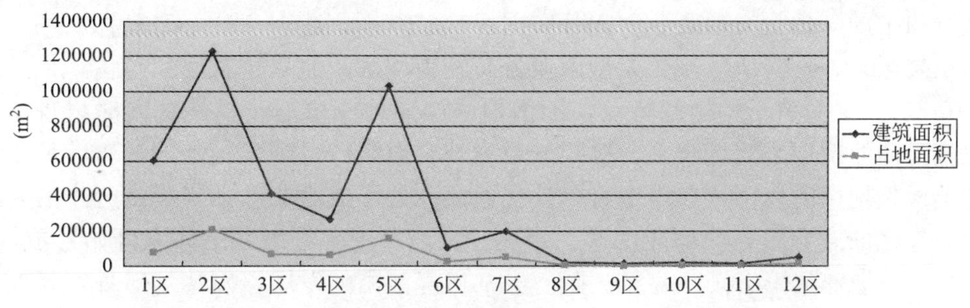

图 10-30　杭州主城区酒店宾馆建筑面积与占地面积空间分布统计

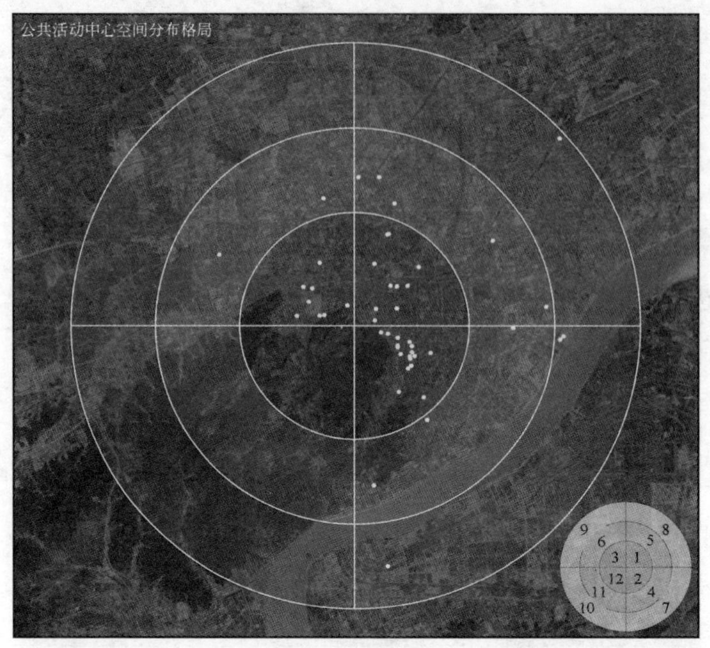

图 10-31　杭州主城区现状公共活动中心空间分布图

杭州主城区现状公共活动中心空间分布统计表　　**表 10-8**

区　域	1 区	2 区	3 区	4 区	5 区	6 区
单体个数(幢)	10	17	8	3	5	2
建筑面积(m^2)	297423	186508	112049	118435	28584	6040
占地面积(m^2)	90012	85437	55600	78745	12853	5986
平均层数(层)	3	2	2	2	2	1
区　域	7 区	8 区	9 区	10 区	11 区	12 区
单体个数(幢)	3	1	0	0	0	0
建筑面积(m^2)	50567	14260	0	0	0	0
占地面积(m^2)	41478	11830	0	0	0	0
平均层数(层)	1	1	0	0	0	0

（六）大型商业空间模式识别

从杭州主城区现状大型商业空间分布图看(表 10-9、图 10-32)，除武林广场大型商业设施的集聚区以外，其他区域的大型商业分布较为均衡，但从建筑面积与占地面积指标来看(图 10-33)，又具有不均衡的特点，即由内圈层向外圈层逐步扩展的同时出现了多个波峰，也就是商业次中心。近年来，杭州城市内外交通条件得到了较大的改善，城市范围扩大，加上地价规律的作用，在市中心以外交通便利处形成商业活动聚集的分中心，而市中心商业集聚区的商业服务业功能则进一步提升，商业中心等级网络体系开始形成，“多中心郊区化”商业布局形态渐次显露。随着大都市经济圈的发展，发达的对外交通联系和廉价地租的牵引，以及家用小汽车的普及，次级商业中心将不断发育；与此同时，市中心的商务功能进一步增强，信息中心和服务中心的地位逐步确立，并逐步发展成为经济功能强大的 CBD 区域，最终形成“市中心商业区、沿交通干线商业区、多级商业中心并重，商业散布于大都市区中”城市商业的空间格局。

杭州主城区现状大型商业空间分布统计表 **表 10-9**

区　域	1 区	2 区	3 区	4 区	5 区	6 区
单体个数(幢)	5	15	5	2	12	4
建筑面积(m^2)	65355	400054	53542	62000	183417	115556
占地面积(m^2)	9753	80853	30153	33032	77632	20666
平均层数(层)	7	5	2	2	2	6
区　域	7 区	8 区	9 区	10 区	11 区	12 区
单体个数(幢)	0	5	0	2	0	0
建筑面积(m^2)	0	40428	0	25219	0	0
占地面积(m^2)	0	44240	0	3319	0	0
平均层数(层)	0	1	0	8	0	0

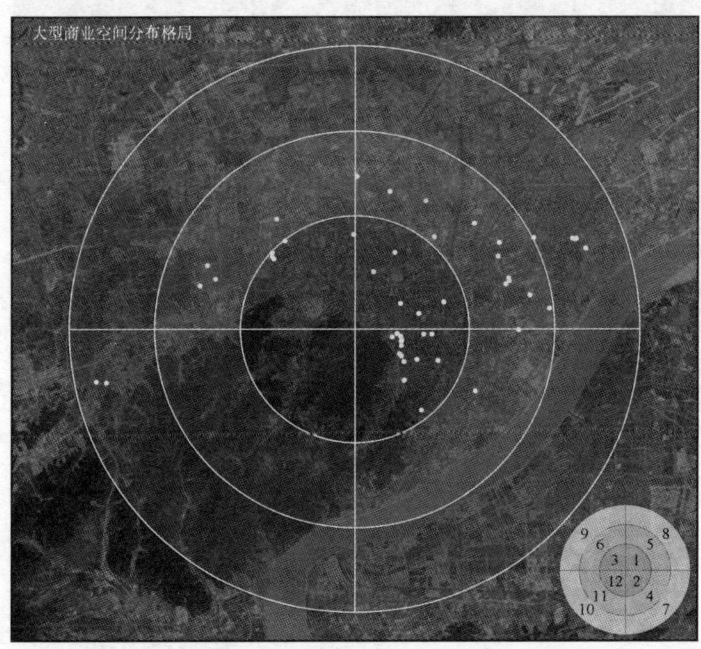

图 10-32　杭州主城区现状大型商业空间分布图

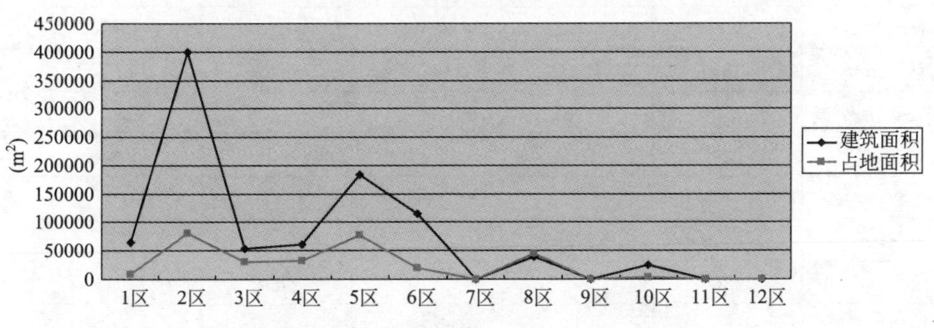

图 10-33　杭州主城区大型商业建筑面积与占地面积空间分布统计

（七）专业市场空间模式识别

与前六类功能类型的空间分布相比，杭州主城区现状专业市场的空间分布具有明显的中圈层区域集聚特征(图 10-34、表 10-10)从杭州主城区专业市场建筑面积与占地面积空间分布统计表来看，只有一个高峰区，在空间上对应 4、5 两个区域，表现出在城市外围地区集聚的趋势(图 10-35)基本的空间分布模式是集聚在交通干线出入口以及枢纽地区，杭州东站就是典型的专业市场分布集聚地。大量的小商品、服饰批发市场集中于汽车东站与火车东站周边，其余包括杭州北部的汽车城、三里亭的农都等等；而位于景芳地区的装饰市场则由于其占地面积需求量大，商品体积也较大的特点，集中分布于城市主干线沿线以及对外交通联系便捷的地区；办公用品批发市场主要位于城市中心办公楼附近，主要批发办公专门用品及文具类商品，规模不大，但靠近批发对象，如杭州的庆春路文化用品市场。

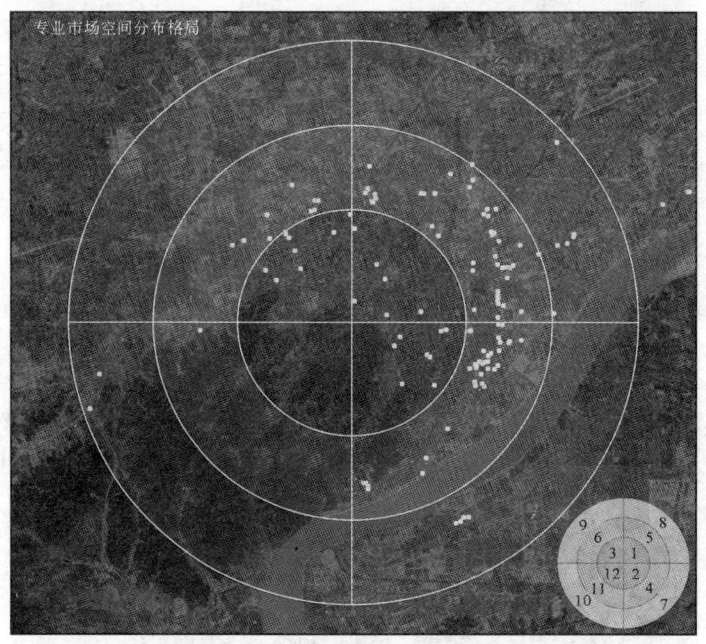

图 10-34　杭州主城区现状专业市场空间分布图

杭州主城区现状专业市场空间分布统计表　　**表 10-10**

区　域	1 区	2 区	3 区	4 区	5 区	6 区
单体个数(幢)	6	8	9	36	46	9
建筑面积(m^2)	100735	58530	93851	932448	1549716	250078
占地面积(m^2)	71899	15892	46608	350697	621367	126422
平均层数(层)	1	4	2	3	2	2
区　域	7 区	8 区	9 区	10 区	11 区	12 区
单体个数(幢)	4	7	0	2	1	0
建筑面积(m^2)	70500	115454	0	5500	2200	0
占地面积(m^2)	24200	108598	0	3587	1100	0
平均层数(层)	3	1	0	2	2	0

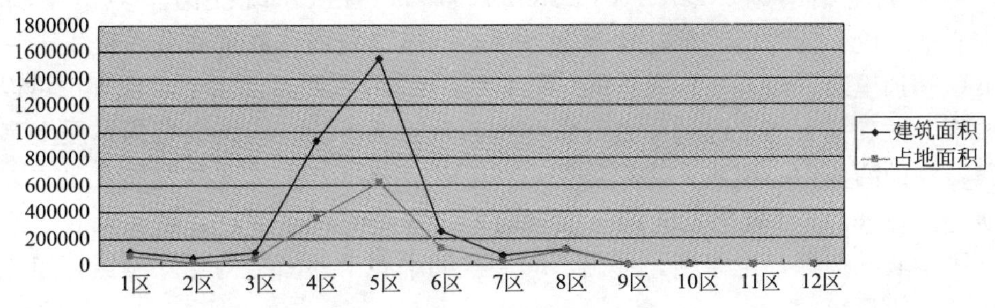

图 10-35 杭州主城区专业市场建筑面积与占地面积空间分布统计表

第三节 现状城市公共建筑中心空间体系分析

城市公共建筑中心体系是指一个城市内各个公共建筑中心之间在规模等级、职能类型和地域空间上的构成和相互联系、影响制约的关系，主要包括三个大方面：规模等级系统结构、职能系统结构和空间系统结构。

多中心(Polycentricity)是一个令人向往的概念，随着通信与快速交通的迅速发展及日益网络化，即所谓“流动空间”(Space of flows)的不断扩展，多中心日益成为众多城市与区域谋求均衡发展的主要目标。20 世纪 90 年代以来，我国大城市为适应功能日趋复杂的发展需要，避免人口和设施过度密集，疏解城市中心的压力，城市中心出现等级的分化，形成由中心、次中心、三级中心等组成的中心体系，其演化动力主要源自规模不经济和空间集聚效应。

追溯“体系”(System)词源，最早出现于古希腊语中，其意为“部分组成的整体”；《韦伯斯特大辞典》(Webster's Third New International Dictionary)已把“体系”(System)解释成“有组织的和被组织化的全体”，“以规则的相互作用又相互依存的形式结合着的对象的集合”。据此，城市中心体系(Urban Centers System)的概念可以理解为是一个城市或一个区域内，由一系列规模不等，职能各异的城市中心组成的相互联系的有机整体，具有空间形态(Spatial Form)与功能(Function)组织结构(Organizational Structure)上的双重内涵。当前，中国城市正处于空间结构调整与重组的关键时期，各大城市的多中心形态雏形显现，通过对城市中心体系的系统研究，形成符合中国实际的分析框架，对科学引导城市功能与结构的协调发展具有十分重要的指导意义。

一、城市中心体系的空间模式及相关研究

罗震东(2007)认为“城市多中心”应该从空间形态、功能和治理(Governance)三个层面加以整体理解，以完整把握多中心概念的内涵。他以为城市中心是由一定地域范围内职能各异、规模不等的一系列中心构成，它们在经济上互相联系，职能上分工协作，发展上相互协调，共同形成地域经济综合体的核心。其空间模式主要包括中心分布的规模等级结构、职能组合结构和空间组织结构。

(一) 城市中心体系的规模等级结构

规模等级结构是一定地域范围内不同大小规模城市中心的组合形式，具有层次性的特

征。沃尔特·克里斯泰勒(Walter Christaller，1933)首次系统提出了城市中心的区位论——中心地理论，为分析和描述作为服务中心的城镇规模、数量和分布提供了一个理论框架；贝里和加里森（B. J. L Berry and W. L Garrison，1958)提出中心地理论可以用来解释单个城市，尤其是大都市区的中心等级结构，认为城市的空间等级结构本质上是由一系列紧密聚核状的商业中心组成；弗里德曼(A. J. Friedmann)在《区域发展政策——委内瑞拉案例研究》(1961)、《极化发展的一般理论》(1976)等著作中，总结和发展了增长极理论，建立了中心—边缘理论模型，提出不同层次的中心—外围结构相互镶嵌，组成中心—外围结构的等级系统。

（二）城市中心体系的职能组合结构

职能组合结构是指城市中心的主导职能分工，反映了不同城市中心的服务业和经济的发展特点。亨德森(J. V. Henderson，1972，1974)认为大都市可能包括多个专业化的行业中心，经济中包括有限效率规模的城市中心体系。从国际大都市的发展脉络来看，城市中心职能沿着专业化集聚与高端化升级两条路径演进，大致经历了从单一低端商业中心—专业化商务中心—高端复合型城市中心演化的过程。

（三）城市中心体系的空间结构

空间组织结构是指各个城市中心在空间上的区位、联系及其组合状态，也是城市经济活动、社会交往和建筑环境的空间投影，一般从分布密度、连接形式和空间形态特征三方面来反映。哈里斯和乌尔曼(1945)在研究不同类型城市的地域结构后，提出了城市空间结构的多核心理论(Multiple-nuclei Theory)，认为除 CBD 外还有支配一定地域的其他中心存在；Mull(1981)运用城市地域(Urban Realm)概念，对哈里斯和乌尔曼的多核心理论作了扩展，建立了新的大都市空间结构模式，即多中心城市模式(Polycentric City)；朱利亚诺和斯莫尔(G. Giuliano and k. Small，1999)利用芝加哥地区 1970～1980 年的统计数据，确认了 32 个次中心，研究显示次中心与主导中心，或者多个次中心之间的竞争，对于次中心以及多中心空间结构的发展有着非常重要的影响；管驰明、崔功豪(2003)认为城市交通应融入城市空间演变的过程，建立以公共交通为基本方式，以 CBD 为中心，沿放射状的公交站点为次中心的疏密相间的多中心城市空间结构模式；韦亚平(2006)对广州的人口和产业特征进行分析，认为其空间结构是一个“极不均衡式的多中心网络结构”。从国际大都市发展动态经验来看，空间组织结构一般要经历单核集聚阶段、多核多层集聚阶段和多中心网络体系成熟阶段三个主要时期。

二、杭州现状城市公共建筑中心范围划分

此次研究首先利用调研后建立的杭州公共建筑空间信息数据库提取了各个公共建筑的建筑面积属性，然后利用空间密度分析模块中的密度函数，将通过一个输入点层(公共建筑点位)的测定量(建筑密度)分配至整个区域以创建一个趋势面，计算出每个单元(公共建筑的空间点位)临近单元的要素中每个单位面积的建筑面积密度值，并通过叠加分析形成最终的密度栅格图；然后利用自然断裂点法进行取值区间的划分，形成 5 个密度梯度等级的公共建筑空间容量密度分布图。

城市中心的界定方法主要有墨菲指数法、居住人口分析法、就业模式分析法、功能单元分析法、交通流量分析法、地价租金分析法、用地存量分析法等等，考虑到数据的

精确性与可获得性，根据此次研究的调研数据，选择了基于公共建筑容量(建筑面积)密度的中心区位分析法进行中心区的划分，并综合考虑本次调研范围外的城市重要建筑的空间分布进行修正(图 10-36)。最后，划分出 10 个杭州现状城市公共建筑中心(图 10-37)，分别是武林中心、黄龙中心、吴山中心、湖滨中心、城站中心、文教中心、东站中心、凤起中心、滨江中心，杭州公共建筑中心体系分析也将以这 10 个现状城市中心为主要研究对象。

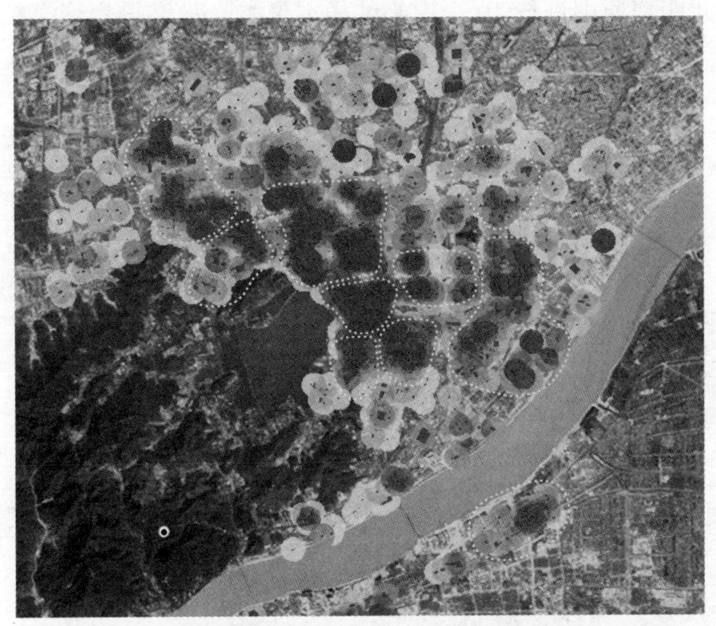

图 10-36 杭州现状公共建筑空间容量密度分布图

图 10-37 杭州现状城市公共建筑中心空间分布图

三、杭州现状城市公共建筑规模等级系统结构特征

城市中心的规模涉及多个层面，包括中心区的企业或建筑数量规模、占地规模、容量(建筑面积)规模等等，如果单从一方面进行中心体系的规模等级系统结构的确定会过于片面，因而此次研究综合考虑了各个中心的建筑单位规模(单体个数)、占地规模和容量(建筑面积)规模，通过调研的数据统计(表 10-11)，采用 K 类中心聚类(K-Means Cluster)法，将单体个数、占地面积、建筑面积同时选为变量，并设定分类数(等级数)为 3，以最小欧式距离原则进行 10 个中心的样本聚类，最终得到聚类结果，如表 10-12 所示。

杭州主城区现状中心分类规模统计表　　表 10-11

	武林中心	钱江新城中心	黄龙中心	吴山中心	湖滨中心	城站中心	文教中心	东站中心	风起中心	滨江中心
单体个数(幢)	203	96	55	43	129	91	111	55	55	31
占地面积(m^2)	1189842	1075072	356963	257081	305783	178753	588074	216977	169346	88610
建筑面积(m^2)	6149761	3825106	1443673	823276	1953191	1462996	2470267	668311	1044964	984859
平均层数(层)	5	4	4	3	6	8	4	3	6	11

杭州主城区现状公共建筑中心等级聚类结果　　表 10-12

样本名(Case Name)	聚类结果(Cluster)	样本名(Case Name)	聚类结果(Cluster)
武林中心	1	城站中心	3
钱江新城中心	2	文教中心	2
黄龙中心	3	东站中心	3
吴山中心	3	风起中心	3
湖滨中心	3	滨江中心	3

据此确定杭州现状公共建筑中心的规模等级体系的等级划分，如图 10-38 所示：

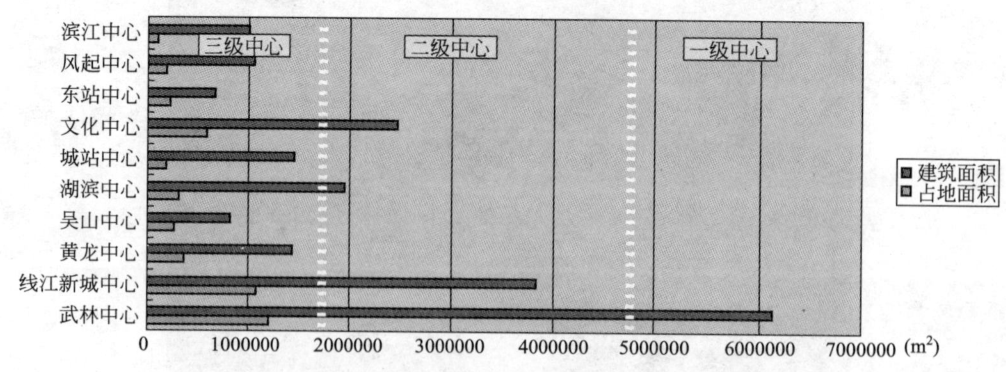

图 10-38 杭州现状城市公共建筑中心等级划分图

最终，得到杭州现状公共建筑中心规模等级体系结构(表 10-13、图 10-39)：

杭州现状公共建筑中心规模等级体系结构　　表 10-13

公共建筑中心等级	中心名称	中心规模(建筑面积)
一级	武林中心	>400 万 m^2
二级	钱江新城中心	>200 万 m^2
	文教中心	
三级	黄龙中心	<200 万 m^2
	吴山中心	
	湖滨中心	
	城站中心	
	东站中心	
	凤起中心	
	滨江中心	

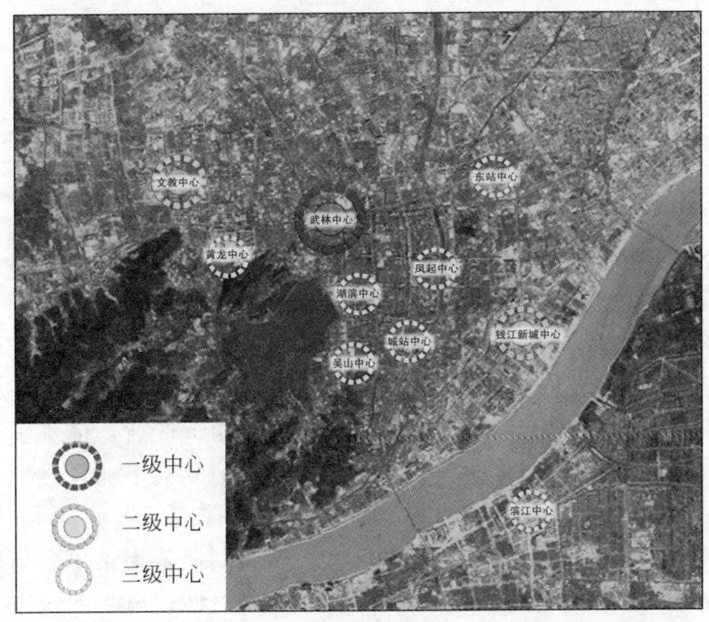

图 10-39　杭州现状城市公共建筑中心规模等级分布图

四、杭州现状城市公共建筑中心职能系统结构特征

区位基尼系数是分析产业发展不平衡性的一个量化工具，用以测量行业在地区间的分配均衡程度。指标值越大，说明地区之间产业发展越不平衡，集中度高，该产业在某些地区形成产业集聚。根据上述方法分别计算出 10 大服务业的区位基尼系数。表中：区位熵 $N_{1-A}=n_{1-A}/n_A$，n_{1-A}＝区块 1 中服务业 A 的单位数量/杭州市区内服务业 A 总的单位数量，n_A＝区块 1 中总的服务业单位数量/杭州市区内总的服务业单位数量。

从分行业看，科研信息业的区位基尼系数最大，即这一行业是高度地方性的；房地产业、邮政与运输、商务及技术服务业、住宿餐饮业、公共管理与社会事业的区位基尼系数较高，相应地具有了较高的地方化程度，空间上趋于集聚式发展；而各类工程及建筑服务业、金融保险业、文体娱乐业的区位基尼系数相对较低，相应地其地方化程度也较低，说明这些行业与整个行业相对成比例地散布在各个中心，表明这些行业是整个服务业中的基础性依赖行业(表 10-14)。

各中心区块行业的区位熵与区位基尼系数 **表 10-14**

中心地域		工程及建筑服务业	邮政与运输业	金融保险业	房地产业	科研信息业	商务及技术服务业	批发零售业	文化娱乐业	住宿餐饮业	公共管理与社会事业
区位熵	武林	0.66	1.62	0.77	0.91	0.64	1.16	1.10	0.69	0.82	1.07
	钱江新城	1.97	0.35	0.61	0.18	0.44	0.85	1.99	0.80	0.30	1.05
	黄龙	0.95	1.00	0.97	2.32	0.84	0.95	0.88	1.46	1.28	0.96
	吴山	1.99	0.76	1.59	1.98	0.25	0.87	0.99	2.44	0.82	1.24
	湖滨	0.91	0.93	1.63	0.85	0.36	1.13	0.67	1.97	1.25	1.59
	城站	2.25	1.26	1.76	1.03	0.34	0.85	0.91	1.47	3.17	1.03
	文教	0.37	0.28	0.37	0.43	2.93	0.75	0.87	0.32	0.21	0.62
	东站	2.19	0.71	3.45	0.00	0.24	0.82	1.13	1.34	1.79	0.62
	凤起	1.27	0.44	0.99	1.06	0.47	1.17	1.32	0.52	0.69	0.66
	滨江	1.49	4.68	0.21	2.38	0.09	1.18	0.56	0.00	1.68	1.83
基尼系数		0.371	0.599	0.438	0.493	0.747	0.521	0.485	0.482	0.544	0.507

从空间区位看，武林中心除了商务及技术服务业集聚程度较高以外，其他行业发展水平较为平均，体现出了处于成熟阶段的复合功能与混合形态的特征；钱江新城则集中了工程及建筑服务业和批发零售业，作为一个尚未形成的城市中心，还处在建设阶段；黄龙区域主要集中了房地产业；吴山区域集聚了文化娱乐业、房地产业，体现了杭州传统中心的特色；湖滨集聚了金融保险业、文化娱乐业和公共管理与社会事业，是杭州传统的行政管理和金融商务的主要集聚地；东站与城站区域则集中了住宿餐饮业、工程及建筑服务业，依托着其便利的对外交通和人流集散的条件；文教区域则显著集聚了科研信息业，同时与其他服务业比例相差悬殊，说明该区域服务业发展的单一性；凤起区块主要集聚了商务及技术服务业和批发零售业，是杭州近年来发展速度较快的商务区；而滨江区域属于尚未形成的城市中心，现状呈现出以行政管理中心和房地产营销为主的特点。当前杭州现状中心已基本形成如下功能体系，见表 10-15。

杭州现状城市中心职能体系结构表 **表 10-15**

城市中心	主导行业	配套行业	地域功能与性质
武林中心	商务及技术服务业	邮政与运输业、批发零售业	成熟的综合型商业商务区
钱江新城中心	批发零售业	工程及建筑服务业	建设中的专业化商务区
文教中心	科研信息业	商务及技术服务业	发展中的知识与信息密集的高新专业化商务区

续表

城市中心	主导行业	配套行业	地域功能与性质
黄龙中心	房地产业	金融保险业、商务与技术服务业	成熟的贸易与信息密集的专业化商务区
吴山中心	文化娱乐业	房地产业、金融业	成熟的综合性文化商务区
湖滨中心	金融保险业、文化娱乐业	公共管理、商务及技术服务业	成熟的综合性商业商务区
城站中心	住宿餐饮业	工程及建筑服务业、金融业	成熟的专业化枢纽型商务区
东站中心	金融保险业、工程及建筑服务业	批发零售业、住宿餐饮业	发展中的专业化枢纽型商务区
凤起中心	商务及技术服务业、批发零售业	工程及建筑服务业、房地产业、金融保险业	发展中的专业化商务区
滨江中心	邮政与运输业	房地产业、公共管理及社会事业	建设中的专业化商务区

五、杭州现状城市公共建筑中心空间系统结构特征

现状城市公共建筑中心体系的空间结构主要指城市中心体系的公共建筑发展轴线(带)与各级中心组成的网络结构，其中“轴线”一般被认为是城市的交通主干道、城市活动最为活跃的线状区域、城市公共建筑分布最为集中的轴带等。本次研究根据研究目标，采用公共建筑线形分布密度分析法来判断现状杭州城市公共建筑分布的轴带体系。研究通过实地调研获得的沿街公共建筑分布信息，应用空间分析中线状密度分析法，对杭州核心区的公共建筑轴线密度进行了研究(图 10-40)。

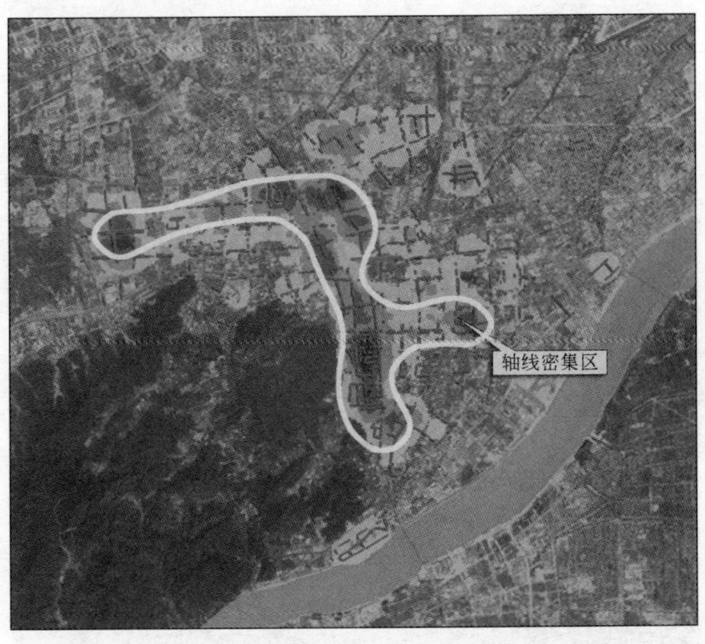

图 10-40　杭州主城区线形公共建筑分布密度分析图

根据图中公共建筑发展轴线的初步判断，得到现状公共建筑分布比较集中的四条轴线（图 10-41）：中山中路—延安路发展轴、秋涛路—石桥路发展轴、环城北路—朝晖路发展轴和庆春路发展轴。其中，密集程度最高的是中山中路—延安路发展轴、环城北路—朝晖路发展轴，其余两条相对较弱，据此，研究确定这四条轴线中两条为主轴，两条为次轴。

图 10-41　杭州主城区现状公共建筑发展轴线初步判断

综上分析，结合杭州现状城市公共建筑的规模等级分析，得到杭州现状核心区城市公共建筑中心体系的空间系统结构为“一主两次多中心，两纵两横网络状”，如图 10-42 及表 10-16 所示。

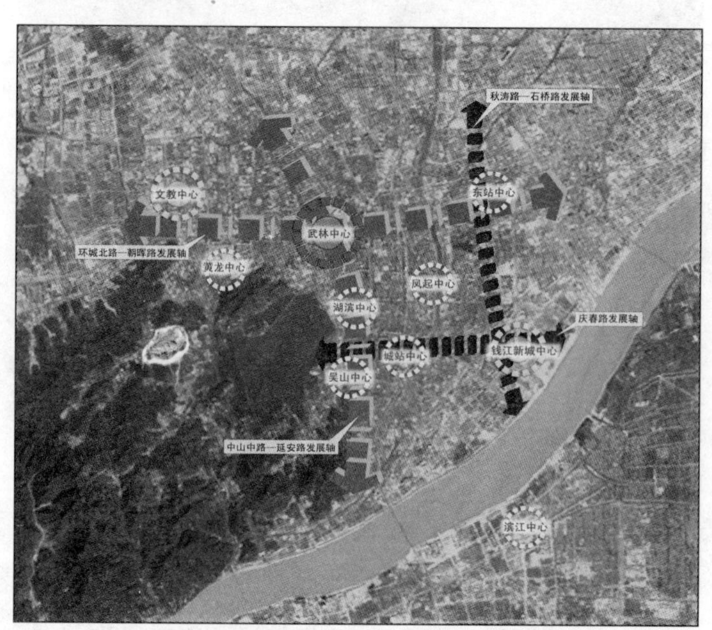

图 10-42　杭州主城区城市公共建筑中心体系结构图

杭州主城区城市公共建筑中心体系表　　**表 10-16**

中心等级	城市中心	中心职能	中心性质	中心规模	轴线系统
主中心（一级）	武林中心	城市综合性中心	综合型商业商务区	＞400 万 m^2	主轴线：中山中路—延安路发展轴——城市综合性公共建筑发展轴；环城北路—朝晖路发展轴——城市垂直分工公共建筑发展轴 次轴线：庆春路发展轴——城市水平分工公共建筑发展轴；秋涛路—石桥路发展轴——城市水平分工公共建筑发展轴
次中心（二级）	钱江新城中心	专业市场与建筑、制造业密集的办公区	专业化商业区	＞200 万 m^2	
	文教中心	知识与信息密集的高新办公区	专业化商务区		
三级中心	黄龙中心	贸易与信息密集的商务型办公区	专业化商务区	＜200 万 m^2	
	吴山中心	城市综合性中心	综合性商业商务区		
	湖滨中心	城市综合性中心	综合性商业商务区		
	城站中心	金融与商业密集的枢纽商业区	专业化商务区		
	东站中心	金融与商业密集的枢纽商业区	专业化商务区		
	凤起中心	商业与商务活动密集的办公区	专业化商务区		
	滨江中心	政府与房地产密集的办公区	专业化行政管理区		

第四节　现状公共建筑中心区块典型案例分析

目前杭州主城区发展较为成熟和较具发展潜力的公共建筑中心区块包括武林、湖滨、吴山、黄龙、文教区（指城西数码港，以及翠苑地区公共建筑较为集中的部分）、钱江新城（政府极力打造的城市新 CBD），位置如图 10-43 所示。目前，武林、湖滨、吴山公共建筑中心区块沿延安路成串珠式分布，成为杭州市中心商业商务功能的“金三角”。黄龙公共建筑中心区块得益于浓郁的文教氛围以及紧邻西湖景区的环境地缘优势，已经成为杭州最具竞争实力的高档商务办公区。文教商贸区的显著特征是大量的新城市居民和电子产业的进驻带动地区商务商贸的快速发展；而钱江新城依托巨大的政府公共政策力的优势，将成为杭州实现向钱塘江跨越式空间拓展的强有力基点。鉴于钱江新城目前还处于建设阶段的实际情况，本次研究暂不作现状分析。

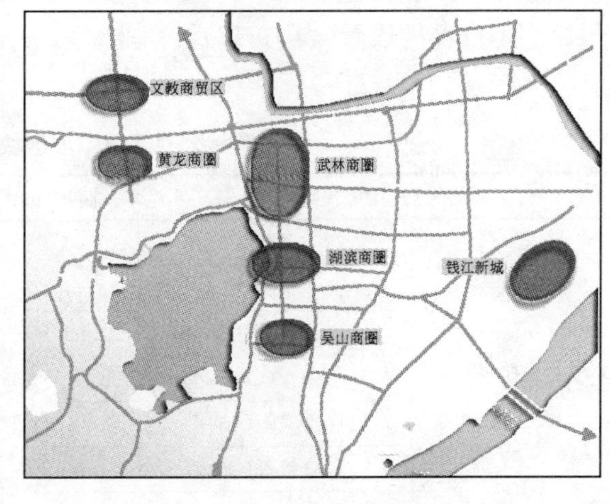

图 10-43　杭州主城区六大公建中心分布

一、武林公共建筑区块

（一）区位特点

进入 20 世纪 90 年代以后，武林广场地区逐步成为杭州城市经济社会活动最为密集的核心地带（图 10-44、图 10-45）。以武林广场为中心，周围密集分布有各类高档百货大楼、文化娱乐设施、银行、酒店、保险公司等大量标志性公共建筑，成为目前最具活力的城市一级公共建筑中心。区块西邻省政府，北靠杭州市政府；北面环城北路与天目山相接成为城市东西向交通大动脉；东面中和高架、西面莫干山路连接杭城南北各区，使武林广场成为城市交通向心力最强、可达性最高的地区。

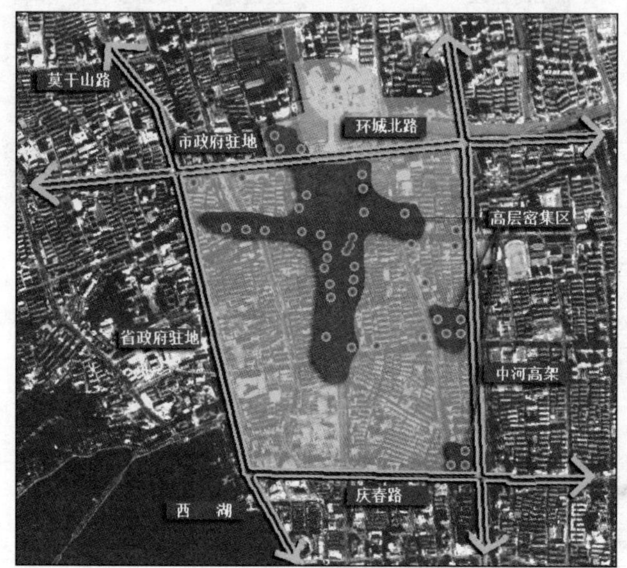

图 10-44　武林公建中心区位特征

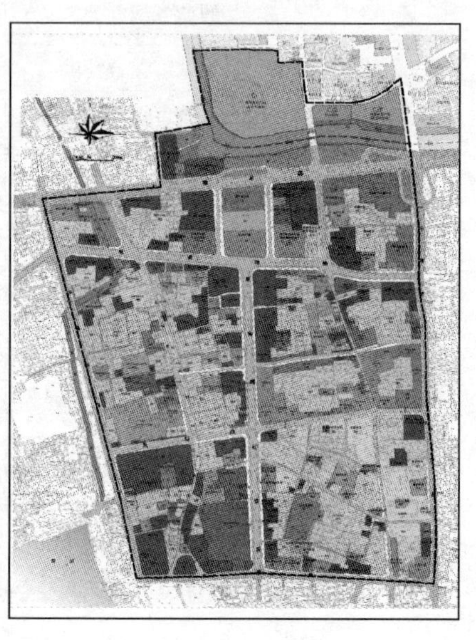
图 10-45　武林公建中心用地现状图

（二）用地构成

从武林公共建筑中心区块的用地构成看（表 10-17），公共设施用地（主要为公共建筑）占 31.96%，居住用地占 34.99%，道路广场占 20.61%，公共绿地占 3.32%。从公共建筑设施用地内部构成看（表 10-18），商业金融占 40.87%，行政办公占 19.35%，文化娱乐占 21.72%。

武林公共建筑中心区块现状用地构成　　表 10-17

用地性质（用地代码）		面积（hm^2）		比例（%）		备　注
公共设施用地（C）	行政办公（C1）	20.43	105.56	6.19	31.96	类型较为全面
	商业金融（C2）	43.14		13.06		
	文化娱乐（C3）	22.93		6.94		
	体育（C4）	1.92		0.58		
	医疗卫生（C5）	4.30		1.30		
	科研教育（C6）	11.20		3.39		
	文物古迹（C7）	1.64		0.50		

续表

用地性质(用地代码)		面积(hm^2)		比例(%)		备　注
居住用地(R)	住宅用地(R01)	99.04	115.56	29.99	34.99	R02指中小学幼儿园、农贸市场用地等
	公共服务设施用地(R02)	16.52		5.00		
商住混合用地(R/C)		10.44		3.16		沿街为商业店铺
道路广场用地(S)		68.06		20.61		停车场地缺乏
公共绿地(G)		10.96		3.32		—
市政公用设施用地(U)		2.95		0.89		—
对外交通(T)		1.45		0.44		—
工业用地(M)		3.42		1.04		—
其　他		11.86		3.59		水域、军事用地
总　计		330.26		100		—

注：数据依据下城区武林天水单元用地现状图(杭州城市规划设计院，2008-3)计算所得。

武林公共建筑中心区块现状公共设施内部用地构成　表10-18

用地性质(用地代码)		面积(hm^2)	比例(%)	备　注
公共设施用地(C)	行政办公(C1)	20.43	19.35	商业金融服务占主导
	商业金融(C2)	43.14	40.87	
	文化娱乐(C3)	22.93	21.72	
	体育(C4)	1.92	1.82	
	医疗卫生(C5)	4.30	4.07	
	科研教育(C6)	11.20	10.61	
	文物古迹(C7)	1.64	1.55	
总　计		105.56	100	

注：数据依据下城区武林天水单元用地现状图(杭州城市规划设计院，2008-3)计算所得。

综合分析用地构成并结合现状用地变更趋势可以得出以下结论：

(1) 公共建筑用地类型全面，商业金融、文化娱乐和行政办公占据主导地位(总和接近公共建筑设施总用地的81%)，体育设施和医疗卫生用地较少；随着商圈南面浙大湖滨校区和北面运河码头的用地功能置换，以及市政府行政办公用地的东迁，商业商务金融用地占商圈总用地的比例将进一步上升。

(2) 由于历史的原因，武林商圈内的现状居住用地比例将近35%，对整个商圈的未来发展造成一定的空间制约，土地开发的潜在效益无法显现。商业空间只能沿大地块呈周边式发展，并呈带状分布，影响商圈功能要素的空间集聚效益。

(3) 公共绿地、广场等开敞空间分布不均，且极其缺乏，导致商业空间运行的外部环境不佳——交通拥堵、人流密集、较少的步行区域，降低了商业运行的整体绩效。

(4) 道路用地虽然占20.6%，但主要以城市交通性道路为主，缺乏地块内部联系的支路网系统，缺乏安全的步行游览空间。

(三) 功能特征

目前武林公共建筑中心区块已经形成中高档商业零售、商务金融、宾馆酒店业、行政办公为主的四大功能。从功能结构的转变来看(表 10-19)，商务金融业独占鳌头，且呈快速增长趋势，商业零售、宾馆酒店增长则较为缓慢。

武林公共建筑中心区块主要公共建筑设施业态类型　　表 10-19

百货零售	商务金融	行政办公	宾馆酒店	文化娱乐设施
杭州大厦(6 万 m^2)、杭州百货大楼(2.4 万 m^2)、银泰百货(3.5 万 m^2)、武林路时装特色街等	坤和大厦、广利大厦，广发、浦发银行大厦，标力大厦，浙商银行，国有四大银行大楼，锦绣天地商务中心，同方财富大厦等	耀江发展中心、元通大楼、浙江经贸大楼、市综合办公大楼、杭州医药大楼、运务大楼，浙江供销大楼、省卫生厅大楼等	浙江饭店、浙江大酒店、瑞豪中心酒店、浙江国际大酒店、白鹿大酒店、望湖宾馆、海华大酒店、莲花宾馆等	杭州剧院、游泳馆、浙江展览馆、西湖环球中心、锦绣时代、浙江省群众艺术馆等

武林广场集聚了杭州历史最悠久、规模最大、商品种类最齐全的三家大型百货大楼，总营业面积达 12 万 m^2。考虑到区块内部道路沿线(主要是延安路、武林路女装特色街)的商家店铺营业面积以及各类专业市场，本地区零售商业的总营业面积超过 20 万 m^2。

依托于省市两级政府办公的日常行政需要，且满足城市商务人员和西湖旅游人群的潜在住宿需求，武林商圈酒店旅馆业发展较为成熟，三星级以上的酒店旅馆在 25 家以上，如雷迪森大酒店、浙江饭店、浙江大酒店、浙江国际大酒店、望湖宾馆等。

得益于城市第三产业的发展以及交通区位优势，武林商圈的商务金融业用地呈现不断攀升之势。环城北路沿线新建的坤和大厦、西湖环球中心，均为顶级的商务办公大厦，极大提升了武林商圈的商务办公环境品质。同时武林商圈聚集了国内大部分的银行、保险公司和通信公司，考虑到行政办公大楼的混合使用和功能置换，实际上已有很大一部分建筑空间作为商务办公用途。

(四) 空间结构

从空间关系和功能布局形态来看，商业零售和商务金融办公已经形成比较明显的点—轴分布模式(图 10-46)。延安路为商业零售业主轴，武林路为次轴；体育场路为商务办公主轴，凤起路和庆春路为次轴；沿各道路分布有商业零售、商务办公、酒店旅馆集中的空间节点。总的来看，商务办公空间分布较为均衡，商业零售空间较为集中(集聚于大型商场)，酒店旅馆空间分布较为分散。

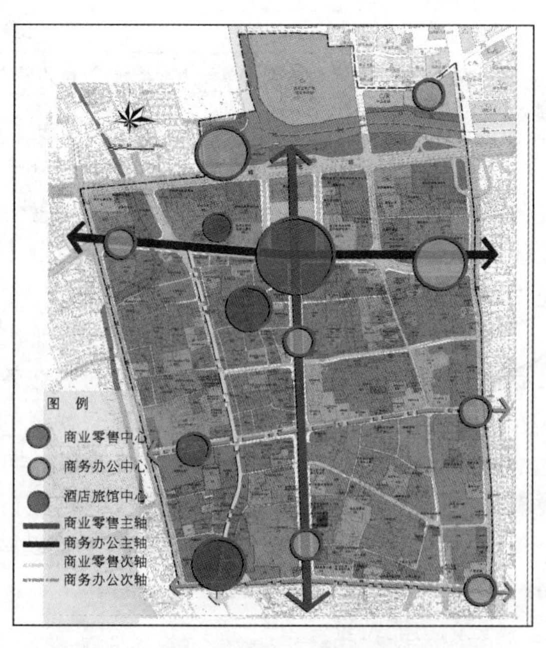

图 10-46　武林公建中心功能空间结构图

(五) 交通组织

从外部交通看，武林公共建筑中心区块位于杭城内外交通联系的几何区位中心，交通最为便利，交通首位度最高(图 10-47)。主城区 80%的公交线路到达或经过武林商圈。东面中和高架是中心城区南北向交通大动脉。南面庆春路属于主城区东西向交通大通道。西面环城西路向南可达西湖景区，向北与莫干山路相接，接104国道，并与绕城高速相交，可联系余杭、德清各区县。北面环城北路，往西与天目山路相接，直达临安；往东直达下沙，并与沪杭甬高速公路相交。

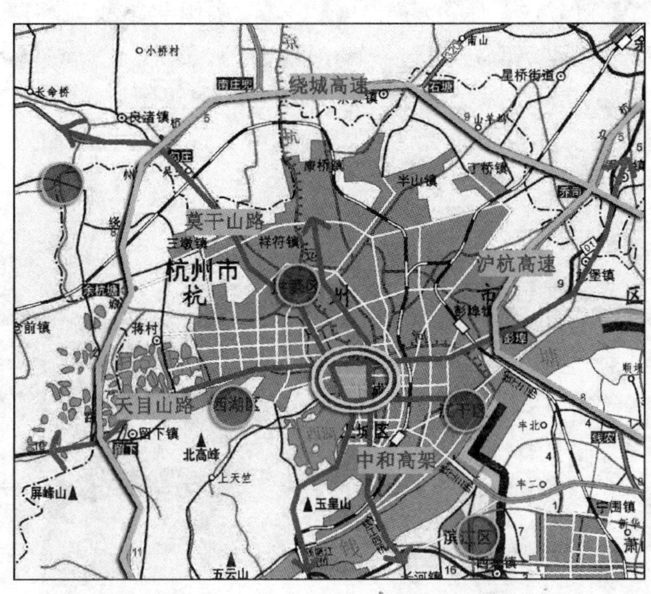

图10-47　杭州武林商圈对外交通情况

从内部道路网密度来看(表10-20)，道路等级结构比例不甚理想，次干路和支路网密度过低。

武林公共建筑中心区块各等级道路网密度(km/km^2)　　**表10-20**

道路级别	快速路	主干路	次干路	支路
道路网密度(km/km^2)	0.78	1.42	1.03	1.67
规划规范指标(km＞km^2)	0.4～0.5	0.8～1.2	1.2～1.4	3～4

道路系统的结构失衡，导致过多的通过性交通穿越武林公共建筑中心区块内部(图10-48)；支路网密度过低，地块内部交通与外部通过性交通相互干扰，影响公共建筑中心区块内部功能的正常运转。延安路作为武林商圈内部南北向联系的惟一主干路，一旦堵塞，内部交通将整体瘫痪，导致整个道路网系统的运行绩效较为低下。

作为杭州最为繁华的公共建筑中心区块，武林商圈缺乏必要的人性化和安全的步行系统。由于武林商圈是在原有居住大地块的基础上进行开发建设，致使"用地—交通"的协同性较差，支路缺乏，且不能渗透各地块内部。大量人流只能依托主干路沿线的人行道，这将制约武林商圈沿街商铺的进一步发展，大量商业零售只能以大型商场的形式存在。一个显著的对比是，武林路由于道路等级较低，沿街商铺迅速发展，短短几年间，就形成了杭州女装特色街的氛围。

以上的分析表明，武林公共建筑中心区块存在交通组织效率低下的问题，这将极大影响公共建筑中心区块未来的发展趋势和商业业态类型，也将制约公共建筑中心区块内部功能变更的动向。

（六）开发强度特征

武林公共建筑中心区块是目前杭城土地开发强度最高的地区，分布有大量杭城标志性的高层建筑(图 10-49)。高层建筑主要集中于凤起路以北，延安路以东地区。武林广场是高层建筑最为集中的空间节点。体育场路、延安路、中山北路成为高层建筑集中的主要空间轴线。建筑高层密集区建筑高度超过 50m，新建的西湖文化广场环球中心建筑高度达 170m，成为杭州市中心的新地标。新建的商务办公区建筑密度大多在 30%左右，容积率在 15 以上，商业开发的实际策略是低密度高容积率。原有地块的商业开发建设密度大多在 40%～50%之间，容积率在 5～10 之间。

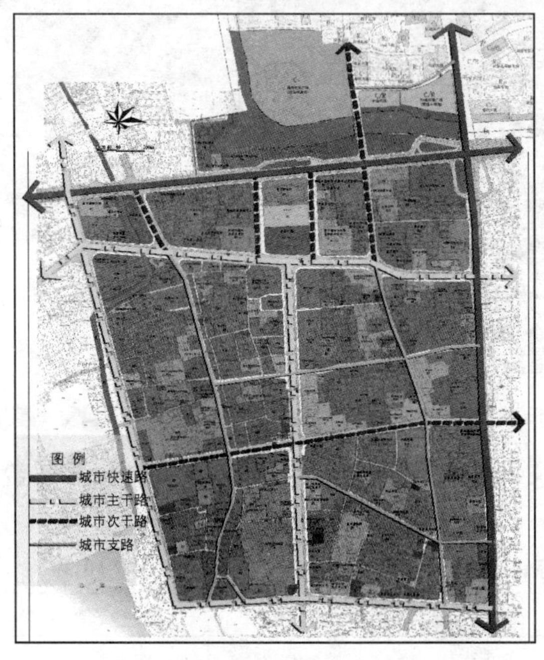

图 10-48　武林公共建筑中心内部道路系统

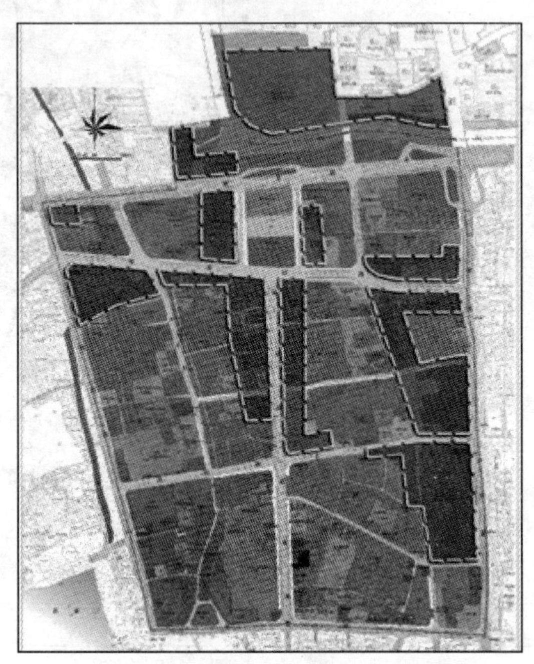

图 10-49　武林公共建筑中心高层分布图

二、湖滨公共建筑区块

（一）区位特点

湖滨公共建筑中心区块位于杭州主城区中心(图 10-50)，北接武林商圈，西邻西湖景区，南邻吴山景区，湖滨是西湖的“门厅”，交通区位和环境条件十分优越。基地三面都由主要交通干道围绕，东为中河高架，南为西湖大道，北为庆春路，占地面积约 1.45km^2。

该区域汇集了湖滨国际名品街，不同等级与业态的百货大楼、文化娱乐设施、各银行酒店保险公司大厦等。2007 年，湖滨接待的游客量超过 1000 万人次，街区销售额突破 2.5 亿元，成为集观光、休闲、展示、美食、购物、演艺、旅游于一体，高品质、功能齐全的国际旅游和城市商业商务综合体。

（二）用地构成

湖滨公共建筑中心区块呈现明显的城市中心区用地功能特征(图 10-51)。除道路用地外，公共设施用地主要分布于浣纱路以西，靠近西湖地段，而居住用地大多位于浣纱路以东。从湖滨商圈(公共建筑中心区块)各类用地面积构成来看(表 10-21)，公共设施用地占 34.78%；道路用地次之，占 33.45%；居住用地为第三，占 27.4%；其他用地比例非常少。相比武林公共建筑中心区块，公共建筑设施用地比例较高，居住比例相对较小。从公共建筑设施用地内部构成看(表 10-22)，商业金融占 64.96%，行政办公占 14.17%，医疗卫生占 10.28%，三者之和将近 90%。

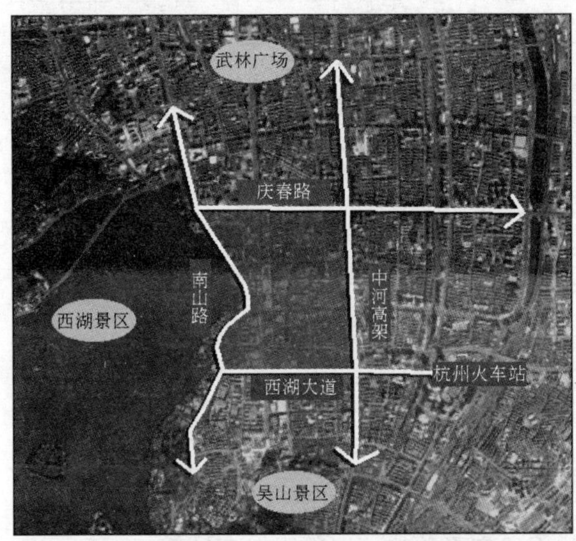

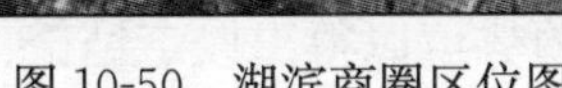
图 10-50 湖滨商圈区位图

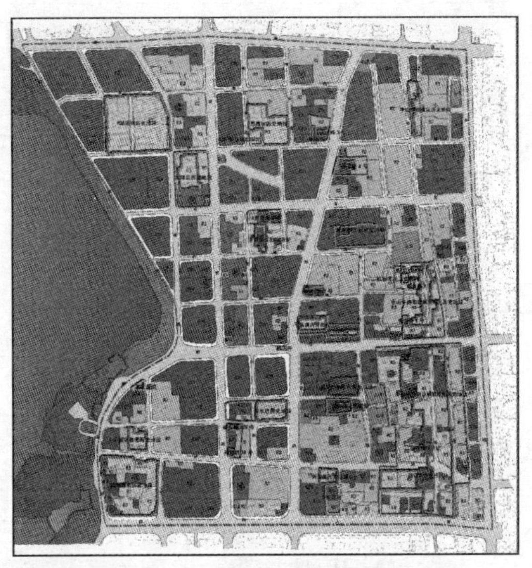
图 10-51 湖滨商圈用地现状图

湖滨公共建筑中心区块现状用地构成 **表 10-21**

用地性质(用地代码)		面积(hm^2)		比例(%)		备注
公共设施用地(C)	行政办公(C1)	7.59	50.60	5.22	34.78	类型较为全面，商业金融占绝对主导地位
	商业金融(C2)	33.24		22.85		
	文化娱乐(C3)	2.82		1.94		
	体育(C4)	1.92		1.32		
	医疗卫生(C5)	5.26		3.62		
	科研教育(C6)	1.26		0.87		大部分历史街坊属于三类住宅，故纳入居住用地
	文物古迹(C7)	0.22		0.15		
	其他公共设施(C9)	0.21		0.14		
居住用地(R)	住宅用地(R01)	36.81	39.87	25.30	27.40	包括保护性历史街坊
	公共服务设施用地(R02)	3.06		2.10		
商住混合用地(R/C)		1.48		1.02		沿街为商业店铺
道路广场用地(S)		48.67		33.45		停车场地缺乏
公共绿地(G)		1.16		0.80		
市政公用设施用地(U)		0.33		0.23		
其他用地(拆迁用地)		3.38		2.32		水域、军事用地
总计		145.49		100		

注：数据依据湖滨公共建筑中心区块用地现状图(杭州城市规划设计院，2008-3)计算所得。

湖滨公共建筑中心区块现状公共设施内部用地构成　　　表 10-22

用地性质		用地代码	面积(hm^2)	比例(%)
公共设施用地		C	51.17	100
行政办公用地		C1	7.25	14.17
商业金融业用地		C2	33.24	64.96
其中	商业用地	C21	17.65	34.49
	金融保险业用地	C22	3.06	5.98
	贸易咨询用地	C23	2.22	4.34
	服务业用地	C24	2.60	5.08
	旅馆业用地	C25	7.71	15.07
文化娱乐用地		C3	2.82	5.51
体育设施用地		C4	1.92	3.75
医疗卫生用地		C5	5.26	10.28
教育科研设计用地		C6	1.26	2.46
文物古迹用地		C7	0.22	0.43
其他公共设施用地		C9	0.21	0.41

注：数据依据湖滨公共建筑中心区块用地现状图(杭州城市规划设计院，2008-3)计算所得。

综合分析用地构成、比例关系及结合现状用地变更趋势可以得出以下结论：

(1) 从用地构成看，湖滨公共建筑中心区块的商业金融用地发展较为成熟，道路系统完善，居住用地比例也较为合适。道路占地偏高，但结构完善，分布较为合理，支网系统相当发达，使整个地块内部的通达性极高，商业用地呈现街坊式整体开发模式，与武林公共建筑中心区块存在显著的差别。

(2) 公共建筑设施类型全面，但商业金融占据绝对主导地位，反映了本区域商业商务的成熟度；商业零售和酒店旅馆业是本区域商业金融业态的两大强势职能。尤其是商业零售业，得益于巨大的环境和旅游资源优势以及丰富的业态类型，规模增长极为迅速。

(3) 由于历史的原因，湖滨商圈内的三类住宅用地偏高，主要集中在浣纱路以东地区，大部分为历史保护街坊(建筑寿命 50 年以上)，对整个商圈的向东拓展造成一定的空间限制。但由于占地面积有限，并不会造成太大影响。

(4) 公共绿地、广场等开敞空间分布较为均衡，但规模不大。得益于西湖沿岸滨河绿地的积极影响，本区域商业空间运行的整体外部环境得到了改善。

(三) 功能特征

目前湖滨公共建筑中心区块已经形成以中高档商业零售服务、宾馆酒店业为主，商务金融、行政办公为辅的功能结构(表 10-23)。从功能结构的转变来看，商业零售业独占鳌头，呈快速增长趋势。由于受景区的空间限高制约，商务金融办公空间很难快速发展。湖滨地区的商业零售已经形成了多业态、多层次的发展格局，满足不同消费人群的购物需求。不仅集聚了杭州主城区近几年新建的几乎所有中高档商业百货大楼，如西湖时代广场、利星名品广场、解百新世纪大厦(扩建)、元华购物中心以及顶级的世界名品街；同时区块内分布有满足低端消费人群的大型百货市场，如明珠商业中心、龙翔大厦、新浙派皮具城等，其商业零售业发展的势头远远超过武林公共建筑中心区块。

湖滨公共建筑中心区块主要公共建筑设施业态类型　　表 10-23

百货大楼	高档商业	一般商业	商务金融大楼	宾馆酒店	文化娱乐设施
杭州解百(3.4 万 m^2)、西湖时代广场、利星名品广场、元华购物中心	湖滨国际名品街、南山路、西湖天地	工联精品服饰城、明珠商业中心、龙翔大厦、新浙派皮具城等	中国人民银行、交通银行、浙江烟草大楼、西湖国贸写字楼、涌金广场、杭州科技大厦等	凯悦大酒店、新侨饭店、大华饭店、华侨饭店、仁和饭店、红泥花园大酒店、新开元大酒店等	胜利剧院、西湖电影院、东坡大世界等

依托于西湖景区旅游人群的潜在住宿需求，湖滨商圈酒店旅馆业发展较为成熟，四星级以上的宾馆酒店在 10 家以上，如凯悦大酒店、金茂商务酒店、杭州维景国际大酒店、马可波罗假日酒店等，并且出现酒店旅馆业的空间集中趋势。

与武林商圈相比，湖滨公共建筑中心区块的商务金融办公业发展明显处于劣势。一方面受区位条件的影响，与城市居住人口密集区相距较远，不利于商务办公人群的有效集聚。另一方面，受西湖景区的空间限制要求，发展商务办公大楼不利于土地价值的显现，而更趋向于商业零售。

（四）空间结构

从空间关系和功能布局形态看，延安路为商业零售业主轴，湖滨路、解放路为次轴；平海路为酒店旅馆业主轴(图 10-52)。而商务办公空间主要沿道路呈线形分布，庆春路为商务办公主轴，浣纱路和中河高架为次轴。沿各道路轴线分布有商业零售、酒店旅馆集中的空间节点。总的来看，商业零售和酒店旅馆业分布在解放路以北地区，商务办公分布于浣纱路以东地区。商业零售的空间分布集中和分散相结合，高档酒店旅馆空间集中于平海路两侧。

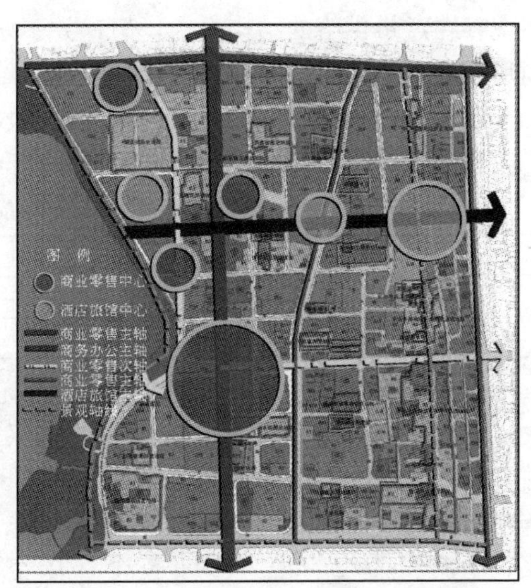

图 10-52　湖滨公建中心功能空间结构图

得益于西湖景区的环境资源和支路网体系的完善，湖滨区块城市公共活动的街道空间相对丰富，绿色开敞空间分布均衡。

（五）交通组织

从外部交通看，东面中和高架是中心城区南北向交通大动脉；南面西湖大道往东直达杭州火车站；西面湖滨步行街，与西湖景区建立紧密的联系，向北与环城西路、莫干山路相接；北面庆春路作为城市主干路，往东直达江干区(图 10-53)。从目前看，相对于武林商圈，湖滨公共建筑中心区块的区位优势并不十分突出，与杭州主城区东面、南面人口并不密集的城区联系较为便利；受西湖景区的阻隔，与城西、城北居住人口密集的地区相距甚远。随着杭州地铁的逐步建设和城市居住空间的东拓，这种相对的区位劣势将有可能得到根本扭转。

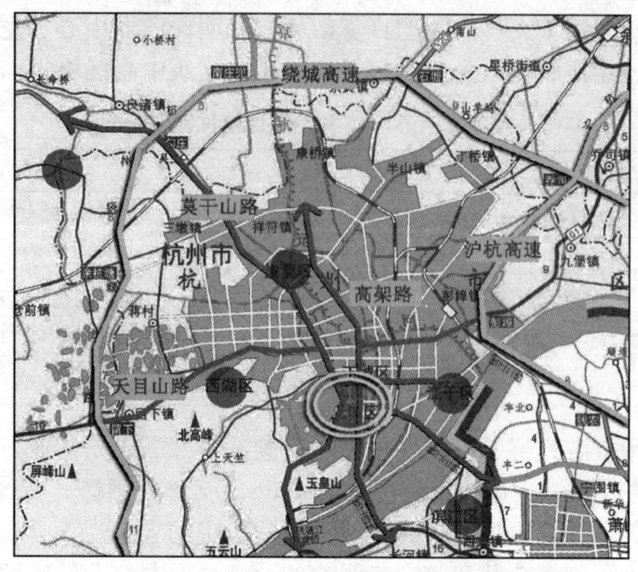

图 10-53　湖滨公建中心对外交通情况

从内部道路网密度来看(表 10-24)，道路等级结构较为完善，但次干路和支路网密度大大超过规范指标，表明道路用地偏多，用地划分过于碎片化(表 10-24、图 10-54)。道路系统存在过量供给的结构失衡，但这并不妨碍湖滨公共建筑中心区块内部的交通组织，反而形成有利于商业地块开发利用的土地供给模式，使本区域内的土地空间得到最大化的商业开发价值。同时密集的支路网系统，不仅对整个交通起到“蓄水池”的作用，并且形成了丰富的步行生活空间，极有利于商业空间的营造。

湖滨公共建筑中心区块各等级道路网密度　　**表 10-24**

道路级别	快速路	主干路	次干路	支路
道路网密度(km/km²)	0.85	1.05	3.00	9.00
规划规范指标(km/km²)	0.4～0.5	0.8～1.2	1.2～1.4	3～4

作为杭州极具旅游氛围的公共建筑中心区块，湖滨商圈具有人性化和安全的步行系统，并且与西湖景区沿线的步行通道有效衔接。地块内部通过支路网紧密联系，大量人流、物流、车流较为均匀地分布于整个区域空间，“用地—交通”的协同性良好，交通状况明显优于武林地区。这将极大促进湖滨商圈沿街商铺的进一步发展，大量商业零售不仅以大型商场的形式存在，还将形成极具活动性的步行商业带。以上分析表明，湖滨公共建筑中心区块由于道路系统的完善，不仅决定了区块内部的土地运作模式，也将极大影响公共建筑中心区块未来的商业形态，以及公共建筑中心区块内部功能变更的趋势。

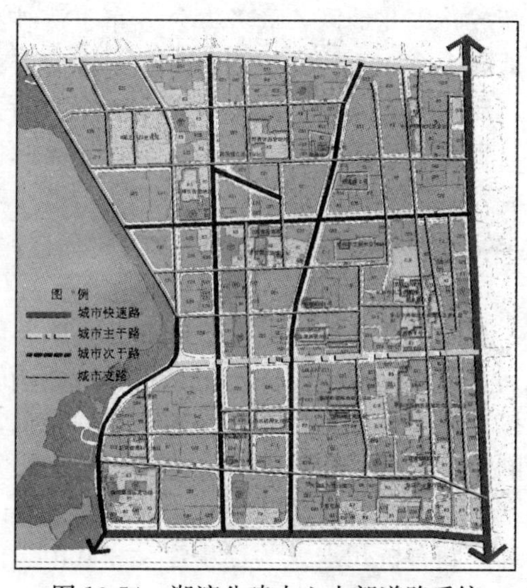

图 10-54　湖滨公建中心内部道路系统

（六）开发强度特征

1. 建筑总量和质量构成

总建筑面积中，公共设施约占65%，其中公共设施与住宅的建筑比例为68.3%：31.7%，大于两者的用地之比，突出湖滨公共建筑中心区块的公共服务功能。按结构类型评价，质量好的建筑，总面积为181.09万m^2，占总量的63.4%；质量一般的建筑，总面积为69.09万m^2，占总量的24.2%；质量差的建筑，建筑面积为35.45万m^2，占总量的12.4%。

2. 建筑质量和容量空间分布

湖滨单元质量差的建筑主要为湖边屯、龙翔里、里仁坊、平远里、兴安里、泗水坊、韶华巷等几片区块和中山中路南段，以历史文化街区和历史建筑为主。质量一般的建筑分布相对集中，主要分布在延安路北段西侧、南段东侧，浣纱路东侧以及中山中路东侧，以19世纪末之前的住宅建筑为主。

湖滨公共建筑中心区块建筑开发强度由西向东，呈现递增趋势，这也是西湖周边地域建筑高度控制的结果。其中延安路以西湖滨周边地块，其容积率为1.5～1.8，延安路以东则为1.8～2.5。说明商业零售功能为主向商务办公过渡的功能布局特征。

3. 建筑高度

湖滨单元建筑高度起伏比较大，有一两层的平房，也有25层的超高层建筑，建筑高度分布在5～100m的广阔范围内，由西向东呈递增之势，高层集中分布在湖滨公共建筑中心区块的东北面。整个区域超高层建筑占总数的11.2%，高层建筑占总数的13.8%，多层建筑占总数的21.6%，低层建筑占总数的53.4%。从已建成建筑空间分布看，东坡路以西的现状建筑高12～25m(地块最高建筑，下同)，其中沿湖滨路大多在20m以上。延安路与东坡路之间的建筑高9～30m，其中大多在24m以下。延安路与南山路之间建筑在12～30m之间，其中靠近延安路一侧为24～30m。浣纱路以东的建筑新改造区块，高度为50～80m，历史文化街区、历史建筑周边区块为12～24m，延安路与浣纱路之间建筑高12～40m，其中质量较好的建筑在30～35m之间，局部地块为50～60m。

三、吴山公共建筑区块

（一）区位特点

吴山公共建筑中心区块位于延安路南端(图10-55)——杭州老城区中心；北与西湖大道相接，紧连湖滨商圈；南靠吴山，区内分布有清河坊历史文化特色街区。依吴山，傍西湖，地理环境优势突出。丰富和独具特色的历史人文底蕴以及较为优越的交通条件，使吴山公共建筑中心区块极具发展潜力。本次研究范围约2.4km^2，东至中河高架，南至万松林隧道，西至南山路，北至西湖大道。

（二）用地构成

作为杭州市最古老的城区，吴山公共建筑中心区块呈现明显的城市传统老区的用地结构特征(图10-56)。从各类用地面积构成看，居住用地占41.82%，公共设施用地占25.86%，道路用地占18.81%，其他用地比例较少(表10-25)。相比湖滨商圈，公共建筑设施用地比例较低，居住比例较高。从公共建筑设施用地内部构成看，商业金融比例相对较高，占36.67%；而教育科研、文化娱乐、行政办公和文物古迹分别占15.78%和

14.39%、13.16%和12.90%，四者比例较为均衡(表10-26)。

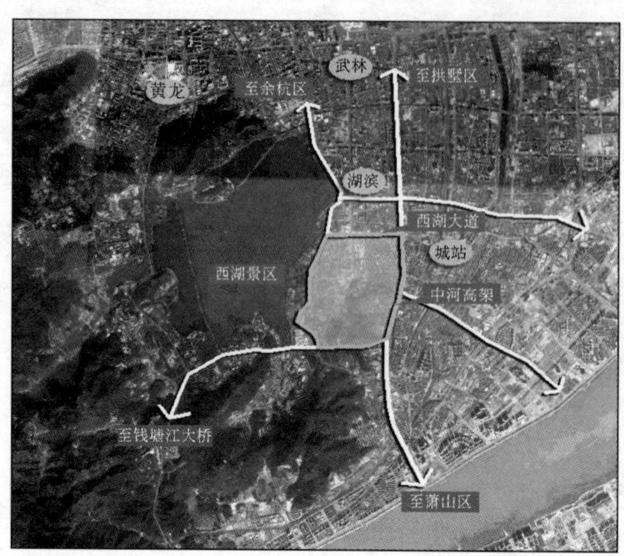

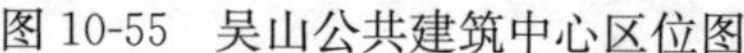
图10-55 吴山公共建筑中心区位图

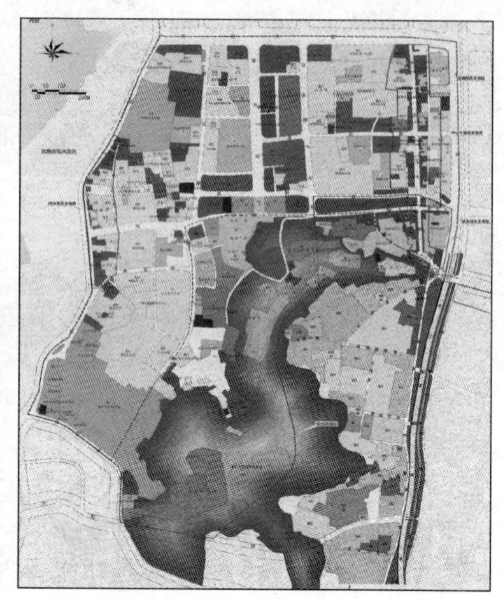
图10-56 吴山公共建筑中心用地现状图

吴山公共建筑中心区块现状用地构成 **表10-25**

<table>
<tr><th colspan="2">用地性质(用地代码)</th><th colspan="2">面积(hm²)</th><th colspan="2">比例(%)</th><th>备注</th></tr>
<tr><td rowspan="8">公共设施用地(C)</td><td>行政办公(C1)</td><td>6.45</td><td rowspan="8">49.00</td><td>3.42</td><td rowspan="8">25.86</td><td rowspan="8">其他公共设施主要指教堂用地</td></tr>
<tr><td>商业金融(C2)</td><td>17.97</td><td>9.52</td></tr>
<tr><td>文化娱乐(C3)</td><td>7.05</td><td>3.73</td></tr>
<tr><td>体育(C4)</td><td>0.00</td><td>0.00</td></tr>
<tr><td>医疗卫生(C5)</td><td>3.16</td><td>1.67</td></tr>
<tr><td>科研教育(C6)</td><td>7.73</td><td>4.0</td></tr>
<tr><td>文物古迹(C7)</td><td>6.32</td><td>3.35</td></tr>
<tr><td>其他公共设施(C9)</td><td>0.32</td><td>0.17</td></tr>
<tr><td rowspan="2">居住用地(R)</td><td>二类住宅用地(R21)</td><td>54.80</td><td rowspan="3">78.94</td><td>29.03</td><td rowspan="3">41.82</td><td rowspan="3">—</td></tr>
<tr><td>三类住宅用地(R31)</td><td>15.44</td><td>8.18</td></tr>
<tr><td></td><td>公共服务设施(R02)</td><td>8.70</td><td>4.61</td></tr>
<tr><td colspan="2">工业用地(M)</td><td colspan="2">3.48</td><td colspan="2">1.84</td><td>—</td></tr>
<tr><td colspan="2">道路广场用地(S)</td><td colspan="2">35.50</td><td colspan="2">18.81</td><td>停车场地缺乏</td></tr>
<tr><td colspan="2">公共绿地(G)</td><td colspan="2">4.40</td><td colspan="2">2.33</td><td>—</td></tr>
<tr><td colspan="2">市政公用设施用地(U)</td><td colspan="2">1.48</td><td colspan="2">0.78</td><td>—</td></tr>
<tr><td colspan="2">军事用地(D1)</td><td colspan="2">13.40</td><td colspan="2">7.10</td><td>—</td></tr>
<tr><td colspan="2">空地</td><td colspan="2">2.60</td><td colspan="2">1.37</td><td>属于待建用地</td></tr>
<tr><td colspan="2">山体</td><td colspan="2">47.2</td><td colspan="2">—</td><td>指吴山</td></tr>
<tr><td colspan="2">可建设用地(总计)</td><td colspan="2">188.80(236.00)</td><td colspan="2">100</td><td>“总计”包括山体</td></tr>
</table>

注：数据依据吴山公共建筑中心区块用地现状图(杭州城市规划设计院，2008-3)计算所得。

吴山公共建筑中心区块现状公共设施内部用地构成 表 10-26

用地性质	用地代码	面积(hm²)	比例(%)
公共设施用地	C	49.00	100
行政办公用地	C1	6.45	13.16
商业金融业用地	C2	17.97	36.67
文化娱乐用地	C3	7.05	14.39
体育设施用地	C4	0.00	0.00
医疗卫生用地	C5	3.16	6.45
教育科研设计用地	C6	7.73	15.78
文物古迹用地	C7	6.32	12.90
其他公共设施用地	C9	0.32	0.65

综合分析用地结构并现状用地变更趋势可以得出以下结论：

(1) 从总的用地构成看，吴山公共建筑中心区块并没有出现极度商业化的倾向，居住功能仍占主导，居住用地远远超过公共建筑设施用地。

(2) 从公共建筑设施内部构成看，相对于武林和湖滨公共建筑中心区块，尤其是文化娱乐和文物古迹用地较多，商业金融并非占据绝对主导地位。传统特色商业和高档酒店业是本区域的两大职能，尤其是传统商业零售，得益于巨大的历史人文资源和环境优势，规模增长较为迅速。

(3) 由于吴山是杭城商业区最早的发源地，其内分布有大量历史性保护建筑，以及杭州大部分的历史保护街坊(建筑寿命 100 年以上)，对整个商圈空间拓展造成一定的限制，但又是其发展特色商业的有力支撑。

(4) 公共绿地等开敞空间规模不大，但得益于西湖沿岸滨河绿地以及吴山山体的有利影响，本区域商业空间运行的整体外部环境较佳，适合步行的游憩空间较为充裕，提高了商业运行的整体效率。

(三) 功能特征

目前吴山公共建筑中心区块已经形成以传统商业零售、高档宾馆酒店业为主，商务办公、行政办公为辅的功能结构(表 10-27)。从功能结构的转变来看，传统商业零售业独占鳌头，呈快速增长趋势。

吴山公共建筑中心区块主要公共建筑设施类型 表 10-27

百货商业零售	宾馆酒店	文化娱乐设施	商务金融大楼
杭州银泰西湖店，吴山花鸟城，定安名都商厦，中山皮革鞋材市场，清河坊传统商业街，南山路、中山中路特色商业街等	维多利亚丽嘉酒店、索菲特西湖大大酒店、五洋假日酒店、依莲假日酒店、柳杨宾馆、云山饭店等	浙江革命烈士纪念馆、中国财税博物馆、杭州历史博物馆等	吴山通宝城、中信银行、中国农业银行、耀江广大厦、定安名都商务大楼、中山大厦等

吴山地区的传统商业零售主要以特色商业街的形式存在，满足外来游客和城市消费人群的不同需求。吴山公共建筑中心区块集聚了杭城最具特色的三条商业街，如河坊街为全国十大特色商业街之一，杭州几乎所有传统的老字号商店以及全国各地具有民族特色的手

工艺品、餐饮美食都集结于此；而南山路则集中了杭州最具吸引力的酒吧、特色餐厅和酒店，成为杭城中高档的娱乐休闲服务区；正在改造中的中山路也将成为杭州极富历史韵味的特色商街。

依托于西湖景区旅游人群的潜在需求，吴山商圈酒店旅馆业发展较为成熟，档次高，特色明显，多以主题餐厅的形式存在，如花园餐厅、维多利亚丽嘉酒店、索菲特西湖大酒店、云山饭店等，酒店旅馆业集中分布在南山路沿线。与湖滨商圈类似，吴山公共建筑中心区块的商务办公业发展明显处于劣势。受区位条件的影响，以及西湖景区的环境控制，吴山公共建筑中心区块大型的高档办公大楼寥寥无几，而具有社会公益性的文化娱乐设施较为集中，如浙江革命烈士纪念馆、中国财税博物馆、杭州历史博物馆等。

（四）空间结构

吴山公共建筑区块传统商业零售和特色旅馆酒店业已经形成比较明显的轴向发展趋势（图 10-57）。沿清河坊商业步行街为传统商业主轴，延安路、中山中路为商业零售次轴；南山路为酒店旅馆业主轴。商务办公空间主要沿惠民路和中河高架呈线形分布。总的来看，酒店旅馆业分布在延安南路以西地区，高档酒店旅馆空间均衡分布于南山路两侧；商业零售集中于清河坊商业步行街。

（五）交通组织

从外部交通看，吴山公共建筑中心区块与杭城主城区南面的新西湖景区联系较为便利（图 10-58）。北面西湖大道，往东直达杭州火车站；西面南山路，向南接虎跑路；东面中河高架，往南直达滨江和萧山。相对于武林商圈，吴山公共建筑中心区块的区位优势并不十分明显。类似于湖滨公共建筑中心区块，与杭州主城区东面、南面人口并不密集的城区联系较为便利，与城西、城北居住人口密集的地区相距较远。但由于商业业态和服务人群的显著不同，吴山商圈辐射力的作用范围并未受交通区位的影响而出现明显的受力不均现象。

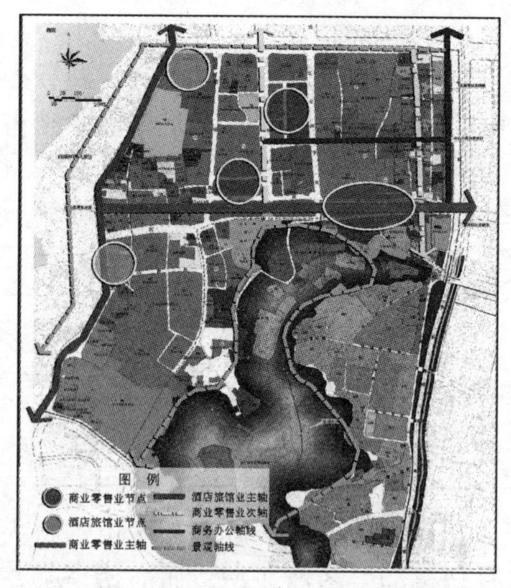

图 10-57　吴山公共建筑中心功能空间结构图

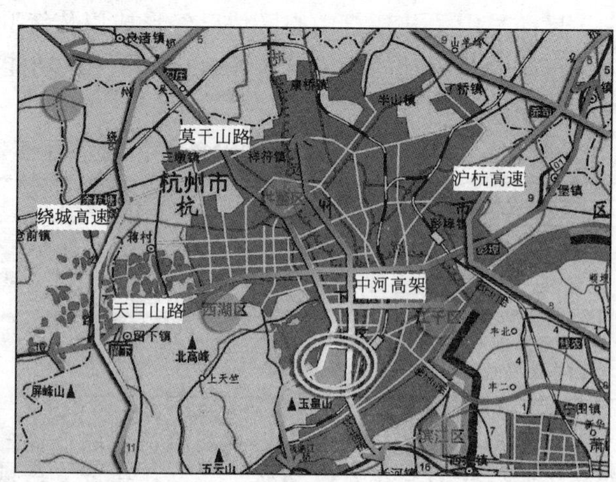

图 10-58　吴山公共建筑中心对外交通情况

仅从内部道路网密度来看(表 10-28)，吴山公共建筑中心区块道路结构密度分布的完善程度明显优于武林(图 10-59)。尽管快速路和主干路的密度失衡，但两者之和仍符合规范指标。事实上，吴山公共建筑中心区块通过性的交通主要依靠西湖大道和中和高架疏散。

吴山公共建筑中心区块各等级道路网密度　　**表 10-28**

道路级别	快速路	主干路	次干路	支路
道路网密度(km/km^2)	1.33	0.30	1.30	3.57
规划规范指标(km/km^2)	0.4～0.5	0.8～1.2	1.2～1.4	3～4

次干路、支路网密度相当合适，大大增强区域内部的通达性以及对外联系的开放度。不但有利于形成沿街商业开发的土地供给模式，而且使商业空间、居住空间、城市公共开敞空间取得紧密的联系，形成了丰富的步行商业生活混合空间。

作为杭州最有历史韵味的公共建筑中心区块，吴山商圈具有人性化和安全的步行空间系统，并且与西湖景区滨河沿线、吴山景区的步行道有效衔接。地块内部通过支路网紧密联系，“用地—交通”协同性良好，促进了吴山商圈沿街传统商铺的进一步发展。

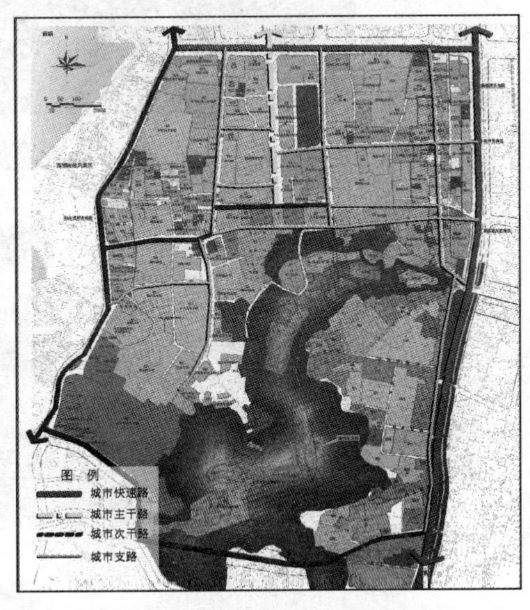

图 10-59　吴山公建中心内部道路系统

(六) 开发强度特征

吴山公共建筑中心区块由于紧邻西湖和吴山两大景区，区域内建筑高度受到严格控制，总体上看，建设密度较高，但地块的实际开发强度并不大。居住建筑居多，大多在六层以下，还分布有相当容量的二三层传统民居。本区域商业开发的实际策略是高密度低容积率，并适度开发地下空间。

四、黄龙公共建筑区块

(一) 区位特点

黄龙公共建筑中心区块位于杭州主城区的西面(图 10-60)，往东与武林公共建筑中心区块相距不到 2km；南倚宝石山，与西湖仅一山之隔；西靠老和山余脉；北临杭州传统文教区。区内分布有浙江大学玉泉和西溪两大校区，人文资源极为丰富。黄龙公共建筑中心区块内高档商务办公和行政办公建筑极为密集，如世贸丽晶城、公元大厦、浙江世界贸易中心、浙江能源、浙江地税、浙江电力等，是杭城极具发展潜力的综合办公区，也是杭州集生态、人文、旅游、会展、运动休闲的重要区域(图 10-61)。本次研究范围面积约 $3.96km^2$，东至莫干山路，南至曙光路及省政府办公区，西至玉古路及部分向西延伸地块，北至天目山路及部分向北延伸地块。

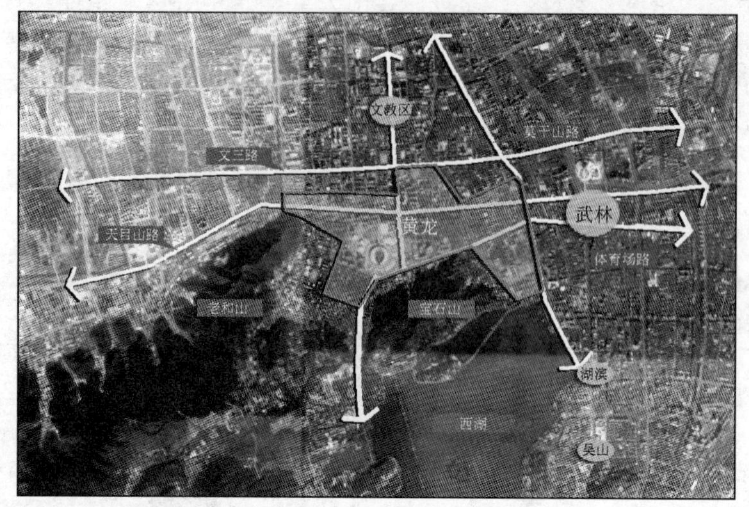

图 10-60　黄龙公共建筑中心区位图

图 10-61　黄龙公共建筑中心建筑风貌

（二）用地构成

黄龙公共建筑中心区块呈现明显的城市综合办公区的用地结构特征(图 10-62)。从黄龙商圈(公共建筑中心区块)各类用地面积构成来看(表 10-29)，公共设施用地占 46.4%，居住用地占 29.5%，道路用地占 16.4%。相对于武林公共建筑中心区块，公共建筑设施用地比例较高，居住比例相对较低。从公共建筑设施用地内部构成看(表 10-30)，教育科研、商业金融、行政办公和体育分别占 25.3%和 25.1%、19.6%和 18.3%，四者比例较为均衡。商业金融的建筑业态主要是高档商务办公楼、综合行政办公大楼；办公业态的设施用地占公共建筑设施用地的比例将近45%，且呈不断上升趋势。

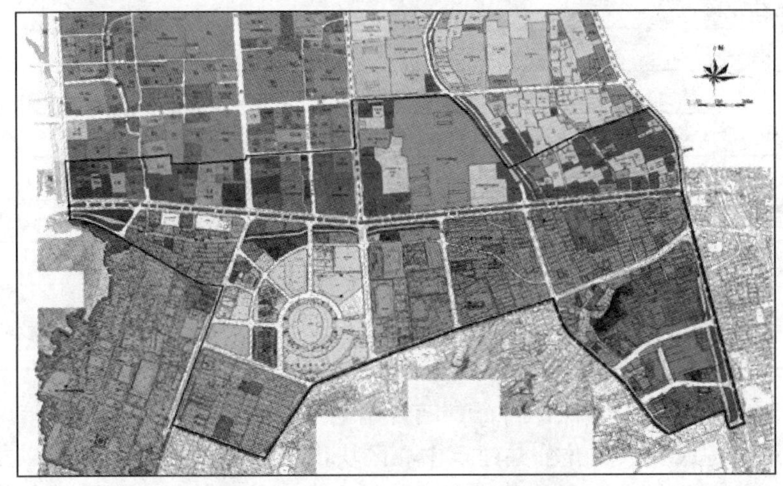

图10-62 黄龙公建中心用地现状图

黄龙公共建筑中心区块现状用地构成 **表10-29**

<table>
<tr><th colspan="2">用地性质(用地代码)</th><th colspan="2">面积(hm²)</th><th colspan="2">比例(%)</th><th>备注</th></tr>
<tr><td rowspan="8">公共设施用地(C)</td><td>行政办公(C1)</td><td>35.4</td><td rowspan="8">180.4</td><td>9.1</td><td rowspan="8">46.4</td><td rowspan="8">—</td></tr>
<tr><td>商业金融(C2)</td><td>45.2</td><td>11.6</td></tr>
<tr><td>文化娱乐(C3)</td><td>17.4</td><td>4.5</td></tr>
<tr><td>体育(C4)</td><td>33.1</td><td>8.5</td></tr>
<tr><td>医疗卫生(C5)</td><td>3.4</td><td>0.9</td></tr>
<tr><td>科研教育(C6)</td><td>45.6</td><td>11.7</td></tr>
<tr><td>文物古迹(C7)</td><td>0.3</td><td>0.1</td></tr>
<tr><td>其他公共设施(C9)</td><td>0.0</td><td>0.0</td></tr>
<tr><td rowspan="2">居住用地(R)</td><td>住宅用地(R01)</td><td>108.2</td><td rowspan="2">115.3</td><td>27.7</td><td rowspan="2">29.5</td><td rowspan="2">包括部分四类住宅用地</td></tr>
<tr><td>公共服务设施(R02)</td><td>7.1</td><td>1.8</td></tr>
<tr><td colspan="2">商住混合(R/C)</td><td colspan="2">2.0</td><td colspan="2">0.5</td><td>—</td></tr>
<tr><td colspan="2">工业用地(M)</td><td colspan="2">6.00</td><td colspan="2">1.5</td><td>—</td></tr>
<tr><td colspan="2">道路广场用地(S)</td><td colspan="2">64.0</td><td colspan="2">16.4</td><td>—</td></tr>
<tr><td colspan="2">绿地(G)</td><td colspan="2">11.2</td><td colspan="2">2.9</td><td>以滨河绿地为主</td></tr>
<tr><td colspan="2">市政公用设施用地(U)</td><td colspan="2">11.8</td><td colspan="2">3.0</td><td>—</td></tr>
<tr><td colspan="2">水域(E1)</td><td colspan="2">5.6</td><td colspan="2">—</td><td>—</td></tr>
<tr><td colspan="2">可建设用地(总计)</td><td colspan="2">390.7(396.3)</td><td colspan="2">100</td><td>“总计”包括水域</td></tr>
</table>

注：数据依据黄龙公共建筑中心区块用地现状图(杭州城市规划设计院，2008-3)，计算所得。

黄龙公共建筑中心区块现状公共设施内部用地构成 表 10-30

用地性质	用地代码	面积(hm^2)	比例(%)
公共设施用地(C)	C	180.4	100
行政办公用地(C1)	C1	35.4	19.6
商业金融业用地(C2)	C2	45.2	25.1
文化娱乐用地(C3)	C3	17.4	9.6
体育设施用地(C4)	C4	33.1	18.3
医疗卫生用地(C5)	C5	3.4	1.9
教育科研设计用地(C6)	C6	45.6	25.3
文物古迹用地(C7)	C7	0.3	0.2
其他公共设施用地(C9)	C9	0.0	0.0

综合分析现状用地结构、比例特征，结合用地变更趋势可以得出以下结论：

(1) 从总用地构成看，黄龙公共建筑中心区块出现高档商务办公大厦以及省级行政办公大楼集中的空间集聚倾向，居住功能不断被削弱，公共建筑设施用地占据垄断地位。这主要得益于黄龙体育中心的进驻以及浙江大学的品牌效应，极大提升本地区的商务环境品质。

(2) 从公共建筑设施内部构成看，相对于武林和湖滨公共建筑中心区块，黄龙公共建筑中心区块的商务化倾向大于商业化倾向。商务办公和行政办公是本区域公共建筑设施业态的两大职能，尤其是商务写字楼的发展，得益于巨大的人文智力资源和环境优势的综合效应，规模增长较为迅速。考虑建筑纵向发展的空间实际容量，办公楼、写字楼占据绝对的主导优势。

(3) 除行政和商务办公用地外，黄龙公共建筑中心区块的科研教育用地占据很大的比例。除高校外，还分布有大量的科研机构，如浙江省环境保护科学设计研究院、浙江省医学科学院等。这种综合的地域职能知识化倾向，在一定程度上抑制了商业空间的发展，主要的商业类型是一般性的生活服务商业，如超市、餐饮等，这些功能主要依托住宅低层商铺沿城市道路呈线形分布。

(三) 功能特征

目前黄龙公共建筑中心区块已经形成以高档商务写字楼、省级行政办公为主，教育科研、体育文化娱乐休闲为辅的功能结构(表 10-31)。综合办公业独占鳌头，呈快速增长趋势。

黄龙公共建筑中心区块主要公共建筑设施业态类型 表 10-31

行政办公大楼	商务金融大楼	教育科研	体育文化娱乐设施	商业类型设施
浙江省地税局、中华人们共和国杭州海关、浙江省电力公司、浙江省国土资源厅、浙江能源、浙江省高级人民法院等	世贸丽晶城、天际大厦，公元大厦、浙江世界贸易中心、黄龙世纪广场、嘉华国际商务中心、新湖商务大厦、招商银行、中田大厦等	除浙大校区外，大部分为科技办公楼。浙江科贸大厦、浙江省环境保护科学设计研究院、浙江省医学科学院、省冶金研究院等	黄龙体育中心(包括各种训练基地)、西湖体育馆、浙江省出版总社、浙江省光电总局，以及临近的浙江省图书馆等	好又多超市、黄龙饭店、世贸饭店，金都宾馆、五鑫宾馆等

黄龙公共建筑中心区块集聚了杭城甲级写字楼、高档商务办公大厦近 20 座，集中了省政府办公区，省级相关单位高层办公大楼近 10 座。除武林公共建筑中心区块外，杭州新建的高档写字楼大部分位于黄龙公共建筑中心区块及其周边，办公空间集聚的态势极为明显。

从历史上看，黄龙地区以及北面的文教区，一直是杭城高等院校以及科研机构最为密集的地区。随着文三路电子科技产业的不断发展，本地区科技型、智力型的地域化倾向更为明显，反过来又极大增进了办公物业的空间集聚效应。除此之外，未来满足高档消费人群的体育文化娱乐产业在本地区有极大的发展潜力。

与武林、湖滨公共建筑中心区块相比，黄龙公共建筑中心区块的商业零售业发展明显处于劣势。受办公职能极化，以及武林商圈相近排斥的影响，黄龙公共建筑中心区块大型的商业零售大厦寥寥无几。

（四）空间结构

从空间关系和功能布局特征来看，沿天目山路为行政商务综合办公主轴，教工路、杭大路为综合办公次轴(图 10-63)。商业性空间主要以沿街店铺的形式沿曙光路和保俶路呈线形分布。总的来看，办公楼宇、科研大楼主要集中在天目山路两侧，而科研教育、体育休闲、行政办公、商务办公分别以浙大西溪校区、黄龙体育中心、省府办公区以及浙江世贸中心为载体出现较为集中的空间节点。办公空间在整个黄龙地区分布较为均衡。

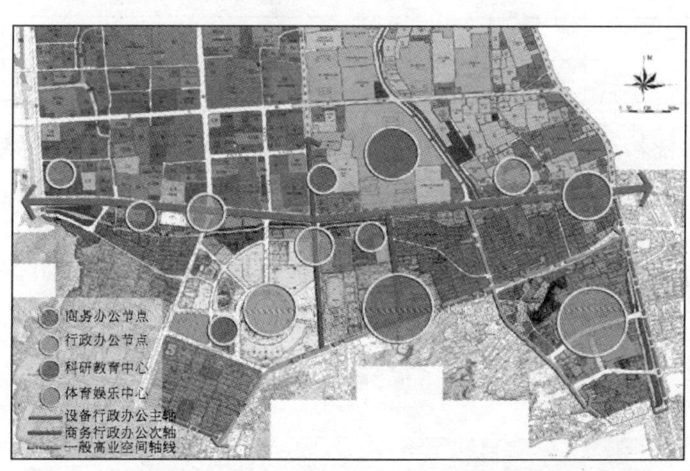

图 10-63　黄龙公共建筑中心功能空间结构图

（五）交通组织

从外部交通看，黄龙公共建筑中心区块是杭城主城区西面的门户(图 10-64)。快速干道天目山路横贯东西，其向西经长途汽车西站，与省道相接，直达绕城高速交叉口；东面的莫干山路向北直达汽车北站，向南进入西湖核心景区。从与主城各区的联系看，黄龙公共建筑中心区块与城西商住区、城北拱墅区、城市中心(武林商圈)以及西湖景区的联系都极为便利，受西湖的阻隔以及空间区位的影响而与主城区的东南面联系较为不便。

从内部道路网密度来看(表 10-32)，快速路网密度偏高，主干路、次干路网密度较为合适，支路网密度严重不足。黄龙公共建筑中心区块道路结构密度分布还有待完善，尤其支路网系统的建构，对未来地块的发展影响较大。尽管快速路密度失衡，但与主干路之和仍符合规范指标。事实上，黄龙公共建筑中心区块通过性的交通主要依靠天目山路疏散。

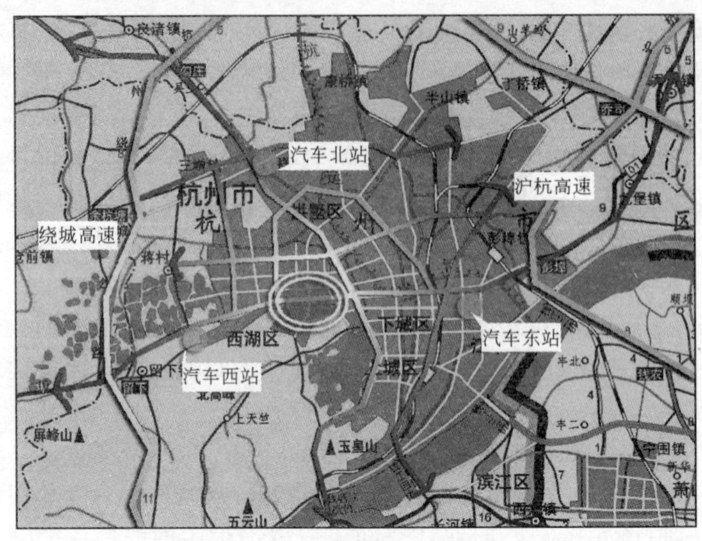

图 10-64　黄龙公共建筑中心对外交通情况

黄龙公共建筑中心区块各等级道路网密度　　　　**表 10-32**

道路级别	快速路	主干路	次干路	支路
道路网密度(km/km²)	0.83	0.88	1.09	1.73
规划规范指标(km/km²)	0.4～0.5	0.8～1.2	1.2～1.4	3～4

内部交通主要依赖于次干路和支路网系统(图 10-65)。目前，除老城区公共建筑中心区块(湖滨、吴山)的次干路、支路网密度较为合理外，其他公共建筑中心区块都不同程度地存在地块内部交通不畅以及横向联系较少的问题。大街坊的单位制隔离，不利于形成精品式小地块开发的土地供给模式，使商业空间、居住空间、城市公共开敞空间不能取得紧密的联系。这也是导致黄龙商圈空间缺乏人性化沿街商业空间的一个主要原因。进而影响公共建筑中心区块功能的日常运行，如公司职员不能在有效的距离内获得满意的就餐需求。

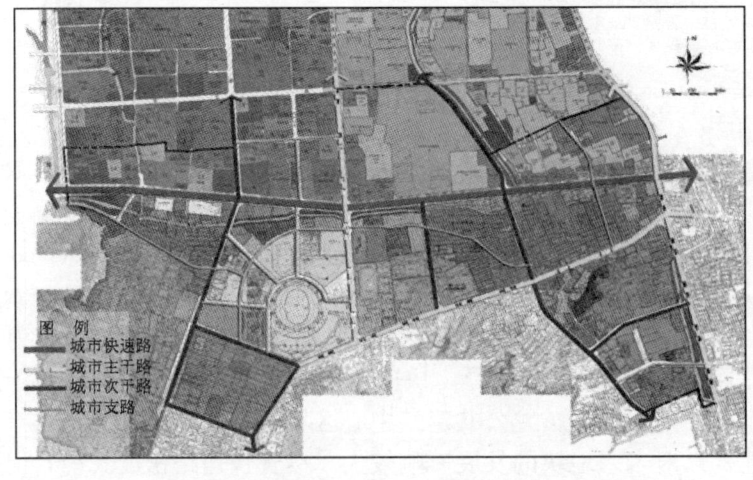

图 10-65　黄龙公共建筑中心内部道路系统

作为杭州最具发展潜力的商务办公中心，在地块的改造过程中，尤其要注重人性化和安全的步行空间系统的打造，并且要与南面的景区步行道有效衔接。通过地块内部支路联系的加强使各地块建立紧密的联系，并使区域内的人流、物流、车流较为均衡地分布于整个空间系统，形成良好的“用地—交通”协同性，促进黄龙商圈综合办公空间承载能力的提高，形成高效率的外部支撑空间。

（六）开发强度特征

高层密集区的占地面积将近18%，主要分布于黄龙体育中心周边及天目山路沿线（图10-66）。新建商务区的建筑密度在30%～35%之间，容积率在5～10之间。

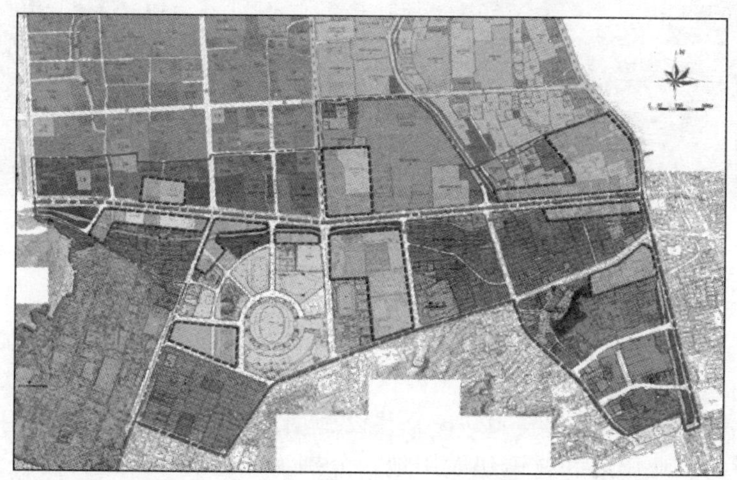

图10-66　黄龙公共建筑中心高层建筑分布区

五、文教公共建筑区块

（一）区位特点

文教区公共建筑中心区块位于杭城主城区的西北面（图10-67），与武林公共建筑中心

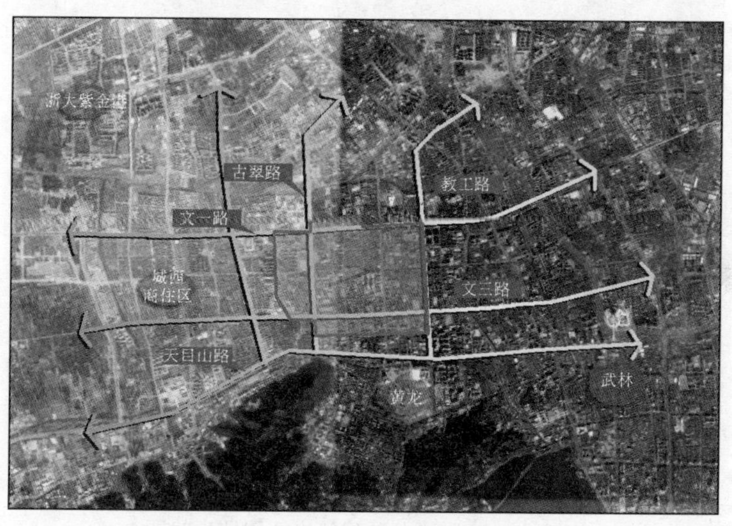

图10-67　文教区公共建筑中心区位图

区块相距约 3.8km；南与黄龙公共建筑中心区块接壤，西面紧邻城西核心商住区；北面是杭州传统的工业基地。区内分布有全国著名的文三路数码港，以及杭城大部分文理高校的老校区(图 10-68)。本次研究范围面积约 3.06km²，东至教工路，南至文三路及部分向南延伸地段，西至城市支路益乐路，北至文一路及向北部分延伸地段。

图 10-68　文教区公共建筑中心建筑风貌

（二）用地构成

尽管近几年杭州文教区的高校用地置换频频，但从目前来看仍呈现明显的城市传统文教中心的用地结构特征(图 10-69)。从文教区商圈(公共建筑中心区块)各类用地面积构成来看(表 10-33)，居住用地占 36.00%，公共设施用地占 33.50%，道路用地占 14.16%；同时存在一定量的工业用地和村镇建设用地，分别为 5.21%和 3.76%。公共建筑设施用地和居住用地比例相当。从公共建筑设施用地内部构成看(表 10-34)，科研教育用地比例占绝对优势，为 49.43%；而行政办公和商业金融次之，分别为 25.00%和 19.89%。

图 10-69　文教区公共建筑中心用地现状图

文教区公共建筑中心区块现状用地构成　　表 10-33

用地性质(用地代码)		面积(hm²)		比例(%)		备注
公共设施用地(C)	行政办公(C1)	25.64	102.58	8.37	33.50	
	商业金融(C2)	20.41		6.66		
	文化娱乐(C3)	4.12		1.35		
	医疗卫生(C5)	2.98		0.97		
	科研教育(C6)	49.43		16.14		
居住用地(R)	住宅用地(R01)	91.36	110.24	29.83	36.00	R02 指中小学、农贸市场等
	公共服务设施(R02)	17.19		5.61		
	商住用地	1.69		0.55		
工业用地(M)		15.96		5.21		
道路广场用地(S)		43.37		14.16		停车场地缺乏
公共绿地(G)		9.82		3.21		
市政公用设施用地(U)		6.06		1.98		
军事用地(D3)		0.93		0.30		
城市河道		5.75		1.88		
村镇建设用地(E61)		11.52		3.76		村集体自留地
总计		306.25		100		

注：数据依据文教区公共建筑中心区块用地现状图(杭州城市规划设计院，2008-3)，计算所得。

文教区公共建筑中心区块现状公共设施内部用地构成　　表 10-34

用地性质	用地代码	面积(hm²)	比例(%)
公共设施用地	C	102.58	100
行政办公用地	C1	25.64	25.00
商业金融业用地	C2	20.41	19.89
文化娱乐用地	C3	4.12	4.02
医疗卫生用地	C5	2.98	2.91
教育科研设计用地	C6	49.43	48.19

综合分析用地结构、比例关系，结合现状用地变更趋势可以得出以下结论：

(1) 从总的用地构成看，文教区公共建筑中心区块中居住用地仍占据较大比例；存在一定量的工业用地，其多为软件科技研发性质的工业用地；区内存在的“城中村”用地，大部分已经转化为城市商业商务功能用地。

(2) 从公共建筑设施内部构成看，相对于武林和黄龙等公共建筑中心区块，教育科研功能仍占据主导地位，但高等教育功能正在被弱化，而科技研发正在被强化。随着杭城各大高教园区的陆续建成和完善，高校用地的功能置换势在必行。时尚数码购物和科技办公物业是本区块的职能特征，尤其是数码购物商业，得益于巨大的数码港规模集聚效应，增长较为迅速。

(3) 道路用地比例偏低，对本区域商业环境正常运行的干扰已经显现，尤其是单行道路的设置，更加不利于区块内部交通。

（三）功能特征

目前文教区公共建筑中心区块已经形成时尚数码购物、商务科技办公为主，商业零售、行政办公为辅的功能结构(表 10-35)。时尚数码购物及商务科技办公业的发展独占鳌头，呈快速增长趋势。

文教区公共建筑中心区块主要公共建筑设施业态类型　　表 10-35

时尚数码购物	商务科技办公	商业零售	行政办公
颐高数码城、百脑汇数码城、高新数码城、宏图三胞等，以及沿文三路密集分布的沿街数码商铺	西湖国际科技大厦、浙江华越科技研发大楼、浙江科技产业大厦、怡泰大厦、瑞利大厦、立元大厦等	世纪联华、国美电器、物美购物广场、花鸟市场、杭州西城商贸城等，以及沿文一路密集分布的零售商铺	西湖区疾控中心大楼、西湖区人民法院、浙江电力设计大楼、浙江环保大楼、中竹大厦、计量大厦、杭州市国土资源局、省人民检察院、省国家安全厅等

文教区地区的时尚数码购物主要以大型卖场以及特色商业街的形式存在，满足外来游客和城市消费者的不同需求。文教区公共建筑中心区块集聚了杭城最大的数码购物商厦，形成了最具特色的数码购物商业街——文三电子信息街，汇聚了杭城 90％的数码销售产品，并成为全省数码产品的发货与配送中心。

得益于数码科技产业的集群效应以及数码销售的上下游产业链关系，文教区的商务科技物业发展较为迅速，主要以办公大楼及科技园的形式存在，如节能环保科技园、莱茵达大厦、元贸大厦、康新商务大厦、高新大厦、亚太地区水电培训研究中心、昌地火炬大厦等，近 20 座高层科技办公写字楼。

文教区公共建筑中心区块的商业零售主要集中于文一路沿线，并以物美购物中心为空间节点，集中了各种类型业态的商业服务，以商品种类与档次齐全而闻名。行政办公分散在区内各处。

（四）空间结构

从空间关系和功能布局形态来看(图 10-70)，文教区公共建筑中心区块时尚数码购物和商务科技办公已经形成比较明显的点—轴布局模式。沿文一路为数码科技办公主轴，文二路、古翠路和教工路为商务科技办公次轴。商业零售空间主要沿文一路线形分布。总的来看，科技数码商务办公分布在文二路以南地区，大型商业零售网点集中分布于文二路以北地区。其他如高档酒店旅馆空间、行政办公空间均衡分布于区内各处。

（五）交通组织

从外部交通看(图 10-71)，文教区公共建筑中心区块位于杭城主城东西向联系的交通要塞，区内分布有文一路、文二路、文三路可方便联通城西、城东各区。区内教工路、学院路、古翠路向北均与莫干山路相接可方便联系城北各区。公共建筑中心区块与汽车北站相距 3.9km，与汽车西站相距 3.6km，与汽车东站相距 8.3km，并可方便到达绕城高速。总体上看，类似于黄龙公共建筑中心区块，与城北、城东、城西联系较为便利，与南面人口并不密集的城区联系较为不便。

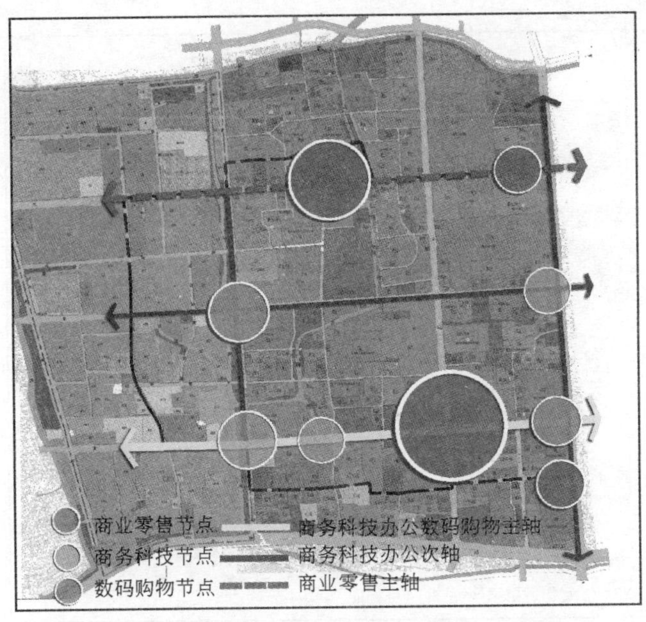

图 10-70 文教区公共建筑中心功能空间结构图

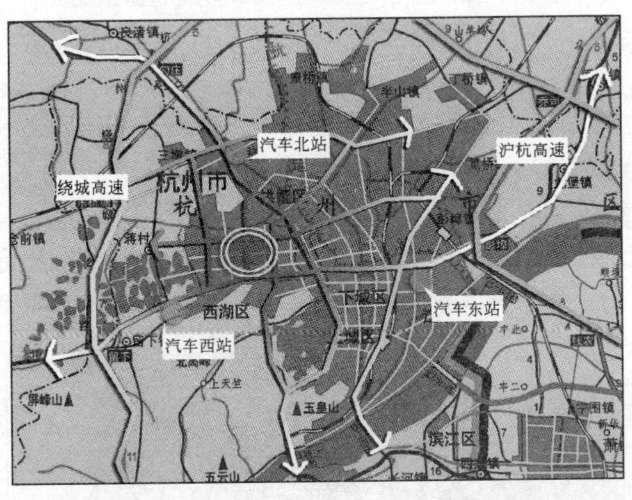

图 10-71 文教区公共建筑中心对外交通情况

从文教区公共建筑中心区块内部道路网密度结构来看(表 10-36)，除支路外，其他等级道路的建设密度较为合适，但由于城西与城中、城东存在严重的钟摆式交通，从道路的实际运行来看，交通状况并不乐观(图 10-72)。支路出现明显的空间分布不均现象，广泛分布于西面和南面，进一步降低了快速路、主干路的运行绩效，内部慢行交通仍较多依赖于外部通过性交通道路。

文教区公共建筑中心区块各等级道路网密度 **表 10-36**

道路级别	快速路	主干路	次干路	支路
道路网密度(km/km²)	0.67	1.28	1.17	2.13
规划规范指标(km/km²)	0.4～0.5	0.8～1.2	1.2～1.4	3～4

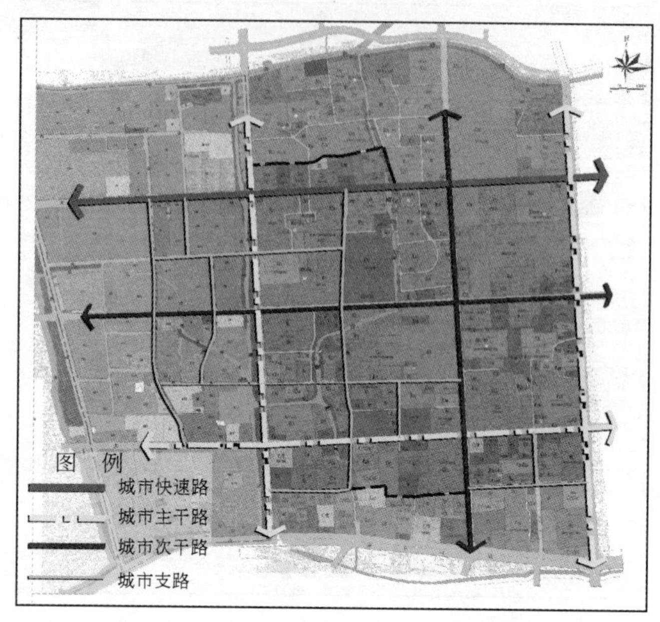

图 10-72 文教区公共建筑中心内部道路系统

与其他公共建筑中心区块相类似，支路系统仍是今后地块改造后道路系统建构的重点。作为全国独具特色的数码购物中心，文教区商圈缺乏人性化和安全的慢行道路空间系统，地块内部连通性较差，“用地—交通”的协同效应较低，不利于文教区功能的进一步提升和空间容量的扩展。

（六）开发强度特征

文教区公共建筑中心区块由于远离西湖景区，区域内建筑并未受到严格的控高限制（图 10-73）。总体上看，建设密度较高，地块的实际开发强度并不亚于武林商圈。不仅大

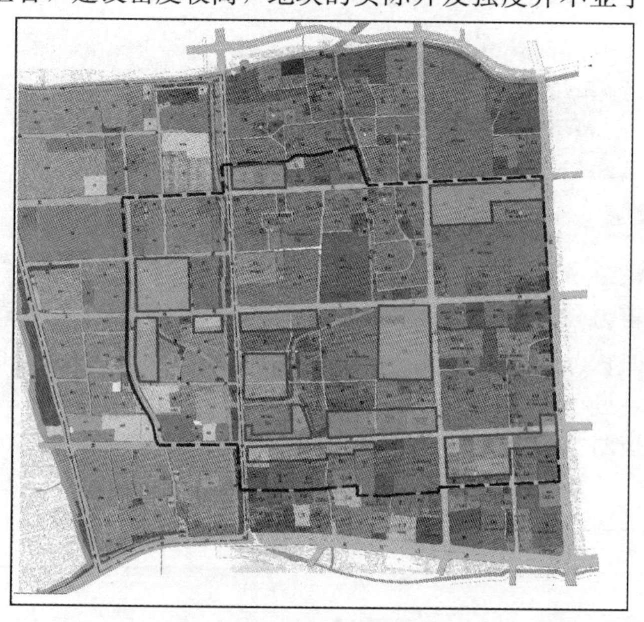

图 10-73 文教区公共建筑中心高层分布

型办公建筑出现普遍的高层化趋向，居住建筑同样向高层发展。从高层的空间分布看，文二路以南为开发密集区；地块开发强度的核心位于文三路、文二路、学院路和古翠路形成的方形街区，并向四周呈散点状扩散。建筑层数一般在 15～30 层之间。部分大楼用地为村集体自留地，开发密度较大。

六、对比总结

公共建筑中心区块现状比较及未来发展趋势　　表 10-37

	武　林	湖　滨	吴　山	黄　龙	文　教
用地构成	居住、公共建筑设施、道路	公共建筑设施、道路、居住	居住、公共建筑设施、道路	公共建筑设施、道路、居住	居住、公共建筑设施、道路
主导功能	中高档商业零售、综合办公、宾馆酒店业	综合的商业零售、宾馆酒店业、旅游观光	传统商业零售、高档宾馆酒店业、旅游文化休闲	高档商务写字楼、省级行政办公、教育科研、体育文化休闲	时尚数码购物、商务科技办公、居住
交通组织	对外联系极为便利，但缺乏内部组织的支网系统	对外联系较为便利，具备完善的支网系统	对外联系便利度一般，但具备相对完善的支网系统	对外联系便利，内部交通组织有待完善	对外联系较为便利，内部交通组织有待完善
空间开发强度	较大	较大	一般	较大	较大
未来发展趋势	综合公共建筑中心	综合商业零售中心	特色商业和文化休闲中心	综合商务办公中心	综合电子科技商贸中心

注：综合办公主要包括商务贸易、金融业、行政办公等。

横向比较和现状分析表明，武林商圈将依托交通区位优势，发展成为集综合办公、商业零售、酒店旅馆、文化娱乐于一体的城市一级综合公共建筑中心。综合办公业将取代商业零售成为主导职能，办公业的商务化倾向将极为明显。

湖滨商圈具备发展成为城市综合商业零售中心的基本条件，将集各档次类型的商业零售、酒店旅馆、旅游观光、文化娱乐于一体。商业零售应成为湖滨商圈的主导职能，在现有商业格局的基础上加强各类大型商场和商业街的互动效应，积极扩充商业零售规模。在商业规模、商品种类、商业氛围、购物环境上实现与武林商圈的差别化竞争。

吴山商圈应挖掘老杭州历史人文底蕴和传统商业价值，可发展成为集传统商业零售、旅游观光、酒店餐饮、都市娱乐于一体的特色商业和文化休闲中心，再现老杭州的繁荣景象。

黄龙商圈应充分利用浙江大学的人文智力资源和国际影响力，并依托高科技产业的带动，发展成为集商务、会展、科研、体育、休闲娱乐为一体的综合商务办公中心。

文教区公共建筑中心区块应完善电子信息产业链，壮大创新产业规模，发展成为集 IT 研发、数码销售、信息发布、产品展示为一体的综合电子科技商贸中心。

随着杭城地铁、BRT 等快速公共交通系统的不断完善，各公共建筑中心区块有望形成一体化的网络体系，区位势差逐步减少。但各公共建筑中心区块必须形成自身独特的竞争优势，并建立专业化的协作机制，这有利于各公共建筑中心区块的功能互补，并增进协同效应。

第十一章　杭州城市公共建筑空间结构演化趋势

第一节　杭州城市公共建筑发展的区域背景

一、长三角区域层面的杭州综合服务中心定位

根据《长江三角洲地区区域规划综合规划研究报告》的相关内容，杭州在长三角区域的战略定位确定为：突出强化生态与人居功能，打造国际著名的绿色之都；突出强化游憩休闲功能，打造国际著名的休闲之都；突出强化科技创新和教育功能，打造国际著名的智慧之都；突出强化国际制造功能，打造国际名品之都。因此，从长三角区域统筹的角度来看，杭州主要承担长三角南翼发展中心的职能，是南翼区域的综合性服务中心(图 11-1)。此外，从浙江省城镇体系的定位来看，杭州的定位为：重点发展国际休闲旅游中心，建设国际轻纺业贸易中心，建设服务于民营经济的总部经济区，具有鲜明的现代服务业发展导向特征。从长三角区域一体化和浙江省城镇发展的背景出发，杭州市提出了“接轨大上海、融入长三角、提高首位度、打造增长极”战略举措，这也是建设“生活品质之城”的重要战略。可见，在长三角的区域背景下，杭州要以建设“生活品质之城”为主线，主动接轨、积极融入、错位竞争、共赢发展，不断增强杭州的综合实力、创新能力、可持续发展能力和国际竞争力，努力推进率先发展、科学发展、和谐发展，更好地服务浙江省、服务长三角、服务全国。

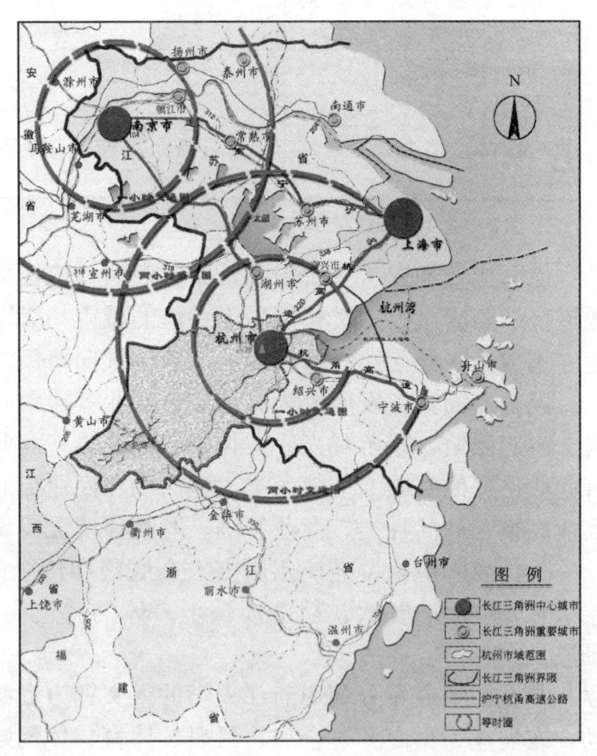

图 11-1　杭州在长三角的区位图

二、环杭州湾层面的杭州都市圈中心分析

环杭州湾区域指以杭州为中心的呈“V”形分布的包括杭州、宁波、嘉兴、湖州、绍兴、舟山在内的传统意义上的浙东北六市，组成了长三角南翼地区，是浙江现代化进程最快的区域(图 11-2)。空间结构上形成沿杭州湾两岸“V”形分布的都市区格局，分别是杭

州、甬舟两个大都市区，嘉兴、湖州、绍兴五个都市区。环杭州湾区域产业集群格局非常明显，近几年，“块状经济”迅速发展并已提升为具有一定规模的专业化分工协作特点的产业群。从产业布局看，形成了“沿路、环湖、滨海”三大城市与产业带。其中，“沿沪杭甬高速城市与产业带”是目前最发达的城市与产业带，分布有嘉善、嘉兴、桐乡、海宁、杭州、绍兴、上虞、慈溪、余姚、宁波等经济发达市县；同时，“滨海城市与产业带”是最有潜力的城市与产业带，分布有平湖、海盐、海宁及杭州(下沙、萧山)、绍兴袍江、上虞精细化工区、慈溪杭州湾新区的新兴产业基地，大多处于初期开发阶段。而杭州同时处于两条主要产业带的经济主流向上，作为长三角的南翼综合性服务中心，必将成为环杭州湾区域产业的地域服务中心，生产性服务业的需求将来自整个环杭州湾区域乃至长三角南翼腹地。

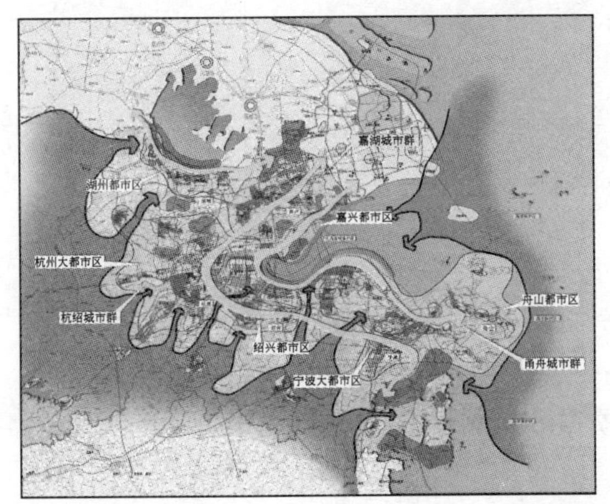

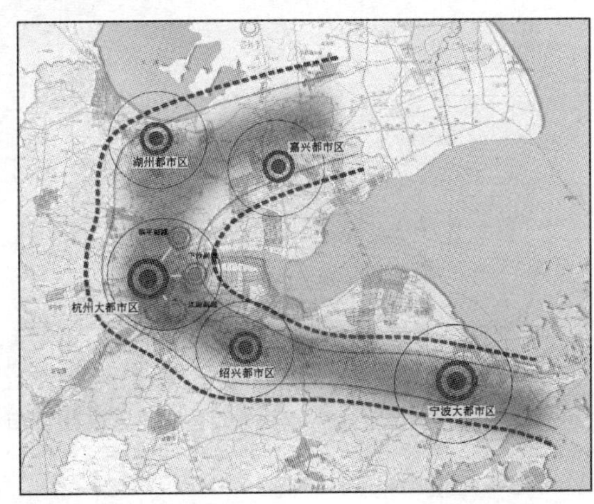

图 11-2　环杭州湾地域都市圈空间格局

都市圈成长理论与国际经验表明，当都市圈成长到发展与扩张阶段时，都市圈空间结构应该由核心圈层模式及时向带状多中心模式转变，以引导都市圈空间的持续、协调与健康发展。建立核心城市的中心磁极，以及外围多个“反磁力”中心，适时接受核心的产业和人口的扩散，形成合理均衡的梯度结构，以适应都市圈未来的发展。长三角地区经济的快速发展，以及交通、区位、政策等因素的变化及区域发展走廊的基本形成，打破了原有区域空间结构系统的平衡，带来大城市边缘区域空间结构的改变，使杭州等大城市产生了新的城市发展形态要求，即由原来的同心圆圈层扩展形态走向分散组团和轴向发展形态，最终形成带状城市，实现跨越式空间发展。因此，在快速规模扩展与剧烈的结构调整时期，应及时引导杭州都市圈由目前“一主三副六组团”的核心圈层结构向以环杭州湾区域经济主流向为导向的带状多中心结构转变，这必将对杭州都市圈的空间发展产生重大的战略意义。

三、杭州都市区层面的公共建筑中心体系分析

新一轮的杭州市总体规划确定未来杭州将从以旧城为核心的团块状布局，转变为以钱塘江为轴线的跨江、沿江，网络化组团式布局，规划采用点—轴结合的拓展方式，组团之间保留必要的绿色生态开敞空间，形成“掌形”城市空间布局形态及“一主三副、双心双轴、六大组团、六条生态带”开放式空间布局结构(图 11-3)。从杭州都市区的发展现状

看，“一主三副”已具雏形，其中临平和江南城的萧山区块已较为成熟，进入结构调整阶段，而下沙与江南城的滨江区还处在开发阶段，因而，当前杭州城市的中心体系结构如下：

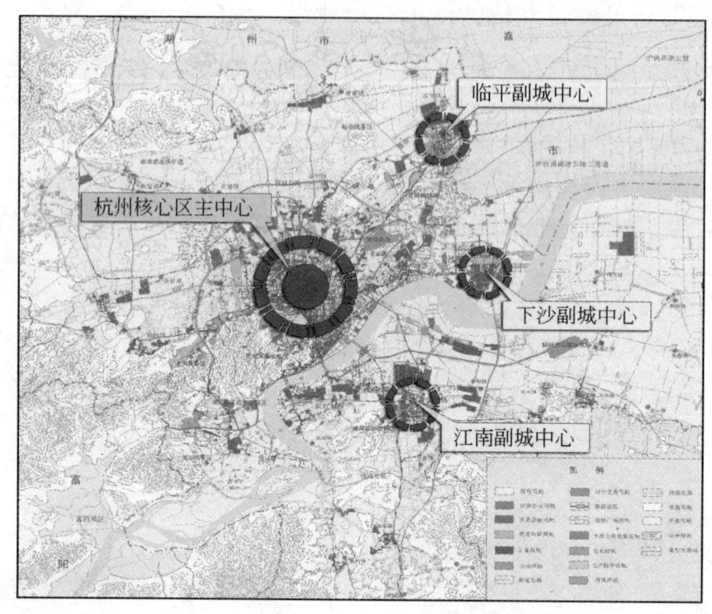

图 11-3　杭州都市区公共建筑中心体系

（一）级中心

杭州主城，是一主三副六组团布局结构中的综合性服务核心，是全省的政治、经济、文化、科教、信息中心和旅游中心。贯彻“控制、疏散、重构”方针，实现城市中心区功能的重组、分化、再集聚，创造发展空间，保证城市中心功能的发挥，调整用地结构，增加综合服务类用地和就业岗位，重点发展以旅游服务、商贸、金融、会展、信息咨询为主的第三产业和高技术产业、新型都市工业。

（二）二级中心

1. 江南副城

江南城是以高科技工业园区为骨干，产、学、研协调发展的现代化科技城和城市远景商务中心，是专业化的次中心。是主城人口和部分市级功能转移的接纳地，培育城市新的经济增长点的主要空间，发展高新技术产业、科研服务产业、外向型和环保型产业，推动全市经济持续、快速健康发展。

2. 临平副城

临平城是以城市现代加工制造业为主的综合性工业城，是专业化的次中心。利用其杭州接轨上海经济辐射前沿和交通联系网络门户优势，主要承担现代加工制造业和区域物流中心功能，主动接受主城的产业转移，主导产业以轻纺、轻工、机电一体化、食品工业等为主，实现杭州产业结构和空间布局结构调整，巩固都市区经济整体实力。

3. 下沙副城

下沙城是以杭州经济技术开发区和高教园区为骨干的综合性新城，是专业化的次中心，也是城市主要的现代加工业基地，以发展中级出口导向型和高级进口替代型产业为主，接受主城工业用地的转移。同时承担省会城市所担负的教育功能，以建设大学城为契机，提高科技文化水平，完善新城服务功能，增强城市型生活气氛。

第二节　基于城市功能与服务业的发展趋势判断

一、公共建筑向多样复合化发展

2007年杭州市区居民人均家庭总收入24475元，比上年增长14.5%，其中人均可支配收入为21689元，比上年增长14%，在国内发达城市中处于领先地位。随着经济发展与居民收入的提高，注重生活品质的提升已经成为广大人民群众的一种普遍诉求；城市居民消费结构的根本性变化影响着公共建筑的功能形态与发展模式：①公共消费趋势的国际化与前卫化，促进公共建筑的功能向多元化发展；②享受型消费比重进一步加大，促进商业化公共建筑向高档规模化发展；③公共建筑中心的集聚作用促进公共建筑形态向“复合一站式”业态转型；④对日常生活品质的要求日益提高，客观要求公共建筑服务域趋向全覆盖。

二、经济加快向后工业化时期的服务业经济形态迈进

杭州的经济发展水平已接近日本、新加坡、中国台湾20世纪80年代中后期的发展水平，进入工业化高级阶段。产业经济发展的内在素质将逐步提高；大力发展现代服务业和先进制造业，大力推动科技进步和自主创新，实现产业升级，将成为杭州未来经济社会持续协调发展的必然选择。现代服务业对杭州公共建筑空间发展的影响表现在以下几点：①服务业的高速增长将主导城市公共建筑发展格局，主要表现为承载生产服务和消费性服务公共建筑数量的增加，从而实现从“杭州制造”向“杭州创造”、“杭州服务”、“杭州创意”的历史性跨越；②生产性服务业所依托的商务楼宇将迅速发展，成为产业结构升级和先进制造业发展的重要途径与支撑；③文化创意产业是继技术、管理和资本之后又一个新的推动杭州社会经济成长的要素，建设创意型公共建筑群(城市综合体)，是杭州建设“全国文化创意产业中心”的基础。

三、城市空间形态向“钱塘江时代”网络化大都市转型

随着杭州“退二进三”、旧区改造、新区开发、都市圈、交通网络等发展战略的实施，杭州城市公共建筑空间也将呈现出新的集聚与分散相结合的网络结构特征：①扩散化趋势将引导城市产业和人口的疏散，在城市外围出现一些新的制造业中心、居住中心以及部分办公园区，形成新的公共建筑中心，而集聚化趋势则促进了中心区的进一步发展和繁荣，城市主中心的综合服务功能更为显著。②功能层面上，一是生产技术已经标准化和操作程序化的传统劳动密集型和资本密集型制造业将从城市中心区向外扩散；二是需要大量信息和彼此频繁接触、交流和联系的知识密集型产业，主要是生产者服务产业。这种集聚与分散共存的发展趋势使城市的公共建筑空间布局进一步有序化。③新城的建设拓展了城市的空间，打破了城市功能与内涵配置的故有格局，影响着城市空间结构的发展与变化，如在市区沿钱塘江进行规划建设湘湖新城、之江新城、滨江新城、钱江新城、临江新城等“十

大新城”建设，是适应城市外延拓展，完善功能结构的必然选择。

四、城市公共建筑发展从粗放、扩张性发展到精明理性发展

杭州市公共建筑的发展策略应抛弃以外延扩张为主的粗放式无序发展，向以内涵增长为主的集约式精明增长转变，其主要特点是：①采取土地混合利用方式，强化城市土地集约利用，积极开展现状城市中心内涵挖潜，建设可持续发展的公共建筑与聚居环境；②适当控制公共建筑用地供给量，在科学的城市有机更新中，引导土地利用，集约高效地建设中心城和新城；③积极发挥基础设施的引导作用，大力推进以公共交通特别是轨道交通和公交优先为导向的城市发展和土地开发模式，未来的城市公共建筑应结合交通枢纽、地铁站点和重要换乘中心进行发展，这也是城市专业性街区和商业能级发展的最主要类型之一；④遵循城市空间区位市场选择规律，在城市地域边界框架内，通过对不同等级区位功能的科学分析，确定城市公共建筑空间布局及相应的土地开发的控制条件，实现多功能公共建筑中心的组团式城市空间，是杭州市域格局的重要策略。

第三节 基于政府空间引导战略的发展趋势判断

一、城市总体规划的战略布局

城市总体规划是对一定时期内城市性质、发展目标、发展规模、土地利用、空间布局以及各项建设的综合部署和实施措施，其中公共建筑属于公共设施用地中的一类，因而城市总体规划对公共建筑的空间布局起到了总体引导的作用。《杭州城市总体规划(2004～2020)》中对于城市公共建筑布局的相关叙述：构建以两个市级中心为主体，三个城市副中心、十四个地区级(城市组团)中心为骨干，居住区级中心为基础，小区网点为补充的多层次、多中心、多元化、网络型城市公共中心体系(图 11-4)。

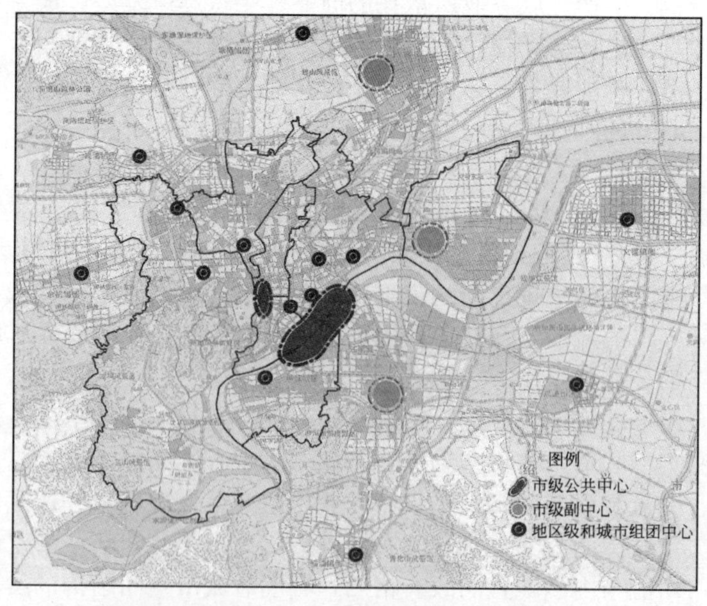

图 11-4 城市总体规划公共建筑空间结构图

1. 市级公共中心

改造延安路及近湖地区——旅游、商业中心区：中河路以西、环城北路以南、河坊街以北、西湖以东地区，承担商业、旅游服务、文化休闲等功能；新辟城市新中心(钱江新城、钱江世纪城)——中央商务区：西兴大桥与钱江二桥之间两岸临江地区，承担行政办公、金融贸易、会议展示、文化娱乐、旅游服务等功能，是区域性商务中心。在钱塘江南岸预留城市远景商务中心用地，近期以控制为主。

2. 市级副中心

疏解市级公共中心容量，延伸其服务功能。进一步完善萧山市心路地区、临平城中心区，建设下沙城中心区等城市副中心。

3. 地区级和城市组团中心

重点建设城站地区、铁路东站地区、江滨五号区块、卖鱼桥—大关—拱宸桥、滨盛路中段、庆春路东段、文三路西段和三墩等地区级中心，以及塘栖、良渚、余杭、临浦、瓜沥、义蓬组团中心。

4. 居住区级中心

结合新区开发和旧城更新，完善居住区级中心配套，充分保证公共服务设施的覆盖面，以最大限度方便居民日常生活的需要。

二、城市新城建设发展战略引导

城市新城是指一个功能相对完整的综合性地域范围，新城建设是多中心城市布局的核心内容之一，杭州近期提出了实施“城市国际化”战略，坚持“一化”带“四化”、“一化”提升“四化”，即以城市化带动工业化、信息化、市场化、国际化，以国际化提升城市化、工业化、信息化、市场化。坚持以“一化”带“四化”，这其中的关键便是各个新城的建设。由此，进行了新城与城市综合体的重大规划，在此次杭州主城区范围内的有之江新城、钱江新城、城东新城、滨江新城、下沙新城、湘湖新城、钱江世纪城、空港新城、江东新城、临江新城、临平新城、塘栖新城、南湖新城，共13个新城(图11-5)。

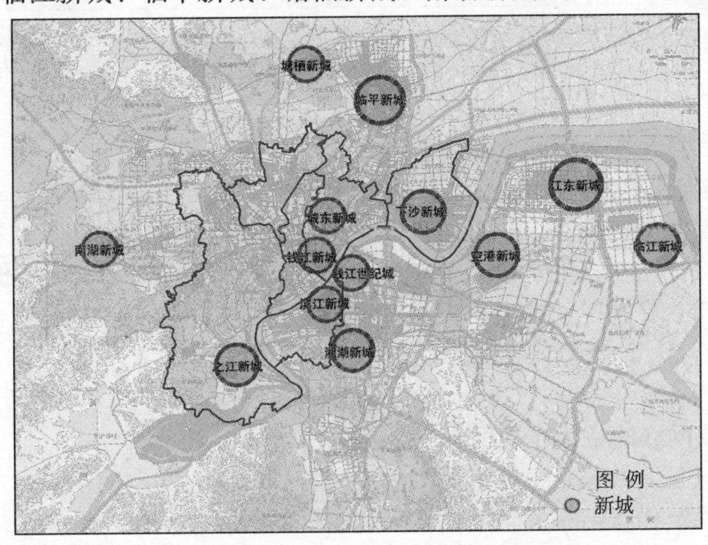

图11-5　杭州十三大新城规划图

三、城市文化创意园空间布局战略

创意产业园区是城市产业集聚的载体，其主要构成是与文化创意设计方面相关的企业，有提供高科技技术支持(如数字网络技术)的企业，有国际化的策划推广和信息咨询等中介机构；还有从事文化创意产品生产的企业和在文化经营方面富有经验的经纪公司等。这种相互接驳的企业集群，构成立体的多重交织的产业链环，对提高城市创新能力和经济效益都具有实际意义，同时也是组成城市公共建筑的重要内容之一。基于杭州目前楼宇招商资源和园区布局实际，确定了近期楼宇招商以"831"工程为重点，其中区域性公共建筑中心主要包含了十大文化创意产业园区，通过对十大园区高起点规划和高标准包装，作为重点招商区块推出。十大文化创意产业园区是西湖创意谷、之江文化创意园、西湖数字娱乐产业园、运河天地文化创意园、杭州创业创新新天地、创意良渚基地、西溪创意产业园、湘湖文化创意产业园区、下沙大学科技园、白马湖生态创意城(图 11-6)。

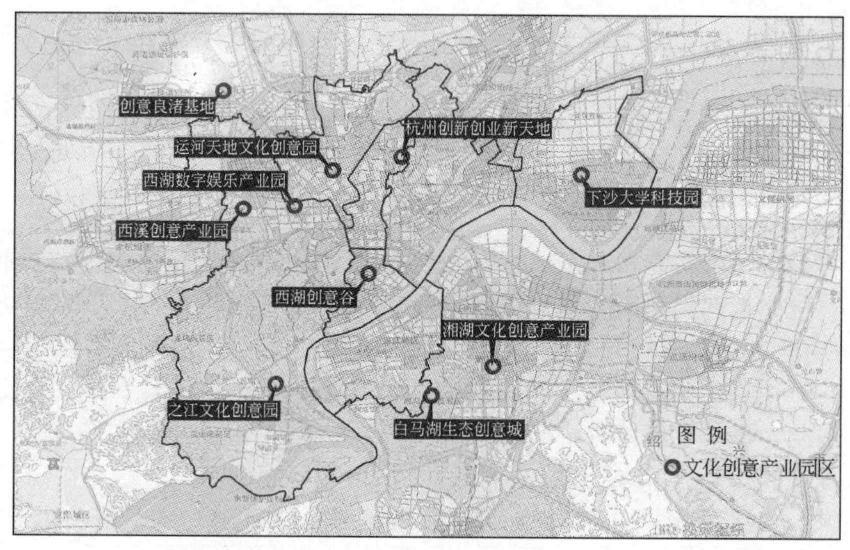

图 11-6　文化创意产业园区布局图

四、城市综合体开发的空间位置分布

"城市综合体"是将城市中的商业、办公、居住、旅店、展览、餐饮、会议、文娱和交通等城市生活空间的三项以上进行组合，并在各部分间建立一种相互依存、相互助益的能动关系，从而形成一个多功能、高效率的综合体。大型城市综合体适合经济发达的大都会和经济发达城市，在功能选择上要根据城市经济特点有所侧重。在此次研究范围内布局的城市综合体共有 84 个(图 11-7)。

五、城市商业网点的空间布局引导

城市商业网点是公共建筑中数量最多的类别，城市商业网点的空间体系结构与城市公共建筑的空间体系结构密切相关，因而在公共建筑的空间布局中，应充分考虑商业网点体系的内容。根据《杭州市区商业网点 2003～2010 年发展导向性规划纲要》，到 2010 年，

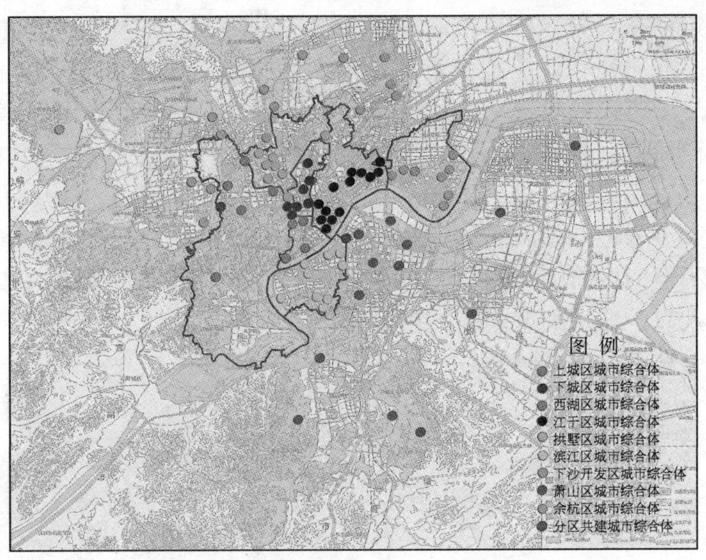

图 11-7 杭州城市综合体空间布局图

杭州人均占有商业服务网点营业面积 $1m^2$，总面积控制在 460 万 m^2 左右；构建 1 个市级商业中心和 3 个市级商业副中心，4 个区域商业中心和 12 个区域商业副中心，形成基本满足居民日常生活需要的社区(集镇)商业服务网(图 11-8)。杭州市区商业网点分为市级商业中心和市级商业副中心；区域商业中心和区域商业副中心；社区、集镇商业和风景区商业三个层面，同时建设改造若干个商业特色街区，最终形成多中心、多层次、多功能，并能充分发挥整体协同效应的商业设施网络。

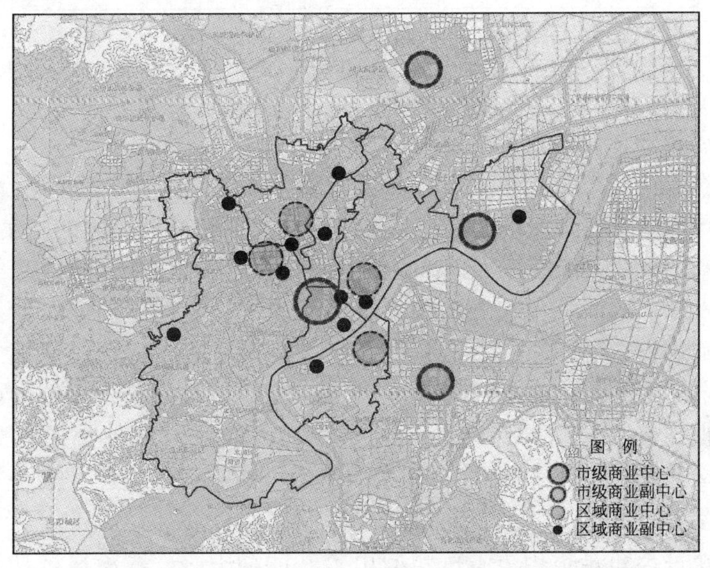

图 11-8 杭州商业中心空间布局图

六、城市住房空间体系发展战略

杭州住房建设规划是落实城市近期建设规划的重要手段，是对城市近期住房建设进行控制和指导的法定依据，与《杭州市近期建设规划 2006～2010》共同承担对全市住房建设的综合调控作用。而居住和就业是城市活动的两大主题，居住密度与就业密度紧密关联，该规划以不断满足全市人民日益增长的住房需求，加快解决中低收入家庭的住房问题，初步建立起由普通商品房、经济适用房、限价商品房、创业人才公寓、外来务工人员公寓、廉租房和危旧房改善等组成的满足不同层次居民居住需求的住房供应与保障体系为目标，提出了这些住房类型的近期发展布局(图 11-9)。对于城市住房的分布决定了城市人口的分布，而公共建筑不但为城市人口提供了就业空间，还为城市人口提供了日常的各种服务，因而公共建筑与人口、住房的空间匹配就显得十分重要了。

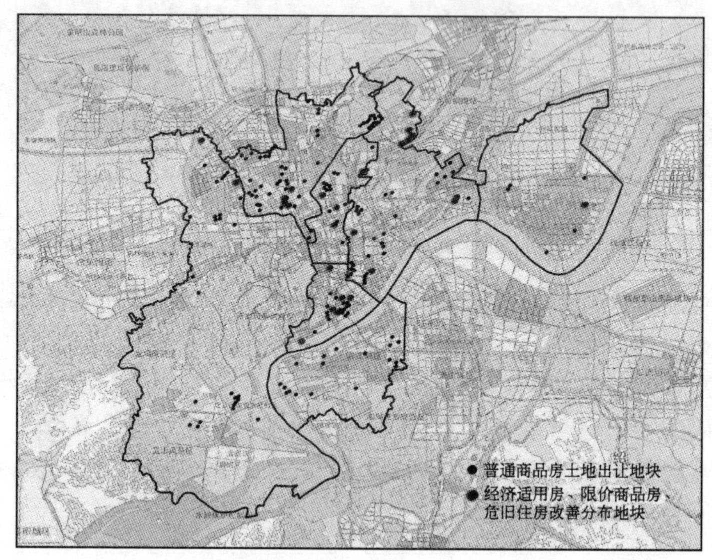

图 11-9 杭州住房建设规划布局图

七、城市交通枢纽体系的空间布局

交通枢纽的布局是城市公共建筑空间布局的重要依据，国外广泛采用的 TOD 开发模式就是指公共交通导向的土地开发模式，它是集中在交通枢纽站点周边的密集发展，普遍布局在交通枢纽站的 0.8km 范围内，与优质的行人和自行车街道连接并形成系统。TOD 的概念是一个综合式的发展，所谓综合式的发展，包括了零售、居住、商业、商务等几个方面的有机统一，TOD 模式应具有优质的且非常适宜的停车设施，配合交通枢纽的规模进行适当密度的开发。根据杭州市换乘枢纽规划，主要确定了三类城市换乘枢纽(图 11-10)：

(1) 门户型枢纽是位于杭州市对外交通进出口，能吸引多种交通方式汇集的换乘枢纽，这类枢纽中公交线路一般呈放射形布置，包括了铁路客运枢纽、航空客运枢纽、公路客运枢纽和水路客运枢纽，是内外交通转换的关键节点。

(2) 集散型换乘枢纽是指担负着杭州城市公共活动中心、客流集散功能的轨道交通站点，是轨道交通站点与城市各级中心的空间耦合体，具有很强的客流吸引力和较强的交通转换能力。

(3) 换乘型换乘枢纽为分级体系中的底层，通常客流换乘规模较小，或衔接换乘方式相对简单，客流集散以步行及非机动车方式为主。

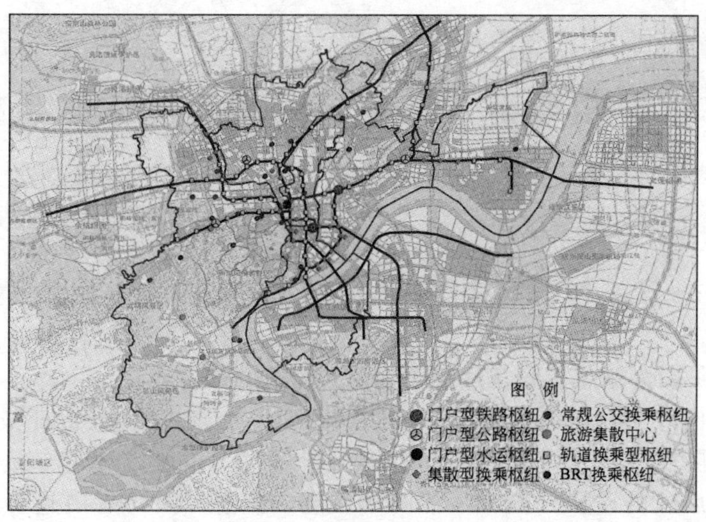

图 11-10 杭州市换乘枢纽规划图

八、城市公共开放空间系统的空间布局战略

公共开放空间是城市公共活动的主要载体，为所有市民提供日常公共活动的场所，也是提升商务办公环境与城市公共建筑服务效率的关键因素，是营造和谐社会、注入城市活力的实体之一。该规划提出公共开放空间的配置标准和规划策略，规划根据现状公共开放空间的区域特征以及控规规划成果的区域分析，对问题类似地区进行合并，将重点范围划分为三个策略区，并对现状进行优化与提升，确定了以下几类公共开发空间：河道及滨水空间、已规划公园、通过防护绿地增加的公园、通过旧城改造增加的空间、按配置标准增加的空间、已规划空间(图 11-11)。

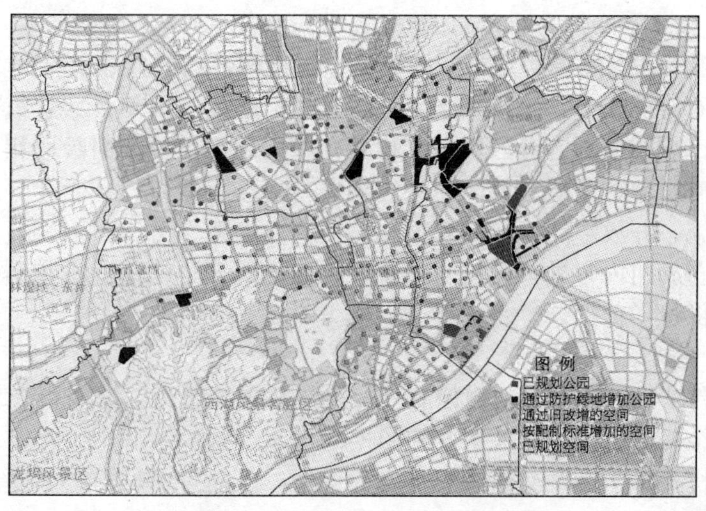

图 11-11 杭州公共开放空间系统规划图

第十二章　杭州城市公共建筑空间布局原则与模型分析

第一节　杭州城市公共建筑空间布局的基本原则

一、以供需平衡为基点，科学预测未来公共建筑的开发容量

通过搜索国内外文献和部分标杆城市的实地调研，总结国内外标杆城市在不同发展阶段公共建筑的实际需求和人均标准，合理确定杭州近、中期的公共建筑需求标准。通过对杭州经济社会发展所处阶段，未来一段时间社会、经济、人口发展趋势状况进行深入分析，并评估省委“两创”战略与市委“生活品质之城”城市定位对杭州城市发展的影响，研究公共建筑需求容量与第三产业、人口规模、住宅等的相关性，采用多种方法预测杭州近、中期公共建筑的需求容量。

二、以国际经验为借鉴，构筑“多中心、多轴线、网络化”的空间框架

通过搜索国内外文献与相关资料，对城市公共建筑分布及其空间演化规律进行总结，根据城市公共建筑布局的国内外前沿理论，对杭州城市公共建筑的主要职能——现代服务业的空间演变进行分析，从空间的角度对杭州近几年城市空间结构转型与产业转型的耦合关系进行分析，并对照国际经验，提出该阶段杭州城市公共建筑发展的趋势，确定未来的城市公共建筑空间发展框架为“多中心、多轴线、网络化”结构。

三、以相关规划为参照，筹划与空间战略布局相耦合的公共建筑格局

详细了解政府对杭州公共建筑未来发展的设想，解读与杭州公共建筑发展相关的现实依据，如杭州城市总体规划、分区规划及相关专项规划等，一方面吸取相关规划中对于公共建筑布局的战略思想，使研究能与相关规划进行衔接与呼应，从而建立起与城市其他用地布局、基础设施、开放空间等空间发展战略的耦合关系，另一方面，通过本研究对相关规划中公共建筑布局的内容进行修正与完善，将理论研究与实证分析相结合，为杭州城市公共建筑布局提供科学依据。

四、以均衡有序为目标，确定合理的公共建筑容量等级分区结构

在容量预测结果与杭州多中心公共建筑空间体系构想的基础上，在都市圈层面和核心区层面分别提出杭州城市公共建筑的总体空间框架，并通过对城市公共建筑，特别是生产性服务业的影响因素体系的分析，统筹考虑城市总体规划与各个专项规划内容，借助AHP分析法与GIS空间分析法对城市公共建筑的空间布局进行方案模拟与比较，选择综合效用最大的方案，力求构建杭州城市公共建筑开发总容量与分区容量均衡有序的规模等

级结构。

五、以现状症结为导向，完善城市公共建筑的区域功能分区结构

通过对杭州现状公共建筑类型与职能结构的分析，提出现状杭州城市公共建筑功能体系结构中存在的问题，并根据国际经验中通过核心城市功能不断裂变延伸，而形成的“水平分工”与“垂直分工”相结合的专业化功能体系的规律，对杭州主城区公共建筑功能结构进行分类引导与调整，以提升杭州城市公共建筑整体服务水平与绩效。

第二节　杭州城市公共建筑空间布局模型研究

一、模型构建的技术路线

影响公共建筑空间布局的因素有很多，通过GIS的空间分析功能可以将各个因素同时进行考虑，从而避免了人为主观规划布局的缺陷，使分析结果更为客观与精确。此次研究通过对现代服务业区位影响因素的分析，根据各因素对公共建筑空间分布影响的机制和重要性的不同分别加以区别考虑，在GIS平台上建立城市公共建筑分布密度模型，实现多因素空间分析，以最优化配置为原则对各影响因素进行综合叠加分析，最终推导出城市公共建筑在空间上合理配置的方案。通过该分析方法为城市公共建筑的空间规划布局提供坚实的理论基础和科学的引导。GIS环境下的城市公共建筑空间分布密度模型分析过程遵循图12-1所示的程序：

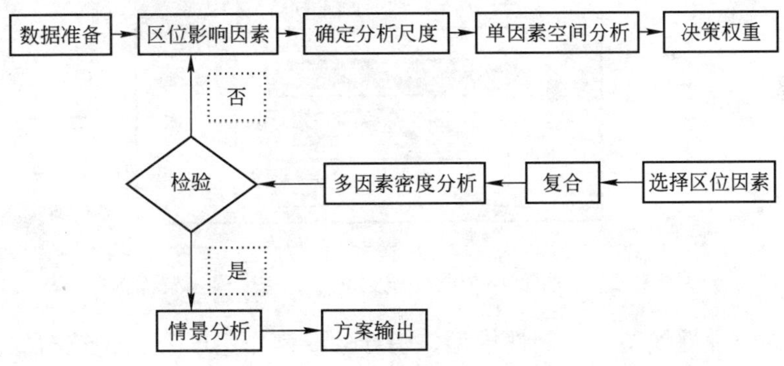

图12-1　城市公共建筑空间分布密度模型分析流程图

其中密度模型的架构如图12-2所示：

宏观层面的密度策略：城市公共建筑的整体密度在宏观层面上取决于建设用地的供给和需求状况，区域之间存在差异。前面部分在对杭州城市社会和经济发展的未来趋势进行分析的基础上，结合相关经验的类比分析，预测了公共建筑的需求规模，而本模型的主要分析目的就是将预测的整体规模科学地分配到城市建设空间上，预测的公共建筑规模即是宏观层面的城市公共建筑的整体密度。

微观层面的密度策略：在城市公共建筑整体密度已经确定以后，便应进行密度的空间分区，也是本研究的核心内容。本研究提出的密度模型根据影响城市公共建筑空间区位因

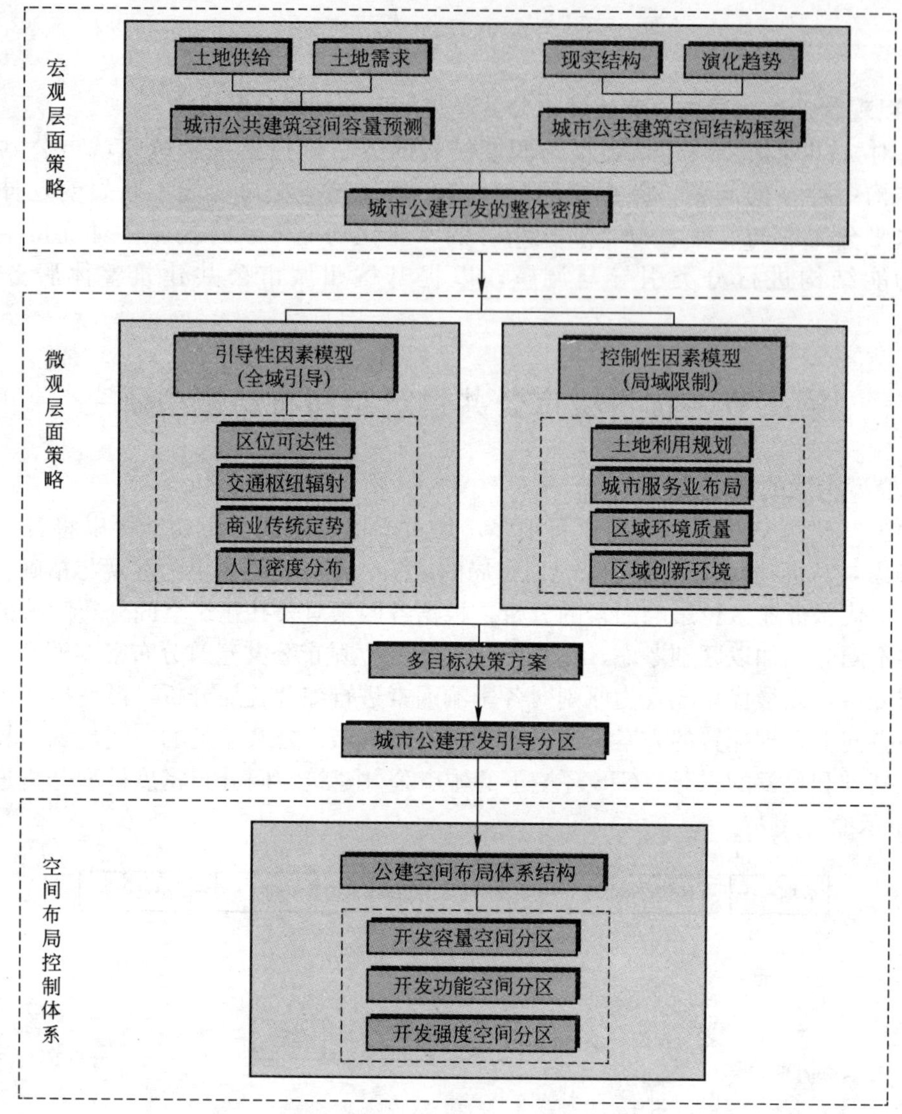

图 12-2　杭州城市公共建筑空间布局密度模式架构图

素的不同，分为引导性模型、控制性模型。引导性模型作用于公共建筑布局区域的整个空间范围，是普遍的和全局的密度分区模型；控制性模型作用于局部范围，主要对影响公共建筑空间分布的特殊因素进行考虑，起到限制和控制的目的。

二、模型影响因素的空间密度分析

（一）引导性因素

1. 区位可达性因素

可达性是反映交通成本的基本指标，是指人们从住地到达公共建筑所在地的接近与方便程度，可达性除了影响商业中心的分布，对于金融、办公等生产性服务业的发展同样起到重要的作用，通过改变可达性可以提高使用者在场可能性，从而影响公共建筑的空间分布。公共建筑中心与交通是相互促进的，公共建筑中心往往是依赖于发达的交通条件逐步形成的，同时又会促使交通条件得到人为的改善。此次研究选择杭州的城市交通规划确定的城市主干道路网框架，以 100m 为门槛距离，确定三级可达性区域的分布范围(图 12-3)。

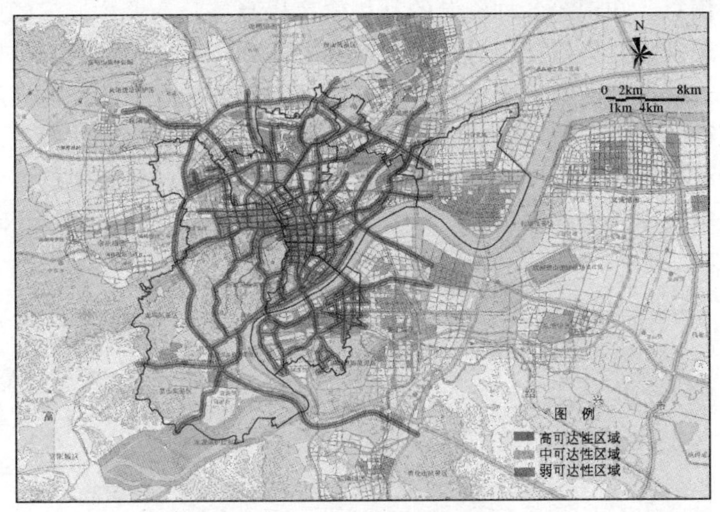

图 12-3　区位可达性分析图

2. 交通枢纽辐射因素

从杭州居民出行的方式看，虽然小汽车日益普及，但是公共交通还是当前居民主要的交通工具，因此，公共交通设施的分布是影响商业中心、公共活动中心等公共建筑布局与构成的一个重要的结构性因素。交通网密度大的地区，并不一定都是交通最为便利的地区，还要取决于交通网的结构。区域性的交通枢纽设施周边容易形成公共建筑中心地。国外城市发展中广泛应用的 TOD 模式(公共交通导向的土地开发模式)的核心理念就是依托交通枢纽引导城市中心的建设。此次研究选择杭州交通枢纽规划中确定的门户型枢纽和常规型枢纽的空间位置，分别以 300m 和 600m 作为门槛距离，确定其对公共建筑的影响辐射范围(图 12-4)。

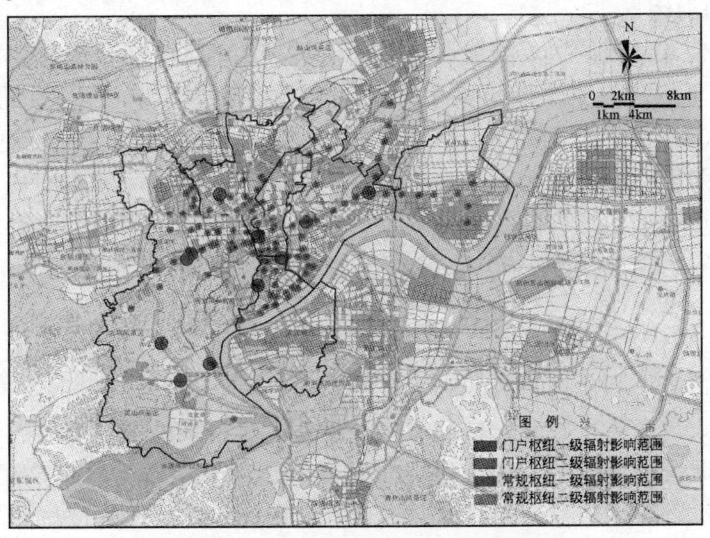

图 12-4　交通枢纽辐射影响范围分析图

3. 区域集聚经济因素

集聚经济主要是指经济活动在空间上的接近而产生的收益的增加、成本的节约以及带来的诸如人力、信息、知识等各种资源的利用效率提高等。商业中心、CBD、服务业等公共建筑都存在集聚现象，集聚作用对它们在空间上的分布有很大影响。集聚效益表现在公共建筑位置上的彼此接近能够带来经营上的好处，因而更趋向于选址在已经相对成熟的城市发展区，以获得具有更多使用者的潜在机会，从而获得较高的经济效益。此次研究选择现状公共建筑分布密度作为集聚经济的表征变量，按密度的自然断裂点方式划分成六个等级：高集聚度区域、中高集聚度区域、中集聚度区域、中低集聚度区域和低集聚度区域（图 12-5）。

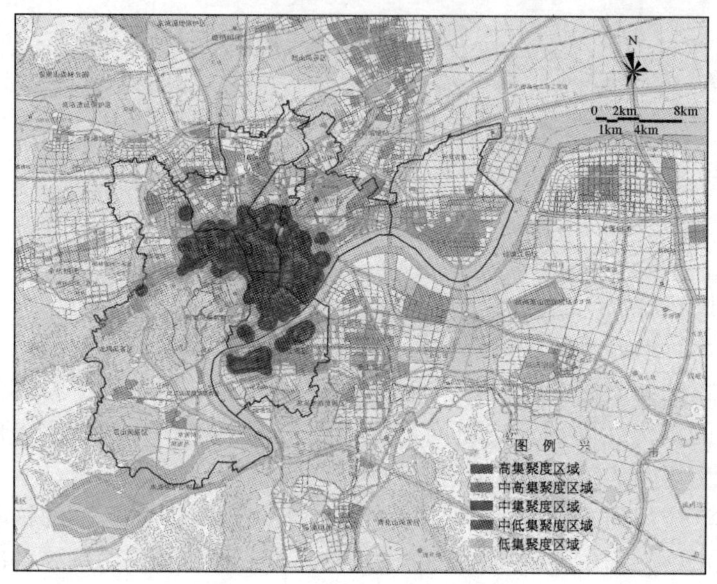

图 12-5　现状集聚经济密度分析图

4. 商业圈辐射因素

商业是城市公共建筑的主要组成部分，商业集聚的地区一般也是城市的公共建筑集聚中心，故城市的商圈结构也主导了城市的公共建筑分布形态；从 CBD 的功能构成来看，商业占据了较大的比例，是消费性服务业的主导产业，也是生产性服务业的重要配套产业，对城市公共建筑布局的影响十分重要。此次研究根据杭州市的商圈规划，在空间上对未来的商圈格局进行两个梯度的影响范围分析，一级商圈的门槛距离设置为 3km，二级商圈为 1000m，三级商圈为 500m（图 12-6）。

5. 人口密度分布因素

人口既是劳动者，也是社会商品的主要消费者，还是公共建筑服务的主要对象，一定规模和密度的人口是公共建筑布局的必要条件，人口分布与公共建筑中心布局存在明显的相互吸引效应。人口分布重心和人口分布密度对公共建筑来说都是重要的影响因素，该因素是由居民分布状况所决定的，即人口分布重心可近似地看作为居民购买力的分布重心，且从居民社会活动的整体效益方面看也更为合理。因此，此次研究以杭州未来的居住用地空间分布来近似表现人口分布密度，按居住用地空间密度的自然断裂点方式划分成六个等级：高人口密度区域、中高人口密度区域、中人口密度区域、中低人口密度区域和低人口密度区域(图 12-7)。

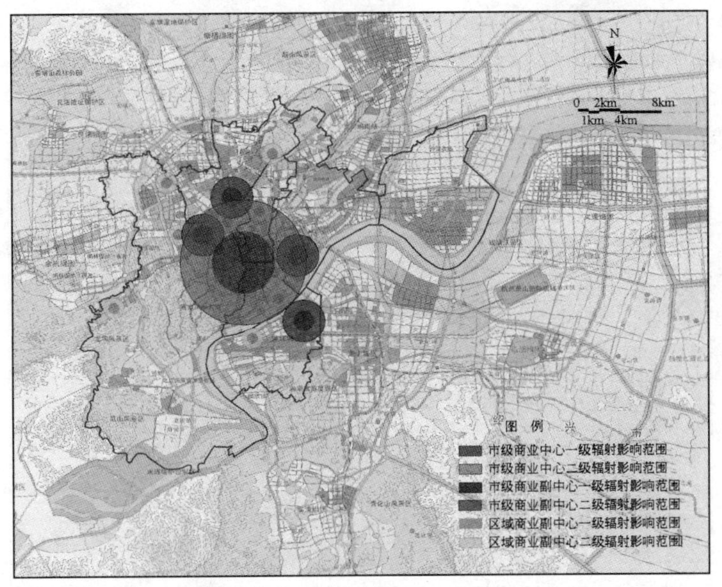

图 12-6　杭州城市规划商圈空间影响分析图

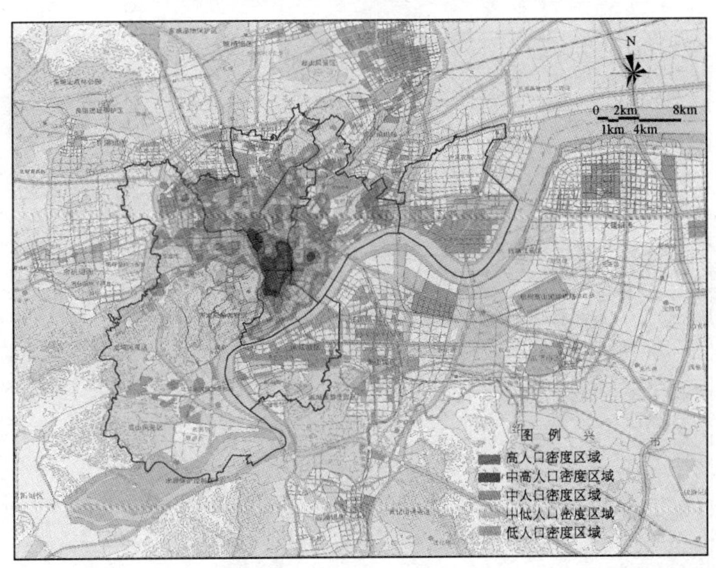

图 12-7　近期杭州人口居住密度分析图

（二）控制性因素

1. 土地利用规划因素

从城市总体规划的构成来看，城市用地规划、城市土地利用规划、居住区规划、旧城改造规划、绿地系统规划以及道路交通规划等都是最基本的城市空间规划，它们对城市空间的重构起着至关重要的推动作用。随着城市规划对城市空间结构的引导作用进一步加强，城市结构的调整和城市空间布局的变化也将受到城市土地利用规划的约束。此次研究将杭州城市总体规划中的公共设施用地布局作为空间布局的限制性因素(图 12-8、图 12-9)，对规划进行修正。

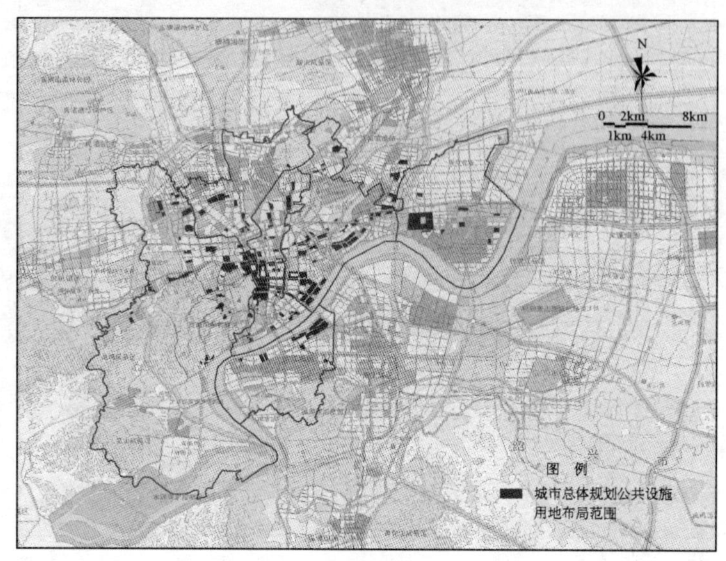

图 12-8 杭州城市总体规划的公共设施用地布局图

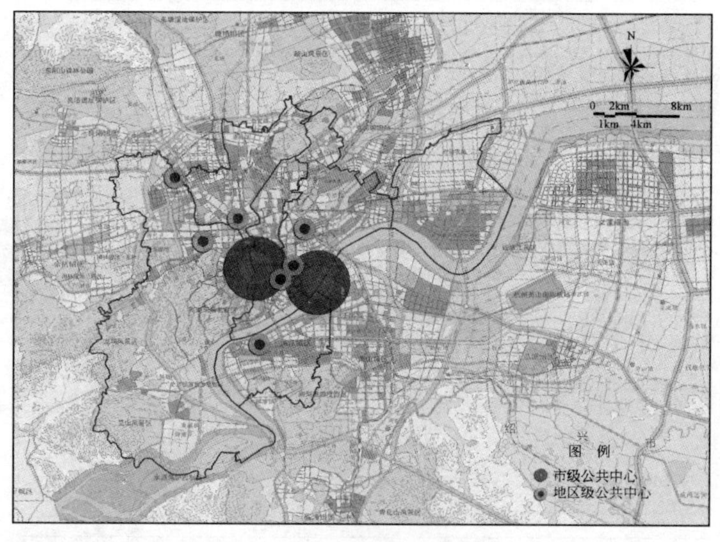

图 12-9 总规确定的城市公共中心布局

2. 区域环境质量因素

城市中的公共开放空间和绿地，对商务办公、购物环境影响较大，公共建筑之间的开放空间的多功能性提高了空间的使用效率。公共空间的有效利用增加了购物的兴趣，满足了使用者的心理需求，从而提升了公共建筑的吸引力。城市绿地是公共建筑环境的另一个重要组成部分，由于公共建筑通常位于高密度地区，大量的人流、车流影响商业建筑的环境质量，因此在城市高强度开发地区发展绿地能够极大地改善城市环境。此次研究选择公共开放空间的布局规划确定的开放空间作为表征区域环境质量的主要因素，并将其划分为六个密度等级，分别为：高环境优越度区域、中高环境优越度区域、中环境优越度区域、中低环境优越度区域、低环境优越度区域(图 12-10)。

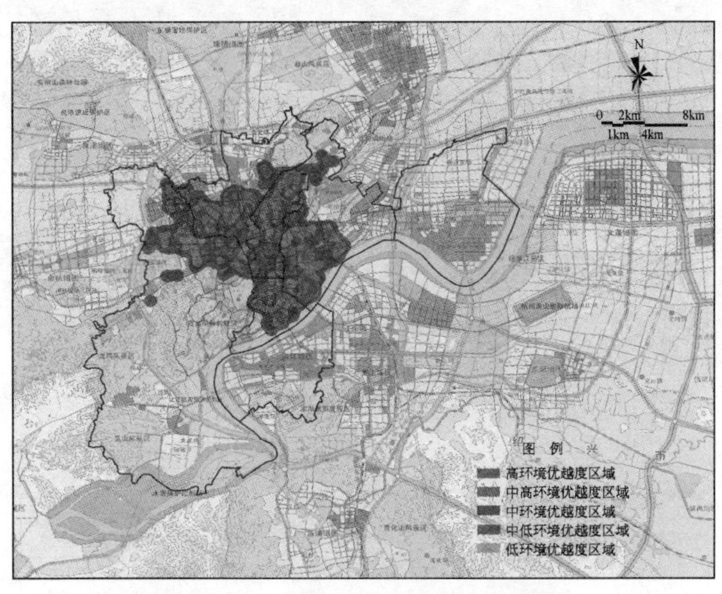

图 12-10　环境质量优越度空间分析图

3. 城市服务业空间布局因素

城市产业结构的转型和优化要求城市结构在市场导向和政府调控的作用下，根据经济结构发展的规律，有序地进行转型和优化，同时不断跟上世界经济结构变动的步伐，以促进整个城市经济结构的升级，提高城市经济层次，增强综合经济实力。服务业是城市经济的活力，大城市依赖于服务业的发展，特别是生产性服务业的发展可以吸引投资，孵化新企业并刺激经济增长。因此，产业规划需要向服务业提供倾斜政策，促进服务业在城市的集聚，为此，当政府确定在某个地区对生产性服务业加以重点发展时，会创造相关的支撑条件，建设配套设施和促进人员集聚的倾向性政策等，都会促进它们的崛起和壮大。因而，对于杭州规划确定的新城、综合体和创意园是政府对服务业的主要空间引导政策，故此次研究选择其作为城市服务业(公共建筑)布局的控制性因素，新城的影响门槛距离设置为 1500m，创意园为 1000m，综合体为 500m(图 12-11、图 12-12)。

4. 区域创新环境因素

创新因素对生产性服务业区位选择有以下三方面的影响：①信息依赖性产业区位选择倾向于接近信息源和信息基础设施(信息节点和信息枢纽)，并形成高度的空间集聚；②高科技产业、信息产业和先进生产性服务业在区位选择时，越来越倾向于接近信息技术的创新源；③由于信息基础设施的改善，信息的可获得性大大提高，改变了传统服务业在城市老城区的集聚分布状态，随着城市空间的拓展和人口与产业的郊区化而扩散到城市的边缘区。此次研究选择杭州的高校作为主要的创新源，以 1000m 作为门槛辐射影响范围(图 12-13)。

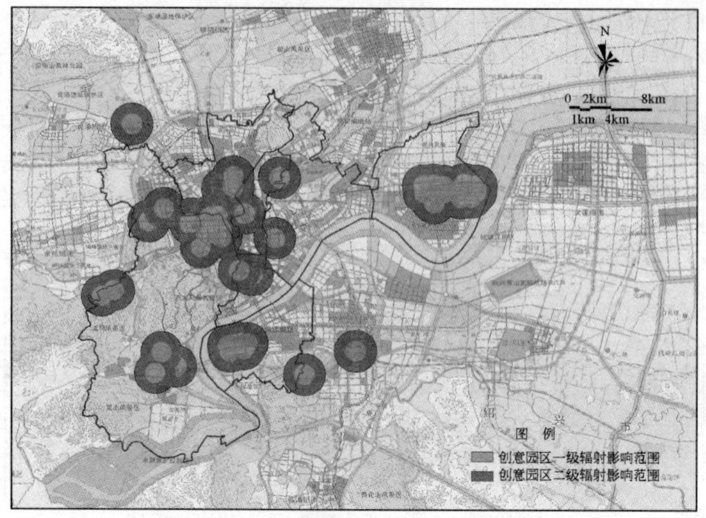

图 12-11 杭州创意园区空间影响分析图

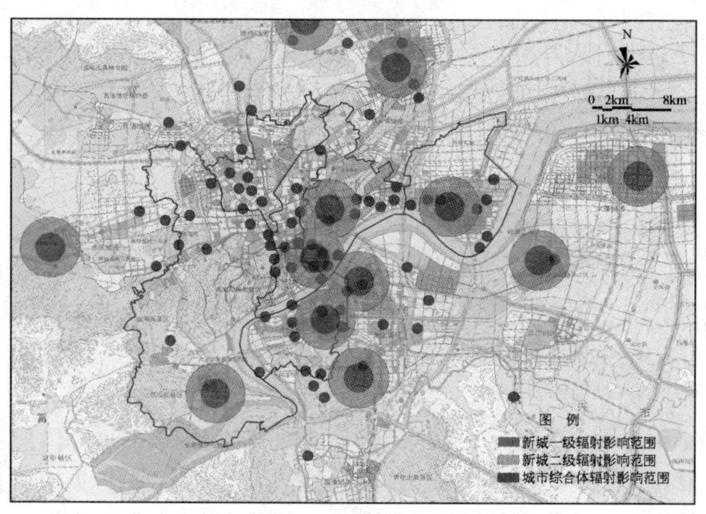

图 12-12 杭州新城与综合体空间影响分析图

三、模型空间因素的多目标决策权重

AHP 层次结构组织是把系统问题条理化、层次化，构造出一个层次分析的结构模型。在模型中，复杂问题被分解，分解后各组成部分称为元素，这些元素又按属性分成若干组，形成不同的层次，同一层次的元素作为准则对下一层的某些元素起支配作用，同时它又受上面层次元素的支配。根据城市公共建筑空间密度布局的分析需要，指标体系共分为三层：最高层为城市公共建筑分布空间综合密度，第二层为引导性因素密度、控制性因素密度两项指标，下面又包含若干个子因素。

首先要构建判断矩阵。在两个因素相互比较时，需要有定量的标度。用两两比较的方法确定权重，通常按 1～9 比例标度(即 9 级标度法)给影响因子对目标影响的相对重要性程度赋值(表 12-1)。

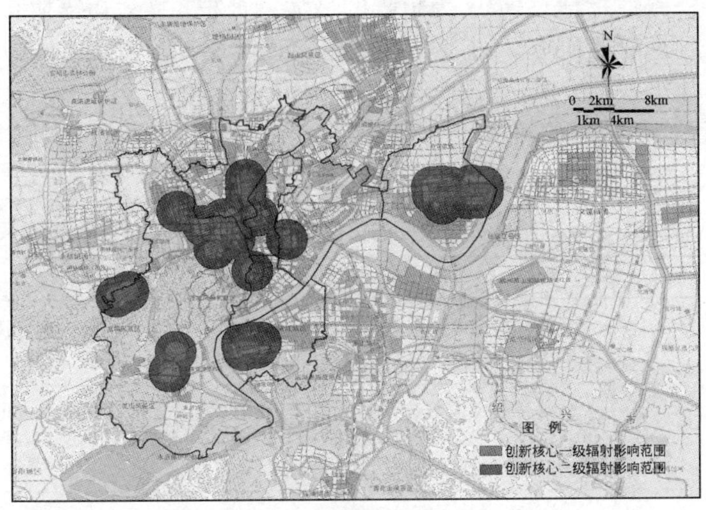

图 12-13 创新因素的空间影响分析图

AHP 判断标度的分类 **表 12-1**

标 度	含 义
1	两个元素相比，具有同样重要性
3	两个元素相比，前者比后者稍重要
5	两个元素相比，前者比后者明显重要
7	两个元素相比，前者比后者强烈重要
9	两个元素相比，前者比后者极端重要
2，4，6，8	上述相邻判断的中间值
倒数	若元素 i 与 j 的重要性之比为 a_{ij}，那么元素 j 与元素 i 重要性之比为 $a_{ij}=1/a_{ij}$

标度的判断值可以根据调研数据、统计资料以及专家意见综合权衡后得出。此步骤关系到计算结果的可信度和有效度，是 AHP 应用过程中的关键。

利用方根法计算因素的相对权重值，具体步骤如下：

(1) 计算判断矩阵每一行元素的乘积，$Mi=\pi b_{ij}(i=1, 2, \cdots, n)$；

(2) 计算 Mi 的 n 次方根，$Wi=\sqrt[n]{Mi}(i=1, 2, \cdots, n)$；

(3) 将向量 $Wi=[W1, W2, W3, \cdots, Wn]^T$ 归一化，$Wi=Wi/\sum Wi(i=1, 2, \cdots, n)$；

(4) 计算最大特征值 $\lambda\max=\sum_{i=1}^{n}\frac{(BW)i}{nWi}$，$B$ 为判断矩阵；Wi 为归一化后的向量；

根据 AHP 原理利用矩阵的一致性比例(Consistency Ratio，CR)加以判断检验。当一致性比例因子 $CR<0.1$ 时，认为判断矩阵的一致性是可以接受的；当 $CR>=0.1$ 时，应对判断矩阵作适当修正。CR 的计算如下：

$$CR=\frac{CI}{RI}$$

$$CI=\frac{\lambda\max-n}{n-1}$$

式中：CI 为计算一致性指标；λmax 为矩阵的最大特征根；n 为矩阵阶数；RI 为平均随机一致性指标。通过前述研究，将各类因素进行组合分层，构建出杭州城市公共建筑空间布局的模型分析框架，如表 12-2、表 12-3 所示，在空间布局中，基于该框架根据不同目标进行决策方案的确定与模拟，并进行方案之间的比较，最终确定布局方案。

布局模型的关键区位因素　　**表 12-2**

模型类别	区位因素	影响机制	布局因子
引导性模型	区位可达性	反映交通成本的基本指标，通过改变可达性可以提高使用者的交易效率，交通条件越好，密集程度越大	城市交通系统结构
	交通枢纽辐射	公共交通设施的分布是重要的结构性因素，交通网密度大的地区，并不一定是最为便利的地区，还要取决于交通网的结构，区域性的交通枢纽设施周边更易形成办公集聚地	门户枢纽、常规枢纽
	集聚经济	经济活动在空间上的接近而产生的收益的增加、成本的节约以及带来的诸如人力、信息、知识等各种资源的利用效率提高等	商务活动集聚区
	商圈结构	商业是消费性服务业的主导产业，也是生产性服务业的重要配套产业，企业更趋向于选择相关配套完善的区域	市级商业中心、市级商业副中心、区域商业副中心
	人口密度	人口既是写字楼的使用者，也是写字楼服务的主要对象，一定规模和密度的人口是办公空间形成的必要条件	各类居住区分布
控制性模型	土地利用规划	随着城市规划对城市空间结构的引导作用进一步加强，城市结构的调整和写字楼公共建筑的空间布局也受到城市土地利用规划的约束	市级公共中心、地区级公共中心
	城市服务业布局	当政府确定在某个地区对生产性服务业加以重点发展时，会提供相关的支撑条件和倾向性政策等，都会促进写字楼的发展	创意园区、新城、城市综合体
	区域环境质量	公共空间、公共绿地等环境条件会影响土地价值，写字楼需要相对较高的环境质量	城市开放空间
	区域创新环境	生产性服务业企业倾向于接近信息源和信息基础设施，接近信息技术的创新源	高校与科研中心

杭州城市公共建筑空间布局模型分析框架　　**表 12-3**

一级因素		二级因素	影响等级
引导性因素	区位可达性	—	高可达性区域
			中可达性区域
			弱可达性区域
	交通枢纽辐射	门户枢纽	门户枢纽一级辐射影响范围
			门户枢纽二级辐射影响范围
		常规枢纽	常规枢纽一级辐射影响范围
			常规枢纽二级辐射影响范围

续表

一级因素		二级因素	影响等级
引导性因素	集聚经济	—	高集聚度区域
			中高集聚度区域
			中集聚度区域
			中低集聚度区域
			低集聚度区域
	商圈结构	市级商业中心	市级商业中心一级辐射影响范围
			市级商业中心二级辐射影响范围
		市级商业副中心	市级商业副中心一级辐射影响范围
			市级商业副中心二级辐射影响范围
		区域商业副中心	区域商业副中心一级辐射影响范围
			区域商业副中心二级辐射影响范围
	人口分布密度	—	高人口密度区域
			中高人口密度区域
			中人口密度区域
			中低人口密度区域
			低人口密度区域
控制性因素	城市土地利用规划	市级公共中心	市级公共中心一级辐射影响范围
			市级公共中心二级辐射影响范围
		地区级公共中心	地区级公共中心一级辐射影响范围
			地区级公共中心二级辐射影响范围
	城市服务业布局	创意园区	创意园区一级辐射影响范围
			创意园区二级辐射影响范围
		新城	新城一级辐射影响范围
			新城二级辐射影响范围
		城市综合体	城市综合体辐射影响范围
	区域环境质量	—	高环境优越度区域
			中高环境优越度区域
			中环境优越度区域
			中低环境优越度区域
			低环境优越度区域
	区域创新环境	创新核心	创新核心一级辐射影响范围
			创新核心二级辐射影响范围

第十三章　杭州城市公共建筑空间布局与分区研究

第一节　杭州城市公共建筑宏观布局结构

一、都市圈层面的杭州城市公共建筑空间结构

通过对国际经验的总结与借鉴，基于杭州公共建筑发展的历史与现状分析，以及现状典型中心案例的研究，从杭州公共建筑发展面临的区域背景、城市功能结构转型的需要和政府空间战略意图出发，此次研究提出都市区层面未来杭州公共建筑空间布局从以杭州老城区(武林—湖滨—吴山)一极集中的团块扇形状布局，向以钱塘江为轴线的跨江、沿江，多中心、多轴线、网络化布局转型，空间总体框架结构为：滨江环湖，三个圈层，一主三副六大组团，网络化都市公共建筑体系(图 13-1)。

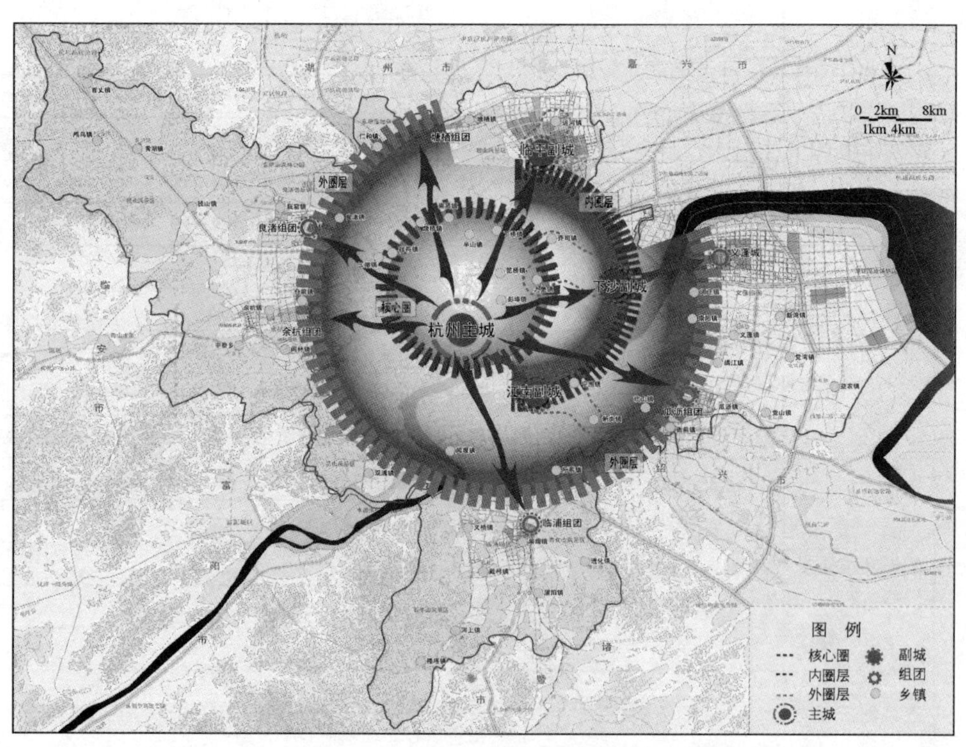

图 13-1　都市圈层面的杭州公共建筑中心体系结构图

“滨江环湖”：即在形态上以钱塘江、西湖为城市公共建筑集聚发展的重要依托要素；

“三个圈层”：即三个都市圈层，包括核心圈——杭州核心区(上城区、下城区、拱墅区、西湖区、江干区、滨江区)，内圈层——下沙副城、江南副城和临平副城，外圈

层——六大组团的地域范围。

"一主三副"：即一主——杭州核心区，三副——江南副城、临平副城、下沙副城。

杭州核心区，是都市区垂直分工体系的一级中心，是杭州市的政治、经济、文化、科教、信息中心和旅游中心，对外承担区域性高端服务职能的核心；城市公共建筑发展强化以现代服务业为导向，特别是生产性服务业和楼宇(总部)经济，改善区域商业商务办公环境，提升商务管理、文化创意、会议展示、总部办公、技术创新、游憩休闲、生态人居等综合服务功能。为杭州城市公共建筑中心体系的主中心，处于垂直分工的顶端，起到区域综合管理与服务，统领各级副中心和组团中心的中枢作用。

江南副城，是都市区垂直分工体系的副中心，水平分工体系中的专业化中心，依托钱江世纪城，是主城人口和部分市级服务功能转移的接纳地，培育城市新的经济增长点的主要空间，利用高新技术产业的环境，大力发展金融、商贸、科研、居住等现代服务业；是杭州城市公共建筑中心体系的专业化副中心，城市远景商务中心，起到江南区域的管理与服务职能，并配合主中心完善区域服务功能体系。

临平副城，是都市区垂直分工体系的副中心，水平分工体系中的专业化中心，依托现有余杭经济开发区和杭州钱江经济技术开发区，发展为其配套的现代生产性服务业，同时，建设余杭区域的综合服务中心，强化城市级商业服务功能；是杭州城市公共建筑中心体系的专业化副中心，承担余杭区域的管理与服务职能，并配合主中心完善区域服务功能体系。

下沙副城，是都市区垂直分工体系的副中心，水平分工体系中的专业化中心，依托现有杭州经济开发区、高教园区，发展为其配套的科研创新、物流运输、商贸展示等生产性服务业，完善下沙区域的综合服务与高教功能；是杭州城市公共建筑中心体系的专业化副中心，承担下沙片区的管理与服务职能，并配合主中心完善区域服务功能体系。

"六大组团"：即塘栖组团、良渚组团、余杭组团、义蓬组团、瓜沥组团、临浦组团。

塘栖组团，是都市区垂直分工体系的三级中心，发展工业园区的配套生产性服务业和休闲旅游观光服务产业，是杭州城市公共建筑中心体系的片区中心，承担该组团的综合服务职能。

良渚组团，是都市区垂直分工体系的三级中心，依托良渚文化村发展文化休闲旅游产业、创意产业，依托勾庄和瓶窑发展现代商贸、仓储、物流等产业，是杭州城市公共建筑中心体系的片区中心，承担该组团的综合服务职能。

余杭组团，是都市区垂直分工体系的三级中心，依托仓前高教园和"和谐杭州示范区"，发展高新技术产业和高教事业，依托生态景观长廊，发展休闲度假服务业，是杭州城市公共建筑中心体系的片区中心，承担该组团的综合服务职能。

义蓬组团，是都市区垂直分工体系的三级中心，依托江东工业园区、临江工业区，发展相配套的部分生产性服务业，是杭州城市公共建筑中心体系的片区中心，承担该组团的综合服务职能。

瓜沥组团，是都市区垂直分工体系的三级中心，依托轻纺城，发展相关商贸服务业，是杭州城市公共建筑中心体系的片区中心，承担该组团的综合服务职能。

临浦组团，是都市区垂直分工体系的三级中心，依托滨江高新区，发展高新技术服务业，完善相关配套服务功能，是杭州城市公共建筑中心体系的片区中心，承担该组团的综合服务职能。

“网络化都市公共建筑体系”：即在杭州市区范围内构建杭州核心区（主城）、副城、组团为三个等级的公共建筑中心，以商业街、交通主干道为公共建筑发展轴线，以区域开发容量供需平衡、垂直与水平相结合的合理职能分工、等级有序有机联系为动力，以提升杭州都市区现代服务业发展环境与档次为目标，多中心配合、多层次和谐、多职能互补、多轴线拓展的“网络化都市公共建筑空间体系”。

二、核心区层面的杭州城市公共建筑空间结构

通过对杭州城市公共建筑空间分布现状的研究，比照国内外城市公共建筑空间模式演化规律的四个阶段，可以判断：杭州城市公共建筑的发展总体处在“城市中心区多核、多层集聚阶段”与“城市多中心区、多层级的郊区分散阶段”之间。随着武林—湖滨—吴山这一中心区域规模的不断增大，产生了集聚不经济效应，交通设施超负荷、人口密度过高等一系列负效应使得杭州中心区运行效率降低；同时，杭州的服务业发展又逐渐进入高级阶段，呈现出一定的专业化趋势，原有的单中心结构出现功能裂变，城市向着专业化多中心的形态演进，城市公共建筑呈现出在城市中心多核集聚的特点；服务业企业也开始考虑办公成本最小化，逐渐向郊区扩散，并形成服务业在城市郊区的部分集聚化，城市公共建筑正向着“多中心网络体系”结构迈进。据此本研究确定：在杭州核心区空间层面上（地域范围包括上城区、下城区、拱墅区、西湖区、江干区、滨江区），以适应城市规模扩张，加强公共建筑设施配套，改善办公居住环境为目标，形成“两主三次多层级中心，四主轴五次轴网络状”的多中心、多层级、多轴线的公共建筑布局结构(图 13-2)。

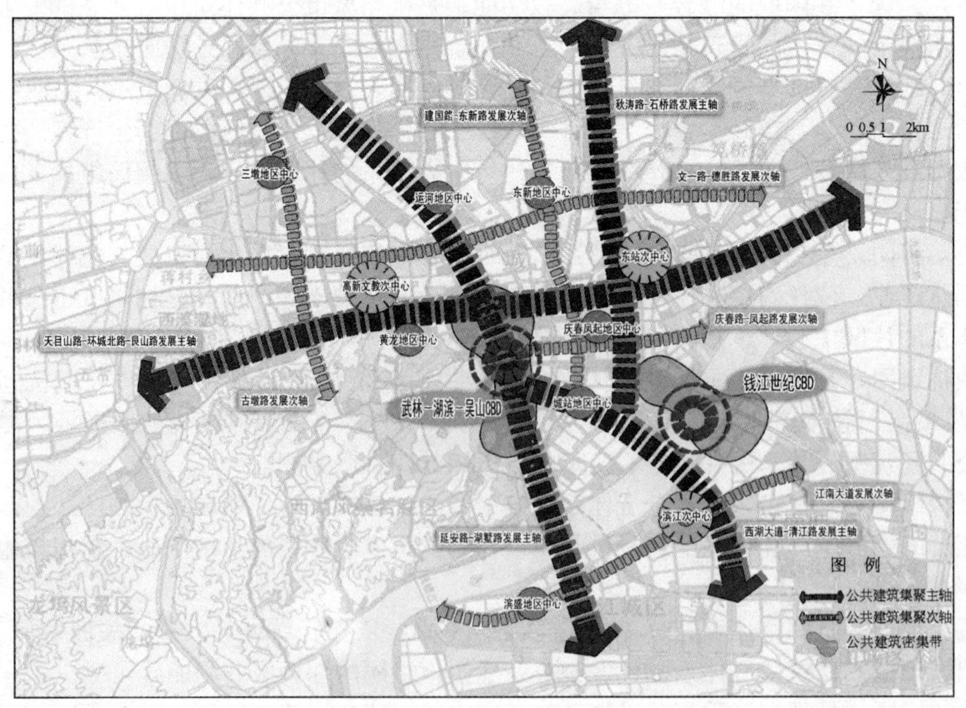

图 13-2 杭州核心区公共建筑布局结构图

两主：武林—湖滨—吴山 CBD、钱江世纪 CBD。

武林—湖滨—吴山 CBD，为杭州的一级综合性中央商务区，地域范围包括中河路以西、环城北路以南、河坊街以北、西湖以东，整合现状武林中心、湖滨中心和吴山中心，依托延安路轴线进行布局优化，提升其商务办公、高档商业、金融服务、旅游休闲等综合性服务业的发展环境。

钱江世纪 CBD，为杭州未来的一级综合性中央商务区，地域范围包括钱江新城与钱江世纪城，即西兴大桥与钱江二桥之间两岸临江地区，主要承担行政办公、金融贸易、会议展示、文化娱乐服务等功能。

三次：高新文教次中心、东站次中心、滨江次中心。

高新文教次中心，为杭州的二级专业化商务区，也是城西地区的综合性服务中心，地域范围主要包括文三路电子信息集聚区和翠苑文教区，主要承担信息软件、科学研发、商务及技术服务业等功能。

东站次中心，为杭州的二级专业化商务区，也是城东新城的综合性服务中心，地域范围主要包括火车东站与汽车东站区域，主要承担商贸会展、金融商务、旅游服务等功能。

滨江次中心，为杭州的二级专业化商务区，也是滨江新城的综合性服务中心，地域范围主要包括滨江区政府区块，主要承担行政办公和与高新技术产业相关的生产性服务业等功能。

多层级中心：即核心区公共建筑空间体系形成主中心(CBD)—次中心—地区中心—组团中心四个等级，形成功能互补、等级有序、全覆盖服务的公共建筑中心体系。

四主轴：提升天目山路—环城北路—艮山路、延安路—湖墅路、西湖大道—清江路、秋涛路—石桥路四条线形公共建筑集聚主轴，引导主城功能向外延伸。

五次轴：优化建国路—东新路、庆春路—凤起路、文一路—德胜路、古墩路、江南大道五条线形公共建筑集聚次轴，促进次中心功能的区域扩散。

网络状：即以主轴线有机联系一二级城市公共建筑中心，以次轴线便捷联系各级次中心与地区中心，形成多中心与多轴线的空间耦合形态，构成网络状城市公共建筑空间结构。

第二节 杭州城市写字楼公共建筑开发容量空间分区

从杭州现状公共建筑空间容量分布来看，主要还是集中在以西湖为核心的内圈层范围内，而现状公共建筑中心体系中，规模等级结构与国际上发达国家相关发展经验(金字塔和阶梯状的分布特征)进行对比来看，主要问题是次级中心与主中心的集聚能力和容量等级差距过大，从而影响了次级中心的服务和辐射能力，因而杭州城市公共建筑空间容量分配的关键是对现状核心区容量的控制和对外围容量发展的引导，注重对新中心(钱江新城)和次级中心所在区域的容量分配。通过对各种服务业容量空间分布的影响因素进行分析，确定容量空间分布的主次合理关系，进而对其进行空间分配。

在此采用的方案规划 GIS-Scenario 是在城市规划和城市公共建筑布局中，试图构造切实可行的未来城市发展模式，其中的模拟方案指根据不同主导开发模式，选择相应的土地利用空间分布模式，也包括引导政策和管理措施。通过多个不同目标的模拟方案比较，选择出综合效用最大的城市公共建筑的空间分布方案。本研究针对杭州公共建筑发展的背景和自身特征，提出了三种不同目标指向的模拟方案(TOD 开发模式、政府主导开发模式和职住均衡开发模式)，采用三套不同的空间模型布局参数，生成相应的公共建筑开发密度模拟方案，并通过多方案之间的比较，最终确定综合效用最大的空间容量分配方案。

一、GIS-SCENARIO 方法概述

GIS-Scenario 即基于 GIS 平台的方案规划辅助决策技术，是一种将方案规划和 GIS 空间定量分析相结合的规划方法，其核心思路就是在 GIS 空间分析平台上，综合考虑与规划相关的各种影响要素，并将这些要素在空间上定量化，然后根据方案规划的理念，针对不同的规划目标，借助空间定量分析功能生成多个模拟方案，通过方案的比较与评价，起到辅助规划决策的目的，以提高规划编制过程中的理性。

方案规划(Scenario Planning)最早出现于第二次世界大战之后不久，当时是一种想象竞争对手可能会采取的措施，以准备相应战略的军事规划方法。近年来，已经在其他研究领域广泛应用，是一种在复杂的、不确定的外部环境中分析问题、制定战略的有效方法，在空间规划中试图构造切实可行的未来发展模式。在城市写字楼空间布局中，模拟方案(Scenario)指的是一个城市选择哪种写字楼空间分布模式，同时又包括选择什么政策来引导和管理写字楼发展，落实或实施选定的写字楼空间分布模式。方案规划既是过程，又是方法和理念，要求很强的技术分析支持。这种规划方法首先确定空间规划需要解决的问题，然后建立不确定因素的指标组合方案和评价框架，再应用它生成 2～3 个情景模拟方案，并进行比较选择。空间规划区别于一般战略规划的重要特征是其空间依赖性，是要素空间配置目标指向的技术，除了方案中不确定因素的定量化外，还需要对其进行空间上的表达与分析，而 GIS 技术正是提供了一条精确的空间定量分析途径，能将空间规划中的各种分析模型(如密度分析、梯度分析和空间相关分析等等)应用到规划中。

GIS-Scenario 分析框架包括以下几个方面的内容(图 13-3)：①从规划的背景出发，对布局战略进行初步认识；②通过理论与规律的把握，综合考虑多元主体利益格局，对目标进行深入与分解，即制定模拟方案的研究目标，在此指写字楼容量的空间合理高效配置；③识别其中的关键因素与事件，引导与控制相结合，对影响写字楼区位的因素进行空间维度的分析；④根据不同的方案目标，基于 AHP 法建立决策矩阵确定其发生概率，即影响因素的不确定性强度；⑤在 GIS 空间分析平台上生成多个模拟方案(Scenario)；⑥通过效用分析对方案进行评估与选择；⑦最后生成具体的布局战略。

通过前述研究，将各类因素进行组合分层，构建出写字楼空间布局的模型分析框架，在专家支持下应用 AHP 法，根据不同的目标指向，对不同方案进行空间参数权重的确定。此次研究共确定了三套不同目标指向的空间模拟方案(Scenario)。

二、空间布局模型构建与关键区位因素识别

区位因素是指决定区位主体的现状区位或影响区位主体决策的主要因素，对于写字楼的空间分布具有至关重要的影响，GIS-Scenario 在 GIS 平台上通过建立写字楼分布密度模型，实现多因素空间分析，力求避免人为主观臆断的缺陷，使分析结果更加客观与精确，根据对写字楼空间分布影响的机制和重要性的不同，以最优化配置为原则对生产性服务业区位影响因素进行综合分析，最终推导出写字楼在空间上合理配置的方案，为城市写字楼容量的空间布局提供理论基础和科学引导。密度模型分为引导性模型和控制性模型两部分：

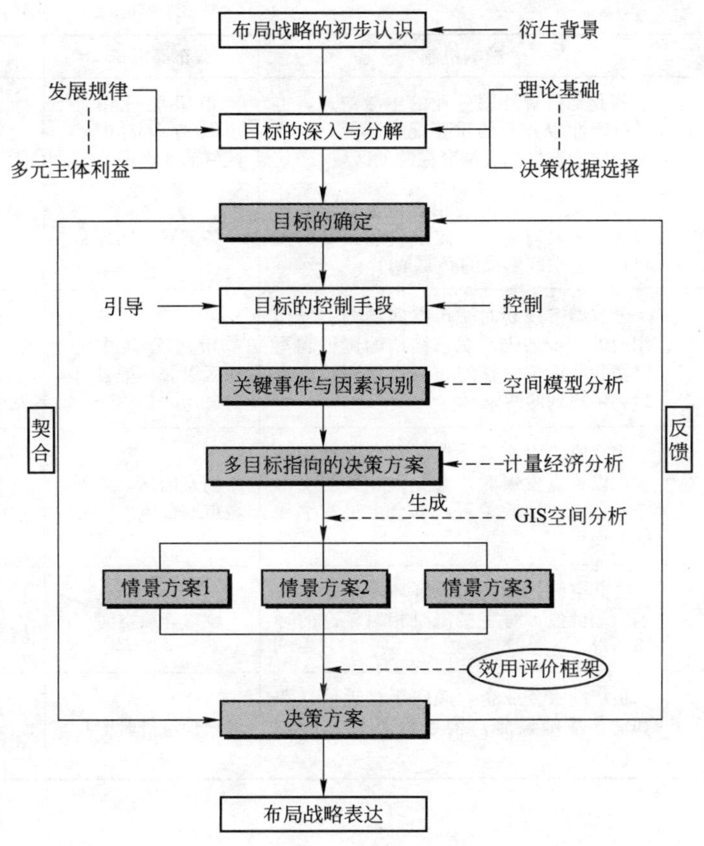

图 13-3　GIS-Scenario 分析框架

引导性模型作用于写字楼布局的整个地域范围，是普遍的和全局的影响模型；控制性模型则是作用于局部区域，主要对影响写字楼空间分布的特殊因素进行考虑，起到限制和控制的目的。两个模型是由相应的关键区位影响因素构成的，不同的因素对写字楼的区位又有不同的影响机制和影响程度，在空间分析中采用不同的表征变量进行解释，具体见表 13-1。

布局模型的关键区位因素及变量表征　　**表 13-1**

模型类别	区位因素	影响机制	布局因子	模型表征变量
引导性模型	区位可达性	反映交通成本的基本指标，通过改变可达性可以提高使用者的交易效率，交通条件越好，密集程度越大	城市交通系统结构	基于缓冲区模型的与主、次干道的距离
	交通枢纽辐射	公共交通设施的分布是重要的结构性因素，交通网密度大的地区，并不一定是最便利的地区，还要取决于交通网的结构，区域性的交通枢纽设施周边更易形成办公集聚地	门户枢纽、常规枢纽	基于缓冲区模型的与不同交通枢纽的距离
	集聚经济	经济活动在空间上的接近而产生的收益的增加、成本的节约以及带来的诸如人力、信息、知识等各种资源的利用效率提高等	商务活动集聚区	基于密度模型的现状商务办公楼分布密度

续表

模型类别	区位因素	影响机制	布局因子	模型表征变量
引导性模型	商圈结构	商业是消费性服务业的主导产业，也是生产性服务业的重要配套产业，企业更趋向于选择相关配套完善的区域	市级商业中心、市级商业副中心、区域商业副中心	基于缓冲区模型的与未来商圈的距离
	人口密度	人既是写字楼的使用者，也是写字楼服务的主要对象，一定规模和密度的人口是办公空间形成的必要条件	各类居住区分布	基于密度模型的未来居住用地分布密度
控制性模型	土地利用规划	随着城市规划对城市空间结构引导作用的进一步加强，城市结构的调整和写字楼公共建筑的空间布局也受到城市土地利用规划的约束	市级公共中心、地区级公共中心	公共建筑用地范围（鼓励在公共建筑用地范围内发展，超出范围则受到一定的约束）
	城市服务业布局	当政府确定在某个地区对生产性服务业加以重点发展时，会提供相关的支撑条件和倾向性政策等，都会促进写字楼的发展	创意园区、新城、城市综合体	基于缓冲区的服务业空间载体分布
	区域环境质量	公共空间、公共绿地等环境条件会影响土地价值，写字楼需要相对较高的环境质量	城市开放空间	基于空间模型的未来城市开放空间分布密度
	区域创新环境	生产性服务业企业倾向于接近信息源和信息基础设施，接近信息技术的创新源	高校与科研中心	基于缓冲区的与高校和科研中心的距离

三、模拟方案一：TOD 开发模式

（一）模式特点

TOD 是指以公共交通为导向的发展模式（Transit Oriented Development，简称 TOD），即在规划办公楼公共建筑时，使公共交通的使用最大化的一种规划设计策略，鼓励公共交通的使用，将步行放在交通设计的第一位，区域内以轨道交通为主导，形成包括地铁、BRT 和常规公交等的综合交通系统；区域的综合交通枢纽节点上包含了相互临近的写字楼、住宅、商业和公共设施等多种用途，进行高密度、高质量的开发。基于 TOD 开发模式的办公楼方案着重考虑区位可达性，以及综合交通枢纽和城市重要节点的耦合关系，借鉴办公室区位均衡理论，以降低空间交易成本，提高商务运行效率为目标，将城市大运量公交体系与公共建筑体系相结合布局，是效率指向的布局方案，强调的是城市交通对土地开发的引导。

（二）准则层指标判断矩阵(表 13-2)

准则层指标判断矩阵 **表 13-2**

杭州城市公共建筑布局模型	引导性因素	控制性因素	W_i
引导性因素	1.0000	3.3201	0.7685
控制性因素	0.3012	1.0000	0.2315

注：判断矩阵一致性比例：0.0000；对总目标的权重：1.0000。

（三）因素层指标判断矩阵（表 13-3、表 13-4）

引导性因素判断矩阵 **表 13-3**

引导性因素	区位可达性	交通枢纽辐射	集聚经济	商圈结构	人口分布密度	W_i
区位可达性	1.0000	0.3012	2.2255	0.6703	2.2255	0.1725
交通枢纽辐射	3.3201	1.0000	3.3201	2.2255	3.3201	0.4159
集聚经济	0.4493	0.3012	1.0000	0.6703	2.2255	0.1253
商圈结构	1.4918	0.4493	1.4918	1.0000	2.2255	0.2024
人口分布密度	0.4493	0.3012	0.4493	0.4493	1.0000	0.0840

注：判断矩阵一致性比例：0.0333；对总目标的权重：0.7685。

控制性因素判断矩阵 **表 13-4**

控制性因素	城市总体规划	城市服务业布局	区域环境质量	区域创新环境	W_i
城市总体规划	1.0000	0.4493	2.2255	2.2255	0.2782
城市服务业布局	2.2255	1.0000	2.2255	2.2255	0.4150
区域环境质量	0.4493	0.4493	1.0000	0.6703	0.1381
区域创新环境	0.4493	0.4493	1.4918	1.0000	0.1687

注：判断矩阵一致性比例：0.0378；对总目标的权重：0.2315。

（四）基于 TOD 开发模式的办公楼模型决策方案（表 13-5、表 13-6、图 13-4）

最 终 决 策 方 案 **表 13-5**

影响因素	决策权重	影响因素	决策权重
区位可达性	0.1326	城市土地利用规划	0.0644
交通枢纽辐射	0.3196	城市服务业布局	0.0961
集聚经济	0.0963	区域环境质量	0.0320
商圈结构	0.1556	区域创新环境	0.0391
人口分布密度	0.0645		

空间分布模型的对应参数 **表 13-6**

一级因素		二级因素	影响等级	影响因子
引导性因素	区位可达性（0.1326）	—	高可达性区域	—
			中可达性区域	—
			弱可达性区域	—
	交通枢纽辐射（0.3196）	门户枢纽	门户枢纽一级辐射影响范围	0.2
			门户枢纽二级辐射影响范围	
		常规枢纽	常规枢纽一级辐射影响范围	0.1196
			常规枢纽二级辐射影响范围	

续表

一级因素		二级因素	影响等级	影响因子
引导性因素	集聚经济(0.0963)	—	高集聚度区域	—
			中高集聚度区域	—
			中集聚度区域	—
			中低集聚度区域	—
			低集聚度区域	—
	商圈结构(0.1556)	市级商业中心	市级商业中心一级辐射影响范围	0.08
			市级商业中心二级辐射影响范围	
		市级商业副中心	市级商业副中心一级辐射影响范围	0.05
			市级商业副中心二级辐射影响范围	
		区域商业副中心	区域商业副中心一级辐射影响范围	0.0238
			区域商业副中心二级辐射影响范围	
	人口分布密度(0.0645)	—	高人口密度区域	—
			中高人口密度区域	—
			中人口密度区域	—
			中低人口密度区域	—
			低人口密度区域	—
控制性因素	城市土地利用规划(0.0644)	市级公共中心	市级公共中心一级辐射影响范围	0.04
			市级公共中心二级辐射影响范围	
		地区级公共中心	地区级公共中心一级辐射影响范围	0.0244
			地区级公共中心二级辐射影响范围	
	城市服务业布局(0.0961)	创意园区	创意园区一级辐射影响范围	0.03
			创意园区二级辐射影响范围	
		新城	新城一级辐射影响范围	0.03
			新城二级辐射影响范围	
		城市综合体	城市综合体辐射影响范围	0.0361
	区域环境质量(0.0320)	—	高环境优越度区域	—
			中高环境优越度区域	—
			中环境优越度区域	—
			中低环境优越度区域	—
			低环境优越度区域	—
	区域创新环境(0.0391)	创新核心	创新核心一级辐射影响范围	—
			创新核心二级辐射影响范围	—

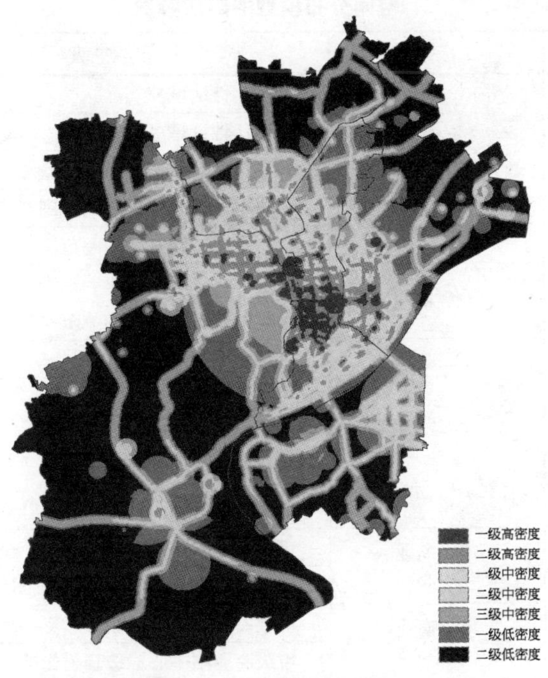

图 13-4　方案一分布密度模拟图

四、模拟方案二：政府主导开发模式

（一）模式特点

政府是城市开发活动的主要组织者，政府组织的城市开发活动是为了推进城市不断发展的需要，防止产生偏离城市协调发展目标问题的出现。政府仍是当前城市发展策略选择的主导因素，对于城市的中长期发展都有一系列的规划进行引导。杭州为例，有城市商圈规划、城市创意园区规划、新城规划、城市综合体规划等等，这些都体现了政府对未来杭州服务业的空间发展的引导意图，相关规划之间的衔接与呼应十分重要。

基于政府主导的开发模式注重对政府在当前时期的公共建筑发展意图，着重考虑与其相关规划的衔接，通过对各种不同影响因素的综合考虑，对相关规划进行布局上的引导与修正，强调的是政府对公共建筑空间布局的控制。

（二）基于政府主导开发模式的办公楼模型决策方案（表 13-7、表 13-8、图 13-5）

最终决策方案　　**表 13-7**

影响因素	决策权重	影响因素	决策权重
区位可达性	0.0430	城市土地利用规划	0.4691
交通枢纽辐射	0.0256	城市服务业布局	0.1413
集聚经济	0.0724	区域环境质量	0.0635
商圈结构	0.0593	区域创新环境	0.0947
人口分布密度	0.0312		

空间分布模型的对应参数 表 13-8

一级因素		二级因素	影响等级	影响因子
引导性因素	区位可达性（0.0430）	—	高可达性区域	—
			中可达性区域	—
			弱可达性区域	—
	交通枢纽辐射（0.0256）	门户枢纽	门户枢纽一级辐射影响范围	0.0156
			门户枢纽二级辐射影响范围	
		常规枢纽	常规枢纽一级辐射影响范围	0.01
			常规枢纽二级辐射影响范围	
	集聚经济（0.0724）	—	高集聚度区域	—
			中高集聚度区域	—
			中集聚度区域	—
			中低集聚度区域	—
			低集聚度区域	—
	商圈结构（0.0593）	市级商业中心	市级商业中心一级辐射影响范围	0.03
			市级商业中心二级辐射影响范围	
		市级商业副中心	市级商业副中心一级辐射影响范围	0.02
			市级商业副中心二级辐射影响范围	
		区域商业副中心	区域商业副中心一级辐射影响范围	0.0093
			区域商业副中心二级辐射影响范围	
	人口分布密度（0.0312）	—	高人口密度区域	—
			中高人口密度区域	—
			中人口密度区域	—
			中低人口密度区域	—
			低人口密度区域	—
控制性因素	城市土地利用规划（0.4691）	市级公共中心	市级公共中心一级辐射影响范围	0.3
			市级公共中心二级辐射影响范围	
		地区级公共中心	地区级公共中心一级辐射影响范围	0.1691
			地区级公共中心二级辐射影响范围	
	城市服务业布局（0.1413）	创意园区	创意园区一级辐射影响范围	0.05
			创意园区二级辐射影响范围	
		新城	新城一级辐射影响范围	0.05
			新城二级辐射影响范围	
		城市综合体	城市综合体辐射影响范围	0.0413
	区域环境质量（0.0635）	—	高环境优越度区域	—
			中高环境优越度区域	—
			中环境优越度区域	—
			中低环境优越度区域	—
			低环境优越度区域	—
	区域创新环境（0.0947）	创新核心	创新核心一级辐射影响范围	—
			创新核心二级辐射影响范围	—

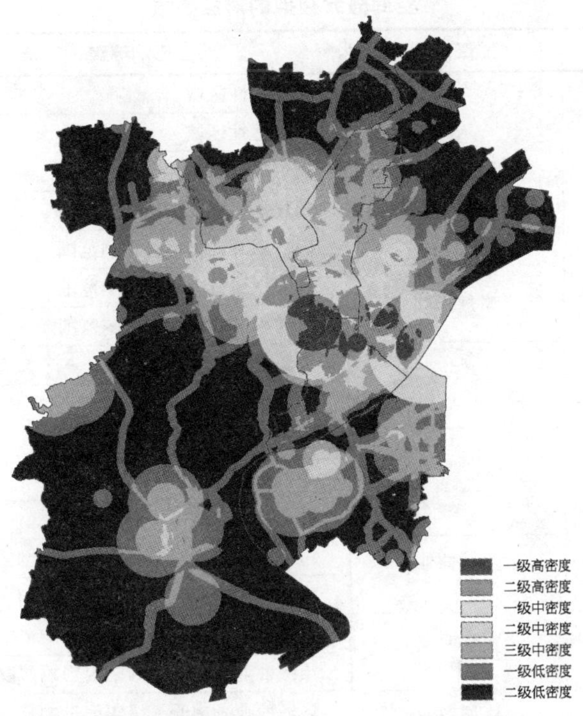

图 13-5　方案二分布密度模拟图

五、模拟方案三：职住均衡开发模式

（一）模式特点

城市公共建筑中心集多种功能于一体，应避免功能的单一化和简单化，提倡商业、办公、休闲、交通等功能的混合布局，尽量满足地区的就业岗位与人口居住之间的平衡，缓解城市中心区的交通压力，建设相对独立具有多种功能的复合中心。基于职住均衡的开发模式，注重城市人口的未来分布及集聚特征与公共建筑空间分布之间的对应关系，综合考虑城市交通对居住空间的引导、居住与办公的环境质量与区域创新氛围等因素，以居住和办公出行的便捷、服务的空间全覆盖为目标，对城市公共建筑进行布局。

（二）基于职住均衡开发模式的办公楼模型决策方案(表 13-9、表 13-10、图 13-6)

最终决策方案　　**表 13-9**

影响因素	决策权重	影响因素	决策权重
区位可达性	0.0558	城市土地利用规划	0.2244
交通枢纽辐射	0.1243	城市服务业布局	0.1232
集聚经济	0.0495	区域环境质量	0.0912
商圈结构	0.1644	区域创新环境	0.0612
人口分布密度	0.1059		

空间分布模型的对应参数 表 13-10

一级因素		二级因素	影响等级	影响因子
引导性因素	区位可达性（0.0558）	—	高可达性区域	—
			中可达性区域	—
			弱可达性区域	—
	交通枢纽辐射（0.1243）	门户枢纽	门户枢纽一级辐射影响范围	0.08
			门户枢纽二级辐射影响范围	
		常规枢纽	常规枢纽一级辐射影响范围	0.0443
			常规枢纽二级辐射影响范围	
	集聚经济（0.0495）	—	高集聚度区域	—
			中高集聚度区域	—
			中集聚度区域	—
			中低集聚度区域	—
			低集聚度区域	—
	商圈结构（0.1644）	市级商业中心	市级商业中心一级辐射影响范围	0.1
			市级商业中心二级辐射影响范围	
		市级商业副中心	市级商业副中心一级辐射影响范围	0.04
			市级商业副中心二级辐射影响范围	
		区域商业副中心	区域商业副中心一级辐射影响范围	0.0244
			区域商业副中心二级辐射影响范围	
	人口分布密度（0.1059）	—	高人口密度区域	—
			中高人口密度区域	—
			中人口密度区域	—
			中低人口密度区域	—
			低人口密度区域	—
控制性因素	城市土地利用规划（0.2244）	市级公共中心	市级公共中心一级辐射影响范围	0.15
			市级公共中心二级辐射影响范围	
		地区级公共中心	地区级公共中心一级辐射影响范围	0.0744
			地区级公共中心二级辐射影响范围	
	城市服务业布局（0.1232）	创意园区	创意园区一级辐射影响范围	0.0432
			创意园区二级辐射影响范围	
		新城	新城一级辐射影响范围	0.04
			新城二级辐射影响范围	
		城市综合体	城市综合体辐射影响范围	0.04
	区域环境质量（0.0912）	—	高环境优越度区域	—
			中高环境优越度区域	—
			中环境优越度区域	—
			中低环境优越度区域	—
			低环境优越度区域	—
	区域创新环境（0.0612）	创新核心	创新核心一级辐射影响范围	—
			创新核心二级辐射影响范围	—

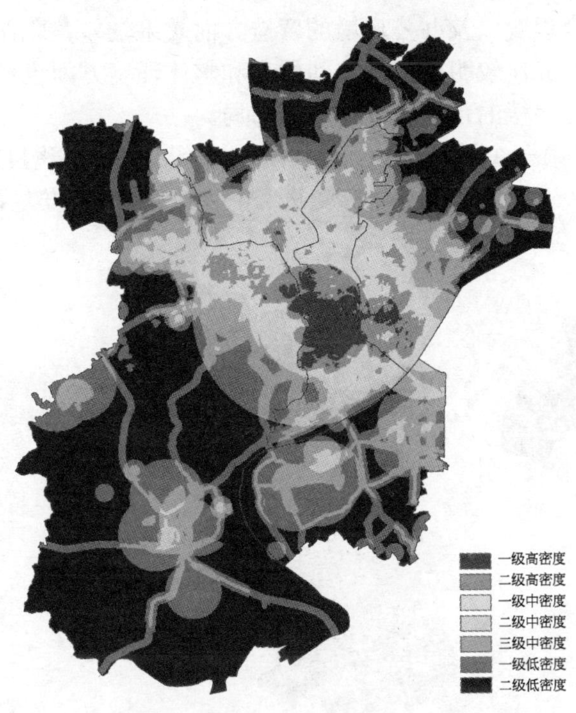

图 13-6　方案三分布密度模拟图

六、模拟方案比较与决策

此次研究提出了三种杭州写字楼公共建筑空间布局模式的基本特点，以下从写字楼分布的关键效益指标，即空间(交通)效率、创新环境、政府战略符合度、办公整体环境、服务域效率五个方面，采用五级评价方法：将等级简化为好(＋＋)，较好(＋)，无关紧要或不好不差(＋/－)，差(－)，很差(－－)，对上述三种空间布局模式的综合效用进行评价(表 13-11)。

杭州城市公共建筑空间布局模式比较分析表　　**表 13-11**

评价指标	模式一	模式二	模式三
空间效率	＋＋	＋	＋
政府战略契合度	－	＋＋	＋/－
服务域效率	＋/－	－	＋＋
创新环境依托	＋/－	＋	＋/－
办公整体环境	－	＋/－	＋
综合评价	0	3	4

从各方面指标的评价来看，TOD 模式在空间效率、出行成本方面具有明显优势，而与政府其他战略的符合程度以及办公环境的营造方面效果较差；职住均衡模式综合效果最好，在服务效率方面优势比较明显，在空间效率和整体环境方面也较好。故本研究采用第三种模式对杭州城市写字楼的预测量进行空间布局。

总量的分布密度（第三个模拟方案）是由存量（现状）的分布密度和未来规划的开发密度构成的，研究通过空间分析工具对密度进行计算，得到开发量的空间密度分布方案（图 13-7）。

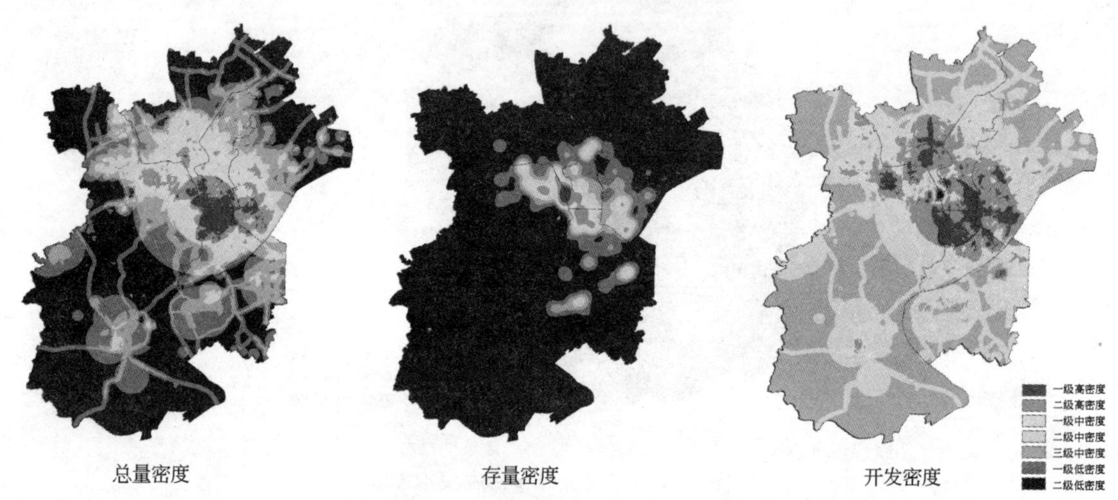

图 13-7　杭州核心区写字楼公共建筑空间分布密度分析图

基于面板数据模型和 BP 神经网络两种模型的预测，将经营性公共建筑主体的写字楼公共建筑和商业公共建筑的预测总量相加，可以得到杭州 2008～2012 年的经营性公共建筑需求量的预测值。基于容量预测部分中的预测结果：面板数据模型，2008～2012 年的杭州经营性公共建筑需求量的预测值分别为 144.02 万 m^2、154.01 万 m^2、165.02 万 m^2、177.16 万 m^2 和 190.6 万 m^2；基于 BP 神经网络模型，2008～2012 年的杭州经营性公共建筑需求量的预测值分别为 155.64 万 m^2、167.9 万 m^2、176.09 万 m^2、181.93 万 m^2 和 186.07 万 m^2。两种模型预测结果相近，且符合经验判断的合理性，可以为未来经营性公共建筑的规划作出总量层面的预测分析。最后确定 2008～2012 年杭州六城区（上城区、下城区、西湖区、拱墅区、江干区、滨江区）的写字楼公共建筑开发量为 553 万 m^2，商业 296 万 m^2，下沙写字楼公共建筑开发量 100～120 万 m^2，商业 50～60 万 m^2。

研究对公共建筑容量的空间布局属于中观层面的引导策略，因而选择了以规划管理单元为基础，对邻近地块中市民认同性较高、现状发展情况相似、功能区所属相同的单元进行了合并，最后确定了 26 个容量分配区块，通过密度模型的开发密度分析，将杭州核心区写字楼公共建筑开发量依据密度比例分配到各个区块，结果如图 13-8 所示。

具体区块容量分配见表 13-12。

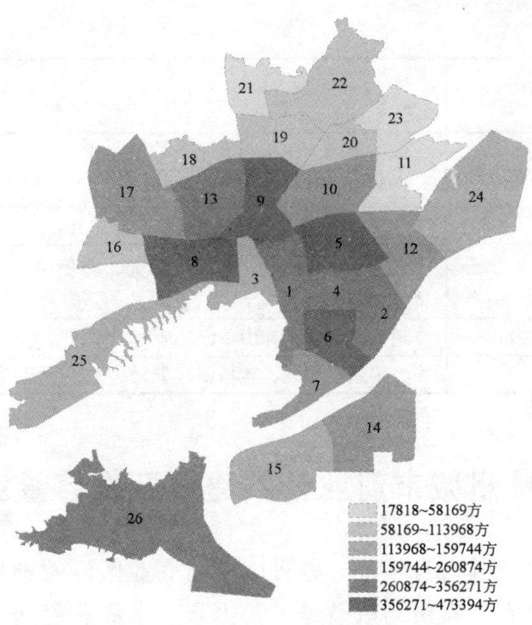

图 13-8 杭州核心区写字楼容量空间布局图

杭州核心区写字楼公共建筑容量空间分配表 **表 13-12**

区块编号	区块名称	单元组成	写字楼开发容量（万 m^2）
1	武林—湖滨—吴山区块	清波单元、湖滨单元、武林天水单元、米市巷单元、朝晖单元	35.63
2	钱江新城区块	钱江新城单元、景芳单元	30.99
3	西溪—玉泉区块	西溪单元、玉泉单元	14.78
4	长庆—凯旋区块	长庆单元、潮鸣艮山单元、凯旋单元	32.16
5	三里亭区块	文晖单元、三里亭单元、天城单元	38.85
6	小营—采荷区块	小营单元、采荷单元、近江单元	39.43
7	南星—复兴区块	紫阳单元、南星单元、复兴单元	22.06
8	翠苑—文新区块	翠苑单元、古荡单元、文新单元	39.53
9	拱宸桥—大关区块	上塘单元、拱宸桥单元、大关单元、湖墅单元	47.34
10	东新区块	三塘单元、东新单元、石桥单元	26.09
11	笕桥区块	笕桥机场单元、笕桥单元、笕桥生态单元	5.07
12	彭埠区块	彭埠单元、四堡单元、三堡单元	20.18
13	申花—桥西区块	申花单元、桥西单元、小河单元、庆隆单元	28.17
14	滨江区政府区块		19.39
15	滨盛区块		14.35
16	蒋村区块	蒋村单元	11.40
17	三墩区块	三墩西单元、三墩单元、紫金港校区单元、塘北单元	24.56
18	祥符区块	祥符东单元、祥符单元	6.94
19	谢村铁路北区块	谢村单元、铁路北单元	8.16
20	华丰区块	华丰单元、灯塔单元	8.75

续表

区块编号	区块名称	单元组成	写字楼开发容量（万 m^2）
21	康桥区块	康桥单元、康桥北单元	1.78
22	半山区块	杭钢单元、半山单元	8.77
23	丁桥区块	丁桥西单元、丁桥东单元、丁桥单元	5.82
24	九堡区块	江干科技园单元、九堡北单元、九堡中心单元、七堡单元、牛田单元	14.36
25	留下—小和山区块	留下单元、小和山单元	15.97
26	之江区块	龙坞镇区单元、转塘镇区单元、之江度假区单元	32.48

第三节 杭州城市商业公共建筑开发容量空间分区

杭州商业公共建筑由于其自身特征，各种因素对商业区位的影响程度也与写字楼布局不同，从其本身的特点来看，集聚与效益是主要因素，即商业趋向于在一定区域内迅速集聚，产生规模效应，而这些区域往往由于历史或交通的优势，演化成商业中心；但过度的集聚又会导致不经济，必须对其进行引导，才能充分发挥大型商业等高级业态的区域凝聚力。美国学者兰姆(Richard F. Lamb)通过对40个城镇的商业的实证研究归纳总结出城市中的商业中心主要有六种集聚模式：商务中心区商业、汽车引导扩展区商业、混合用地商业、高速公路入口引导型商业、铁路引导型商业及郊区商业带。综上所述，城市商务中心的集聚效应、交通节点辐射以及外围商业中心的形成是影响商业空间分布的主要因素，在重点考虑主要因素的基础上，此次研究同样利用AHP法构建了杭州商业空间布局模型。

一、准则层指标判断矩阵(表13-13)

准则层指标判断矩阵表 **表13-13**

杭州城市公共建筑布局模型	引导性因素	控制性因素	W_i
引导性因素	1.0000	2.7183	0.7311
控制性因素	0.3679	1.0000	0.2689

注：判断矩阵一致性比例：0.0000；对总目标的权重：1.0000。

二、城市商业公共建筑模型决策方案(表13-14、表13-15、图13-9)

最终决策方案 **表13-14**

影响因素	决策权重	影响因素	决策权重
区位可达性	0.1150	城市土地利用规划	0.0664
交通枢纽辐射	0.2885	城市服务业布局	0.1041
集聚经济	0.0583	区域环境质量	0.0601
商圈结构	0.1858	区域创新环境	0.0383
人口分布密度	0.0835		

空间分布模型的对应参数 表 13-15

<table>
<tr><th colspan="2">一级因素</th><th>二级因素</th><th>影响等级</th><th>影响因子</th></tr>
<tr><td rowspan="24">引导性因素</td><td rowspan="3">区位可达性
(0.1150)</td><td rowspan="3">—</td><td>高可达性区域</td><td>—</td></tr>
<tr><td>中可达性区域</td><td>—</td></tr>
<tr><td>弱可达性区域</td><td>—</td></tr>
<tr><td rowspan="4">交通枢纽辐射
(0.2885)</td><td rowspan="2">门户枢纽</td><td>门户枢纽一级辐射影响范围</td><td rowspan="2">0.18</td></tr>
<tr><td>门户枢纽二级辐射影响范围</td></tr>
<tr><td rowspan="2">常规枢纽</td><td>常规枢纽一级辐射影响范围</td><td rowspan="2">0.1085</td></tr>
<tr><td>常规枢纽二级辐射影响范围</td></tr>
<tr><td rowspan="5">集聚经济
(0.0583)</td><td rowspan="5">—</td><td>高集聚度区域</td><td>—</td></tr>
<tr><td>中高集聚度区域</td><td>—</td></tr>
<tr><td>中集聚度区域</td><td>—</td></tr>
<tr><td>中低集聚度区域</td><td>—</td></tr>
<tr><td>低集聚度区域</td><td>—</td></tr>
<tr><td rowspan="6">商圈结构
(0.1858)</td><td rowspan="2">市级商业中心</td><td>市级商业中心一级辐射影响范围</td><td rowspan="2">0.1</td></tr>
<tr><td>市级商业中心二级辐射影响范围</td></tr>
<tr><td rowspan="2">市级商业副中心</td><td>市级商业副中心一级辐射影响范围</td><td rowspan="2">0.05</td></tr>
<tr><td>市级商业副中心二级辐射影响范围</td></tr>
<tr><td rowspan="2">区域商业副中心</td><td>区域商业副中心一级辐射影响范围</td><td rowspan="2">0.0358</td></tr>
<tr><td>区域商业副中心二级辐射影响范围</td></tr>
<tr><td rowspan="5">人口分布密度
(0.0835)</td><td rowspan="5">—</td><td>高人口密度区域</td><td>—</td></tr>
<tr><td>中高人口密度区域</td><td>—</td></tr>
<tr><td>中人口密度区域</td><td>—</td></tr>
<tr><td>中低人口密度区域</td><td>—</td></tr>
<tr><td>低人口密度区域</td><td>—</td></tr>
<tr><td rowspan="19">控制性因素</td><td rowspan="4">城市土地利用规划
(0.0664)</td><td rowspan="2">市级公共中心</td><td>市级公共中心一级辐射影响范围</td><td rowspan="2">0.04</td></tr>
<tr><td>市级公共中心二级辐射影响范围</td></tr>
<tr><td rowspan="2">地区级公共中心</td><td>地区级公共中心一级辐射影响范围</td><td rowspan="2">0.0264</td></tr>
<tr><td>地区级公共中心二级辐射影响范围</td></tr>
<tr><td rowspan="5">城市服务业布局
(0.1041)</td><td rowspan="2">创意园区</td><td>创意园区一级辐射影响范围</td><td rowspan="2">0.03</td></tr>
<tr><td>创意园区二级辐射影响范围</td></tr>
<tr><td rowspan="2">新城</td><td>新城一级辐射影响范围</td><td rowspan="2">0.03</td></tr>
<tr><td>新城二级辐射影响范围</td></tr>
<tr><td>城市综合体</td><td>城市综合体辐射影响范围</td><td>0.0441</td></tr>
<tr><td rowspan="5">区域环境质量
(0.0601)</td><td rowspan="5">—</td><td>高环境优越度区域</td><td>—</td></tr>
<tr><td>中高环境优越度区域</td><td>—</td></tr>
<tr><td>中环境优越度区域</td><td>—</td></tr>
<tr><td>中低环境优越度区域</td><td>—</td></tr>
<tr><td>低环境优越度区域</td><td>—</td></tr>
<tr><td rowspan="2">区域创新环境
(0.0383)</td><td rowspan="2">创新核心</td><td>创新核心一级辐射影响范围</td><td>—</td></tr>
<tr><td>创新核心二级辐射影响范围</td></tr>
</table>

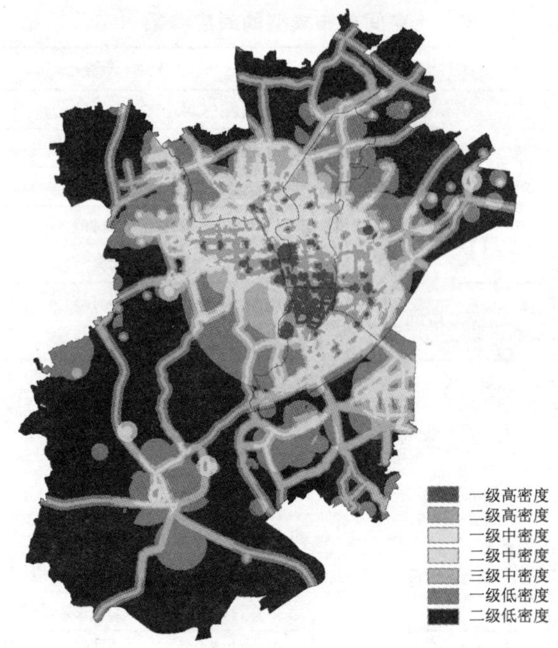

图 13-9　杭州主城区商业公共建筑空间布局密度分析图

三、商业空间布局密度分析

商业公共建筑总量的分布密度是由存量(现状)的分布密度和未来规划的开发密度构成的，与写字楼公共建筑的开发容量密度确定思路相似，通过空间分析工具对密度进行计算，得到商业开发量的空间密度分布方案(图 13-10)。在此基础上，通过密度模型的商业开发密度分析，将杭州核心区商业公共建筑开发量依据密度比例分配到各个区块，结果如图 13-11 所示。

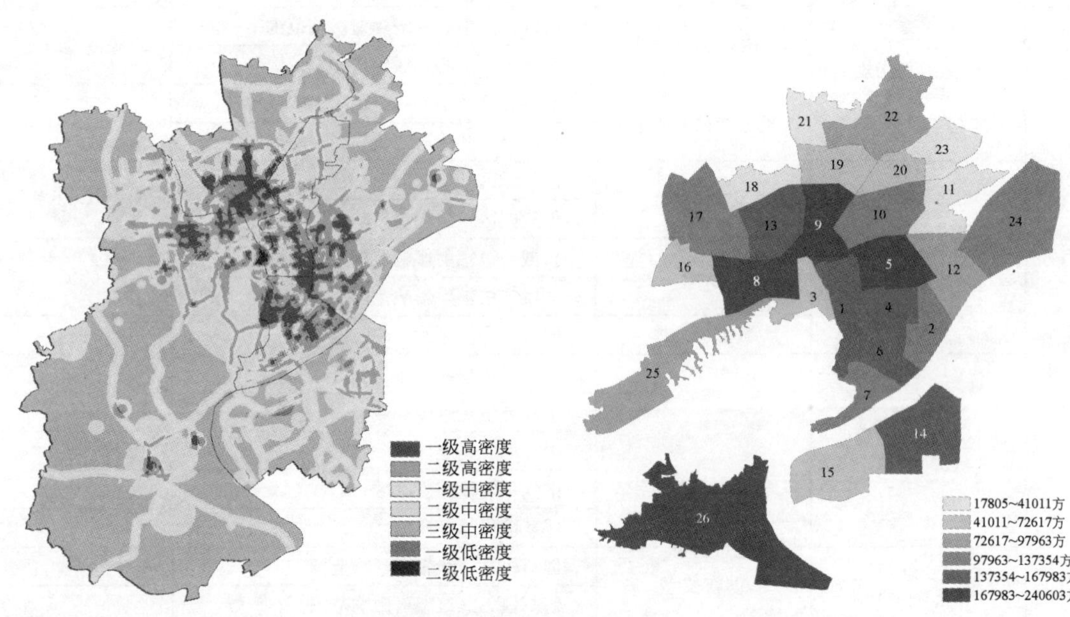

图 13-10　主城区商业公共建筑开发容量密度图　　图 13-11　主城区商业公共建筑容量空间布局图

采用与写字楼公共建筑容量分配中相同的区块划分方法，进行商业公共建筑容量的空间分配，具体区块容量分配见表 13-16。

杭州核心区商业公共建筑容量空间分配表　　表 13-16

区块编号	区块名称	单元组成	商业公共建筑开发容量(万 m^2)
1	武林—湖滨—吴山区块	清波单元、湖滨单元、武林天水单元、米市巷单元、朝晖单元	15.27
2	钱江新城区块	钱江新城单元、景芳单元	12.20
3	西溪—玉泉区块	西溪单元、玉泉单元	7.26
4	长庆—凯旋区块	长庆单元、潮鸣艮山单元、凯旋单元	14.69
5	三里亭区块	文晖单元、三里亭单元、天城单元	20.51
6	小营—采荷区块	小营单元、采荷单元、近江单元	16.80
7	南星—复兴区块	紫阳单元、南星单元、复兴单元	13.03
8	翠苑—文新区块	翠苑单元、古荡单元、文新单元	21.31
9	拱宸桥—大关区块	上塘单元、拱宸桥单元、大关单元、湖墅单元	24.06
10	东新区块	三塘单元、东新单元、石桥单元	12.69
11	笕桥区块	笕桥机场单元、笕桥单元、笕桥生态单元	3.01
12	彭埠区块	彭埠单元、四堡单元、三堡单元	9.80
13	申花—桥西区块	申花单元、桥西单元、小河单元、庆隆单元	14.94
14	滨江区政府区块		14.24
15	滨盛区块		7.03
16	蒋村区块	蒋村单元	5.39
17	三墩区块	三墩西单元、三墩单元、紫金港校区单元、塘北单元	13.74
18	祥符区块	祥符东单元、祥符单元	4.10
19	谢村铁路北区块	谢村单元、铁路北单元	4.97
20	华丰区块	华丰单元、灯塔单元	4.76
21	康桥区块	康桥单元、康桥北单元	1.78
22	半山区块	杭钢单元、半山单元	7.83
23	丁桥区块	丁桥西单元、丁桥东单元、丁桥单元	3.94
24	九堡区块	江干科技园单元、九堡北单元、九堡中心单元、七堡单元、牛田单元	12.14
25	留下—小和山区块	留下单元、小和山单元	9.78
26	之江区块	龙坞镇区单元、转塘镇区单元、之江度假区单元	20.73

第四节　杭州城市公共建筑开发功能空间分区

从国际上发达国家的相关经验来看，城市公共建筑的功能结构形态一般会经历“单一低端→中端专业化→复合高端”这样一个过程，杭州现状城市公共建筑的功能结构的问题主要是具备各类功能的公共建筑在空间上分布的不合理性，即配套公共建筑建设滞后，特别是次级中心所在区域的功能体系不完善，可见杭州城市公共建筑的功能形态发展正处在从单一低端向中端专业化转型阶段，主中心则向着复合高端形态演进，现阶段的关键：一是对现状主中心区域的功能优化，二是对外围次中心区域的功能完善与提升，三是促进钱江新城中心的集聚能力建设，四是对郊区的基础性服务功能的供给。

通过宏观层面对杭州现状公共建筑的分析，针对宏观层面存在的功能空间组织问题，在分析各个区块的现状概况和问题的基础上，考虑相关规划涉及的主要内容，以规划管理单元为基础，此次研究将杭州核心区划分成五类公共建筑开发功能区类型，如图 13-12 所示。

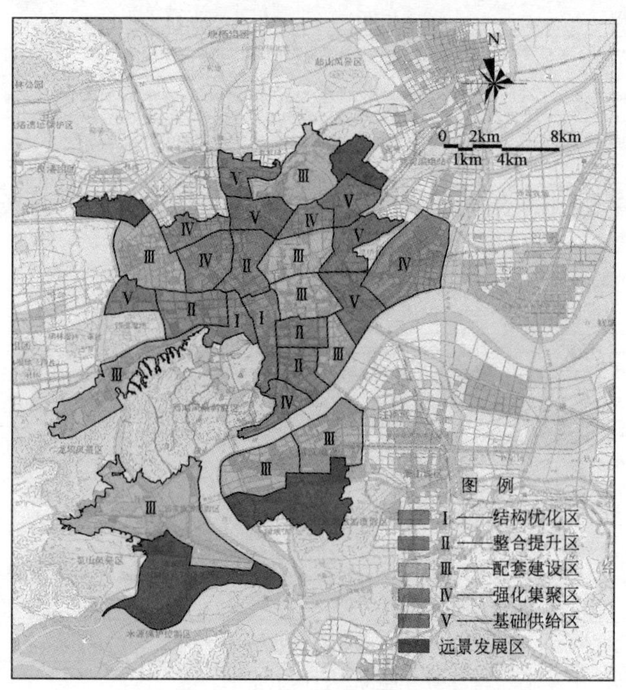

图 13-12 杭州城市公共建筑开发功能区分类图

一、结构优化区

指现状发展较为成熟，各类功能集聚与混合程度大，可建设空间容量小的区域，需要对功能结构进行内部优化，疏导部分不适合的功能类型，提高公共建筑发展等级与水平。该类型主要包括武林—湖滨—吴山区块、西溪—黄龙区块。

二、整合提升区

指现状大部分已经建成，但各类公共建筑空间分布较为分散与无序，缺乏综合服务能力的区域，需要对现状公共建筑功能与用地进行整合，完善服务功能体系，促进形成具有综合服务功能的公共建筑中心。该类型主要包括长庆—凯旋区块、小营—采荷区块、翠苑—文新区块、拱宸桥—大关区块。

三、配套建设区

指现状处于部分发展区域，功能较为单一，只具有某几方面核心服务功能，但缺乏与之相配套的服务公共建筑设施，需要建设相关配套公共建筑来完善服务功能体系。该类型主要包括钱江新城区块、三里亭区块、东新区块、滨江区政府区块、滨盛区块、三墩区块、半山区块、留下—小和山区块、之江区块。

四、强化集聚区

指现状以新开发居住区、城中村、工业仓储用地等无序混杂的区块，各类用地分散发展，以点状低档服务业为主，需要对公共建筑的功能体系和空间区位进行引导，加速服务功能的集聚。该类型主要包括南星—复兴区块、申花—桥西区块、祥符区块、华丰区块、九堡区块。

五、基础供给区

指现状以工业仓储用地和城中村、农用地等为主，基本无公共建筑分布的区域，需加强基础服务性公共建筑的供给，以满足基本的日常工作与生活需要。该类型主要包括笕桥区块、彭埠区块、蒋村区块、谢村铁路北区块、康桥区块、丁桥区块。

同时，对杭州城市公共建筑的开发功能提出了区块引导性建议，具体见表13-17，图13-13。

杭州公共建筑开发分区功能引导表　　表13-17

编号	区块名称	组成单元	现状概况	现状问题	相关规划内容	公共建筑开发功能引导
1	武林湖滨—吴山区块	清波单元、湖滨单元、武林天水单元、米市巷单元、朝晖单元	是杭州现状公共建筑最为密集，功能全面，开发强度最高的区域，发展较为成熟	集聚强度过大导致的不经济，交通压力明显，功能过于混杂	城市总体规划的市级公共中心，规划门户枢纽1个，常规枢纽9个，市级商业中心，规划城市综合体3个	杭州主中心所在区域。重点发展商务、高档商业、文化娱乐、旅游服务等综合性服务功能；通过土地功能置换逐步优化现有布局，提高服务业档次与等级
2	钱江新城区块	钱江新城单元、景芳单元	是杭州未来城市公共建筑的新中心，设计开发强度高，处于建设阶段	现状公共建筑主要集中在景芳居住区内部，新城配套设施未能完善	城市总体规划的市级公共中心，规划常规枢纽4个，区域商业中心，规划城市综合体3个	杭州未来城市中心，远景商务区。重点发展行政管理、总部经济、高档商业与文化等综合性服务业；在建设的同时对现状不合理功能进行外迁，并整合现有周边服务业
3	西溪—黄龙区块	西溪单元、玉泉单元	是杭州现状高档办公建筑所在地，配套完善，开发强度较高，发展较为成熟	集聚强度较大且地处交通干道的交会处，交通压力明显，以商务办公、商业(超市)为主要类型	规划常规枢纽7个，区域商业副中心，规划城市综合体2个	专业化商务办公区。重点发展商务办公，文化娱乐等服务业；优化现有服务功能，增加金融、商业等配套公共建筑

续表

编号	区块名称	组成单元	现状概况	现状问题	相关规划内容	公共建筑开发功能引导
4	长庆—凯旋区块	长庆单元、潮鸣艮山单元、凯旋单元	是杭州现状公共建筑较为密集的区段，开发强度高，发展较为成熟	公共建筑主要集中在区块东部，区块中部主要分布在华家池校区周边，发展不均衡，以金融、商务、商业为主	规划常规枢纽6个，规划城市综合体2个	专业化商务办公区。重点发展金融商务、技术咨询、贸易等服务业；整合建国路两侧公共建筑；改造秋涛路沿线，增加相应的生活性服务业公共建筑设施
5	三里亭区块	文晖单元、三里亭单元、天城单元	现状公共建筑主要分布在石桥路和机场路一弄沿线，开发强度不高	集聚于三里亭居住区块中心和天城路口，配套设施建设滞后，以低档商业和超市为主	规划门户枢纽1个，常规枢纽4个，规划城市综合体3个	生活性服务业为主的一般公共建筑发展区。重点发展商业、文化娱乐等服务业；提升石桥路、天城路、机场路沿线公共建筑设施水平；依托闸弄口地铁站建设公共建筑群，改善区域服务水平
6	小营—采荷区块	小营单元、采荷单元、近江单元	是杭州现状公共建筑较为密集的区段，开发强度高，发展较为成熟	城站周边集聚强度过大，功能过于混杂，以商务办公、低档商业为主	城市总体规划的市级公共中心，规划门户枢纽1个，常规枢纽5个，区域商业副中心，规划城市综合体3个，产业园1个	专业化商务办公区。重点发展金融商务、运输贸易、旅游商贸等服务业；对城站周边的公共建筑进行布局优化，提升商务环境；依托城站建设枢纽型商业公共建筑群
7	南星—复兴区块	紫阳单元、南星单元、复兴单元	现状公共建筑主要沿复兴路发展，大量区块处于建设中	开发强度偏低，区域工业、居住、办公等功能混杂，以一般商业为主	城市总体规划的市级公共中心，规划常规枢纽9个，区域商业副中心，规划城市综合体2个	生活性服务业为主的一般公共建筑发展区。重点发展商业、文化娱乐等服务业；提升钱塘江北岸沿线的居住配套服务公共建筑建设
8	翠苑—文新区块	翠苑单元、古荡单元、文新单元	公共建筑东密西疏，主要集中在翠苑与古荡，开发强度差异大，大多区域处于建设完善阶段	东部集聚过大，交通压力明显，西面开发建设滞后，配套尚不完善，以信息技术、电子商务、商业为主	城市总体规划的地区级公共中心，规划常规枢纽5个，区域商业中心，规划城市综合体2个，产业园1个	专业化商务办公区。重点发展科研信息、商务及技术服务业；优化现有文三路高新办公区布局；改善现有办公区设施配套，引入商业、娱乐等公共建筑；提升丰潭路西侧区块的居住配套服务公共建筑建设

续表

编号	区块名称	组成单元	现状概况	现状问题	相关规划内容	公共建筑开发功能引导
9	拱宸桥—大关区块	上塘单元、拱宸桥单元、大关单元、湖墅单元	现状公共建筑主要沿着上塘路两侧展开，局部地区开发强度较高，处于改造完善阶段	集聚于主要交通干道的两侧，且沿线分布过长，对城市快速交通造成影响，以超市和低档商业为主	城市总体规划的地区级公共中心，规划常规枢纽10个，区域商业中心，规划城市综合体1个，产业园1个	综合型一般公共建筑发展区。重点发展商务商业、文化娱乐等服务业；整合各类低档商业，提升商业发展水平；改善德胜、大关、拱宸桥等大居住区的配套服务公共建筑
10	东新区块	三塘单元、东新单元、石桥单元	现状公共建筑沿着绍兴路和石桥路发展，开发强度较低	公共建筑过于分散，功能混杂，以商业为主	规划常规枢纽2个，区域商业副中心，规划城市综合体1个，产业园1个	综合型一般公共建筑发展区。重点发展商务商业、文化娱乐等服务业；整合各类低档商业，提升商业发展水平；改善东新园、三塘等大型居住区的配套服务公共建筑
11	笕桥区块	笕桥机场单元、笕桥单元、笕桥生态单元	现状公共建筑少，主要分布在机场路东段	现状以分散的工业和机场用地为主，功能单一，主要是低档商业	规划常规枢纽1个	生活性服务业为主的一般公共建筑发展区。重点发展商业、文化娱乐等服务业；公共建筑建设与城中村改造相结合，整体提升该区块服务水平与居住环境
12	彭埠区块	彭埠单元、四堡单元、三堡单元	现状主要以工业和城中村为主，用地分散，混乱	处于待开发阶段，用地缺乏整合	城市总体规划的地区级公共中心，规划常规枢纽1个，规划城市综合体1个	生活性服务业为主的一般公共建筑发展区。重点发展商业、文化娱乐等服务业；整体提升艮山西路沿线的公共建筑设施水平
13	申花—桥西区块	申花单元、桥西单元、小河单元、庆隆单元	现状各类专业市场建筑主要沿着石祥路发展，大量居住区块处于建设阶段，相关配套设施少	建成地块过于分散，部分城中村与工业用地功能混杂，以低档商业为主	规划门户枢纽1个，常规枢纽3个，规划城市综合体3个	综合型一般公共建筑发展区。重点发展商务商业、文化娱乐等服务业；提升对已有专业展销中心的配套公共建筑建设；整合各类低档商业，提升商业发展水平，改善商贸环境
14	滨江区政府区块		是滨江区现状中心，开发强度较高	以行政办公建筑为主，缺乏相应的生活性服务业	区域商业中心，规划城市综合体4个，滨江新城所在地	专业化商务办公区。重点发展商务金融、商业等服务业；提升作为滨江区服务中心的公共建筑配套水平，加强商业、娱乐等公共建筑

续表

编号	区块名称	组成单元	现状概况	现状问题	相关规划内容	公共建筑开发功能引导
15	滨盛区块		现状以居住用地开发为主，主要公共建筑分布在滨盛路两侧，相对集聚，处于建设阶段	总体功能过于单一，缺乏服务功能的多样性	城市总体规划的地区级公共中心，区域商业副中心，规划城市综合体2个	生活性服务业为主的一般公共建筑发展区。重点发展商业、文化娱乐等服务业；整体提升滨盛路沿线大型居住区的公共建筑配套设施水平
16	蒋村区块	蒋村单元	现状以居住用地为主，公共建筑分布较少	基础配套设施未能完善，开发强度过低，以小型低档商业为主	规划常规枢纽2个，规划城市综合体1个，产业园1个	生活性服务业为主的一般公共建筑发展区。重点发展商业、文化娱乐等服务业；加快建设区块中心，提高居住区的公共建筑配套设施水平
17	三墩区块	三墩西单元、三墩单元、紫金港校区单元、塘北单元	现状公共建筑主要分布在古墩路和三墩路沿线，且发展迅速	现状公共建筑过于分散，缺乏集聚效应，三墩镇北部功能混杂缺乏具有区域服务功能的大型公共建筑，以商业和专业市场为主	城市总体规划的地区级公共中心，规划常规枢纽6个，区域商业副中心，规划城市综合体1个	生活性服务业为主的一般公共建筑发展区。重点发展商业、文化娱乐等服务业；依托紫金港校区以及周边大型居住区，加快建设区块中心，提高公共建筑配套设施水平
18	祥符区块	祥符东单元、祥符单元	现状以工业用地为主，尚有少量居住用地，少量公共建筑呈线形分布在石祥路两侧	区块内功能混杂，公共建筑少，服务功能弱，以专业市场、低档商业为主	规划常规枢纽1个，规划城市综合体1个	专业化商务办公区。重点发展商务金融、商业贸易等服务业；提升对汽车相关产业的公共建筑配套水平，提升区域办公及贸易环境
19	谢村铁路北区块	谢村单元、铁路北单元	现状以仓储用地为主，公共建筑稀少	用地分散，功能单一，以小型低档商业为主	规划常规枢纽1个	生活性服务业为主的一般公共建筑发展区。重点发展商业、文化娱乐等服务业；加快建设区块中心，提高公共建筑配套设施水平
20	华丰区块	华丰单元、灯塔单元	现状除灯塔单元的居住区以外，其他以仓储和工业用地为主	公共建筑规模小，过于分散，服务功能弱，以小型低档商业为主	规划常规枢纽2个	生活性服务业为主的一般公共建筑发展区。重点发展商业、文化娱乐等服务业；加快建设区块中心，提高公共建筑配套设施水平
21	康桥区块	康桥单元、康桥北单元	现状以工业用地为主，公共建筑稀少	基本没有公共建筑	规划城市综合体1个	生活性服务业为主的一般公共建筑发展区。重点发展商业、文化娱乐等服务业；加快建设区块中心，提高公共建筑配套设施水平

续表

编号	区块名称	组成单元	现状概况	现状问题	相关规划内容	公共建筑开发功能引导
22	半山区块	杭钢单元、半山单元	现状公共建筑主要集中于半山镇的居住区块，开发强度低	以提供日常生活性服务为主，缺乏服务功能的多样性，以小型商业、超市为主	规划常规枢纽1个，区域商业副中心	生活性服务业为主的一般公共建筑发展区。重点发展商业、文化娱乐等服务业；整合现有低档商业，建设具有区域服务功能的公共建筑中心，提高公共建筑配套设施水平
23	丁桥区块	丁桥西单元、丁桥东单元、丁桥单元	现状少量公共建筑主要集中于丁桥镇，区块内以工业和仓储用地为主，开发强度低	区块内用地分散，开发强度低，以小型低档商业为主	规划常规枢纽3个，规划城市综合体1个	生活性服务业为主的一般公共建筑发展区。重点发展商业、文化娱乐等服务业；整合现有低档商业，建设具有区域服务功能的公共建筑中心，提高公共建筑配套设施水平
24	九堡区块	江干科技园单元、九堡北单元、九堡中心单元、七堡单元、牛田单元	现状少量公共建筑主要集中于航海路两侧，区块内以工业为主，居住区尚处于建设中	开发初期，用地分散，功能混杂，缺少公共建筑配套，以小型商业为主	规划门户枢纽1个，常规枢纽6个，规划城市综合体5个	综合型一般公共建筑发展区。重点发展商务商业、物流运输、文化娱乐等服务业；依托交通节点，开发区域中心；整合各类低档商业，提升商业发展水平；加强对居住区的配套建设
25	留下—小和山区块	留下单元、小和山单元	现状公共建筑沿西溪路发展，开发强度低	线形分布过于分散，生活性服务功能非常缺乏，以商业为主	规划门户枢纽1个，常规枢纽8个，区域商业副中心，规划城市综合体1个	综合型一般公共建筑发展区。重点发展商务商业、文化娱乐等服务业；依托高校环境，开发商务公共建筑；提升商业发展水平；加强对高教园及居住区的配套建设
26	之江区块	龙坞镇区单元、转塘镇区单元、之江度假区单元	公共建筑主要集中于转塘镇，开发强度低	用地较为分散，缺乏具有区域服务功能的公共建筑，以商业公建为主	规划常规枢纽3个，规划城市综合体1个，产业园1个	专业化商务办公区。重点发展商务、商业等服务业；依托中国美术学院等创意机构，发展创意产业；提升区域内公共建筑配套水平，改善商务办公及居住环境

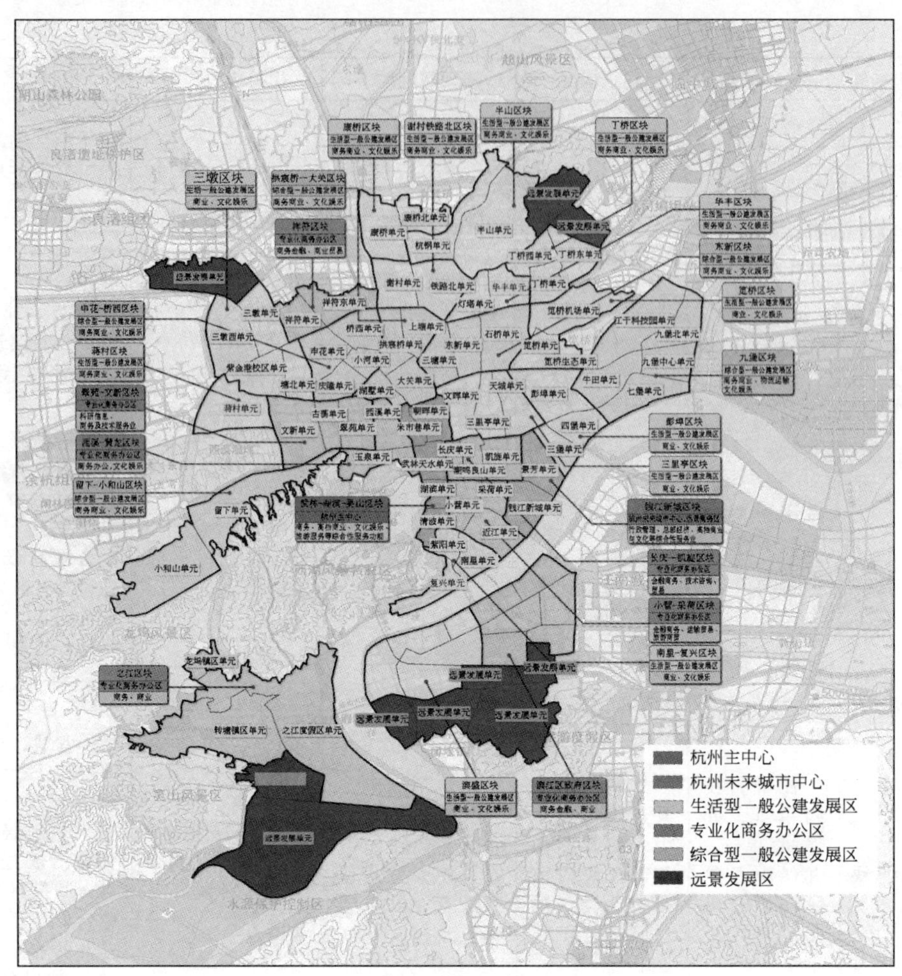

图 13-13　杭州城市公共建筑开发功能分区引导图

第五节　杭州城市公共建筑开发强度空间分区

与国际上发达国家城市相比，杭州的公共建筑开发强度还是较低的，显著体现在公共建筑中心的容积率指标上。国外 CBD 中的公共建筑容积率是杭州的 2 倍以上(纽约 7.1，伦敦 5.3，东京 5.5，巴黎 5.3)，CBD 面积仅占市中心区的面积 1/10～1/15，而容积率多在 5.0 以上。国外城市空间的纵向开发强度极高，体现了中心经济活动高度集聚的特征，高层建筑主要成面状分布；而杭州则主要以点状分布为主，开发强度的空间高值点较为分散。杭州由于风景旅游城市和历史文化名城的特殊性质，使城市公共建筑的开发强度受到多方面的约束，伴随着杭州城市的发展，公共建筑的开发强度也经历了一个从自发发展到控制发展的过程。从杭州现状来看，杭州高层公共建筑的空间分布归纳起来有如下几个特点：①城市中心区的“簇群式”分布；②城市主要道路两侧的“线形”分布；③城市局部地段的“点式”分布。公共建筑开发强度在城市外围高值呈现面状形态，而核心区内部则呈现点状形态，几个明显的高值点分别是：钱江新城正在建设的大型公共建筑群、市政府、武林广场公共建筑群、凤起路与庆春路沿线部分地区、西湖大道部分地区，基本上都分布在城市的一级主干道沿线。

由于资源条件、社会经济背景的差异及各城市所处的发展阶段不同，我国各城市公共建筑的开发强度的影响因素、分布特征及产生的形态不尽相同。此次研究选取以下主要影响因素，并参照国内外相关经验确定权重，对杭州城市公共建筑的开发强度进行控制：

1. 轨道交通因子——(因子权重 0.4)

以轨道交通因子图为判定依据。轨道交通兴建提升沿线交通可达性，带动地价升值进而促进开发强度的提高，故地块与地铁站点的距离越近，对高层公共建筑建设的促进影响力越大。

2. 道路容量因子——(因子权重 0.15)

根据与道路的邻近距离分成三等，再把最大值折算成 1，就是交通容量的分值。地块周边围绕的交通性道路级别越高、数量越多，交通容量相对越大。

3. 商业潜力因子——(因子权重 0.25)

以商圈规划图为判定依据，分成几个等级，把商业潜力最好的等级换算成 1，其余等级根据其与最高等级潜力分值比值取值。

4. 城市形象因子——(因子权重 0.2)

城市景观保护区范围内，如西湖周边、宝石山视线通廊处，开发强度需受不同程度抑制。

根据杭州城市公共建筑开发强度的模拟方案(图 13-14)，进行空间密度计算，并按照密度的高低等级比例和平均开发强度，将杭州核心区划分成六类公共建筑开发强度引导区类型，如图 13-15 所示。

图 13-14 杭州城市公共建筑开发强度模拟方案

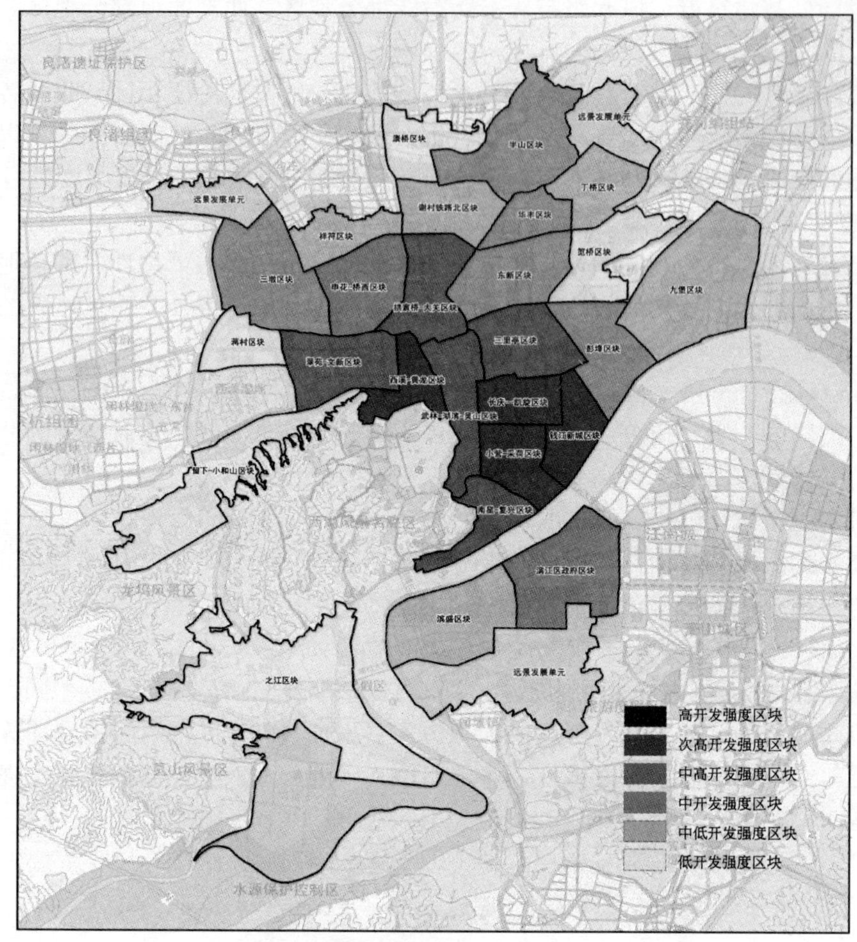

图 13-15　杭州核心区公共建筑开发强度引导类型图

通过对国内外城市的比较与借鉴，确定各类控制区块的开发强度具体引导建议见表 13-18。

杭州城市公共建筑开发强度控制与引导　　**表 13-18**

开发强度控制区类型	建筑形态引导	商务写字楼		商业公共建筑		控制区范围	区块特殊控制要求
		容积率	建筑密度(%)	容积率	建筑密度(%)		
高开发强度区块	以面状高层建筑分布为主	5.0	45	5.5	55	钱江新城区块、西溪—黄龙区块、长庆—凯旋区块、小营—采荷区块	滨江建筑根据相关城市设计导则要求执行
次高开发强度区块	以局部面状高层建筑与局部点线状高层结合分布	4.5	42	5.0	52	武林—湖滨—吴山区块、翠苑—文新区块、拱宸桥—大关区块、三里亭区块、南星—复兴区块	西湖周边根据相关高度控制要求执行

续表

开发强度控制区类型	建筑形态引导	商务写字楼		商业公共建筑		控制区范围	区块特殊控制要求
		容积率	建筑密度(%)	容积率	建筑密度(%)		
中高开发强度区块	以线状高层建筑与点状高层建筑结合分布	4.0	39%	4.5	49%	申花—桥西区块、滨江区政府区块	滨江建筑根据相关城市设计导则要求执行
中开发强度区块	以线状高层建筑与面状多层建筑结合分布	3.5	36	4.0	46	东新区块、三墩区块、半山区块、华丰区块、彭埠区块	半山周边建筑根据相关城市设计导则要求执行
中低开发轻度区块	以点状高层建筑与面状多层建筑结合分布	3.0	33	3.5	43	九堡区块、谢村铁路北区块、丁桥区块、祥符区块、滨盛区块	滨江建筑根据相关城市设计导则要求执行
低开发强度区块	以多层建筑分布为主	2.5	30	3.0	40	留下—小和山区块、之江区块、蒋村区块、康桥区块、笕桥区块	山体周边与滨江建筑根据相关城市设计导则要求执行

第十四章　杭州城市综合体建设的相关建议

第一节　城市综合体的概念与特征

城市综合体又叫复合型建筑、建筑集合体、建筑综合体、街区建筑群体、都市综合体、微型城市、“城中城”等，目前城市综合体一般的定义为：由多种都市功能集合形成的与城市有机协同、功能业态间高效集约和互为价值链的建筑、建筑集合体或建筑街区(图 14-1)。从形象表征角度可以定义为：在多种都市功能集合基础上形成的高业态复合、高强度开发、高交通可达、高密集活动、高地标魅力、高技术集成的建筑环境体。

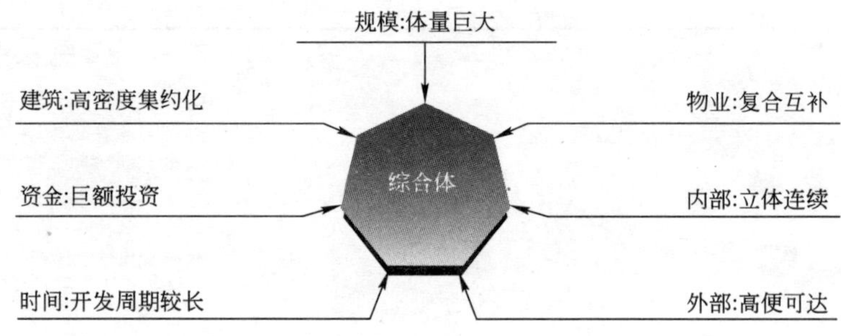

图 14 - 1　城市综合体特征

城市综合体出现的本质在于通过复合和集聚两种手段提高了空间效率和空间价值。分开来说，由于功能和业态在小尺度范围内的高度集聚和复合，一是降低了使用者(个人)的生活、商务成本，相应地赋予、提高了个人的生活品质；二是同样降低了使用组织(企业)的交易成本，相应地也赋予、提高了企业的综合效率和效益；三是由于契合了上述两种空间效率和价值，使房地产、复合地产、主题房产等综合体出现成为可能。

第二节　城市综合体的开发特征

城市综合体的出现是城市经济、社会、技术形态发展到一定程度的必然产物。它既是城市的产物，也提升了城市多方面的品质。当然，具体城市综合体的开发通常是市场行为，它的成功与否取决于综合体与城市的多方面关系和自身的开发水平，如区位、地价、商圈、交通、产业、环境和消费能力等，以及在之基础上对综合体的定位、功能匹配、空间组织、形象特色等众多因素，应该说存在一定的市场风险(图 14-2)。与此同时，由于城市综合体对城市发展和布局等方面有较大影响，因此城市也将承担城市综合体开发所带来的收益或风险，这就需要城市规划对其总量、布局、规模、功能、开发强度和建设形象等方面进行适度调控。

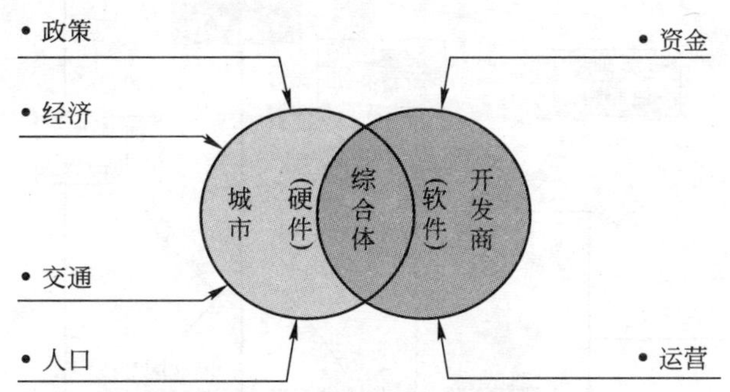

图 14-2　城市综合体开发影响因素体系

第三节　综合体的空间区位选择

一、立体的交通路网，是城市综合体的外部流通保障

城市交通系统是城市综合体得以发展的关键因素，城市综合体与城市的经济有着密切的联系，这一切都需要与城市其他区域之间有快速便捷的交通网络做纽带，保证在综合体内的办公人员出行的便利性，可达性能增加使用者的出现频率，降低交易和出行成本，特别是与城市主干道、大运量公共交通枢纽的结合。交通的便利将为城市综合体项目带来大量的人流和物流，特别是为零售业提供持续不断的人流，这样才能保证资源使用的最大化。

二、趋向于具有发展基础的地区

城市综合体的出现是城市形态发展到一定程度的必然产物。因为城市本身就是一个聚集体，当人口聚集、用地紧张到一定程度的时候，在这个区域的核心部分就会出现如城市综合体这样的综合物业。“城市综合体”项目选址一般符合下列三种情况之一：①项目所在位置为城市核心区，有人流和消费基础，如北京万达广场在 CBD 区，济南万达广场在百年商埠区与泉城步行路之间，合肥万达广场在三孝口商圈；②项目位于城市副中心，是城市经济新增长点，如上海五角场、重庆南坪商圈、无锡滨湖区、沈阳铁西城市副中心等；③位于新开发区，如宁波鄞州区、南昌红谷滩新区、苏州工业园区等。

从城市新区的开发序列来看，规划期和建设期都不适于城市综合体的建设，因为人口和区域效应具有一定的时滞，一般新区发展到 6 年后，可以逐步进行综合体的建设使用，功能也从小型商业和办公业向大型商业和高档商务办公业转型(图 14-3)。因而从开发角度讲，城市综合体的开发宜位于具有一定基础的城市快速发展地区，或是已经发展成熟的中心城区内部。

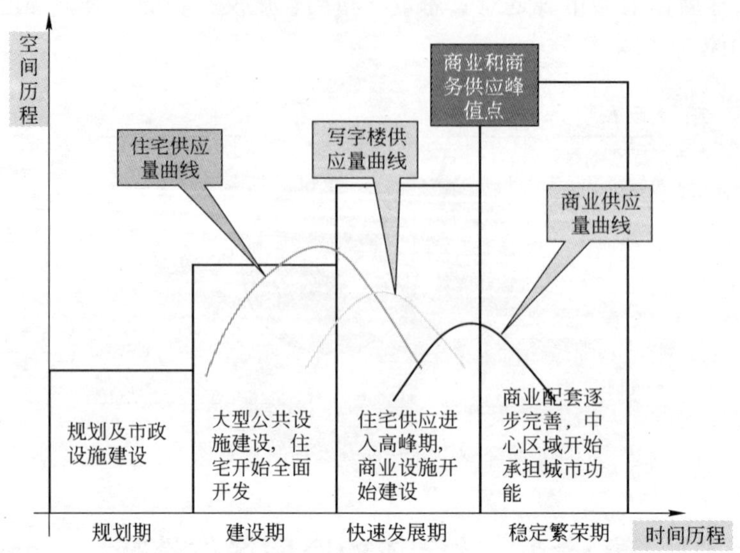

图 14-3　城市建设项目投资时序

三、一定规模的人口数量与人流量是城市综合体的消费支撑

人流量和消费基础是支撑大型商业及城市综合体的最主要因素，人既是劳动者，也是社会商品的主要消费者，正是城市综合体服务的主要对象，一定规模和密度的人口是综合体得以持续运营的必要条件，人口分布与城市综合体存在明显的相互吸引效应。因而，在近期居住用地快速发展地区或者是高校周边进行综合体的开发较为理想。

第四节　杭州城市综合体建设的空间时序建议

一、建设时序安排的主要原则

(1) 与杭州城市轨道交通综合枢纽建设时序相匹配；

(2) 与城市居住空间扩散过程相匹配；

(3) 优先发展城市核心区的综合体，再向外围梯度推进；

(4) 优先发展商圈与高校辐射区内的综合体；

(5) 优先发展邻近生态及景观资源的旅游综合体。

二、综合体建设空间时序的建议

从杭州现状城市综合体建设情况来看，位于 6 个主城区范围内的 64 个综合体中，未出让的有 30 个，未开工的 7 个，在建的 20 个，竣工的 1 个(图 14-4)。根据对城市综合体开发的影响因素的分析，本研究将轨道交通枢纽、区域人口密度、商圈环境、高校 4 个因素作为综合体开发的基础区位影响因素，对主城区内的综合体开发空间选择提供相关参考。通过对影响因素的排序(交通枢纽 0.3，人口密度 0.3，商圈 0.1，高校 0.1，旅游景观 0.2)，得到综合评价结果，并根据已出让和未出让两类，提出了分批建设的建议

（表 14-1～表 14-3，图 14-5、图 14-6）。

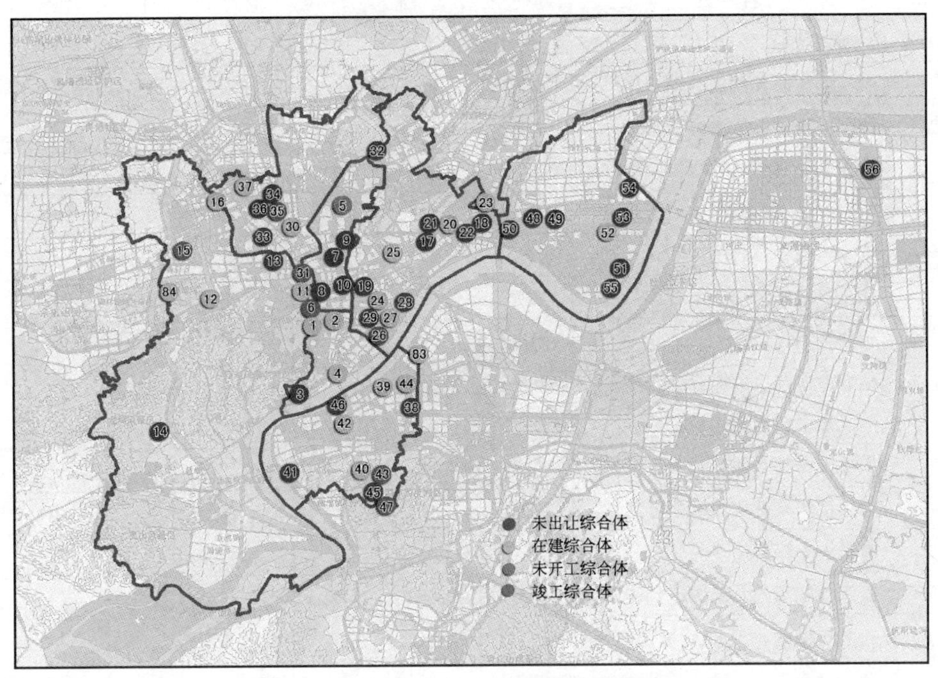

图 14-4　杭州现状城市综合体建设情况图

杭州城市综合体建设条件评价表　　**表 14-1**

城区	名称	目前进度	交通枢纽	人口密度	商圈	高校	生态	综合评价
上城	湖滨南山路特色街区二期综合体	在建	10	8	10	10	10	9.4
上城	中山路河坊街特色街区综合体	在建	10	10	10	5	5	8.5
上城	玉皇山南创意园综合体	未出让	7	2	0	0	0	2.7
上城	复兴国际商务广场综合体	在建	7	2	5	0	0	3.2
下城	杭州创新创业新天地综合体	未开工	0	4	0	0	0	1.2
下城	嘉里中心综合体	未开工	10	8	10	5	10	8.9
下城	原浙江国际旅游展示中心地块综合体	未出让	10	6	5	5	0	5.8
下城	地铁指挥中心上盖物业及武林广场地下空间开发综合体	未出让	10	8	10	5	5	7.9
下城	杭氧杭锅地块综合体	未出让	4	8	5	5	0	4.6
下城	喜得宝地块综合体	未出让	7	10	10	5	0	6.6
下城	杭州大厦商贸旅游综合体	在建	10	4	10	5	5	6.7
西湖	“西溪天堂”综合体	在建	4	2	0	0	10	3.8
西湖	西溪商务城综合体	未出让	7	6	5	10	0	5.4
西湖	龙坞旅游综合体	未出让	0	0	0	0	0	0

续表

城区	名称	目前进度	交通枢纽	人口密度	商圈	高校	生态	综合评价
西湖	西溪天地综合体	未开工	4	2	0	5	5	3.3
西湖	五里塘生态休闲商务综合体	在建	7	4	5	0	0	3.8
西湖余杭	西溪湿地国际旅游综合体	在建	0	0	0	0	10	2
江干	地铁七堡车辆段综合体	未出让	10	0	0	0	0	3
江干	地铁九堡东站综合体	未出让	10	2	5	0	0	4.1
江干	华家池商务综合体	未出让	4	2	5	10	0	3.3
江干	江干科技经济总部综合体	在建	10	0	0	0	0	3
江干	杭州宜家综合体	未出让	10	0	0	0	0	3
江干	地铁九堡站上盖物业综合体	未出让	10	2	0	0	0	3.6
江干	中国四季青服装交易中心	在建	10	0	5	0	0	3.5
江干	庆春广场综合体	在建	7	4	10	5	0	4.8
江干	铁路杭州东站枢纽综合体	在建	10	2	0	0	0	3.6
钱江新城	市民中心综合体	竣工	4	2	5	0	0	2.3
钱江新城	钱江新城华润万象城综合体	在建	7	2	10	0	0	3.7
钱江新城	钱江新城江河交汇处渔人码头旅游综合体	未出让	7	2	5	0	0	3.2
钱江新城	钱江新城金融城综合体	未出让	4	4	5	0	0	2.9
拱墅	杭州运河商务区综合体	在建	4	6	10	5	0	4.5
拱墅	杭汽发地铁综合体	未开工	7	8	10	10	0	6.5
拱墅	杭田园地块综合体	未出让	4	2	0	0	0	1.8
拱墅	杭协联热电厂地块综合体	未出让	4	2	5	5	0	2.8
拱墅	大河造船厂运河旅游综合体	未出让	0	2	5	5	0	1.6
拱墅	杭一棉地块综合体	未开工	4	4	5	5	0	3.4
拱墅	蓝孔雀综合体	未出让	0	0	0	0	0	0
拱墅	北部软件园综合体	在建	0	2	0	0	0	0.6
滨江	地铁滨康站综合体	未出让	10	0	5	0	0	3.5
滨江	星光大道综合体(商业步行街)	在建	10	0	10	0	0	4
滨江	山一村农居SOHO综合体	在建	0	0	0	0	5	1
滨江	三化厂区块城市综合体	未出让	0	0	0	0	0	0
滨江	“电子商务之都”城市综合体	在建	4	0	0	5	0	1.7
滨江	动漫广场综合体	未开工	0	0	0	0	10	2
滨江	研发中心集聚区城市综合体	在建	10	0	10	0	0	4
滨江	数字电视产业园综合体	未出让	0	0	0	0	10	2
滨江	浙商总部城市综合体	未出让	4	0	5	5	0	2.2
滨江	井山湖功勋企业休闲中心城市综合体	未开工	0	0	0	0	10	2

续表

城区	名称	目前进度	交通枢纽	人口密度	商圈	高校	生态	综合评价
萧山滨江	杭州奥体博览中心综合体	在建	1	0	0	0	0	0.3
下沙	地铁下沙中心站上盖物业综合体	未出让	10	0	10	0	0	4
下沙	地铁下沙东站上盖物业综合体	未出让	10	0	5	5	0	4
下沙	地铁下沙西站上盖物业综合体	未出让	10	0	10	0	0	4
下沙	地铁下沙终点站上盖物业综合体	未出让	0	0	0	0	0	0
下沙	大学科技园综合体(含新加坡杭州科技园)	在建	10	0	0	10	0	4
下沙	下沙大学城创业中心综合体	未出让	1	0	0	10	0	1.3
下沙	下沙大学城北商住中心综合体	未出让	0	0	0	5	0	0.5
下沙	下沙沿江湿地公园综合体	未出让	0	0	0	0	0	0
下沙	江东市本级区块公共服务中心综合体	未出让	0	0	0	0	0	0

已出让综合体建设时序建议 表 14-2

城区	名　称	目前进度	编号	建设时序
钱江新城	市民中心综合体	竣工	26	已建成
上城	湖滨南山路特色街区二期综合体	在建	1	第一批
下城	嘉里中心综合体	未开工	6	
上城	中山路河坊街特色街区综合体	在建	2	
下城	杭州大厦商贸旅游综合体	在建	11	
拱墅	杭汽发地铁综合体	未开工	31	
江干	庆春广场综合体	在建	24	
拱墅	杭州运河商务区综合体	在建	30	
滨江	星光大道综合体(商业步行街)	在建	39	
滨江	研发中心集聚区城市综合体	在建	44	
下沙	大学科技园综合体(含新加坡杭州科技园)	在建	52	第二批
西湖	“西溪天堂”综合体	在建	12	
西湖	五里塘生态休闲商务综合体	在建	16	
钱江新城	钱江新城华润万象城综合体	在建	27	
江干	铁路杭州东站枢纽综合体	在建	25	
江干	中国四季青服装交易中心	在建	23	
拱墅	杭一棉地块综合体	未开工	35	
西湖	西溪天地综合体	未开工	15	
上城	复兴国际商务广场综合体	在建	4	

续表

城区	名　称	目前进度	编号	建设时序
江干	江干科技经济总部综合体	在建	20	第三批
西湖余杭	西溪湿地国际旅游综合体	在建	84	
滨江	动漫广场综合体	未开工	43	
滨江	井山湖功勋企业休闲中心城市综合体	未开工	47	
滨江	“电子商务之都”城市综合体	在建	42	
下城	杭州创新创业新天地综合体	未开工	5	
滨江	山一村农居 SOHO 综合体	在建	40	
拱墅	北部软件园综合体	在建	37	
萧山滨江	杭州奥体博览中心综合体	在建	83	

未出让综合体建设时序建议 **表 14-3**

城区	名　称	目前进度	点编号	建设时序
下城	地铁指挥中心上盖物业及武林广场地下空间开发综合体	未出让	8	第一批
下城	喜得宝地块综合体	未出让	10	
下城	原浙江国际旅游展示中心地块综合体	未出让	7	
西湖	西溪商务城综合体	未出让	13	
下城	杭氧杭锅地块综合体	未出让	9	
江干	地铁九堡东站综合体	未出让	18	
下沙	地铁下沙中心站上盖物业综合体	未出让	48	
下沙	地铁下沙东站上盖物业综合体	未出让	49	
下沙	地铁下沙西站上盖物业综合体	未出让	50	
江干	地铁九堡站上盖物业综合体	未出让	22	
滨江	地铁滨康站综合体	未出让	38	第二批
江干	华家池商务综合体	未出让	19	
钱江新城	钱江新城江河交汇处渔人码头旅游综合体	未出让	28	
江干	地铁七堡车辆段综合体	未出让	17	
江干	杭州宜家综合体	未出让	21	
钱江新城	钱江新城金融城综合体	未出让	29	
拱墅	杭协联热电厂地块综合体	未出让	33	
上城	玉皇山南创意园综合体	未出让	3	
滨江	浙商总部城市综合体	未出让	46	
滨江	数字电视产业园综合体	未出让	45	

续表

<table>
<tr><th>城区</th><th>名　称</th><th>目前进度</th><th>点编号</th><th>建设时序</th></tr>
<tr><td>拱墅</td><td>杭田园地块综合体</td><td>未出让</td><td>32</td><td rowspan="10">第三批</td></tr>
<tr><td>拱墅</td><td>大河造船厂运河旅游综合体</td><td>未出让</td><td>34</td></tr>
<tr><td>下沙</td><td>下沙大学城创业中心综合体</td><td>未出让</td><td>53</td></tr>
<tr><td>下沙</td><td>下沙大学城北商住中心综合体</td><td>未出让</td><td>54</td></tr>
<tr><td>西湖</td><td>龙坞旅游综合体</td><td>未出让</td><td>14</td></tr>
<tr><td>拱墅</td><td>蓝孔雀综合体</td><td>未出让</td><td>36</td></tr>
<tr><td>滨江</td><td>三化厂区块城市综合体</td><td>未出让</td><td>41</td></tr>
<tr><td>下沙</td><td>地铁下沙终点站上盖物业综合体</td><td>未出让</td><td>51</td></tr>
<tr><td>下沙</td><td>下沙沿江湿地公园综合体</td><td>未出让</td><td>55</td></tr>
<tr><td>下沙</td><td>江东市本级区块公共服务中心综合体</td><td>未出让</td><td>56</td></tr>
</table>

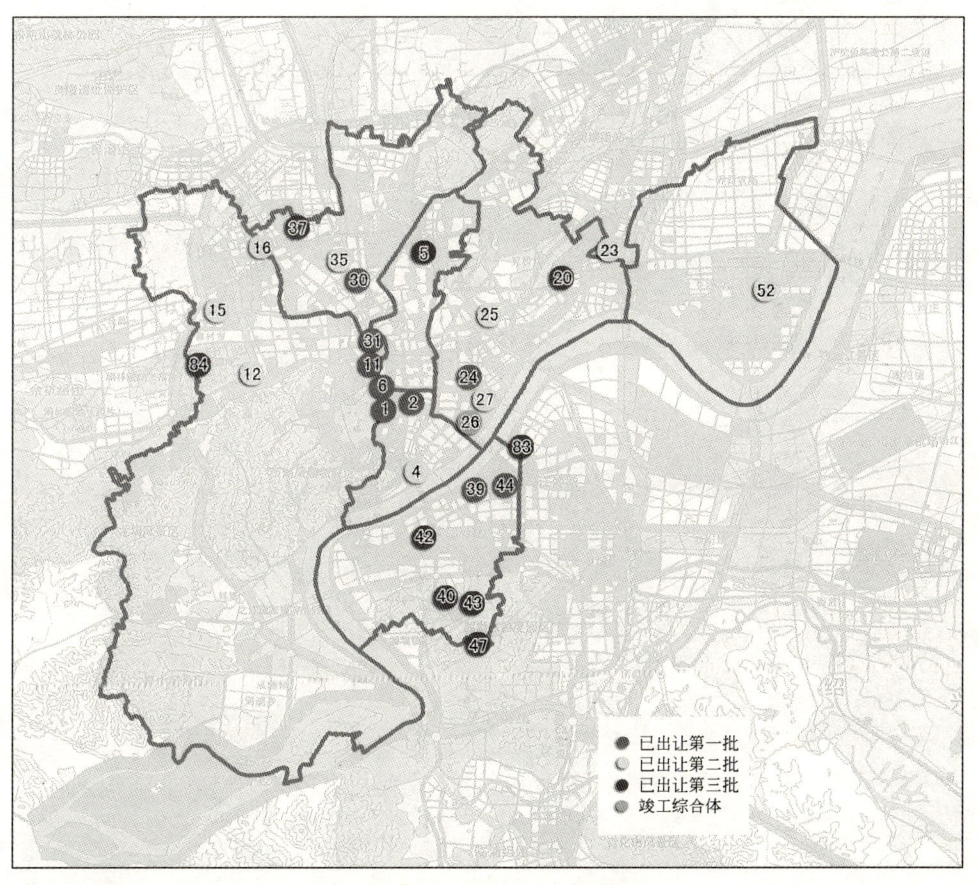

图 14-5　已出让综合体建设时序图

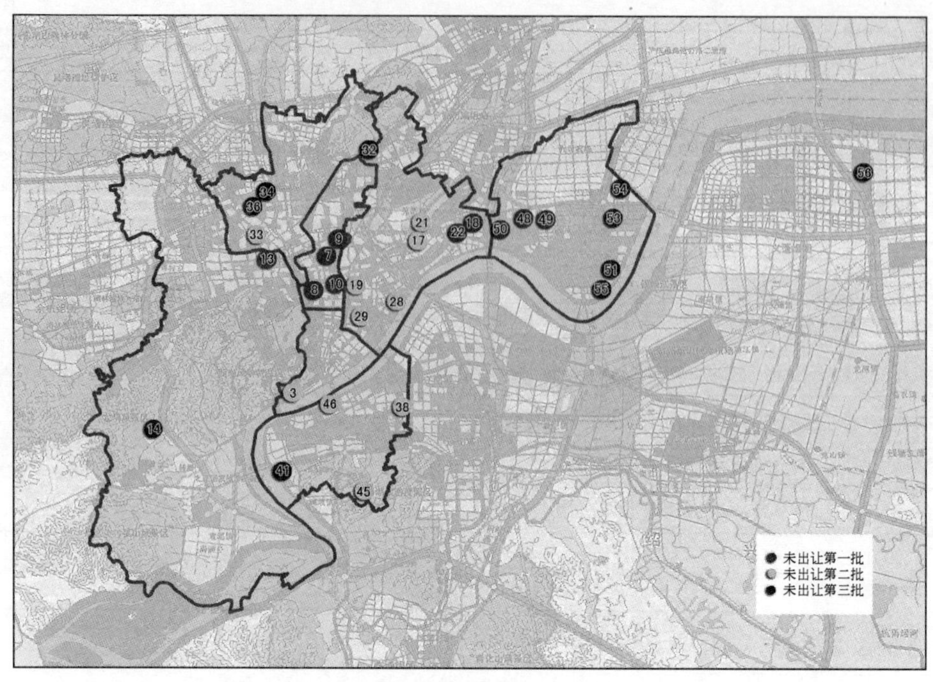

图 14-6　未出让综合体建设时序图

参 考 文 献

[1] Anjana Kumar. Short Supply to Further Lift Prices of Office Space [EB/OL]. http://www.business24-7.ae/pages/default.aspx.

[2] Anthony J. De Francesco. Time-series characteristics and long-run equilibrium for major Australian office markets [J]. Real Estate Economics, 2008, 36(2): 371-402.

[3] Baruch A. Kipnis. Spatial reach of office firm: case study in the Metropolitan CBD of Tel Aviv, Israle [J]. Geografiska Annaler, 1998(80): 17-28.

[4] D. S. Bible, J. W. Whaley. Projecting an urban office market: A source of information for appraisers [J]. Appraisal Journal, 1983, 51(4): 515-523.

[5] Cavanagh Elaine. Tills tune UP in the city [J]. Estate Gazette, 2005(10): 94-95

[6] J. M. Clapp. Dynamics of Office Markets: Empirical Findings and Research Issues [M]. Lanham, MD: University Press of America, No. 1, 1993.

[7] D. Denise, William C. Wheaton. Urban Economics and Real Estate Markets [M]. N J: Prentice-Hall, 1996.

[8] D. S. Thedore. The duration of rental housing vacancies [J]. Journal of Urban Economics, 1994(36): 143-160.

[9] F. Deleeuw, N. F. Ekanem. The supply of rental housing [J]. American Economic Review 1997(9): 806-817.

[10] Fulong Wu. Urban restructuring region a research in China emerging market economy tow and a framework for analysis [J]. International Journal of Urban And Regional Research, 1997(2).

[11] G. Gad. Office Location dynamics in Toronto: surburbanization and central district specialization [J]. Urban Geography, 1985(4): 331-351.

[12] J. Gottmann. Office Work and the Evolution of Cites [J]. Ekistics, 1972: 4-7.

[13] Guest Martin. Nottingham tops table for cheap office space [J]. Estate Gazette, 2005(10): 8-9.

[14] C. Jennings. Predicting demand for office space [J]. Appraisal Journal, 1965(6): 77-82.

[15] Simon Jones. Worldwide office party [J]. BAW Journal, 2005, 27(38): 12-14.

[16] Joseph S Rabianski, Karen M. Gibler. Office market demand analysis and estimation techniques: a literature review, synthesis and commentary [J]. Journal of Real Estate Literature, 2007, 15(1): 37-56.

[17] Kee-Bom Nahm. Downtown office location dynamics and transformation of central Seoul [J]. Korea Geojournal, 1999(49): 286-295.

[18] H. Kelly. Forecasting Office Space Demand in Urban Areas [J]. Real Estate Review, 1983(13): 3, 83-95.

[19] J. R. Kimball, B. S. Bloomberg. Office space demand analysis [J]. Appraisal Journal, 1987(55): 4, 567-577.

[20] Knut Aarhus. Office location decisions, modal split and the environment: the ineffectiveness of Norwegian land use policy [J]. Journal of Transport Geography, 2000(8): 287-294.

[21] Lawrence Lai Wai Chung. Evaluating office decentralization of a financial center: the case of Hong

Kong [J]. EKISTICS: the problem and science of HUMAN SETTLEMENTS, 1996, 12(1).

[22] Lynford Lioyd. What is happening in office and apartment leasing [J]. RMA Journal, 2005(88): 32-37.

[23] M. A. Anari, Harold D. Hunt. Natural vacancy rates in major Texas office markets [J]. Real Estate Center, 2002(11): 134-141.

[24] Miller Samuel Inc. Manhattan. Rental Market Overview 2009 [R]. 2009.

[25] J. F. McDonald. A survey of econometric models of office markets [J]. Journal of Real Estate Literature, 2002, 10(2): 223-242.

[26] Rena Mourouzi-Sivitanidou. Office rent processes: the case of U. S. metropolitan markets [J]. Real Estate Economics, 2002, 30(2): 317-344.

[27] Petros S. Sivitanides. Demand for office space by firms: drivers and determinants [EB/OL]. http: //www. property-investing. org/demand-for-office-space. html.

[28] J. Rabianski. Office market demand analysis [J]. Real Estate Review, 2004, 33(2): 16-33.

[29] Robin A. Howarth. The Effects of Submarket Concentration on Metropolitan Office Market Dynamics [M]. Ann Arbor: Bell & Howell Information and Learning Company, 2000.

[30] A Schmitz. , D. L. Brett. Real Estate Market Analysis [M]. Washington, DC: Urban Land Institute, 2001.

[31] Sheila Muto. Layoffs Help Tenants Give Employees More Space [N]. The Wall Street Journal, 2002-05-02.

[32] Singapore Department of Statistics. Singapore's Corporate Sector 2005 [R]. 2007.

[33] Sivitanidou Rena, Sivitanides Petros. Office capitalization rates: real estate and capital market influences [J]. The journal of Real Estate Finance and Economic, 1999, 18(3): 297-322.

[34] U. S. Bureau of the Census. Statistical Abstract of United States: 2008 [R]. 2008.

[35] Tarek Hegazy, Amr Ayed. Neural network model for parametric cost estimation of highway projects [J]. Journal of construction Engineering and Magement, 1998, 2(3): 3.

[36] Tim Dixon, Andrew Marston. Ebusiness and city of London office market [J]. Journal of Property Investment and Finance, 2003, 2(4): 348-365.

[37] Toru Matsumura. Financial Research Group. The Tokyo office market's "2010 problem": a net decline in office demand could impair the market from 2003 [J]. NLI Research, 2002(2).

[38] William C. Wheaton, Raymond G. Torto. Office rent indices and their behavior over time [J]. Journal of Urban Economics, 1994(35): 112-139.

[39] Great London Authority. 2004 London Housing Capacity Study [R]. 2005.

[40] U. S. Census Bureau. 2005 The New York City Housing and Vacancy Survey [R]. 2007.

[41] 京言. 巴黎的第三产业 [J]. 市场研究，1996(10)：38-39.

[42] 鲍军. 杭州市零售商业中心地系统研究 [D]. 杭州：浙江工商大学，2006.

[43] 曹振良. 房地产经济学通论 [M]. 北京：北京大学出版社，2003.

[44] 柴彦威. 行为地理学研究的方法论问题 [J]. 地域研究与开发，2005(4)：1-5.

[45] 陈朝辉. 香港的土地利用与环境保护 [J]. 热带地理，1997，17(2)：149-156.

[46] 陈红娟. 石家庄市商业网点分布现状及其布局优化研究 [D]. 石家庄：河北师范大学，2006(5).

[47] 陈瑛. 特大城市 CBD 系统理论及实践 [D]. 上海：华东师范大学，2002.

[48] 戴德梁行. 北京中央商务区商档写字楼市场未来发展趋势分析 [J]. 北京房地产，2001(11)：33-35.

[49] 戴军. 上海市中心城区商务办公区区位研究 [D]. 上海：上海师范大学，2004.

[50] 戴森. 灰色马尔可夫模型的建设用地预测 [J]. 技术方法研究，2007，24(4)：101-103.

[51] 邓幼萍. 重庆市中心商业区空间结构优化初探——以解放碑商业中心为例 [D]. 重庆：重庆大学，2003.

[52] 范剑勇，桂琦寒，崔英. 上海市就业结构的产业特征分析 [J]. 上海经济研究，2003(2)：26-32.

[53] 高铁梅. 计量经济分析方法与建模：EVIEWS 应用及实例 [M]. 北京：清华大学出版社，2006.

[54] 顾宝炎，许秋菊. 香港服务贸易的演进 [J]. 国际经贸探索，2007，23(3)：26-30.

[55] 管驰明. 中国城市新商业空间研究——以大型新兴零售业态为例 [D]. 南京：南京大学，2004。

[56] 韩雪飞. 天津写字楼市场研究 [D]. 天津：天津大学，2006.

[57] 侯寰宇，宋媛媛. 城市中商务区(CBD)空间形态浅析 [J]. 青岛建筑工程学院学报，2003(4)：27-29.

[58] 侯学钢，宁越敏. 生产服务业的发展与办公楼分布相关研究的动态研究 [J]. 国外城市规划，1998(3)：32-37.

[59] 胡宝哲. 东京的商业中心 [M]. 天津：天津大学出版社，2001.

[60] 胡永辉. 购物中心布局悖论的悖论——由上海市购物中心集聚现象引发的思考 [D]. 上海：上海财经大学，2005.

[61] 黄安余. 香港就业结构转化特征与政策 [J]. 特区经济，2006，(11)：45-46.

[62] 黄春晖. 基于 RS 的上海浦东新区土地利用变化及空间特征分析 [D]. 上海：上海师范大学，2005.

[63] 黄名义，张金鹗. 不同产业企业总部办公室之区位选择 [C]//台湾：2000 年台湾“住宅学会第九届年会论文集”，2000.

[64] 黄名义. 台北市办公室市场租金之研究 [C]//台湾：1999 年台湾“住宅学会第九届年会论文集”，1999.

[65] 黄鹏，卢静. 国外城市土地利用规划的启示 [J]. 现代城市研究，2004(8)：53-56.

[66] 黄咏梅，张娜. 上海市 1990～2005 年产业结构调整分析 [J]. 高科技与产业化，2008，(2)：92-94.

[67] 江涛. 基于 BP 神经网络的住宅需求预测研究 [J]. 武汉理工大学学报，2006(9)：1-3.

[68] 蒋芳，朱道林. 基于 GIS 的地价空间分布规律研究 [J]. 经济地理，2005，25(2)：199-202.

[69] 李春洋. 区域性中心城市中央商务区(R-CBD)建设研究 [D]. 武汉：武汉大学，2004(5).

[70] 李伟，朱嘉广. 多中心城市结构的形成——以东京为例 [J]. 北京规划建设，2003(6)：23-25.

[71] 李哲. 2000 年北京写字楼市场回顾及未来预测 [J]. 北京房地产，2001，(1)：25-27.

[72] 林盛. 层次分析法和模糊评价在选择房地产代理商中的应用 [J]. 河北工业大学学报，2007(1)：80-84.

[73] 刘国芬. 香港的产业结构的演变与出路 [J]. 特区经济，2006(3)：65-67.

[74] 刘洪玉. 写字楼物业的分类及其影响因素分析 [J]. 北京房地产，1996(6)：34-38.

[75] 刘锐，秦向东. 纽约产业发展的历史路径对上海启示 [J]. 安徽农业科学，2007，35(4)：1123-1124.

[76] 刘锐. 上海市和纽约市的产业结构及集聚化发展比较 [D]. 上海：上海交通大学，2007.

[77] 刘涛. CBD 与城市发展关系研究 [D]. 上海：华东师范大学，2003.

[78] 刘志峰，桂国杰，陈淮. 城市对话——国际性大都市建设与住房探究 [M]. 北京：企业管理出版社，2007.

[79] 刘志坚，陈思源，欧名豪. GIS 探索性空间数据分析方法及其在地价分布信息提取中的应用研究 [J]. 安徽农业大学学报，2007，34(3)：415-419.

[80] 柳岸林. 新加坡土地利用的新举措及其发展对策 [J]. 现代经济探讨，2005(6)：24-26.

[81] 罗彦. 广州市商业空间结构、形成机制及优化探讨 [D]. 广州：中山大学，2004(6).

[82] 宁越敏，黄胜利. 上海市区商业中心的等级体系及其变迁特征 [J]. 地域研究与开发，2005，24(2)：15-19.

[83] 宁越敏，刘涛. 上海 CBD 的发展及趋势展望 [J]. 现代城市研究，2006(2)：67-72.

[84] 宁越敏. 上海市区生产服务业及办公楼区位研究 [J]. 城市规划，2000(8)：9-12.

[85] 宁越敏等. 上海市区商业中心的等级体系及其变迁特征 [J]. 城市研究与开发，2005，(2)：15-19.

[86] 潘鑫. 上海市城市空间结构演化的用地制度分析 [J]. 现代城市研究，2008(1)：34-40.

[87] 商升亮. 基于系统动力学的杭州市主城区住宅需求仿真研究 [D]. 杭州：浙江工业大学，2005.

[88] 申玲. 基于BP神经网络的房地产市场比较法价格评估 [J]. 系统工程理论及实践，1998(5)：52-55.

[89] 孙施文. 现代城市规划理论 [M]. 北京：中国建筑工业出版社，2007.

[90] 唐红波，娄文龙. 美国土地利用规划研究及其对我国的启示 [J]. 浙江国土资源，2005(5)：15-17.

[91] 唐晓莲. 广州写字楼发展研究 [D]. 广州：中山大学，2006.

[92] 王科俊，王克成. 神经网络建模、预报与控制 [M]. 哈尔滨：哈尔滨工程大学出版社，1996：40-43.

[93] 王淑梅. 基于GIS的城市商业中心优化布局研究——以乌鲁木齐市为例 [D]. 乌鲁木齐：新疆大学，2004.

[94] 王霞，朱道林. 基于Kriging方法和GIS技术的地价时空格局研究 [J]. 重庆建筑大学学报，2007，29(1)：101-105.

[95] 王琰. 城市办公楼布局研究——以上海为例 [D]. 上海：同济大学，2000.

[96] 文达其. 兰州市商业中心等级体系演化及其发展趋势研究 [D]. 兰州：兰州大学，2007(6).

[97] 仵宗卿，戴学珍. 北京市商业中心的空间结构研究 [J]. 城市规划，2001，25(10)：15-19.

[98] 仵宗卿等. 城市商业活动空间结构研究的回顾与展望 [J]. 经济地理，2003，(5)：327-332.

[99] 向俊波，谢惠芳. 从巴黎、伦敦到北京——60年的同与异 [J]. 城市规划，2005(6)：19-24.

[100] 肖亦卓. 国际城市空间扩展模式——以东京和巴黎为例 [J]. 城市问题，2003(3)：30-33.

[101] 徐为民. 上海甲级写字楼市场自然空置率研究 [D]. 上海：复旦大学，2004.

[102] 徐宗玲. 香港劳动力市场就业结构变动及影响因素分析 [J]. 港澳台视窗，2001，(12)：28-31.

[103] 荀婧. 上海办公楼市场研究 [D]. 上海：复旦大学，2004.

[104] 杨春涛. 浦东甲级写字楼市场研究 [D]. 上海：同济大学，2001.

[105] 杨桂元. 预测模型中参数估计的最优化方法 [J]. 系统工程理论及实践，2002(8)：85-89.

[106] 杨俊宴，吴明伟. 中国城市CBD量化研究 [M]. 南京：东南大学出版社，2008.

[107] 杨力，韩静. 非线性经济建模中的BP神经网络模型研究 [J]. 技术经济，2003(5)：61-63.

[108] 姚士谋，朱振国，陈爽等. 香港城市空间扩展的新模式 [J]. 现代城市研究，2002(2)：61-64.

[109] 姚士谋. 台台都市规划建设考察 [J]. 现代城市研究，2001，(5)：26-28.

[110] 姚小刚，张泓铭. 办公楼需求和需求预测的方法研究 [J]. 中国房地产研究，2003(4)：73-87.

[111] 尹占娥，许世远. 上海浦东新区土地利用变化及其生态环境效应 [J]. 长江流域资源与环境，2007，16(4)：430-434.

[112] 英华. 转型期间上海市区商业空间演变研究 [D]. 上海：上海师范大学，2006.

[113] 虞震. 日本东京"多中心"城市发展模式的形成、特点与趋势 [J]. 地域研究与开发，2007，26(5)：75-78.

[114] 袁剑. 上海浦东新区土地资源调控管理优化研究 [D]. 上海：华东师范大学，2004.

[115] 张红. 房地产经济学 [M]. 北京：清华大学出版社，2005.

[116] 张建华. 写字楼市场未来发展趋势 [J]. 中国房地信息，2004，(11)：46-47.

[117] 张杰. 北京CBD现代服务业发展布局分析 [J]. 中国城市经济，2006，(6)：19-22.

[118] 张洁. 东京城市土地利用结构分析及其对中国大城市的启示 [J]. 经济地理，2004，24(6)：812-815.

[119] 张景秋. 北京市中心商务区内部结构分析 [J]. 北京联合大学学报(人文社会科学版)，2004，2(1)：86-91.

[120] 张开琳. Sub-CBD建设及其经验借鉴 [J]. 城市开发，2004，(12)：60-62.

[121] 张立明. 人工神经网络的模型及其应用 [M]. 上海：复旦大学出版社，1993：43-47.

[122] 张润朋. 广州中心区写字楼功能与空间分布研究 [D]. 广州：中山大学，2002.

[123] 张帅. 上海中央商务区发展演变及其动力机制研究 [D]. 上海：同济大学，2005.

[124] 张文忠. 经济区位论 [M]. 北京：科学出版社，2000：46-47.

[125] 赵弘. 总部经济 [M]. 北京：中国经济出版社，2004.
[126] 赵亚明. 城市商业中心地的理论分析——对廖什景观的修正 [J]. 甘肃省经济管理干部学院，2004 (9)：27-30.
[127] 郑凯捷. 香港产业结构及转型的分析 [J]. 中国第三产业，2003，(12)：10-13.
[128] 周斌. 北京就业结构实证分析 [J]. 首度经济贸易大学学报，2007，(3)：62-66.
[129] 香港差饷估价署. 2007 香港物业报告 [R]. 2007.
[130] 戴德梁国际咨询行，美国 Gesnsler 公司. 静安南京路发展规划 [R]，2002.
[131] 日本总务省统计研修所. 日本统计年鉴 [M]. 2009.
[132] 新加坡统计局. 新加坡统计年鉴 [M]. 2007.
[133] 东京都总务局. 2000 东京都统计年鉴 [M].
[134] 东京都总务局. 2001 东京都统计年鉴 [M].
[135] 东京都总务局. 2002 东京都统计年鉴 [M].
[136] 东京都总务局. 2003 东京都统计年鉴 [M].
[137] 东京都总务局. 2004 东京都统计年鉴 [M].
[138] 东京都总务局. 2005 东京都统计年鉴 [M].
[139] 东京都总务局. 2006 东京都统计年鉴 [M].
[140] 东京都总务局. 2007 东京都统计年鉴 [M].
[141] 国家统计局. 2003 中国房地产统计年鉴 [M]. 北京：中国统计出版社，2004.
[142] 国家统计局. 2004 中国房地产统计年鉴 [M]. 北京：中国统计出版社，2005.
[143] 国家统计局. 2005 中国房地产统计年鉴 [M]. 北京：中国统计出版社，2006.
[144] 国家统计局. 2006 中国房地产统计年鉴 [M]. 北京：中国统计出版社，2007.
[145] 国家统计局. 2007 中国房地产统计年鉴 [M]. 北京：中国统计出版社，2008.

后　记

本项研究工作自2008年暑期开始，历时一年半。期间经历了全球性的金融与经济危机，也经历了杭州房地产市场从“冰冻”到“高温”的转变，从而让研究团队在调研过程中更为深刻地感受到不同“季节”下杭州房地产市场的生态环境。

作为一个探索性(内容与方法)的案例研究，本项工作承蒙杭州市人民政府和规划局的信任与委托，特别要感谢规划局局长阳作军、副局长郑心舟和编制中心主任吴为先生以及相关主管林瑾、连俊风等的大力支持和积极参与。没有他们的远见卓识和求真创新的热情以及资助，这样一项工作是很难开展的。本研究工作同时还得到了杭州市国土局、房产管理局等多个部门的大力协助和鼎力支持，从而使一个研究工作能与当前如火如荼的规划实践紧密地结合起来。

课题研究由虞晓芬、陈前虎全面负责，组织了一支由浙江工业大学经贸管理学院和建筑工程学院的科研人员和博士、硕士研究生为主体的研究团队。团队的每个成员都在努力工作、互相学习和积极合作的过程中扮演着不可或缺的角色。因此，本书是集体智慧的结晶和共同劳动的成果，“分工不分家”，以下是各个部分主要参与者及其贡献的一个大略：

第一章由虞晓芬、陈前虎完成。第二章至第五章的主要参与者：金细簪、曹佳俊、许士杰、高鋆。

第六章至第十四章的主要参与者：吴一洲、王琳、黄初冬、潘聪林、汤婧婕、罗文斌、贝涵璐。

在早期的现场调研阶段，浙江工业大学经贸管理学院房地产研究方向08级研究生和建筑工程学院城市规划2005班级的30多位同学顶着烈日，冒着酷暑，走街串巷，对杭州主城区的公共建筑进行了“地毯式”的调查统计，为本课题研究获取了宝贵的第一手材料。对他们的辛勤劳动表示敬意。

我们对所有参与和支持这项工作的人士表示衷心的感谢。

中国建筑工业出版社的吴宇江先生为本书的出版付出了艰辛的劳动，在此谨表衷心感谢。